全国高等教育药学类规划教材

制剂单元操作 与车间设计

何志成 ◎ 主编　　陈晓兰　王立红　赵宇明 ◎ 副主编

U0205542

化学工业出版社

·北京·

《制剂单元操作与车间设计》主要介绍药物制剂单元操作及制剂车间设计。全书共十章，第一章至第五章主要介绍药物制剂生产过程中，常见单元操作的基本原理，典型设备的基本构造、使用与维护及有关的应用计算，内容包括固体的粉碎、筛选与造粒，物料的混合，液相非均一系的分离，中药的浸出以及药品分装技术。第六章至第十章主要介绍制剂工程设计的特点、步骤、有关计算及相关规定，并突出了GMP在制剂车间工艺设计中的重要性，内容包括制剂工程设计概述、制剂车间设计基础、设备选型及车间设计、公共系统及其他非工艺因素。

《制剂单元操作与车间设计》可作为高等院校药物制剂、中药制药等专业的本科教材，也可供相关专业科技工作者参考。

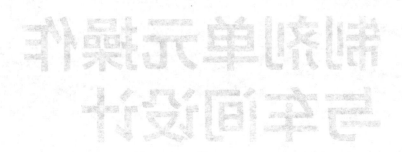

图书在版编目（CIP）数据

制剂单元操作与车间设计/何志成主编. —北京：化学工业出版社，2018.3（2025.2重印）

全国高等教育药学类规划教材

ISBN 978-7-122-31247-1

Ⅰ. ①制… Ⅱ. ①何… Ⅲ. ①制剂机械-高等学校-教材②制药厂-车间-工艺设计-高等学校-教材 Ⅳ. ①TQ460.5②TQ460.6

中国版本图书馆CIP数据核字（2017）第325021号

责任编辑：徐雅妮　　　　　　　　　文字编辑：丁建华　马泽林
责任校对：王　静　　　　　　　　　装帧设计：关　飞

出版发行：化学工业出版社（北京市东城区青年湖南街13号　邮政编码100011）
印　　装：北京建宏印刷有限公司
787mm×1092mm　1/16　印张20¼　字数532千字　2025年2月北京第1版第2次印刷

购书咨询：010-64518888　　　　　　售后服务：010-64518899
网　　址：http://www.cip.com.cn
凡购买本书，如有缺损质量问题，本社销售中心负责调换。

定　　价：55.00元　　　　　　　　　　　　　　　版权所有　违者必究

前　言

本书针对医药类普通高等院校药物制剂、中药制药及相关专业教学需求而编写，重点讲述制剂生产常见单元操作以及制剂车间设计的规律，理论体系完整，强调理论联系实际，培养学生从工程视角提出、分析和解决问题的能力。通过学习本书，使学生能将大学所学的相关知识与解决制剂生产实际问题相结合，正确选择、使用及维护制剂设备，依照影响单元操作的因素，处理实际操作中的质量、产量问题；使学生有能力参与制剂车间的新建、扩建和改建工作，并能在与相关专业技术人员的合作交流中，提出建议，以保障工程的正常进行，为提升药物制剂产品技术含金量，推动生产过程自动化、产品质量标准化，奠定扎实的基础。

本书编者均具有多年的教学和工程实践经验，编写过程中参考了诸多国内外相关书籍和文献，收集了大量的工程数据、常用图表以及部分应用实例，这些数据、图表及实例对从事相关科技工作的人员亦具有参考价值。

本书在兼顾现行教学大纲要求的同时，适度引入了时下的制剂生产新技术，提升了教材的实用性和新颖性，并在各章开头列有"学习目标"，有助于学习得法、提高效率。

本书共分十章，由何志成任主编，陈晓兰、王立红、赵宇明任副主编。参加编写工作的人员主要有：沈阳药科大学吴宏宇（第一章），山东大学黄桂华（第二章），牡丹江医学院孟繁钦（第三章），贵州中医学院陈晓兰、杨芳芳（第四章），天津中医药大学陈宇洲、贵州中医药大学汪祖华（第五章），沈阳药科大学何志成（第六章、第十章），沈阳药科大学赵宇明（第七章、第八章），沈阳药科大学王立红（第九章、附录）。此外，南京固延制药设备有限公司都斌、舟山市鲨鱼制药机械有限公司夏伟军、科隆测量仪器（上海）有限公司冯乐、楚天科技股份有限公司陈思权和肖丹凤，也分别参与了本书相关章节的编写工作。

成书过程中，得到了各参编院校和单位的大力支持，为此次编写工作提供了极大的便利，在此深表感谢。

受编者学识所限，书中不当之处在所难免，诚盼赐教，以利完善。

编　者

2018 年 1 月

目录

第一章　固体的粉碎、筛选与造粒 ……… 1

第一节　固体粒子的性质 ………… 1
一、固体的性质 ………… 2
二、固体粒子的几何特性 ………… 3
三、固体粒子的力学性能 ………… 7
第二节　固体的粉碎 ………… 9
一、粉碎的目的 ………… 9
二、粉碎的机理 ………… 10
三、粉碎的能量定律 ………… 11
四、粉碎操作 ………… 13
五、粉碎机 ………… 14
第三节　筛选 ………… 21
一、筛选的目的 ………… 22
二、分离效率 ………… 22
三、筛选设备 ………… 25
第四节　造粒 ………… 27
一、概述 ………… 27
二、湿法强制造粒 ………… 28
三、转动造粒 ………… 30
四、滴制造粒 ………… 32
五、干法造粒 ………… 34
六、压片与压片机 ………… 35

第二章　物料的混合 ………… 57

第一节　固体混合 ………… 57
一、混合机理 ………… 57
二、混合程度 ………… 58
三、影响混合的因素 ………… 60
四、混合设备 ………… 64
第二节　液体搅拌 ………… 67
一、搅拌的目的及方式 ………… 67
二、液体混合机理 ………… 67
三、液体在槽内的流动形态 ………… 68
四、液体混合程度 ………… 68
五、机械搅拌 ………… 69

六、管道混合 ………… 72
第三节　捏合 ………… 72
一、捏合时固液混合特性 ………… 73
二、捏合设备 ………… 74
第四节　均化 ………… 74
一、乳化 ………… 74
二、分散 ………… 79

第三章　液相非均一系的分离 ………… 82

第一节　液体过滤 ………… 82
一、过滤的方法 ………… 82
二、过滤的机制 ………… 83
三、过滤理论与计算 ………… 86
四、过滤介质 ………… 90
五、过滤器 ………… 93
六、超滤 ………… 96
第二节　离心分离 ………… 97
一、离心分离的类型 ………… 97
二、离心分离的原理 ………… 98
三、过滤式离心机 ………… 99
四、沉降式与分离式离心机 ………… 101
第三节　新型分离技术及设备 ………… 103
一、新型分离技术 ………… 103
二、新型分离设备 ………… 105

第四章　中药的浸出 ………… 107

第一节　浸出过程中的质量传递 ………… 107
一、浸出原理 ………… 108
二、药材浸出的机理 ………… 109
三、浸出速率的计算 ………… 111
第二节　浸出的方法与设备 ………… 113
一、浸出方法的分类 ………… 113
二、浸渍法 ………… 113
三、水蒸气蒸馏 ………… 115
四、渗漉法 ………… 116

五、索氏提取 ……………… 118
六、连续逆流浸出器 ……… 118
第三节 浸出过程计算 ……… 119
一、平衡状态下的浸出计算 … 119
二、非平衡浸渍——浸渍动力学问题 … 128
第四节 新型提取技术 ……… 133
一、超临界流体萃取 ……… 133
二、超声提取 ……………… 134
三、微波萃取 ……………… 135
四、动态逆流提取 ………… 136
五、酶法提取 ……………… 136
六、超高压提取 …………… 137

第五章 药品分装技术 ……… 139
第一节 概述 ………………… 139
一、制药机械设备及分类 … 139
二、制剂机械设备的要求 … 140
三、药品分装机械的计量方法 … 140
四、药品分装机械组成 …… 140
第二节 容器输送装置 ……… 141
一、传送装置 ……………… 141
二、进瓶装置与升降机构 … 145
第三节 药品计量装置 ……… 147
一、粉状药品计量装置 …… 147
二、粒状药品计数装置 …… 155
三、液体药品的计量灌装 … 156
四、稠性药剂的计量灌装 … 161
第四节 自动控制系统 ……… 163
一、可编程控制器 ………… 164
二、伺服系统 ……………… 165
三、传感器 ………………… 166
四、机器视觉系统 ………… 166
五、工业机器人 …………… 167
第五节 隔离系统 …………… 167
第六节 分装设备举例 ……… 168

第六章 制剂工程设计概述 … 171
第一节 设计原则及设计思路 … 171
一、设计原则 ……………… 171
二、设计思路 ……………… 171
第二节 设计过程 …………… 172
一、工艺流程 ……………… 172
二、中试放大 ……………… 175
三、三算 …………………… 178

四、车间布置 ……………… 179
五、公共系统 ……………… 182
六、非工艺因素 …………… 184

第七章 制剂车间设计基础 …… 186
第一节 前期准备文件 ……… 187
一、项目建议书 …………… 188
二、可行性研究报告 ……… 188
三、设计任务书 …………… 189
四、厂址选择 ……………… 190
五、总图设计 ……………… 191
第二节 工艺流程设计 ……… 198
一、重要意义 ……………… 198
二、任务及成果 …………… 199
三、设计原则 ……………… 200
四、设计程序 ……………… 200
五、设计技术 ……………… 205
六、带控制点的工艺流程图 … 207
第三节 物料衡算 …………… 221
第四节 能量衡算 …………… 222
一、概述 …………………… 222
二、制剂车间的节能 ……… 222
三、能量衡算的依据 ……… 224
四、能量衡算的方法和步骤 … 225
第五节 中试放大 …………… 226

第八章 设备选型及车间设计 … 229
第一节 设备设计依据 ……… 229
第二节 设备设计选型 ……… 231
第三节 自动控制及仪表 …… 238
一、控制系统的要求 ……… 238
二、控制选项 ……………… 238
三、洁净车间控制仪表 …… 240
四、控制的联锁 …………… 241
第四节 车间布置概述 ……… 242
一、车间布置的依据 ……… 243
二、设备布置的原则 ……… 243
三、设备布置的要求 ……… 245
四、车间组成 ……………… 246
五、车间布置的条件、内容和成果 …… 248
第五节 车间布置过程 ……… 249
一、车间的总体布置 ……… 249
二、车间布置的步骤 ……… 251
三、技术要求 ……………… 252

第六节 管道布置 …………… 259
　一、管道设计的内容和方法 ……… 259
　二、管道、阀门和管件的选择 …… 259
　三、管道的连接 …………… 265
　四、管道布置图的绘制 ……… 265
　五、管道布置的一般原则及洁净厂房内
　　　的管道设计 ……………… 269

第九章　公共系统 …………… 272
第一节 空调系统 …………… 272
　一、室内空气净化标准 ……… 272
　二、设计的依据 …………… 273
　三、通风 …………………… 275
　四、空气调节 ……………… 282
　五、空调系统的组成及建筑要求 … 287
　六、空气净化 ……………… 288
　七、空气净化系统 ………… 293
　八、洁净室的计算 ………… 294
　九、局部净化设备 ………… 296
第二节 配电系统及照明系统设计 … 296
　一、配电系统设计 ………… 296
　二、照明系统设计 ………… 297

第十章　其他非工艺因素 …… 299
第一节 建筑设计 …………… 299
　一、工业建筑的基础知识 …… 299
　二、洁净厂房的室内装修 …… 302
　三、建筑设计条件 ………… 307
第二节 安全环保 …………… 307
　一、消防设计 ……………… 308
　二、环保设计 ……………… 310
　三、劳动保护 ……………… 310
第三节 经济节能 …………… 310
　一、经济核算 ……………… 311
　二、节能 …………………… 312
第四节 药品生产质量管理规范 … 312
　一、生产管理 ……………… 312
　二、污染和交叉污染 ……… 313
　三、使用和清洁 …………… 313
　四、校准 …………………… 313
　五、维护和维修 …………… 314

附录　制剂车间设计举例 ……… 315

参考文献 …………………… 317

第一章

固体的粉碎、筛选与造粒

学习目标

1. 掌握粉碎、筛选及造粒单元操作的原理和目的，以及粉碎过程的能量计算、筛选过程的分离效率计算和压片过程中片剂内部受力计算；掌握在粉碎、筛选和压片操作中的故障判断、处理依据和解决思路。

2. 熟悉粉碎、筛选设备的种类、操作流程和适用条件；熟悉造粒方法及造粒设备的种类和工作原理。

3. 了解固体粒子的特性及粒径的表示和测定方法。

研究表明，固体药物的疗效不仅与各类药物的属性有关，在很大程度上还取决于制剂粉体颗粒的尺寸、形状与表面状态。药物颗粒的尺寸越小、比表面积越大、表面活性也越大，药物的生物利用度也会越高，而其疗效也就越好。事实证明，在某些情况下，通过改变药物粉体的尺寸、表面形状及表面特性来获得医疗效果，比研发一种新的药物更为经济、更为有效，并且更加安全。改变给药方式或减小给药剂量，既可降低治疗成本，又可减小药物对人体的毒副作用。

在药品的实际生产过程中，通常先利用粉碎操作获得药物粉体。由于粉碎后的药粉颗粒大多粗细不均，为获得粒度均匀的药粉，还需按照规定的粒度要求利用筛分操作将其分离。之后，再利用混合操作将不同的物料按指定的配料比例混合均匀，以备经造粒及其他操作后制成各种剂型。不难看出，以上提及的粉碎、筛分、混合和造粒等操作，均为制备药物粉体的常用单元操作，也是组成药物制剂工艺的基本单元。

第一节　固体粒子的性质

制剂生产中，固体药物制剂占比约 $70\% \sim 80\%$，所用的物料几乎全部都是粉体。以粉体为中间体的剂型有散剂（或粉剂）、颗粒剂、胶囊剂、片剂、粉针和混悬剂等。

通常把粒径小于 $100\mu m$ 的粒子称作"粉"，把粒径大于 $100\mu m$ 的粒子称为"粒"。粒径小于 $100\mu m$ 的颗粒之间，容易受到相互引力的作用，所以流动性较差；粒径大于 $100\mu m$ 的粒子，因自重远大于粒子间的相互引力，所以流动性较好。粒径小于 $30\mu m$ 的粉体称为超细粉体，将组成粉体的颗粒尺寸大于 $1\mu m$ 的粉体称为微米级粉体，颗粒尺寸（三维尺寸中至少有一维）小于 $1\mu m$（1000nm）且大于 1nm 的粉体称为纳米级粉体。

一、固体的性质

固体物料的粉碎、筛选及造粒设备的选型与该固体的性质、数量及尺寸有关，较重要的固体性质有：硬度、脆性与韧性。

（一）硬度

材料局部抵抗硬物压入其表面的能力称为硬度。物质的硬度对设备操作时的功率消耗及磨损程度均会产生影响。

表 1-1 是几种物质的莫氏硬度（Mohsl hardness）排序。硬度值低者硬度较小，反之硬度较大。物料按硬度一般可分为三类：硬度值 1～3 的称为软质物料；硬度值 4～7 的称为中等硬质物料；而硬度值 8～10 的称为硬质物料。

表 1-1　几种物质的莫氏硬度值

名称	硬度	其他类似物质
滑石	1	干燥的滤饼（压滤）、蜡、聚集的盐结晶
石膏	2	岩盐、一般的结晶盐、软质煤
方解石	3	大理石、软的石灰石、重结晶、白垩、硫黄（石）
萤石	4	软的磷酸盐、菱苦土矿、石灰石
磷灰石	5	硬的磷酸盐、铬铁矿、铝土矿
长石	6	钛铁矿、正长石、角闪石
石英	7	花岗石
黄玉	8	
碳化硅	9	蓝宝石、金刚砂
金刚石	10	

在硬质物料的粉碎中，设备需采取较低的转速及压力润滑，对轴承等部件应采用防尘措施，以防所产生的粉尘落入。

（二）脆性与韧性

脆性与韧性都是固体承受外力的能力指标。脆性是指固体在外力作用下（如拉伸、冲击等）破坏断裂，而之前不发生变形或仅发生微小变形的性质。物质的脆性越大，承受冲击的能力越差，越易于粉碎。脆性较大的物质通常称为脆性物质。韧性是指固体承载冲击的能力。物质的韧性越大，承受冲击的能力越强，粉碎中越不易发生断裂，即越不易粉碎。韧性较大的物质通常称为韧性物质。

固体材料承受外力拉伸时，如将内部单位面积所受的力定义为应力 σ（N/m²）、尺寸增量与原尺寸之比定义为应变 ε（m/m），则在整个拉伸过程中，σ 与 ε 的关系将如图 1-1 所示。

图中 OA 线段显示出 σ 与 ε 呈直线关系，说明在此过程中，物体受力后的变形与所受的外力成正比，即

$$\sigma = E\varepsilon \qquad (1-1)$$

式（1-1）即虎克定律。其中 E 为 OA 线的斜率，称为弹性模量，单位 N/m²。弹性模量越大，材料越硬，反之则越软。如图 1-1 所示，σ 变化时，ε 循线段 OA

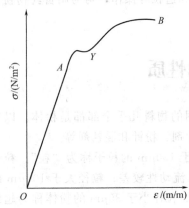
图 1-1　固体应力与应变的关系

往返，说明外力去除后物体能够恢复到原来形状，这种变形现象称为弹性变形，线段 OA 也称为弹性段。

AY 和 YB 两线段分别称为屈服段和强化段，在这两条线段间，外力去除后，物体会产生永久变形而不能恢复原来形状，这种变形现象称为塑性变形。σ-ε 线下的面积越大，物料韧性也越大。反之物料韧性则越小。

当材料受力变形达到 B 点后，就会发生断裂破坏。所以 B 点之后也称为破坏段。

二、固体粒子的几何特性

（一）粒径的表示

通常情况下，粉体粒子的形态各不相同，也不规则。从不同方向上看，长度不同，大小也不一样。最简单的粒子形状是球形，几何对称、任何方向表现出的形状相同，其大小可直接以直径表示。但对形状不规则粒子，其粒径的定义也不一样。

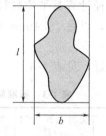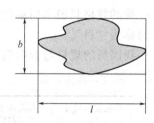

若在粒子的平面投影外缘作两条平行线，则平行线的间距 b 称为短轴径；与短轴径相垂直的外缘两平行线间距 l 则称为长轴径，如图 1-2 所示，而与该投影面垂直方向

图 1-2　短轴径与长轴径

的最大高度定义为 h；再如该粒子的投影面积为 f、粒子体积为 V、则粒径的定义及表达式如表 1-2 所列。

表 1-2　固体粒子粒径的名称及表达式

粒径的名称	表达式	粒径的名称	表达式
算术平均粒径（平面）	$(b+l)/2$	圆形当量粒径	$(4f/\pi)^{1/2}$
算术平均粒径（立体）	$(b+l+h)/3$	正方形当量粒径	$f^{1/2}$
调和平均粒径	$3/\left(\dfrac{1}{b}+\dfrac{1}{l}+\dfrac{1}{h}\right)$	长方体当量粒径	$(blh)^{1/3}$
几何平均粒径	$(blh)^{1/3}$	圆筒体当量粒径	$(fh)^{1/3}$
表面积粒径	$[(bl+bh+hl)/3]^{1/2}$	立方体当量粒径	$V^{1/3}$
体积平均粒径	$3blh/(bl+bh+hl)$	球形当量粒径	$(6V/\pi)^{1/3}$
外接长方形当量粒径	$(bl)^{1/2}$		

1. 大量粒子的粒径

粒径通常采用以下表示方式：

① 定方向粒径　以任意定方向外接平行线间的距离表示，如图 1-3（a）所示；

② 定方向等分面积粒径　以任意定方向分割投影面积为二等分的直线长度表示，如图 1-3（b）所示。

2. 其他方式表达的粒径

依据测定方法的不同，还常使用下列定义的粒径：

① 筛分粒径　又称细孔通过相当径，当

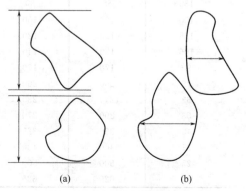

图 1-3　定方向及定方向等分面积粒径

粒子通过粗筛网且被截留在细筛网时，粗细筛孔直径的算术或几何平均值称为筛分粒径。

② Stokes 直径　若所测物料粒子与密度相同的球形物料粒子在同一流体中的沉降速度相等，则该球形粒子的直径称为物料的 Stokes 直径。

③ 比表面积直径　单位体积粒子所具有的表面积称为粒子的比表面积，与所测物料粒子具有相同比表面积的球形粒径称为物料的比表面积直径。

（二）粒径的测定

测定粒径的方法有很多，但每种方法都只适用于一定的粒径范围，以下介绍几种常见方法。

1. 筛分法（＞50μm）

将待筛分的固体粒子置于一套标准筛的最上层进行筛分，然后分别称取停留在每个筛网的粒子质量，并通过各筛的孔径计算其平均粒径。

筛的规格目前多用泰勒制，以每 25.4mm（1in）筛网长度上的孔数作为各号筛的名称，并简称为"目"。

我国筛的规格与泰勒制相近，见表 1-3。

表 1-3　标准筛目数对照

筛孔实际尺寸 $a/\mu m$	英国 B.S.S $m/$目	美国 A.S.T.M $m/$目	泰勒 TYLER $m/$目	中国药典	中国药典筛孔实际尺寸范围/μm
4000	4	5	5		
2812	6	7	7		
2057	8	10	9	一号筛	2000±70
1680	10	12	10		
1405	12	14	12		
1240	14	16	14		
1003	16	18	16		
850	18	20	20	二号筛	850±29
710	22	25	24		
500	30	35	32		
420	36	40	35		
355	44	45	42	三号筛	355±13
300	52	50	48		
250	60	60	60	四号筛	250±9.9
210	72	70	65		
180	85	80	80	五号筛	180±7.6
150	100	100	100	六号筛	150±6.6
125	120	120	115	七号筛	125±5.8
105	150	140	150		
90	170	170	170	八号筛	90±4.6
75	200	200	200	九号筛	75±4.1
63	240	230	250		
53	300	270	270		
45	350	325	325		
37	400	400	400		
25	500	500	500		
20	625	625	625		

注：m—目（mesh），每 25.4mm（1in）筛网长度上的孔数；a—筛孔实际尺寸（直径或方孔边长），μm。

筛号的选择由基筛和筛比所定。基筛是作为基准的筛，筛比是相邻两筛的筛孔实际尺寸之比。按筛孔由大到小，从上到下排列起来，各个筛子所处的层位次序叫筛序。常用的筛比是 $2^{1/2}$，称为基本筛序；另一个筛比是 $2^{1/4}$，称为附加筛序，在要求筛分粒级较窄时插入基本筛序中使用。

常用标准筛的筛框直径为 200mm，高度为 50mm，排序由上往下筛孔依次减小。筛分时可用人工或机械颠动。

筛分后，对筛孔实际尺寸为 a_i 的筛来说，如停留粒子占试样质量的百分数为 x_i，而位于其上方的筛孔为 a_{i+1}，则粒子的平均粒径 d_i 按下式计算：

$$d_i = \sqrt{a_i a_{i+1}} \tag{1-2}$$

通过筛分可做出粒径分布图，并可计算试样的平均粒径。平均粒径的表达方式有两种，一种为调和平均粒径，计算公式为

$$\bar{d} = \frac{1}{\sum_{i=2}^{n-1} (x_i / d_i)} \tag{1-3}$$

式中，n——标准筛的总数。

另一种为算术平均粒径，计算公式为

$$\bar{d} = \sum_{i=2}^{n-1} x_i d_i \tag{1-4}$$

2. 显微分析法（1～100μm）

如将固体粉末以液体分散剂固定于玻片上，通过显微镜目测或显微照相，便可得到粒子形状及各方向上之长度。若采用电子显微镜，最小粒径可观测到 $0.001\mu m$。

设 d_1，d_2，…，d_m 为各粒级的平均粒径；N_1，N_2，…，N_m 为各粒级的粒子数；ρ 为粉末的密度，则各粒级的粒子质量分数为

$$x_1 = \frac{N_1 \pi d_1^3 (\rho/6)}{\sum_{i=1}^{m} N_i \pi d_i^3 (\rho/6)} = \frac{N_1 d_1^3}{\sum_{i=1}^{m} N_i d_i^3}$$

同理

$$x_2 = \frac{N_2 d_2^3}{\sum_{i=1}^{m} N_i d_i^3}$$

依此类推。根据式(1-4)可求平均粒径为

$$\bar{d} = \sum_{i=1}^{m} x_i d_i$$

3. 沉降法（＞1μm）

利用粒子在流体中的沉降速度随其粒径的增大而增加的原理来测得粒径的方法为沉降法。其取样方法有以下两种：

① 吸管法，即在沉降的悬浮液中某固定高度位置上定时间吸取试样，每个试样均为有代表性的悬浮液样品。

② 沉降天平法，粒子沉降在一个浸沉在液体中并可连续称重的天平盘上，将不同时间的沉降质量连续记录，即可得出粒子的粒度及质量分布。

沉降分析法试样的浓度必须足够低，以消除粒子间的相互干扰。此外，液体温度必须均匀（±0.1K 左右）以防止液体对流。由于粒径越小粒子的布朗运动越明显，所以沉

降法测定的粒径有一定下限。如果采用离心沉降法测量粒径，则最小可测到 $0.05\mu m$ 的粒径。

沉降法所测的粒子粒径可由 Stokes 定律计算：

$$\overline{d} = \sqrt{18\mu H/(\rho_s - \rho)g\tau} \tag{1-5}$$

式中，H——沉降距离，m；μ——液体黏度，Pa·s；ρ_s，ρ——固体及液体的密度，kg/m^3；τ——沉降时间，s。

离心沉降法测定粒径的计算式同式(1-5)。此时重力加速度 g 需以离心加速度 $\omega^2 r$ 代替。其中，ω 为转盘的角速度，r 为转盘中心至粒子的距离。

4. Coulter 计数器法

将粒子悬浮于电解质溶液中并通过一个小孔，连续测量小孔外侧两个电极的电压，因电阻受粒子的影响，故电压值的大小是粒径的函数，通过观察所测电压的变化可知通过小孔粒子的数目及粒径。

5. 光散射法 （0.5～50μm）

粒子将入射光以直角散射，所散射的入射光分率与粒子的浓度及其直径的三次方成正比，与入射光波长的四次方成反比。

6. 透过法 （＞1μm）

气体低速通过粒子床时，其流速分别与压降及与粒子比表面积成平方关系的比例常数成正比。依此可求得与粒子具有相同比表面积球体的直径。本法测量的精确性与粒子试样的装量有关。

（三）粒径分布

以粒径 d 为横坐标，以小于粒径 d 的粒子质量占总质量的百分数 $f(d)$ 为纵坐标，可得如图 1-4(a) 所示的粒径累积质量分数曲线。

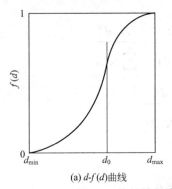
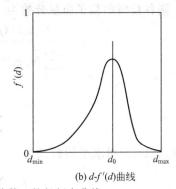

(a) d-f(d)曲线　　　　　　　(b) d-f'(d)曲线

图 1-4　粒径累积质量分数、粒径频率曲线

d-$f(d)$ 曲线是粒子累积质量分数关于粒径的函数，$f(d)$ 的取值范围在 0～1 之间。

若以粒径的累积质量分数曲线的斜率 $f'(d) = \dfrac{d[f(d)]}{dd}$ 为纵坐标，以粒径 d 为横坐标，可得如图 1-4(b) 所示的粒径频率曲线（即导函数曲线）。

如果在 d_0 处的粒子质量最多，此处粒子的质量累增量也最大，d-$f(d)$ 曲线在此处出现拐点，对应的 d-$f'(d)$ 曲线在此将出现峰值。

如以大于粒径 d 的粒子质量占总质量的百分数 $f(d')$ 为纵坐标的话，则上述两曲线的形状分别会发生如图 1-5(a)、(b) 所示的变化。

显然有 $f(d) = 1 - f(d')$，$f'(d) = -f'(d')$。

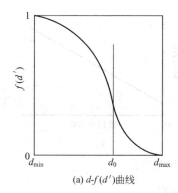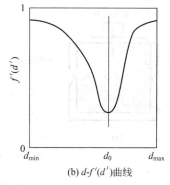

(a) $d\text{-}f(d')$曲线   (b) $d\text{-}f'(d')$曲线

图 1-5　以粒径大于 d 粒子为准的累积质量分数、粒径频率曲线

由粒径频率曲线可看出粒径分布情况，同一粒子的分布曲线通常有一个峰值。对粒子的混合物，可能出现与混合物中组分相同数目的峰值。此外，经粉碎的固体粒子其粒径分布曲线因受物料特性及设备特性的影响，可能会有两个或更多峰值。

三、固体粒子的力学性能

（一）附聚作用

附聚作用使得粒子相互黏附成团簇，对固体的流动性及操作带来很大影响。其机制如下：

① 机械的联锁作用　特别容易发生于细长形的固体颗粒，使得大量粒子相互联锁。

② 表面引力　在粒子非常细小（<10μm）、单位体积表面很大的情况下，包括范德华力在内的表面力使粒子间产生很大的引力。一般说来，粉碎后新生成表面的引力较大。

③ 塑性熔接　不规则形状粒子间接触点的面积非常小，单位面积上受到的力就很大。在很高的压力下固体发生熔接。

④ 静电吸引　在粒子加入设备时可产生静电，粒子表面积累了大量的正负电荷，且颗粒的形状极不规则，这样造成了电荷的聚集。颗粒表现出强烈的表面效应，很容易发生聚集而达到稳定状态。

⑤ 湿度影响　湿度引起表面张力的变化或是少量固体溶解随后蒸发而起到结合剂的作用。

⑥ 温度影响　温度波动可引起粒子结构的改变，并引起结合力增大。

（二）摩擦系数

1. 剪应力

粒子间发生相对运动时会受到相互间的剪切力。

力学上把物体单位面积所受的剪切力称为剪（切）应力，以反映物体承受剪切力时内部的受力集度。剪应力的测定如图 1-6 所示。

粒子充填于两节圆柱形浅箱中，对垂直于剪切面的料面施以一定的垂直压力，再将上箱缓慢地水平拉出。物料被剪断时所受到的拉力即为该粒子的剪切力，而该力与受力面积之比即为剪应力。剪应力随粒子堆积密度的增大而增大。

设剪切面上的剪应力为 $\tau(\text{N/m}^2)$、与之垂直的法向应力为 $\sigma(\text{N/m}^2)$，则 τ 与 σ 之间存在着 Coulomb 定律：

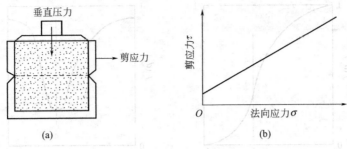

图 1-6　剪应力的测定

$$\tau = K\sigma + C \tag{1-6}$$

式中，K——摩擦系数；C——粒子间的附聚力，N/m^2。

两者均为表示粉体层状态的参数。

2. 休止角

通过小孔由上部将粒子堆积到平面上，大致形成一个圆锥体，圆锥的斜边与水平线的夹角称为动态休止角。实际所形成料堆的斜面并不太规则，无法形成精确的圆锥形。粒径较大的粒子可能由顶部滚落到底部，故料堆顶部的角度较大而底部的角度较小。

休止角的测量也可通过使黏附一层粒子的平板倾斜，然后往平板上加粒子，直到粒子滑落，此时滑动的角度名为静态休止角。

休止角大致在 $20°\sim60°$ 左右。易流动固体其值较小、难流动固体其值较大。对附聚作用很强的固体在极端情况下休止角可接近 $90°$。

休止角较低的粒子有助于装填，几乎立即可得到高装填密度的物料。休止角很大的粒子装填时内部结构较松，振动后才可密实。

3. 摩擦角

如图 1-7 所示，将粒子充填在壁面光滑的二维床（即粒子床为扁平形）中，使粒子由底面中心缝隙流出，而留下外侧静止的物料。

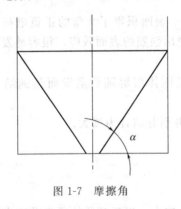

图 1-7　摩擦角

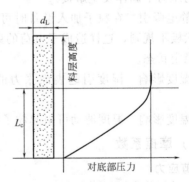

图 1-8　粒子对粒柱底部的压力

物料中间会形成倒锥形的中空，锥体的底角即静止物料斜面与水平面的夹角 α 称为摩擦角。摩擦角对料斗的设计很重要。如测量料仓中料堆对地面随高度的压力变化，会发现压力大致随高度呈直线增加，到达某一个临界点以后压力成定值。典型曲线如图 1-8 所示。曲线的不连续点为

$$\frac{L_c}{d_L} = \tan\alpha$$

式中，L_c——料层临界高度，m；d_L——料罐宽度，m。

对于超出 L_c 的粒子，其重量由同料斗壁面产生的摩擦力支撑。由此可见，料斗的设计必须考虑能够承受住固体作用于壁面的压力。

4. 壁面摩擦系数

粒子与壁面、粒子与粒子间摩擦系数的测量方法相同，只需以固体平面代替下层静止粒子箱即可实现。

此法所测得的是静摩擦系数，即粒子与固体间将发生剪断时的值。粒子处于流动场合时，摩擦状态与此不同。动摩擦系数一般小于静摩擦系数。

（三）固体粒子的流动性

料斗内的物料在理想情况是呈活塞状出料，所有粒子的停留时间均相同。

而由料斗锥形底通过出料口向外出料时，通常很难得到均匀的出料速率，因固体粒子可产生架桥现象，有时在料斗内形成拱状。此外，还会经常遇到料斗中心物料卸出而周壁物料滞留的现象。其结果造成部分粒子在料斗内停留时间过长。

一般来说，粒子在细高料斗中比短粗料斗中的流动性要好，故多采用小锥角的长锥形底的料斗。光滑的壁面可改善料斗的出料特性。

固体粒子的出料速率除了受料斗底部出料口尺寸的影响以外，还与出料口附近粒子膨胀能力有关，只有上部物料压向粒子的力超过出料口附近粒子所能承受的剪切力时才有可能出料。

料层深度超过料斗出口直径 4 倍以上时，固体的出料速率与料斗中的料层深度无关。出料速率正比于出料口的有效直径，成 2.5 次方的关系。有效直径是开孔的实际直径减去 1～1.5 倍的粒子直径。

由 Brown 提出的粒子小孔流出速率公式如下

$$w = \frac{\pi}{4} \rho_s D_{\text{eff}}^{2.5} g^{0.5} \left(\frac{1 - \cos\beta}{2 \sin^3\beta} \right)^{0.5} \tag{1-7}$$

式中，w——粒子的质量流速，kg/s；ρ_s——固体粒子的密度，kg/m³；D_{eff}——开口的有效直径，m；g——重力加速度，m/s²；β——锥形与水平线所夹的锐角，（°）。

在出料口下连接一段与料口直径相同的卸料管可增加粒子的出料速率，对细粉效果更好。如管长与管径之比为 50 时，粗砂的出料速率可增加 15%，而细砂可增加 50%。增加细粉出料速率的另一方法是用压缩空气使出料口附近的粒子发生流态化。

第二节 固体的粉碎

所谓粉碎，即在冲击、压缩、剪切及研磨力的作用下，使固体颗粒发生弹性或韧性破坏的操作。

一、粉碎的目的

制药生产中，常需将固体物料粉碎至一定粒径以供制备药剂使用。粉碎使药物的比表面积增加，有利于药物的溶解、吸收。药物的疗效与粒径的大小有直接关系。

某些固体药剂，诸如片剂、颗粒剂、胶囊剂等，往往需要数种物料进行混合。如将各种物料颗粒粉碎成粒径相近、甚至相同的细粒，更加易于混合均匀。最终制得的药品剂量更为准确，药效、质量更为稳定。

粉碎后的中药或动物腺体，其有效成分更易于提取。由于溶剂与固体间接触面积的增大，以及溶剂穿透距离的减小，缩短了药剂有效成分提取的时间。同理，一些液体药剂所需的固体药物溶解过程，亦因经粉碎使其溶解速率加快而缩短。

在固体制剂的制粒等操作中，如预先将原料适当粉碎，则更易于制粒，颗粒及片子的机械强度也会因此而提高。

对混悬型液体药剂中的固体粒子，减小粒径可明显提高其分散性、稳定性等物理性质。

针对药物制剂中的不同剂型，《中华人民共和国药典》（简称中国药典）作出的固体粒径相关规定见表1-4。为方便区分固体粒径的大小，中国药典还将固体粉末简单地分为六级，其规定见表1-5。

表1-4　中国药典关于固体粒径的规定

剂型	规　定
混悬型注射液药物	粒度应控制在 $15\mu m$ 以下，$15\sim20\mu m$（个别 $20\sim50\mu m$）者不应超过 10%
静脉用乳状液型注射液药物	90% 的分散相球粒粒度应控制在 $1\mu m$ 以下，不得有大于 $5\mu m$ 的球粒
混悬型滴眼剂	大于 $50\mu m$ 的粒子不得超过 2 个，且不得检出大于 $90\mu m$ 的粒子
混悬型眼用半固体制剂	大于 $50\mu m$ 的粒子不得超过 2 个，且不得检出大于 $90\mu m$ 的粒子
散剂	通过七号筛的粉末质量，应不低于总质量的 95%
颗粒制剂	不能通过一号筛（$2000\mu m$）与能通过五号筛（$180\mu m$）的粒子总和不得超过供试量的 15%
混悬型软膏剂	不得检出粒径大于 $180\mu m$ 的粒子
凝胶剂	不得检出粒径大于 $180\mu m$ 的粒子

表1-5　中国药典关于固体粉末的六级规定

级别	规　定
最粗粉	全部通过一号筛，内混能通过三号筛的粉末不超过 20%
粗粉	全部通过二号筛，内混能通过四号筛的粉末不超过 40%
中粉	全部通过四筛号，内混能通过五号筛的粉末不超过 60%
细粉	全部通过五号筛，其中能通过六号筛的粉末不少于 95%
最细粉	全部通过六号筛，其中能通过七号筛的粉末不少于 95%
极细粉	全部通过八号筛，其中能通过九号筛的粉末不少于 95%

二、粉碎的机理

粉碎时，对物料的作用力主要有冲击、压缩、剪切、研磨等，一般情况下，上述几种力往往联合作用于物料。通常，粗碎以冲击力与压缩力为主，细碎以剪切力与摩擦力为主。

在外力的作用下，物料的内部可产生压缩、拉伸、剪切等各种应力。在应力超过临界值（一般为弹性极限）时物料破碎或发生塑性变形，当塑性变形达到一定程度后破碎。物料在弹性变形范围的破碎称为弹性破坏（或脆性破坏），塑性变形之后的破坏称为韧性破坏。

理论上，在外力作用下，物料内部的应力超过其本身分子间引力，物料才能破碎。但因物料内部构造上存在固有缺陷，物料破碎时实际的破坏强度有时仅是理论破坏强度的 $1‰\sim1\%$。

脆性破坏一般显示于物料内部存在的微小裂缝，当裂缝处产生的应力集中超过了物料的破坏强度即引起破碎。

在物料的破坏中，外力首先作用于物料的突出点上，局部产生很大的应力和温度，迅速导致内部生成多处小裂缝，随着裂缝的成长、传播，最终使物料破碎。

细粉研磨需要很大能量，其中一些用于产生新的表面，而更多的能量则用来产生新的裂纹。

粉碎机中的物料只有一部分因受到足够的外力而破碎，但另一些物料因接受的外力不足而不能破碎。其余的能量消耗在未粉碎粒子的弹性变形，物料在粉碎室内的迁移，粒子之间及粒子与粉碎机之间的摩擦生热、振动与噪声，电机与传动装置的损耗等方面。所以，粉碎机的效率很低（仅有 0.1%～0.2%）。

如物料粉碎时的受力变形未超过弹性极限，则只能产生弹性变形，当外力移去后物料又恢复到原来状态，变形机械能以热量显现出来。若物料的受力变形超过弹性极限，则物料将发生塑性变形，当超过断裂极限，则物料破碎，所释放的能量一部分作为新的表面能量，其余的能量表现为热量。

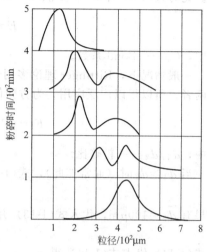

图 1-9　粉碎中的粒径频率曲线变化

粉碎过程粒度的变化情况如图 1-9 所示。图中粒度的分布以被粉碎物料的粒径关于粉碎时间的函数表示。原始的粒度分布呈比较宽的单峰型，随着粉碎时间的延长，该峰逐渐减小并且在左侧产生第 2 个峰。随着生成小粒子的增多，第 2 个峰逐渐增高，直至第 1 个峰消失。此时，只剩下一条单峰曲线。

如以图 1-9 下端的初始线为物料的粒径频率曲线，以其顶端的终态线为粉碎产品要求的粒径频率曲线，则可将物料试样在粉碎机中按不同的时间进行粉碎并作出其频率曲线，直至与终态线重合为止。此时将所有粉碎时间加在一起，即可得出该物料最适宜和最经济的粉碎条件——最佳粉碎操作时间。

三、粉碎的能量定律

（一）能量理论

实验证明，粉碎中粒径变化所需要的能量符合 Lewis 定律：

$$\frac{dE}{dd} = -Cd^{-n} \tag{1-8}$$

式中，E——粉碎单位质量物料所需的能量，kJ/kg、kW·h/t；d——物料的粒径，μm、mm 等；n——与物料性质及粉碎方式有关的常数；C——积分常数（单位取决于 E、d）。

（二）能量计算

1. Rittinger 方程

该方程依据 Rittinger 理论（表面积理论）：粉碎所需的能量与新产生的表面积成正比。此时式(1-8)中，$C = C_R$，$n = 2$，代入积分并整理得

$$E = C_R\left(\frac{1}{d_2} - \frac{1}{d_1}\right) \tag{1-9}$$

式中，C_R——Rittinger 系数。

2. Kick 方程

该方程依据 Kick 理论（体积理论）：粉碎所需的能量与粉碎前后粒子的粒径之比成对数

比例。此时式(1-8) 中，$C=C_K$、$n=1$，代入、积分并整理得

$$E = C_K \ln\left(\frac{d_1}{d_2}\right) \qquad (1\text{-}10)$$

式中，C_K——Kick 系数。

3. Bond 方程

该方程依据 Bond 理论：粉碎所需的能量与粉碎后粒子表面积与体积之比的平方根成正比。此时式(1-8) 中，$C=C_B$、$n=3/2$，代入积分并整理得

$$E = C_B\left(\frac{1}{\sqrt{d_2}} - \frac{1}{\sqrt{d_1}}\right) \qquad (1\text{-}11)$$

式中，C_B——Bond 系数。

一般情况下，Rittinger 理论多用于细碎，Kick 理论多用于粗碎。由于 Bond 理论综合了前两者，所以得以广泛应用。为方便使用，需作一些简化。式(1-11) 经整理可变成下式：

$$E = (C_B/\sqrt{d_2})\left(1 - \frac{1}{\sqrt{d_1/d_2}}\right) \qquad (1\text{-}12)$$

式中，d_1/d_2——粉碎比。

当 $d_1 \gg d_2$ 时（通常如此），式(1-12) 简化为

$$E = (C_B/\sqrt{d_2}) \qquad (1\text{-}13)$$

如果有 $d_2 = 100\mu m$，代入式(1-13) 并整理得

$$C_B = 10E_i \qquad (1\text{-}14)$$

将式(1-14) 代入式(1-11) 得

$$E = 10E_i\left(\frac{1}{\sqrt{d_2}} - \frac{1}{\sqrt{d_1}}\right) \qquad (1\text{-}15)$$

式中，d_1，d_2——粉碎前后粒子的粒径，μm；E_i——功指数，kJ/kg、kW·h/t。

E_i 的物理意义为：将单位质量某物料从较大粒径粉碎至 $100\mu m$ 所需的能量。对不同的物料，其值可由试验测得。计算中，对没有功指数的物料，也可用硬度相近物料的已知值代替。表 1-6 中列出的是几种常见物料的功指数。

表 1-6 常见物料的功指数

物料名称	玻璃	黏土	煤	石英	焦炭	石墨
E_i/(kJ/kg)	12.7	28.2	45.1	50.7	82.1	182.7

【例 1-1】 某片剂车间粉碎岗位有 300kg 待处理物料，硬度与黏土相近。如将其从 $150\mu m$ 粉碎至 $20\mu m$。略去其他能耗，计算所需能量（kW·h）。

解：根据 $E = 10E_i\left(\dfrac{1}{\sqrt{d_2}} - \dfrac{1}{\sqrt{d_1}}\right)$ kJ/kg，式中 $d_1 = 150\mu m$，$d_2 = 20\mu m$。由表 1-6 查黏土功指数 $E_i = 28.2$kJ/kg，代入上式得

$$E = 10 \times 28.2 \times \left(\frac{1}{\sqrt{20}} - \frac{1}{\sqrt{150}}\right) = 40\text{kJ/kg}$$

粉碎 300kg 物料所需能量为 $300 \times 40 = 12000$kJ，换算 1kJ = 1k(J/s)·s = 1kW·(1/3600)h = 1/3600kW·h，所以

$$12000\text{kJ} = 12000 \times (1/3600) = 3.33\text{kW·h}$$

即完成此操作所需的粉碎能量为 3.33kW·h。

四、粉碎操作

（一）自由粉碎与闭塞粉碎

粉碎机内物料的滞留对粉碎效果影响很大。在粉碎过程中，若将达到规定粒度的细粉及时移出，则称为自由粉碎。反之，若细粉始终保持在粉碎系统中，则称为闭塞粉碎。在自由粉碎过程中，细粉的及时移出可使粗粒有充分的机会接受机械能，因而粉碎设备所提供的机械能可有效地作用于粉碎过程，故粉碎效率较高。而在闭塞粉碎过程中，由于细粉始终保持在系统中，并在粗粒间起到缓冲作用，要消耗大量的机械能，导致粉碎效率下降，同时产生大量的过细粉末。

用于自由粉碎的设备都装有筛网或筛板，而用于闭塞粉碎的设备则没有。一般情况下，闭塞粉碎只适于小量物料并需要一次性完成的粉碎操作。

（二）循环粉碎与开路粉碎

在粉碎产品中存有尚未充分粉碎的物料，需经筛选将过大的物料筛出返回并进行再次粉碎，这种操作为循环粉碎，如图 1-10（a）所示。若物料只通过设备一次，则称为开路粉碎，如图 1-10（b）所示。

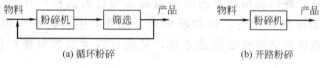

图 1-10　循环粉碎与开路粉碎

循环粉碎通常由粉碎机和筛组成的机组完成，而开路粉碎则由粉碎机单独完成并限于在要求不高的粉碎操作中采用。

（三）干式粉碎与湿式粉碎

通过干燥处理，使药物中的含水量降至一定限度后再进行粉碎的方法，称为干式粉碎。

在采用球磨机粉碎的操作中，物料粉碎至一定粒径以下时，内壁及球的表面会黏附一层微小粒子，减弱了粉碎中的冲击作用，使操作变得无效。在此场合可加入液体形成浆状物料，确保粉碎得以进行，此种加入液体的粉碎方式称为湿式粉碎。湿式粉碎还可用于粉碎刺激性较强的物料、有毒药物及对产品细度要求较高的药物。

对热敏性物料，在采用干式粉碎操作时要限制其干燥温度的上限；而对湿敏性物料，不宜采用湿式粉碎。

（四）低温粉碎

利用物质在低温下脆性较大的特点，将物料或粉碎机进行冷冻后再用于粉碎的方法称为低温粉碎。

低温粉碎可采用将原料冷冻或使干冰、液态空气、液氮等与物料混合的方式进行，也可通过向粉碎机夹层通入冷冻剂来实现。

对于粉碎热敏性、热塑性、强韧性、挥发性及软化点或熔点较低物料的场合，均可采用低温粉碎。

由于低温粉碎操作成本较高，不宜用于低价值物料的粉碎。

（五）混合粉碎

将两种或两种以上物料混合后再粉碎的操作方法称为混合粉碎。将单独粉碎时必须在低温下进行的热塑性物料与非热塑性物料混合粉碎，可克服前者的粘壁及附聚现象。但由于各种物料的硬度、混合比有所不同，混合粉碎时各种物料的粉碎程度可能会有差别，所得粒径可能不大一致。

为减少粉碎过程物料的黏附及附聚现象，可在物料中加入少量添加剂（或称粉碎助剂）。例如在干式粉碎中加入硬脂酸镁、硬脂酸锌等硬脂酸金属盐、粉状无水硅酸或含水硅酸等；在湿式粉碎中加入水、表面活性剂等。

由于吸附作用而使表面能降低及粉碎助剂分子的楔入效应等，可能会使粉碎助剂的作用变得不大明显。

另外，混合粉碎不能用于非同一配方物料的粉碎。

（六）超微粉碎

普通的粉碎方法可将固体药物粉碎至 $75\mu m$ 左右，而超微粉碎则可将固体药物粉碎至 $5\mu m$ 左右。中药材的细胞直径一般在 $10\sim100\mu m$，运用超微粉碎技术，可以将原生药粉碎至 $5\sim10\mu m$ 以下，对一般药材细胞的破壁率可达 95% 以上。对中药材的超微粉碎又称为细胞级的微粉碎，是一种以动植物类药材细胞破壁为目的的粉碎操作。所得细胞级微粉制成的中药称为细胞级微粉中药，即微粉中药。此外，中药材在细胞级的超微粉碎中，与细胞尺寸相当的虫卵也会因破壁而被杀死，从而可减少虫害对药材的影响，降低中药的毒副作用。

五、粉碎机

（一）粉碎机的分类

粉碎机的分类方法很多，最普遍的一种是按产品粒度进行分类。由数毫米至数十毫米为粗碎设备，数百微米的为中碎设备，数百微米至数十微米的为细碎设备，而数微米以下的则为超细碎设备。

也可按物料粉碎中所受的外力将粉碎机分类：以压缩力为主的为压缩型粉碎机，以冲击作用为主的为冲击型粉碎机，以剪断力作用于物料的为剪断型粉碎机，以磨削作用于物料表面层的为摩擦型粉碎机等。

还可按粉碎机构造特征分类：如颚式、偏心旋转式、滚筒式、锤击式、流能式粉碎机等。

每种粉碎机都有其特点及适用范围，选择中要从工艺要求及物料性质两方面考虑。

（二）冲击式粉碎机

在冲击式粉碎机的高速转轴上安装有固定或可运动的部件，对物料主要作用为冲击力。在制药工业里，物料的中碎至超细碎操作中几乎皆可使用。冲击作用可使脆性物料得到很好的粉碎，粉碎部件的边缘锋刃亦可粉碎韧性物料。常见冲击式粉碎机有锤击式、轴流式及回转盘式等。

1. 锤击式粉碎机

一般由进料器、衬（牙）板、锤头、筛网、圆盘等部件组成。其结构如图 1-11 所示。在旋转的圆盘上安装有数个可自由摆动的锤头，机壳内的上部装有可更换的牙板，下部装有筛板。工作时，物料从锤头高速旋转的侧向投入，高速旋转的圆盘带动其上的T形锤对固体药物进行强烈锤击；物料经过锤头的冲击、锤头边缘的切割以及衬板的撞击等被粉碎；粉碎后的微细颗粒通过底部的筛孔出料，粗料被筛网截留机内继续粉碎。产品的粒径与锤头旋转速度及筛板孔径有关。转速如低于某一临界速度时，锤头不能起到冲击作用。显微镜下所形成的粒子呈球状，说明粉碎主要是摩擦作用（冲击所形成的粒子呈不规则形状）。机底的筛由金属板开孔而成，被粉碎粒子的运动受离心力与重力的双重影响。粒子通过筛孔时，粒径一般要小

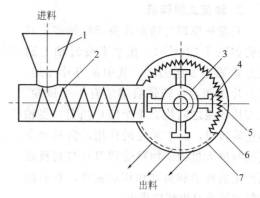

图 1-11 锤击式粉碎机
1—加料斗；2—螺旋加料器；3—转盘；
4—锤头；5—衬板；6—外壳；7—筛板

于筛孔的尺寸。转轴转速越高，所获粒子的粒径越小。在转速和孔径一定的条件下，筛子的厚度越厚，所得粒径也越小。如图 1-12 所示。圆孔形筛子强度高，但易堵塞，多用于纤维粉碎。人字形开孔多用于结晶物料，若其开孔宽度等于圆孔直径，则所通过的物料粒度会比圆孔大。人字形开孔不宜用于纤维物料，因纤维可产生顺缝隙阻塞，致使所得粒径不均。

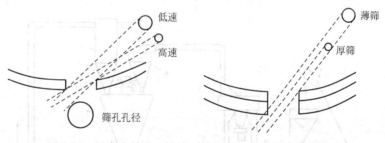

图 1-12 锤击式粉碎机转速、筛板厚度对产品粒径的影响

锤击式粉碎机的优点是结构紧凑，操作安全，维护方便，粉碎能耗小，生产能力大，且产品粒度比较均匀。缺点是锤头易磨损，筛孔易堵塞，过度粉碎的粉尘较多。锤击式粉碎机常用于脆性药物的中碎或细碎，但不适用于黏性固体药物的粉碎。

实际生产中，会发生粉碎产品不合格（粒径增大）和产量下降的情况，应根据锤击式粉碎机的工作原理加以分析判断。

影响粒径增大有两方面问题：一是转盘转速下降造成的锤头打击力下降，颗粒在重力作用下垂直运动增强；二是筛板受损变薄，在颗粒运行方向上的孔径增大，大颗粒自然会漏跑出来混入产品中。解决第一个问题，需要找出影响转速下降的原因并给予解决，如电机与转盘之间的传动机构松动（固定螺栓松动，轴间距变小）或老化（皮带轮的皮带松动、老化，产生打滑丢转）等；解决第二个问题，则需要更换筛板。

影响产量下降也有三方面的问题：一是锤头磨损，造成有效打击的频率下降，产量自然下降；二是衬板上的板牙磨损，剪切和冲突的效果下降，产量自然也会下降；三是部分筛孔受堵，合格粒子不能迅速排除。解决第一个问题，需要更换锤头；解决第二个问题，需要更换衬板；解决第三个问题，需要清理筛板。

2. 轴流式粉碎机

其粉碎原理与锤击式粉碎机相似，其结构如图 1-13 所示。在水平旋转轴上通过刀盘固定 5 组刀片，其中正刀片 4 组，斜刀片 1 组，在转轴后端装有 1 个风轮。正刀片各组之间均有 1 个圆形挡盘，当轴高速旋转时，由于风轮的作用，物料和空气同时进入机内。物料受到刀片与衬板之间产生的冲击和剪切作用而粉碎，然后由空气夹带着自出料口排出。

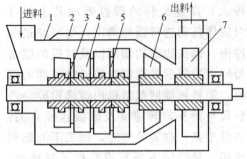

图 1-13 轴流式粉碎机
1—壳体；2—水冷夹套；3—刀盘；
4—正刀片；5—挡盘；6—斜刀片；7—风轮

轴流冲击式粉碎机所粉碎物料的粒度可以由调节刀片与衬板之间的间隙来调整。由轴流式粉碎机所组成的粉碎机组如图 1-14 所示。物料由斗式提升机 1 提升并投入到储料斗 2 中。电磁振动给料器 3 将物料连续定量地加入粉碎机 4 进行粉碎。被粉碎的物料由空气夹带进入圆盘筛 5。细粉与空气通过圆盘筛进入旋风除尘器 6 进行分离。未被分离的细粉在脉冲布袋除尘器 8 中进一步分离，净化的尾气由引风机 9 排空。由旋风除尘器及布袋除尘器所分离出的细粉在混合槽 7 中混合，再由电磁振动卸料器 10 出料。被圆盘筛 5 分离出的粗粒子重复进入粉碎机被再次粉碎。

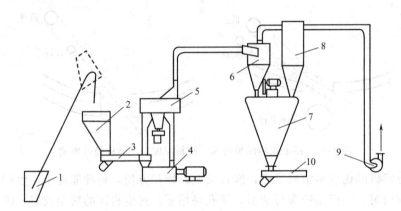

图 1-14 粉碎机组
1—斗式提升机；2—储料斗；3—电磁振动给料器；4—粉碎机；5—圆盘筛；
6—旋风除尘器；7—混合槽；8—脉冲布袋除尘器；9—引风机；10—电磁振动卸料器

该机适用于化学药品、中成药材及纤维质物料（如植物根茎）等的粉碎。

3. 回转盘式粉碎机（常称万能粉碎机）

万能粉碎机主要由回转盘、固定盘及筛板等组成，其结构如图 1-15 所示。

该机在高速旋转的圆形转盘上固定有若干运动冲击柱。与回转盘相对应的是固定盘（一般以粉碎机的盖板作为固定盘），固定盘上装有固定冲击柱，且与转盘上的冲击柱交错排列，如图 1-15 所示。

工作时，物料由加料斗 5 加入，从机器中心部位沿水平轴 3 进入粉碎机。在离心力的作用下，物料被甩向外壁，由内到外，不断被各圈运动与固定冲击柱 4、6 粉碎，越到外圈，冲击柱的圆周速度越大，物料所受的冲击力也越大。物料最后达到外壁，细粉经环形筛板 2

由粉碎机底部出粉口 1 出料。

操作时，应先开启机器空转，至高速转动后再加物料，以免因药物固体阻塞于钢柱之间而增加电机的启动负荷。

回转盘式粉碎机的优点是适用范围广，适宜粉碎各种干燥的非组织性药物，如中草药的根、茎、皮及干浸膏等，但不宜粉碎腐蚀性、剧毒及贵重的药材。此外，由于粉碎过程会发热，也不宜粉碎含有大量挥发性成分或软化点低且黏性较大的药物。

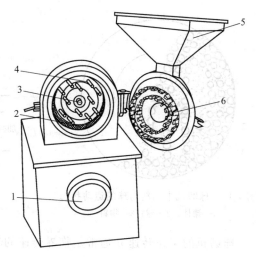

图 1-15　回转盘式粉碎机
1—出粉口；2—环形筛板；3—水平轴；
4—运动冲击柱；5—加料斗；
6—固定冲击柱

4. 球磨机

球磨机是一种常用的细碎设备，在制药工业中有广泛的应用。球磨机的主要部件是一个水平放置、内装瓷制或钢制圆球的圆筒——球磨罐。球磨罐由传动轴带动旋转，如图 1-16（a）所示；也可靠胶轮与罐体之间的摩擦力旋转，如图 1-16（b）所示。球磨的粉碎作用如图 1-17 所示。若球磨罐缓慢转动时，球在罐内阶梯式地滚落，物料的粉碎主要是靠球体间摩擦力的作用。

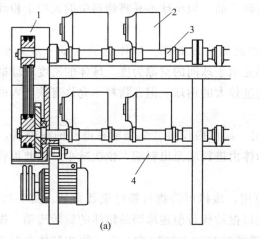

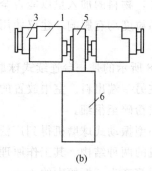

图 1-16　小型球磨机
1—球磨罐；2—套筒；3—减速机；4—机座；5—胶滚；6—机架

转速提高后，球体受罐壁摩擦力拖拽而被抛升至空中，呈抛物线自由落下后砸向物料，物料此刻的粉碎是冲击与摩擦力联合作用的结果。粉碎过程中，研磨效果随转速增大而下降，如转速过大，不仅会加剧罐内壁的损伤，还容易造成球体的破碎。若转速增大至某临界值时，离心力将起主导作用，球和物料在离心力的作用下随罐体一起旋转，从而失去对物料的粉碎作用。

球体开始跟随罐体旋转的转速称为罐体的临界转速，可由式（1-16）求得：

$$n_c = \frac{0.705}{\sqrt{D}}$$

(1-16)

式中，n_c——临界转速，r/min；D——罐体直径，m。

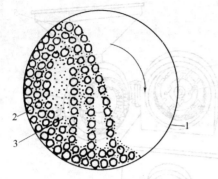

图 1-17　球磨机中物料与球的运动状态
1—罐体；2—球；3—物料

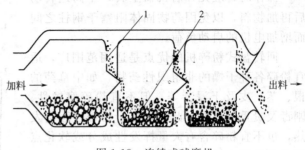

图 1-18　连续式球磨机
1—带筛孔的壁面；2—球

球磨机的工作转速 n 通常是临界转速的 $60\%\sim85\%$。一般取：

$$n=\frac{0.51}{\sqrt{D}} \tag{1-17}$$

通过改变球径，可以得到不同粒径的产品。一般认为，最适宜球径 D_E 应与物料粒径 d 呈如下关系：

$$D_E=Kd^{0.5} \tag{1-18}$$

对软质物料 $K=35$；对硬质物料 $K=55$。

使用小直径的球可得较小粒径的粉碎产品，但小球不易将物料中的大粒子粉碎，因而生产能力较低。

加料量过多或过少，均会影响球磨机的粉碎效果。球体的装入量一般为罐内容积的 $30\%\sim50\%$，物料的加入量以能否全部充填于球间的空隙为度。球体的密度对球磨机的生产能力及产品粒度均有影响，建议使用密度较大的钢球。但在物料不允许有铁混入的场合须使用瓷球。

图 1-18 所示的是一台连续式球磨机。罐体内设有 3 个侧壁有筛孔的粉碎室，物料由一端加入，在另一端出料。室中放置的球体由进料端至出料端，依次减小，借此可将较大粒径的物料依次粉碎至很细。

近来小型振动式球磨机得到广泛应用，该机可将物料粉碎至数微米。图 1-19 所示为振动式球磨机的两种结构。其工作原理是以振动代替前述球磨的罐体的旋转运动。振动由偏心振动块和弹簧产生，振幅大约 4mm，频率为 $1500\sim2500$ 次/min。罐内球体在振动下自器底以抛物线轨迹向上运动，在其落下时与上升的球体相遇，故其粉碎作用仍属于冲击压缩型粉碎。

与普通球磨机相比，振动式球磨机粉碎速度快，适用于物料的细碎。但其构造复杂，对机械部件的强度和加工要求较高，不易大型化。与罐体只有上下运动的振动球磨相比，既有纵向运动又有横向运动的振动球磨粉碎速度更快，故罐体以螺旋状回旋振动为优。

对于少量物料的快速粉碎，可采用高速回转球磨机，其结构型式见图 1-20。在工作盘 1 上装有 4 只球磨罐 2，当工作盘旋转时，带动球磨罐围绕同一轴心作自转运动。在离心力的作用下，罐内的球体不断将物料粉碎。由于工作盘旋转，球磨罐可以在比临界转速高得多的转速下旋转，故粉碎时间可由数十小时缩短至数十分钟。这种球磨机粉碎效率较高，但结构复杂且仅适宜于少量物料的细碎。

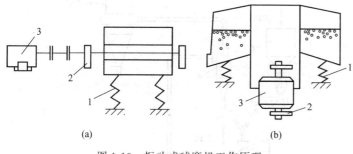

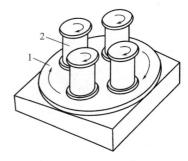

图 1-19　振动式球磨机工作原理

1—弹簧；2—振动块；3—电机

图 1-20　高速回转球磨机

1—工作盘；2—球磨罐

球磨机结构简单，运行可靠，无需特别管理且可密闭操作，因而操作粉尘少，劳动条件好。球磨机常用于结晶性或脆性药物的粉碎。密闭操作时，可用于毒性药、贵重药以及具有吸湿性、易氧化性和刺激性药物的粉碎。球磨机的缺点是体积庞大，笨重；运行时有强烈的振动和噪声，需有牢固的基础；工作效率低，能耗大；此外，研磨介质与罐体衬板的损耗较大，需要定时检修。

5. 流能磨

利用高压气体自喷嘴喷出的动能将粒子加速，使粒子之间或粒子与器壁间碰撞而将物料粉碎的设备称流能磨。工作气体可采用压缩空气或高压过热蒸汽。流能磨适用于物料的细碎或超细碎，特别是由于焦耳-汤姆逊冷却效应，在粉碎过程中温度几乎不升高是流能磨的一个特点，因而适用于热敏性药物，如抗生素、酶等的粉碎。流能磨的主要缺点为能耗较大，故物料应预先在其他粉碎设备预粉碎后再采用流能磨细碎。

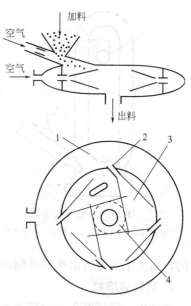

流能磨型式较多，图 1-21 为微粉磨的工作原理。在空气室 1 内壁装有数个喷嘴 2，高压空气经喷嘴高速喷入粉碎室 3，物料由加料口被空气引带进入粉碎室，再被由喷嘴喷出的高速气流吸入并被加速到 $50 \sim 300 \mathrm{m/s}$。物料因受到高速气流的剪切及粒子间的相互撞击作用而被粉碎。被粉碎粒子到达靠近内管的分级蜗 4 处，较粗粒子再次被气流吸引并继续被粉碎，空气夹带细粉通过分级蜗由内管出料。

图 1-21　微粉磨

1—空气室；2—喷嘴；

3—粉碎室；4—分级蜗

微粉磨的流程如图 1-22 所示。压缩空气由压缩机 1、经空气冷却器 2、空气贮罐 3、过滤器 4 等，在分水、分油及除尘后成二路进入微粉磨 5。物料由料斗 6 经定量加料器 7 被压缩空气引射进入微粉磨。粉碎后的微粒由底部出口管进入旋风分离器 8 得到成品。若需重复粉碎，可通过旁通管重新进入微粉磨，直至粒度达到要求为止。尾气进入脉冲袋滤器 9 捕集细粉后放空。

如图 1-23 所示的轮形流能磨是流能磨的另一种型式。物料被压缩空气引射进入磨的下部，压缩空气通过喷嘴 2 进入粉碎室 3，物料被高速气流带动在粉碎室内上升的过程中相互碰撞或与器壁碰撞而粉碎，压缩空气夹带细粉由出料口 4 进入旋风分离器及袋滤器，较大颗

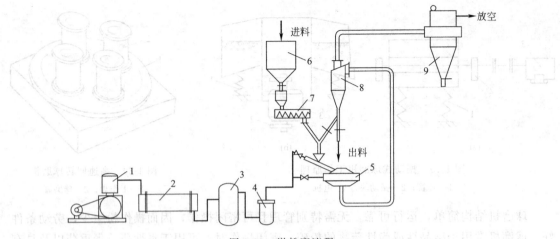

图 1-22　微粉磨流程

1—压缩机；2—空气冷却器；3—空气贮罐；4—过滤器；5—微粉磨；
6—料斗；7—定量加料器；8—旋风分离器；9—脉冲袋滤器

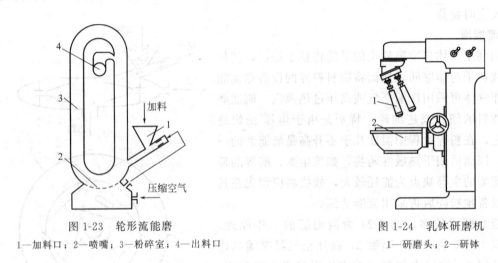

图 1-23　轮形流能磨

1—加料口；2—喷嘴；3—粉碎室；4—出料口

图 1-24　乳钵研磨机

1—研磨头；2—研钵

粒的物料由于离心力沿磨的外侧而下，重复被粉碎为细小颗粒。

6. 乳钵研磨机

研钵内，靠研磨头的回转运动将物料粉碎，并可用干磨或水磨方法操作。其粉碎作用主要是靠研磨头的摩擦，设备适用于少量物料的细碎或超细碎。目前多应用于中药材细料（麝香、牛黄、珍珠、冰片等）的研磨和各种中成药药粉的套色及混合等。其缺点是粉碎效率较低。

乳钵研磨机的构造示于图 1-24，研磨头 1 在研钵 2 内沿底壁作一种既有公转又有自转的有规律的研磨运动，并依此将物料粉碎。其公转、自转转速分别为 100r/min 和 240r/min。操作时将物料置于研钵后将研钵上升至研磨头接近钵底，调整好位置即可进行操作。研钵通常具备升降和翻转功能，研磨及卸料都很方便。

固体粉碎操作已在国民经济的许多部门得到广泛应用，相关的要求也不尽相同。表 1-7所示为物料性质与粉碎方式的关系。对于制药工业而言，所使用的粉碎设备还应注意如下的特点：

表 1-7　物料性质与粉碎方式的关系

物料性质	粉碎方式					
	压缩	冲击	摩擦	冲突	剪断	切断
硬质-脆性	∨∨	∨∨	×	∨∨	×	×
硬质-强韧性	∨∨	∨∨	×	×	×	×
中等硬度	∨∨	∨∨	×	∨∨	∨	×
软质-弹性	×	×	∨∨	×	∨∨	∨∨
纤维质	∨	∨∨	∨∨	×	∨∨	∨∨
不耐热物质	×	∨	∨∨	×	∨∨	∨∨
湿润性-柔软	∨	×	∨∨	×	∨∨	∨∨
软质-脆性	∨∨	∨∨	∨	∨∨	∨∨	∨
软质-强韧性	∨∨	∨∨	∨	∨	∨∨	∨∨

注：∨∨—适宜；∨—有条件的适宜；×—不适宜。

① 对粉碎产品的质量要求高，故粉碎设备的材质应尽量采用防腐材料，应选用对粉碎产品无污染并符合药品生产质量管理规范（GMP）要求的设备；

② 同时规定粒径的上、下限，并且粒径分布范围较窄；

③ 较多情况为小批量、多品种生产，且品种更换频繁；

④ 由于有机化合物熔点较低，粉碎过程中产生的温升可使物料发生熔融现象；

⑤ 物料中不耐热及不稳定的有机物较多，粉碎中的发热及由粉碎造成的物料比表面积增大会降低其化学稳定性；

⑥ 粉碎柔韧性较大的动植物性物料时，由于物料对粉碎的抵抗力较大，即使重复粉碎也很难得到细小的粉末。

不同粉碎方式的粉碎机性能及其适用范围如表 1-8 所示。

表 1-8　不同粉碎方式的粉碎机性能及其适用范围

粉碎方式	作用力	产品粒径/μm	用途	不适用于
剪切	剪切	180～850	纤维质、天然动植物药	脆性物料
旋转式	冲击、摩擦	75～850	耐磨材料	软质物料
锤击式	冲击	45～4000	几乎所有药物	耐磨物料
滚筒式	压缩	75～850	软质材料	耐磨物料
摩擦式	摩擦	75～850	软质与纤维质物料	耐磨物料
流能磨	冲击、摩擦	1～30	适度的硬质及脆性材料	软质及黏性物料

第三节　筛　　选

所谓筛选，即借助于筛，将粒径不同的物料分离为粒径较均匀的两部分或两部分以上的操作。经筛选后的物料粒径分布范围变小、粒径趋于均匀一致，有利于多种制剂操作。

制药工业所用的原、辅料以及各工序的中间产品，大多需要通过筛选进行分级，以获得粒径相对均匀的物料。物料分级对药物制造及提高药品质量更是一个不可或缺的操作，如粒径均匀的两种物料相互混合，更易获得均匀一致的混合物；药物的粒径分布对片剂产品质量，如片剂硬度、片重差异以及裂片率等均有影响。所以，片剂制造过程中的颗粒、药粉等均需利用筛选进行分级。

制药工业所用的筛网多由金属丝（铁、铜、不锈钢或钛合金等）、尼龙丝或蚕丝编织而成，筛网的标准如第一节所述。

虽然标准上的最高目数为 400（38μm），但实际上很少用到 150 目以上的筛网。筛孔过细，筛网强度很低；而粒子过细，附着性很强、受重力影响很小，很容易堵网，操作起来十分困难。

利用筛选法，一般可分出 53μm（270 目）的固体粒子。

一、筛选的目的

制药工业的筛选操作大致有如下目的：

① 筛出粗粒　从原料中筛除少量粗粒或异物等，见图 1-25（a）；
② 筛出细粉　从原料中筛除少量细粉或杂质等，见图 1-25（b）；
③ 整粒　从原料中筛除粗粒及细粉，留取粗、细筛网之间的筛分，见图 1-25（c）。

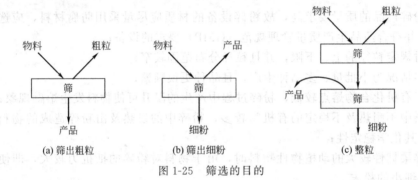

(a) 筛出粗粒　　　　(b) 筛出细粉　　　　(c) 整粒

图 1-25　筛选的目的

二、分离效率

（一）分离程度

筛选操作时，通过孔径为 a 的筛网可将物料分为粒径大于 a、小于 a 的 B、A 两部分。理想分离情况下两部分物料中的粒径各不相混，如图 1-26（a）所示；由于固体粒子的形态不规则，表面状态及密度等又各不相同，所以在实际操作中粒径较大的物料中会残留小颗粒，而粒径较小的物料中也混有大颗粒，如图 1-26（b）所示。

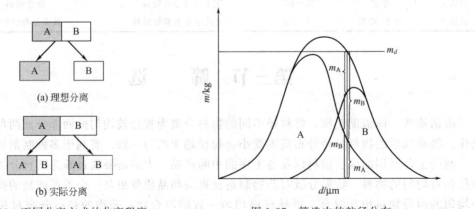

(a) 理想分离

(b) 实际分离

图 1-26　不同分离方式的分离程度　　　　图 1-27　筛选中的粒径分布

单峰型粒度分布曲线的物料经过分级可得粗粒 B 和细粒 A 两份，其分布曲线如图 1-27

所示。图中横轴为粒径，纵轴为质量。

在粒径 $d \sim d + \Delta d$ 范围内，A、B 两份物料质量之和 $m_A + m_B$ 等于分级前该粒径范围物料的质量 m_d。

（二）分离效率

1. 筛选中的物料衡算

系统如图 1-28 所示，其中各符号所代表的意义如下：

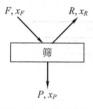

图 1-28　筛选中的物料衡算

F——筛选中处理的物料质量，kg；

P——成品质量，kg；

R——筛余料质量，kg；

x_F——物料中的有用成分质量分数，%；

x_P——成品中的有用成分质量分数，%；

x_R——筛余料中的有用成分质量分数，%。

根据质量守恒原理对系统有：$\sum$ 输入质量 $= \sum$ 输出质量，即

$$F = P + R \tag{1-19}$$

$$Fx_F = Px_P + Rx_R \tag{1-20}$$

2. 与分离效率有关的参数

（1）产品率　产品占物料的质量分数。计算公式可由式(1-19)、式(1-20) 导出：

$$\frac{P}{F} = \frac{x_F - x_R}{x_P - x_R} \tag{1-21}$$

（2）筛余率　筛余料占物料的质量分数。计算公式也可由式(1-19)、式(1-20) 导出：

$$\frac{R}{F} = \frac{x_P - x_F}{x_P - x_R} \tag{1-22}$$

（3）有用成分回收率　产品中的有用成分占总有用成分的质量分数，计算公式：

$$\eta_P = \frac{Px_P}{Fx_F} = \frac{x_P(x_F - x_R)}{x_F(x_P - x_R)} \tag{1-23}$$

（4）无用成分去除率　筛余料中的无用成分占总无用成分的质量分数，计算公式：

$$\eta_R = \frac{R(1 - x_R)}{F(1 - x_F)} = \frac{(1 - x_R)(x_P - x_F)}{(1 - x_F)(x_P - x_R)} \tag{1-24}$$

（5）无用成分残留率　产品中的无用成分占总无用成分的质量分数，计算公式：

$$\eta_Q = \frac{P(1 - x_P)}{F(1 - x_F)} = \frac{(1 - x_P)(x_F - x_R)}{(1 - x_F)(x_P - x_R)} \tag{1-25}$$

或

$$\eta_Q = 1 - \eta_R \tag{1-26}$$

3. 筛的分离效率

筛的分离效率又称筛效率，用符号 η 表示。

（1）筛效率应满足的条件　筛效率应满足以下条件：理想分离 $\eta = 1$；故障分离（包括筛网堵塞、筛网破裂及半堵半裂 3 种情况）$\eta = 0$；实际分离 $0 \leqslant \eta \leqslant 1$。

（2）筛效率的计算　常用的筛效率计算式有两个：

① 牛顿效率 η_N 　　　　$$\eta_N = \eta_P + \eta_R - 1 \tag{1-27}$$

② 有效率 η_E 　　　　$$\eta_E = \eta_P \eta_R \tag{1-28}$$

可以证明，之前的产品率、筛余率、有用成分回收率、无用成分去除率及无用成分残留率并不满足筛效率的条件，而牛顿效率及有效率则全部满足。两式的计算结果有所不同，但差异不大。

【例1-2】 某药品生产中用100目筛去除物料中的细粉，分别用新、旧筛网进行筛选，并对所得产品进行筛分，取得各有用成分的筛分结果见表1-9。试求新、旧筛网的牛顿效率及有效率。

表1-9 有用成分的筛分结果

筛分用筛网规格/目	物料筛分结果 x_F	新筛网		旧筛网	
		成品 x_P	筛余 x_R	成品 x_P	筛余 x_R
35	0.095	0.117	—	0.133	—
42	0.081	0.100	—	0.112	—
48	0.102	0.126	—	0.142	—
60	0.165	0.204	—	0.229	—
65	0.131	0.162	—	0.182	—
80	0.101	0.125	—	0.104	0.093
100	0.095	0.117	—	0.065	0.171
115	0.070	0.029	0.246	0.025	0.186
150	0.047	0.020	0.183	0.008	0.146
170	0.031	—	0.141	—	0.111
200	0.082	—	0.325	—	0.220

解： 根据 $\eta_P = \dfrac{x_P(x_F - x_R)}{x_F(x_P - x_R)}$，$\eta_R = \dfrac{(1 - x_R)(x_P - x_F)}{(1 - x_F)(x_P - x_R)}$，以及 $\eta_N = \eta_P + \eta_R - 1$，$\eta_E = \eta_P \eta_R$

① 对新筛网：$x_P = 0.117 + 0.100 + 0.126 + 0.204 + 0.162 + 0.125 + 0.117 = 0.951$

$x_F = 0.095 + 0.081 + 0.102 + 0.165 + 0.131 + 0.101 + 0.095 = 0.770$

$x_R = 0$

分别代入上述式中得

$$\eta_P = \frac{0.951 \times (0.770 - 0)}{0.770 \times (0.951 - 0)} = 1$$

$$\eta_R = \frac{(1 - 0) \times (0.951 - 0.770)}{(1 - 0.770) \times (0.951 - 0)} = 0.827$$

$$\eta_N = 1 + 0.827 - 1 = 0.827$$

$$\eta_E = 1 \times 0.827 = 0.827$$

② 对旧筛网：$x_P = 0.133 + 0.112 + 0.142 + 0.229 + 0.182 + 0.104 + 0.065 = 0.967$

$x_F = 0.770$

$x_R = 0.093 + 0.171 = 0.264$

同理，分别代入上述式得

$$\eta_P = \frac{0.967 \times (0.770 - 0.264)}{0.770 \times (0.967 - 0.264)} = 0.904$$

$$\eta_R = \frac{(1 - 0.264) \times (0.967 - 0.770)}{(1 - 0.770) \times (0.967 - 0.264)} = 0.897$$

$$\eta_N = 0.904 + 0.897 - 1 = 0.801$$

$$\eta_E = 0.904 \times 0.897 = 0.811$$

三、筛选设备

实际生产中，堵网是影响筛选操作的主要问题之一。筛选设备所用筛网规格应按物料粒径选取。设 d 为粒径、a 为方形筛孔实际尺寸（边长）。通常 $d/a < 0.75$ 的粒子容易通过筛网，$0.75 < d/a < 1$ 的粒子难以通过筛网，而 $1 < d/a < 1.5$ 的粒子很难通过筛网并易堵网。因此对 $0.75 < d/a < 1.5$ 的粒子称为障碍粒子。

（一）振动筛

振动筛有机械振动和电磁振动两种，分别利用机械或电磁方法使筛网发生振动。振动筛具有分离效率高、单位筛面面积处理物料能力大、维修费用低、占地小、重量轻等优点，特别是对细粉的处理能力高于其他型式筛。

为防止细粉堵网问题，可采用超声波振动筛。该筛的筛网振动频率达每分钟数百万次，可用来处理 $40\mu m$ 的细粉。

机械振动筛利用在旋转轴上配置不平衡重锤或具有棱角形状的凸轮使筛产生振动，如图1-29 所示。

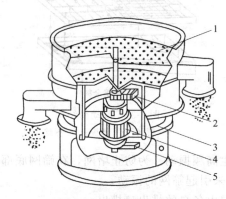

图 1-29　旋转式振动筛

1—筛网；2—上部重锤；3—弹簧；

4—电动机；5—下部重锤

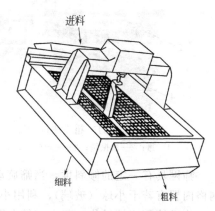

图 1-30　电磁振动筛

电动机 4 的上轴及下轴各装有不平衡重锤，上轴穿过筛网并与其相连，筛框以弹簧支承于底座上。上部重锤使筛网发生水平圆周运动，下部重锤使筛网发生垂直方向运动，所以筛网的振动具有三维性。物料加在筛网中心部位，网上的粗料由上部出口排出，筛分出的细料由下部出口排出。筛网直径一般为 0.4～1.5m，每台可由 1～3 层筛网组成。

电磁振动筛如图1-30 所示。筛框上立起的门形架支撑着电磁振动装置，磁芯下端与筛网相连。筛网的一边装有弹簧，另一边装有衔铁。当弹簧将筛拉紧而使接触器相互接触时，电路接通。此时，电磁铁产生磁性而吸引衔铁，使筛向磁铁方向移动。当接触器被拉脱时，电路断开，电磁铁失去磁性，筛又重新被弹簧拉回。此后，接触器又重新接通而引起第 2 次的电磁吸引，如此往复，使筛网产生振动（原理如学校上下课使用的电铃）。由于筛网的振幅较小，频率较高，因而物料在筛网上呈跳动状态，从而有利于颗粒的分散，使细颗粒很容易通过筛网。振动频率一般约每分钟 3000～3600 次，振幅约为 0.5～1mm。

超声波振动筛如图1-31 所示。目前已在医药领域得到广泛应用。其构造是在传统的旋转式振动筛（简称旋振筛）的筛网上加装一个低振幅、高频率的超声振动波转换装置，该装置先将电能转化为高频电能，再经超声换能器将其转化为 18kHz 机械振动（机械波），从而改善了振动筛对超微细粉体的筛分性能，特别适合高附加值精细粉体的分离操作。其工作原理是通过附加在筛网上的超声振动波（机械波），使超细粉体接受巨大的超声加速度，从而抑制了操作中的堵网因素（如黏附、摩擦、平降、楔入等），提高了筛分和清网的工作效率。

（二）旋动筛

旋动筛的筛框多为长方形或正方形，偏心轴带动其在水平面内绕轴心沿圆形轨迹旋动。回转速为 150～260r/min，回转半径为 32～60mm，其结构如图 1-32 所示。

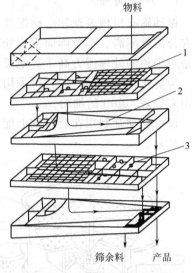

图 1-31　超声波振动筛
1—筛；2—减振簧；3—超声电源；4—机座

图 1-32　旋动筛结构
1—筛网；2—槽板；3—振球

筛网具有一定的倾斜度，当筛旋动时，筛网可产生高频振动。为防止堵网，在筛网底部网格内置有若干小球（玻璃），利用小球撞击筛网底部来引起筛网的振动。

旋动筛可连续操作，粗、细筛分可分别按箭头方向由各自的排出口排出。

（三）滚筒筛

滚筒筛如图 1-33 所示。筛网 1 覆盖在圆筒、圆锥（或六角柱）形筛框上，滚筒与水平面需有 2°～9°的倾角，电机 2 经减速器 3 带动滚筒旋转。物料由加料口 4 加入筒内，筛出的细料可由底部 5 收集，粗料则从出料口 6 排出。

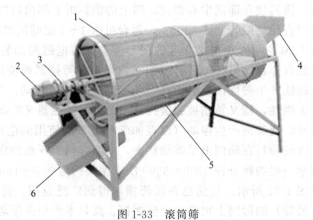

图 1-33　滚筒筛
1—筛网；2—电机；3—减速器；4—加料口；5—底部；6—出料口

为防止物料随筛一起旋转，滚筒筛的转速一般不宜过高，通常为临界转速的 1/3～1/2，即 15～20r/min。

滚筒筛只用于物料的粗选，且不适用于黏性物料。此外，滚筒筛的筛网有效面积要比其他筛小。

（四）摇动筛

如图 1-34 所示，筛网通常为长方形，旋转时保持水平或略有倾斜。操作时，利用偏心轮、连杆机构使其发生往复运动。筛框被摇杆所支撑或以绳索悬吊于框架上。物料加于筛网较高的一端，并借助筛网的往复运动向较低的另一端移动。经该过程后，细料通过筛网落于网下，粗料则在网的另一端排出。

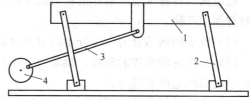

图 1-34 摇动筛
1—筛；2—摇杆；3—连杆；4—偏心轮

摇动筛的摇动幅度为 5～225mm，摇动频率为每分钟 60～400 次。

摇动筛所需功率较小，在完成筛选操作的同时亦可兼作物料输送装置。该设备维修费用较高，且生产能力较低。

第四节 造　粒

一、概述

在制剂生产中，原料药及辅料经粉碎、筛分、混合并制成软材后，还需进一步制成一定粒度的颗粒，即造粒。

一般来说，造粒为下列情况的总称：

① 由粒子的聚集、成形或固体粒子表面被覆等导致的粒径增大；

② 由粒子的聚集物或成形物的碎解而得到较小的粒状物；

③ 由熔融物质的分散冷却固化而得到粒状物等。

广义上，诸如结晶、喷雾干燥、粉碎等也属造粒的范畴，但从单元操作的观点出发，造粒的定义范围不包括上述 3 项操作。

造粒所得粒子的形状、粒度分布、内部构造及硬度等性质会因原料的种类、造粒方法及用途的不同而有所差异。

在制药工业中，片剂的压制，颗粒的制造，丸剂的塑制、泛制以及滴制等，均属于造粒操作。

（一）分类

药品制造所采用的造粒方法大致可分为湿法、干法、喷雾造粒法及熔融液滴制法等。

依据成粒的机制，造粒还可分为强制造粒和非强制造粒。

强制造粒是利用冲模、滚筒、喷嘴等机械，根据物料的性质进行压制、挤出、碎解、喷射等，以达到物料的成形作用。如压片、丸剂成形、制粒、滴丸等。

非强制造粒是依靠材料本身的聚集（被覆）作用，利用造粒设备的旋转、振动、流化、搅拌等，达到物料成形目的。如泛丸、喷雾及转动制粒等。非强制造粒过程中，物料一般在设备内有较长的停留时间。

（二）粉粒间的结合力

粉粒依靠各种聚集因素在造粒时相互结合才能形成一定形状的粒状物。粉粒间的结合力主要有如下几种：

（1）粒子间的结合力　①分子间引力（范德华力）；②静电引力。

（2）自由流动液体的附着、凝集力　①粒子之间的架桥现象所引起的表面张力；②液体在粒子之间的毛细管吸力。

（3）非流动性物质的附着力　①黏合剂的黏合力；②一部分物料（如稠浸膏）的黏合力。

（4）固体形成时的结合力　①固体溶质的再结晶；②粒子间液体被干燥后所形成的固体架桥。

二、湿法强制造粒

湿法强制造粒是指将液体黏合剂与粉状原料混合后通过挤压等外力使其成形的操作方法。

此法既可用于制造较小的颗粒（如颗粒剂、片剂的颗粒等），也可借助切割装置制造较大的粒状物（如丸剂等）。

湿法强制造粒按所用设备可分为压出造粒和摇摆造粒。以下分别对具有代表性的压出造粒设备和摇摆造粒设备进行介绍。

（一）压出造粒

1. 螺旋压出造粒机

螺旋压出造粒机利用在圆形壳体内水平旋转的螺旋推进器将湿料加压，由装在壳体前端或侧面的挤出口压出。图1-35（a）所示的是中药蜜丸成形所用的丸条机，图1-35（b）所示的是压丸机中的压辊，图1-35（c）所示的是物料在丸条机内的压力分布。

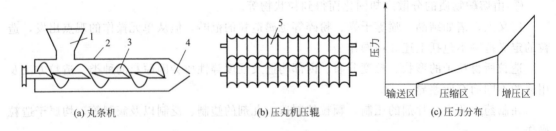

(a) 丸条机　　　　　　(b) 压丸机压辊　　　　　　(c) 压力分布

图1-35　蜜丸成形装置
1—加料口；2—外壳；3—螺旋输送器；4—出料口；5—槽形压辊

丸块由加料口1加入，在螺旋输送器3的推进作用下压力逐渐升高，最后由最前端的出料口4被压成长条并挤出。

丸条到达压丸机上压辊的另一端时，落到槽形压辊5上，利用压辊凹槽上凸起的刃口将丸条压割成丸。

蜜丸的大小与丸条机出料模口尺寸及压辊刃口间距有关，制造不同规格蜜丸时，应调换不同规格的出料模口及压辊。

制药工业还使用一种螺旋式造粒机，如图 1-36 所示。物料由混合室内双螺杆上部的加料口加入，两个螺杆 2 分别被齿轮带动相向旋转，借助螺杆上的螺旋推力，物料被挤入右端的造粒室，在造粒室被压出滚筒 3 搅动，物料通过筛筒 4 上的筛孔完成成粒。该机生产能力大，压力强，适用于多种颗粒的制造。

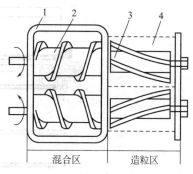

图 1-36　螺旋式造粒机（俯视图）
1—外壳；2—螺杆；3—压出滚筒；4—筛筒

2. 旋转式造粒机及研磨式造粒机

旋转式造粒机如图 1-37 所示。不锈钢制立式圆筒形造粒室 1 内有 2、3 上下两组逆向旋转的叶片。物料由上部加入造粒室，上部的倾料叶片将物料压向下方，下部弯形叶片将物料推向外侧。物料被从造粒室下方的细孔压出成粒，颗粒大小由该细孔直径所定。孔径以 0.7～1mm 为宜，一般不小于 0.5mm，孔径过小会影响造粒效果。本机可将干硬原料研成颗粒，并可用来粉碎已压成药片返工的颗粒。

研磨式造粒机如图 1-38 所示。短圆筒形的可旋转筛框内置有一层圆形筛圈，筛圈内有一压出转子，筛圈与压出转子同向旋转。

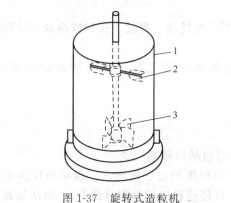

图 1-37　旋转式造粒机
1—造粒室；2—上部叶片；3—下部叶片

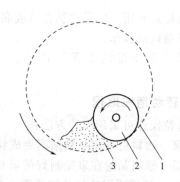

图 1-38　研磨式造粒机
1—筛圈；2—压出转子；3—湿料

湿料投于筛圈内，在同向旋转的筛圈 1 和压出转子 2 的挤压下通过筛孔成粒。制粒的压力可通过调整筛圈与压出转子间的距离来调节。颗粒的粒径可通过更换筛圈（筛孔直径）来调节。

研磨式造粒机的特点是处理能力大、运转可靠，因其筛圈与压出转子同向旋转，故因摩擦而产生的热量较少。

（二）摇摆式颗粒机

摇摆式颗粒机如图 1-39 所示。加漏斗的底部与一个半圆形筛网相连，在筛网内部有一可正反向旋转的七角滚筒，其上固定有若干截面为梯形的"刮刀"（blade）。借助滚筒正反方向旋转时刮刀对湿物料的挤压与剪切作用，物料通过筛网成粒。

摇摆式颗粒机与其他常用颗粒机相比所成的颗粒更加接近球形、表面更为光滑。但是，摇摆式颗粒机也有生产能力较低、对筛网的摩擦力较大、筛网易破损等不足。

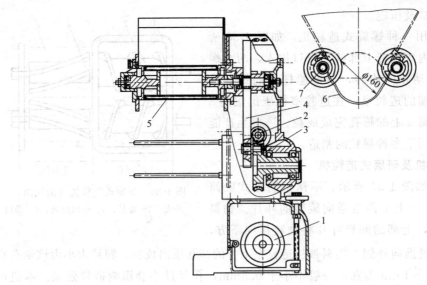

图 1-39 摇摆式颗粒机

1—电机；2—皮带轮；3—蜗轮；4—蜗杆；5—七角滚筒；6—筛网；7—管夹

三、转动造粒

转动造粒是利用一定量的黏合（或润湿）剂，在转动、振动、摇动或搅动下使固体粉末黏附成球形颗粒的操作。

转动造粒属于湿法非强制造粒。中药水丸或水蜜丸制造中的转动造粒操作称为泛制。

（一）转动造粒原理

转动造粒操作可采用两种方法：

① 附聚　物料粉末相互黏结附聚成粒，同时包括母核的生成。

② 包层　原料黏附在事先制好的母核上，颗粒体积逐层地增大。包层操作需事先制造母核（起模），然后逐层喷加液体并撒入药粉，以使药粉逐层黏附（泛制）。每次加粉量需适宜，以防止产生新的母核。

包层操作所得球体粒径较附聚法均匀，但原料中的含水量要求较低。水丸泛制的母核制造过程属于附聚操作，成丸过程属于包层操作。

固体粒子黏附长大的机理如图 1-40 所示。液体将粒子湿润并附于其表面。由于液体的黏合力，固体粒子相互黏附成颗粒。颗粒转动中，自颗粒外侧压出过剩的液体，这些表面液体可继续将另外的粒子黏附，如此逐渐长大成致密的球形粒子。

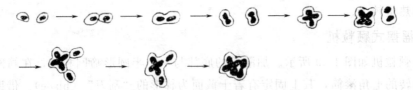

图 1-40　转动造粒机制粒示意图

粒径变化是颗粒间相对运动产生的破坏力与粒子相互结合的黏附力达到平衡的结果。在球形粒子长大的过程中，强度必须足够大，以克服那些破坏力。只有这样，颗粒才不致被磨损并能继续长大。

(二) 转动造粒设备

转动造粒设备主要有倾斜回转锅式 [图 1-41(a)] 及回转圆筒式 [图 1-41(b)]。

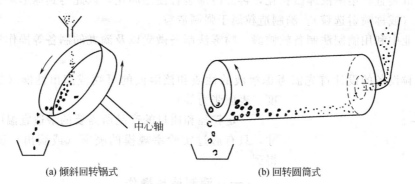

(a) 倾斜回转锅式　　　　　　　　(b) 回转圆筒式

图 1-41　转动造粒设备

倾斜回转锅式造粒设备也可用包衣锅代替。锅底与水平面的夹角能够调节 (一般为 45°~55°)，以便获最佳操作效果。锅的转速可以是恒定的，也可以是可变的。回转锅的临界转速由下式计算：

$$N_c = 43.3 \times \sqrt{\frac{\sin\theta}{D}} \qquad (1-29)$$

式中，N_c——临界转速，r/min；D——锅的直径，m；θ——锅底与水平面的夹角，(°)。

锅的实际转速可取临界转速的 40%~75%。

由于球形粒子与锅壁间的摩擦系数比原料粉末间的小，所以转动造粒过程中粒子具有向表层移动的倾向。所产生的自动分级作用，使倾斜锅式造粒设备所造出的粒子比回转圆筒式的粒子粒径均匀，故制药工业多用倾斜锅式造粒设备。该设备可以连续操作，也可以间歇操作，直径范围为 250~5000mm。但制药工业主要为间歇操作，设备直径一般在 1000mm 左右。

物料在造粒锅中的造粒机理模型如图 1-42 所示。

造粒锅内物料粒子的分布可分为 3 个区域：

α区　长成的球形大粒子进行压实的区域；

β区　粒子的主要成长、生成区；

γ区　细粉和未长成粒子的混合共存区域。

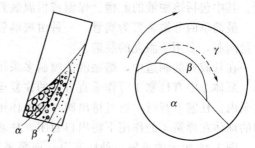

图 1-42　回转锅式造粒机内的粒子分布

特别在 β 区，颗粒中水分的含量对颗粒的成长具有很大影响。设水分系数 f 为

$$f = \frac{颗粒中的含水量}{颗粒物料临界含水量}$$

据测定，当 $f = 0.75$ 左右时，β 区内颗粒的成长速度急剧增加，此种倾向在回转圆筒式造粒设备中也同样存在。

回转锅式造粒机操作容易控制，容易直接观察，价格较低，故对各种物料的转动造粒均具有很好的适应性。

四、滴制造粒

通过分散装置将熔融液体微粒化，再经冷却装置使之固化，以此得到球形颗粒的操作称为滴制造粒（或称喷射选粒）。滴制造粒属于强制造粒。

制药工业中利用滴制法制备软胶囊、喷雾法制备微囊以及滴丸的制备等操作均属于滴制造粒。

滴制造粒设备的设计首先需考虑溶液的性质和该溶液的可喷或滴出性能（如熔点、黏度、表面张力等）。

一定粒径和质量的产品所需要的最适宜温度和喷嘴尺寸，只有通过实验室规模的喷雾（或滴出）试验才可能得到。

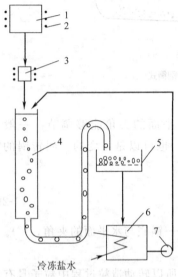

图 1-43　滴制造粒流程
1—熔融物料贮槽；2—保温电热器；
3—分散装置；4—冷却柱；5—滤槽；
6—冷却液贮槽；7—循环泵

（一）滴制造粒操作

典型的制药工业滴制造粒流程见图 1-43。

熔融物料的熔化、混合等操作通常在另外的设备中进行。熔融物料置于贮槽 1 中，贮槽周围有保温电热器（电阻或电感加热）2 以保持温度，防止料液凝固。料液通过分散装置 3 喷射或滴制成滴进入冷却柱 4 的冷却液中冷却、定形、固化，并随冷却液进入滤槽 5。圆形颗粒经干燥得到成品。冷却液由滤槽 5 进入冷却液贮槽 6，经冷冻盐水的冷却后可连续使用。

（二）滴制造粒设备

滴制造粒设备主要由分散装置和冷却装置两部分组成。

1. 分散装置

分散装置是将熔融液喷制或滴制成一定大小液滴的装置。其中包括熔融液的贮槽、保温或恒温装置等。

最简单的分散装置为滴管，一种由玻璃管拉制的锥形尖口管。适用于黏度较小熔融液的少量滴制，多用于滴丸的制造。

在软胶囊的制造中，熔融液的喷制多采用柱塞泵。最简单的柱塞泵如图 1-44 所示。

泵体 2 中有柱塞 1 可作垂直方向的往复运动，当柱塞上行超过药液吸入口时，将药液吸进泵内。柱塞下行时，通过排出阀 3 将液体压出至出口管 5 成液滴喷出。喷出终了时，出口阀的球体在弹簧 4 的作用下将出口封闭，柱塞重复下一循环。

图 1-45 所示的是另一种柱塞泵，该泵采用动力机械的油泵原理。当柱塞 4 上行时，液体经进油孔进入柱塞下方，待柱塞下行时，进油孔被柱塞封闭，室内油压增高，迫使出油阀 6 克服出油阀弹簧 7 的压力而开启，此时液体由出口管排出。当柱塞继续下行至柱塞侧面凹槽与进油孔相通时，柱塞下方的油压降低，出油阀在弹簧力的作用下将出口管封闭。喷出的液量通过齿杆 5 控制柱塞侧面凹槽的斜面及进油孔的相对角度来调节。

制备软胶囊常采用的第 3 种柱塞泵为三柱塞泵，如图 1-46 所示。泵体中有 3 个柱塞，中间柱塞主要起吸入与压出的作用，其余两个柱塞相当于吸入、排出阀。3 个柱塞运动的先后顺序通过调节推动柱塞运动的凸轮方位来完成，泵的出口可喷出大小一定的液滴。

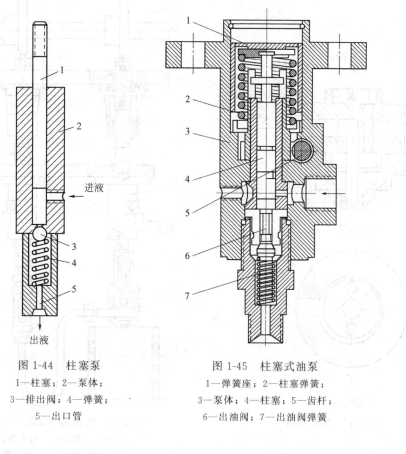

图 1-44　柱塞泵
1—柱塞；2—泵体；
3—排出阀；4—弹簧；
5—出口管

图 1-45　柱塞式油泵
1—弹簧座；2—柱塞弹簧；
3—泵体；4—柱塞；5—齿杆；
6—出油阀；7—出油阀弹簧

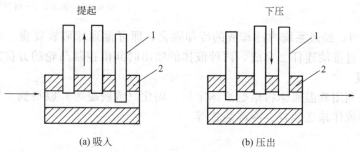

(a) 吸入　　　　　　　(b) 压出

图 1-46　三柱塞泵原理
1—柱塞；2—泵体

在软胶囊制造中，明胶与油状药物的液滴分别经由柱塞泵压出。为将药物包裹到明胶液膜中心以形成球形颗粒，这两种液体应在严格同心的条件下分别通过喷头套管的内外侧，并有序地喷出才能形成正常的胶囊。否则将会产生偏心、破损或拖尾等不合格产品。

喷头结构见图 1-47，药液由侧面进入喷头后经套管中心喷出。明胶由上部进入喷头，通过两个通道流至下部，然后在套管的外侧喷出，两种液体在喷头内互不相混。从顺序上看，明胶喷出过程时间较长，而药液喷出过程则应位于明胶喷出过程的中段。

软胶囊分散装置包括凸轮、连杆、柱塞泵、喷头、缓冲管等，如图 1-48 所示。明胶与油状药液分别经由柱塞泵 3（参见图 1-45）喷出。明胶通过连管由上部进入喷头 4，药液则经过缓冲管 6 由侧面进入。两种液体垂直向下喷到充有稳定流动冷却液（液体石蜡）的视盅

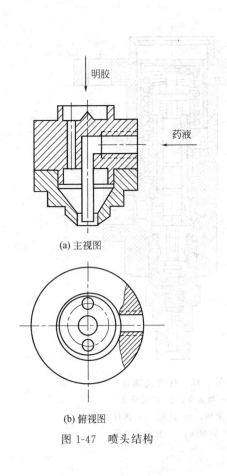

(a) 主视图

(b) 俯视图

图 1-47 喷头结构

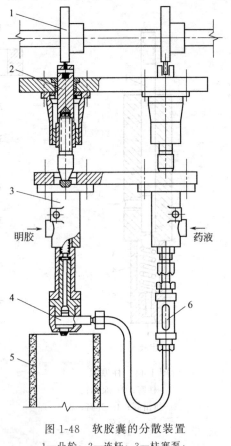

图 1-48 软胶囊的分散装置

1—凸轮；2—连杆；3—柱塞泵；

4—喷头；5—视盅；6—缓冲管

5 内。如操作得当，经过系统内冷却液的冷却固化，即可得到球形软胶囊。泵内柱塞的往复运动由凸轮 1 通过推动连杆 2 完成，两种液体的喷出时间由控制凸轮的方位来调节确定。

2. 冷却装置

冷却装置是利用低温流体将熔融液体定形、固化（或胶凝等）以得到一定形状颗粒的装置。包括上述的流体输送装置、冷冻装置等。

五、干法造粒

向添加固体黏合剂的原料粉末施加压力以形成片状或粒状产物的操作称为干法造粒。干法造粒通常用于不宜湿法造粒的场合（如药品与湿润剂起反应或药品易在干燥过程中分解）。

制药工业中的干法造粒可分为压片法和滚压法。

压片法先利用重型旋转压片机将固体粉末压实至直径为 19～25mm 的片坯，然后再压碎成所需粒径的固体粒子。

滚压法则是利用两个转速相同、转向相反滚筒之间的缝隙，将粉末滚压成一定形状的压制物。

压制物的形状及大小决定于滚筒表面情况。按照滚筒表面具有的凹槽不同压制物可形成卵形、枕形、滴形或圆形块等。如果滚筒具有光滑表面或瓦楞状沟槽，则压制物可形成大块状。大块状的物料需经粉碎才能造粒制成所需粒径的产物。

固体粉末在滚筒间受到挤压与摩擦力的作用，靠近缝口的粉末被滚筒"咬入"，因受到压缩而聚集，滚筒表面开始对物料施力的部位为"咬入点"，如图 1-49 所示。

"咬入点"处粉末空隙率与成形物空隙率的关系可由式(1-30)表示：

$$\cos\theta_n = 1 + \frac{D_S}{D_R}\left(1 - \frac{1-\alpha_p}{1-\alpha_n}\right) \qquad (1-30)$$

式中，α_n——"咬入点"处粉末空隙率，%；α_p——成形物空隙率，%；θ_n——咬入角，(°)；D_S——滚筒间隙，m；D_R——滚筒直径，m。

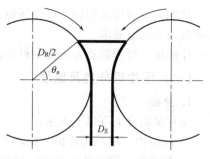

图 1-49　滚筒间的压缩模型

最简单的干法造粒是用双滚筒将粉末压成长片，然后通过颗粒机粉碎成一定大小的颗粒。

图 1-50 表示干法造粒流程。将原料粉末投入料斗 1 中，用加料器 2 将其送至波形滚筒 4 进行压缩，如需润滑剂，可通过润滑剂喷散装置 3 将固体润滑剂喷散到滚筒上。由滚筒压出的固体块坯落入料斗 6，并预碎成较小的块状物，然后进入具有确定凹槽的滚碎机 7 制成预定尺寸的颗粒，最后进入整粒机 8 经整粒后得到成品。

利用与滚压类似的原理可以制成压制软胶囊的设备，如图 1-51 所示。两张端部被加热软化的明胶带绕入滚筒，同时随滚筒一起旋转，在即将会聚于一处时，计量泵把一定量的药液注入两带之间，滚筒利用本身的凹槽边缘将胶带封口、切断并成一个完整的胶囊。

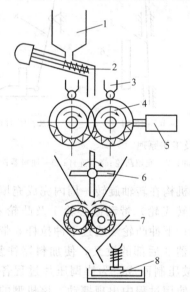

图 1-50　干法造粒流程

1—料斗；2—加料器；3—润滑剂喷散装置；4—波形滚筒；
5—液压缸；6—料斗；7—滚碎机；8—整粒机

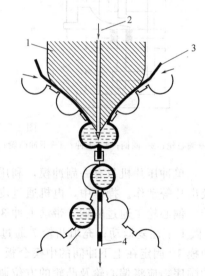

图 1-51　压制软胶囊中的充填与封合

1—喷头；2—定量药液；3—明胶带；
4—明胶带余屑

明胶带的余屑落入化胶锅仍可继续套用制造新的明胶带，胶囊嵌入下滚筒至适当位置被刷，以进行洗涤干燥等操作。胶囊的形状因滚筒上的凹槽而异。一台连续胶囊机的生产能力可达 3 万粒/h。

依此相同的原理可制造充填固体粉末的软胶囊，但胶囊的成形需靠负压完成。

六、压片与压片机

压片是指药物与赋形剂等辅料经加工后被压制成片剂的操作，属干法造粒。

片剂的压制可采用粉末直接压制及颗粒压制。片剂成品应符合外观、硬度、片重差异及崩解时限等质量要求。

片剂最主要的制造方法是干料压制，有时也采用湿料模制片等方法。

（一）压片机分类及原理

1. 分类

压片机的分类有以下方法：

① 按结构　单冲压片机、旋转式压片机；

② 按片形　圆形片压片机、异形片压片机；

③ 按加压次数　一次压缩压片机、多次压缩压片机及包衣片压片机等。

2. 单冲压片机

单冲压片机构造简单，适用于少量药片的压制。其构造及工作原理如图 1-52 所示。

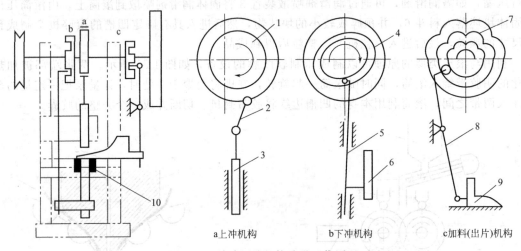

图 1-52　单冲压片机构造及工作原理

1—偏心轮；2—曲柄；3—上冲；4—下冲凸轮；5—下冲拉杆；6—下冲；7—充填凸轮；8—连杆；9—加料器；10—中模

单冲压片机只有一副冲模，利用偏心轮及凸轮等机构在转轴旋转一周内完成充填、压片及出片等动作。操作中，电机通过皮带轮（或人工旋转飞轮）带动偏心轮 1 及凸轮 4、7 旋转。偏心轮 1 通过曲柄 2 带动上冲 3 做上下往复运动；下冲凸轮 4 通过下冲拉杆 5 带动下冲6 做上下往复运动；充填凸轮 7 通过连杆 8 拨动加料器 9 后部的拨叉，使加料器往复摇摆。中模 10 固定在上下冲间的中模合板上，片剂在其中被压制而成。为协调压片过程各个动作的顺序，应将偏心轮及凸轮的方位调整适当，并防止使用过程中出现挪动。该机型的动作顺序如表 1-10 所示。

表 1-10　单冲压片机各机构的运动状态与主轴转角的关系

机构名称	主轴旋转角度											
	0°	30°	60°	90°	120°	150°	180°	210°	240°	270°	300°	330°	360°
压片机构	下行				下行压片			上行					
推片机构	下降		停						上行出片		停，下降	
加料、出片机构	加料		停								加料	
	摆动及复位		停								外摆推片	

单冲压片机片剂压制过程如图 1-53 所示。其中图(a) 表示在中模充填颗粒前的状态，上冲处于最高位置，下冲正在下降阶段；图(b) 表示加料器运动至中模处，正在充填物料；图(c) 表示

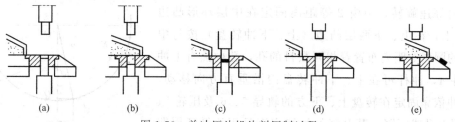

图 1-53　单冲压片机片剂压制过程

加料器已经复位，在偏心轮的作用下，上冲下行将粉末压缩；图(d) 表示上冲上升，下冲凸轮将下冲上拉并将药片顶出中模；图(e) 表示下冲下降，加料器回摆至中模加料，同时将片子推出台板。

单冲压片机的片重调节装置如图 1-54 所示。下冲 4 通过锁紧螺帽固定于下冲螺杆 5，在下冲螺杆上有 2 个可调的螺帽 6 及 7，用螺帽 7 可调节下冲下降的深度（即中模孔内的容积），并借此调节片重；螺帽 6 可调节下冲螺杆 5 的上升高度，操作时应调节至下冲的上平面与台板相平，借以顺利出片；下冲拉杆 1 上的两个螺帽 2 用以调节推片板 3，使之位于螺帽 6、7 之间并稍留空隙，以便压片时的压力直接通过螺帽 7 传递给机座 8，避免压片时的巨大压力损坏机器。

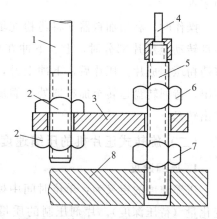

图 1-54　单冲压片机的片重调节装置
1—下冲拉杆；2,6,7—螺帽；
3—推片板；4—下冲；5—下冲螺杆；8—机座

单冲压片机最大压片直径 12mm，最大充填深度 11mm，最大压片压力 1500kg，主轴的最大转速 100r/min。

3. 旋转式压片机

旋转式压片机又称多冲压片机，是一种连续操作的设备。在其旋转时连续完成充填、压片、推片等动作。

旋转式压片机的原理如图 1-55 所示。具有 3 层环形凸边的回转盘 1 在垂直于其回转轴

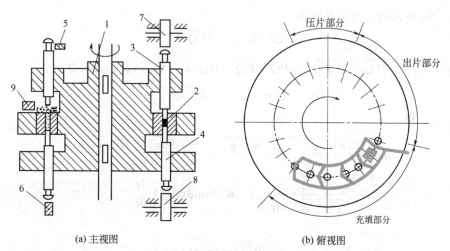

(a) 主视图　　　　　　(b) 俯视图

图 1-55　旋转式压片机工作原理
1—回转盘；2—中模；3—上冲；4—下冲；5—上轨导；6—下轨导；7—上压轮；8—下压轮；9—加料器

的平面内等速旋转，中模 2 等距离固定在中层环形凸边（模盘）上，在上、下两层凸边（上、下冲转盘）按与中模相同的圆周等距离布置着相同数目的孔，孔内插有上冲 3 及下冲 4，冲杆可在上、下冲转盘内沿垂直方向移动。上、下冲依靠固定在转盘上、下方的轨导 5、6 及压轮 7、8 的作用上升或下降。其升降的规律应满足压片循环周期的要求。

操作时，利用加料器 9 将药粉充填于中模孔中，在回转盘转动至压片部分时，上、下冲在压轮 7、8 的作用下将药粉压制成片。压片后，下冲上升，将药片从中模孔内推出，待回转盘运转至加料器处，靠加料器的圆弧形侧边推出转盘。

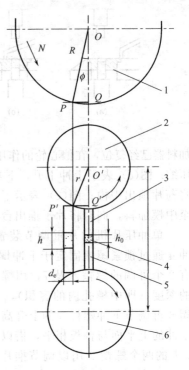

图 1-56　旋转式压片机压制部分

1—模盘；2—上压轮；3—上冲；
4—料粉；5—下冲；6—下压轮

（二）旋转式压片机的压缩速度及压缩停滞时间

1. 压缩速度

压缩速度的定义为：单位时间中模内固体粒层厚度的变化量（待压深度）。片剂压制的质量与固体粒子的压缩速度有关。旋转式压片机的压制部分如图 1-56 所示。

图 1-56 中：N—模盘的转速，r/min；R—模盘半径，mm；ϕ—模盘转角，(°)；r—压轮的半径，mm；h—料粉在任意位置的厚度，mm；h_0—压制终态料粉的厚度，mm；Δh—待压深度，mm，$\Delta h = h - h_0$。

按定义，压缩速度表示为

$$u = \frac{\mathrm{d}\Delta h}{\mathrm{d}\tau} \tag{1-31}$$

式中，u——压缩速度，mm/s；τ——压制时间，s。

由图 1-56 所示的几何关系可得

$$\Delta h / 2 = r - \overline{O'Q'} \tag{1-32}$$

因为 $\overline{O'Q'} = \sqrt{r^2 - \overline{P'Q'}^2}$、$\overline{P'Q'} = \overline{PQ}$、$\overline{PQ} = R\sin\phi$，代入式(1-32) 得

$$\Delta h = 2(r - \sqrt{r^2 - R^2 \sin^2\phi}) \tag{1-33}$$

代入式(1-31) 得

$$u = \frac{2\mathrm{d}(r - \sqrt{r^2 - R^2 \sin^2\phi})}{\mathrm{d}\tau} = \frac{-2\mathrm{d}\sqrt{r^2 - R^2 \sin^2\phi}}{\mathrm{d}\tau}$$

$$= -\frac{1}{\sqrt{r^2 - R^2 \sin^2\phi}}(-R^2 2\sin\phi\cos\phi)\frac{\mathrm{d}\phi}{\mathrm{d}\tau}$$

整理得

$$u = \frac{2R^2 (\sin\phi\cos\phi)\omega}{\sqrt{r^2 - R^2 \sin^2\phi}} \tag{1-34}$$

式中，ω——模盘的角速度，1/s。

由于在压制过程中，ϕ 值变化很小，$\cos\phi \approx 1$、$\sin^2\phi \approx 0$，代入式（1-34）化简得

$$u = \frac{2R^2(\sin\phi)\omega}{r} \tag{1-35}$$

由图 1-56 所示的几何关系得

$$\sin\phi = \frac{\overline{PQ}}{R} = \frac{\overline{P'Q'}}{R} = \frac{\sqrt{r^2 - \overline{O'Q'}^2}}{R} = \frac{\sqrt{r^2 - (r - \Delta h/2)^2}}{R}$$

整理得

$$\sin\phi = \frac{\sqrt{r\Delta h}\sqrt{1 - \Delta h/4r}}{R} \tag{1-36}$$

因为 $\Delta h \ll r$，所以 $\dfrac{\Delta h}{4r} \approx 0$，代入式（1-36）有

$$\sin\phi \approx \frac{\sqrt{r\Delta h}}{R} \tag{1-37}$$

将式（1-37）及 $\omega = \dfrac{2\pi N}{60}$ 代入式（1-35）有

$$u = \frac{2R^2}{r} \times \frac{\sqrt{r\Delta h}}{R} \times \frac{2\pi N}{60}$$

整理得

$$u = \frac{\pi N R r^{-1/2}}{15}\sqrt{\Delta h} \tag{1-38}$$

或

$$u = K\sqrt{\Delta h} \tag{1-39}$$

$$K = \frac{\pi N R r^{-1/2}}{15}$$

式中，K——压缩速度系数，$\mathrm{mm}^{1/2}/\mathrm{s}$。

由式（1-39）可见，旋转式压片机的压缩速度 u 与被压制的固体颗粒层厚度变化 Δh 有关。在压缩终态时（$h = h_0$），压缩速度 $u = 0$。压缩速度系数 K 与压缩速度 u 成正比。压缩速度随模盘半径 R 的减小、压轮半径 r 的增大而减小。

因在片剂压制过程中压缩速度是固体颗粒厚度 Δh 的函数，所以在考察压缩速度与片剂硬度之关系时，通常以压缩速度系数 K 为准。

图 1-57 为乳糖及小麦淀粉颗粒压制时压缩速度系数 K 与片剂硬度（H）之关系。可见，片剂硬度随 K 值的增加而下降。压缩速度系数与压片机的构造有关，压轮直径较大、模盘的转速及直径较小的压片机所压制的片子质量较高。

2. 压缩停滞时间

设 d_e 为冲杆底面的直径。当中模内的压缩处于终态时，冲杆底平面水平移过压轮，冲头在垂直方向处于停滞状态。设 τ_e 为压缩停滞时间，在该时间内模盘转动的圆周长度应与冲杆直径 d_e 相同，即

$$d_e = \frac{2\pi N}{60}R\tau_e$$

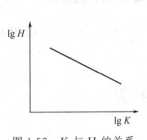

图 1-57 K 与 H 的关系

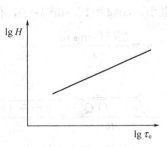

图 1-58 τ_e 与 H 的关系

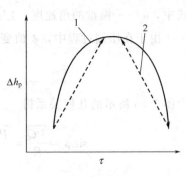

图 1-59 压片机压缩速度的比较

1—旋转压片机线；2—单冲压片机线

整理得

$$\tau_e = \frac{30 d_e}{\pi N R} \tag{1-40}$$

由式(1-40)可见，冲杆底面直径越大，模盘半径及其转速越小，则压缩停滞时间越长。

图 1-58 所示的结果证明，压缩停滞时间与片剂硬度有关。压片过程中压缩停滞时间越长，所得片子的硬度越高。因此，模盘直径较小、冲杆直径较大的压片机对片剂压制有利。

3. 旋转压片机与单冲压片机压缩速度的比较

旋转压片机与单冲压片机的压缩速度差别很大。两种压片机冲头位移 Δh_p 与压缩时间 τ 的关系如图 1-59 所示。曲线的斜率 $\dfrac{\mathrm{d}(\Delta h_p)}{\mathrm{d}\tau}$ 即为冲头压缩速度。

由图 1-59 可见，开始压缩时冲头位移速度较大，压缩终了时冲头位移速度为 0。压缩初期旋转式压片机的冲头位移速度大于单冲压片机，但在压缩末期，即在最大压力时，旋转式压片机的冲头位移速度小于单冲压片机。说明在压力最大的时段，旋转式压片机内单位时间受压固体的体积变化比单冲压片机缓慢，受力更为均匀。

压制过程中，由于旋转式压片机采用上下冲同时加压，所以固体颗粒内部应力的分布较好。而单冲压片机采用上冲单独加压的方式，故颗粒内部应力的分布也不太均匀。综上所述，旋转式压片机的压片质量优于单冲压片机。

4. 压片机故障判断

压制过程中判断压片机机器故障的思路，是根据生产现场有规律的产品破损现象来反推。

由式(1-39)和式(1-40)可知，K 值越大、τ_e 值越小，压出的片剂质量越差。造成产品破损的原因无非有 3 个方面：一是压轮的直径因受冲头尾端长期连续撞击而受损变小；二是冲头尾端因受压轮反复撞击而使底面直径变小；三是因追求产量而将回转盘转速调得过大。从这些角度思考，就会很容易地找出故障。

以 33 冲旋转压片机为例说明如下：

由压片原理可知，33 冲压片机回转盘每转动一周（360°），两侧压制就会各压出 33 片，共计为 66 片。每转动一周（360°），如果两侧各有 2 片破损产品，说明在 33 对冲头中有两对冲头磨损并需更换；如果在一侧全是破损产品而在另一侧全部合格，说明破损产品侧的压轮已经磨损并需更换；如果两侧全是破损产品，而两侧压轮同时损坏的概率极低则说明回转盘转速过高，需将其调低到所有产品合格为止。

（三）压力与片剂体积的关系

1. 固体粉末压制时的位移与变形

固体粉末在受到外力后产生位移和变形，使粉末之间的孔隙度大大降低，片剂内部的比表面积增加，并且强度也有所提高。

（1）粉末的位移　压片中，固体粉末充填于中模前多为松散堆积。由于表面不规则，相互间产生摩擦，颗粒间因拱桥效应而相互架桥，形成很多孔隙。施加压力时，粉末内的拱桥效应遭到破坏，颗粒彼此填充孔隙，重新排列位置，粉末间发生各种形式的位移，如颗粒间的滑动、转动、接近等，如图1-60所示。

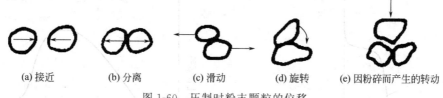

(a) 接近　　　(b) 分离　　　(c) 滑动　　　(d) 旋转　　　(e) 因粉碎而产生的转动

图1-60　压制时粉末颗粒的位移

一般，固体颗粒在受压状态可能同时发生数种位移现象，而且，位移总是伴随着变形而发生的。

（2）粉末的变形　固体粉末受到外力后，可发生3种变形：

① 弹性变形　外力卸除后粉末可恢复原状；

② 塑形变形　压力超过粉末的弹性极限，变形不能复原；

③ 脆性断裂　压力超过粉末的强度极限后，颗粒发生粉碎性的破坏，脆性较大的固体主要以脆性断裂的方式被破坏。

粉末的变形如图1-61所示。

压力增大时，颗粒由最初的点接触［图1-61(a)］逐渐变成面接触［图1-61（b）、(c)］，由球形逐渐变为扁平状，接触面积不断增大。压力继续增加时，颗粒就可碎裂。

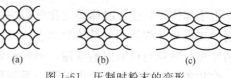

(a)　　　　(b)　　　　(c)

图1-61　压制时粉末的变形

2. σ-ΔH 曲线

固体颗粒压缩时容积变化状态如图1-62所示。图中 ΔH 为压缩深度；h_0 为压制后片剂厚度；H_0 为压制前粉末的充填厚度。则压制最大深度：

$$\Delta H_{max} = H_0 - h_0$$

设 σ 为片剂内应力，则压制过程中压缩深度与粉末物料内部应力的关系曲线可由图1-63表示。根据粉末颗粒压制过程中的关系曲线，固体颗粒的集合状态可分为以下4个阶段：

① 滑动段　随冲头的压入，固体颗粒相互滑动靠近，填充空隙。所以压力增加不多，体积变化却很大；

② 变形段　随冲头施加压力的增加，固体颗

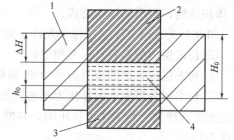

图1-62　固体颗粒压缩时
料粉的容积变化（单冲冲压机）

1—中模；2—上冲；3—下冲；4—料粉

粒开始发生弹性或塑性变形，所以体积变化虽一般，但内部应力增幅却很大；

③ 破碎段　压力继续增加时，粒子发生破碎，新的表面产生。料粉内因粒子破碎而余留的空隙被填充，体积减小幅度有限，内部应力的升幅也不大；

④ 恒定段　当压力继续增加到一定值后，料粉间的空隙已经填满，此后，尽管继续增加压力，料粉的体积几乎不变。

实际上，在粉末压缩时各阶段的现象可同时出现，且曲线的形状与压缩速度及物料的种类、粒径、含水量等有关。

Higuchi 通过测定粉碎中压力与料粉比表面积关系指出，压制初期，比表面积随压力的升高而增大；达到极值后，压制进入末期，比表面积随压力的升高而减小，如图 1-64 所示。

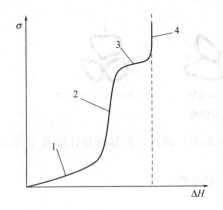

图 1-63　内应力与压缩深度的关系

1—滑动段；2—变形段；3—破碎段；4—恒定段

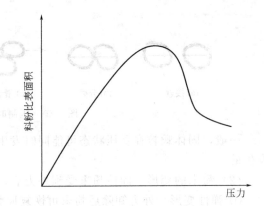

图 1-64　压力与比表面积的关系

（四）压力与片剂体积关系的解析

由于固体颗粒受压时体积变化的影响因素十分复杂，所以迄今尚无经过实践检验的描述压制中压力与片剂体积关系的数学表达式。这些因素包括：固体颗粒的变形、破碎，颗粒之间的摩擦，颗粒与模壁间的摩擦，颗粒的流动性质及压制速度等。

多年来人们对压制理论进行了一系列研究，并提出许多压制理论或者经验公式。其中以 Бапьщин、Athy、川北公夫等方程式较为优越。

川北公夫采用受压面积为 $2cm^2$ 的钢压模，粉末粒度 $75\mu m$ 左右。粉末装入压模后在油压机上逐步加压（最高压力 $497MPa$），然后测定粉末体的体积变化，并作出各种粉末的压力-体积曲线，得出了经验公式。

川北公夫在研究压制过程中先作了如下假设：

① 粉末层内所有各点压力相等；

② 粉末层内各点的压力为外力 P 和粉末内固有内压力 P_0 之和；

③ 粉末层各断面上的外压力与各断面上实际受到压力的粉末断面积总和保持平衡关系，外压如果有增加，粉末体即被压缩，各断面上粉末颗粒的实际接触断面积增加，重新回到平衡状态；

④ 每个粉末颗粒仅能承受其固有屈服极限的能力；

⑤ 粉末层所能承受的负荷和位移概率成反比。粉末压缩时，各颗粒的位移概率和它邻接的孔隙大小成比例，没有孔隙，即使外压再大也不能压缩。

设：P 为单位面积粉末所受的外部压力；P_0 为单位面积粉末固有的内部压力；V 为受外压时粉末的体积；V_0 为无外压时粉末的体积；V_∞ 为全部颗粒的实际体积；A 为粉末体的断面积；A_0 为颗粒的平均断面积；n 为各层的粉末颗粒数；n_∞ 为粉末体完全充填时的颗粒数；S 为颗粒位移的概率；σ 为颗粒的固有屈服极限。则

$$n_\infty = A/A_0 \tag{1-41}$$

$$S = \frac{n_\infty - n}{n_\infty}$$

根据假设，粉末体层各部分承受的负荷为 $\frac{\sigma A_0 n}{S}$ ，平衡时各断面层力的平衡关系为

$$A(P + P_0) = \sigma A_0 n \frac{n_\infty}{n_\infty - n} \tag{1-42}$$

根据几何学得

$$\frac{A_0 n}{A} = \frac{V_\infty}{V} \tag{1-43}$$

由式(1-41)~式(1-43)可得

$$(P + P_0)(V - V_\infty) = \sigma V_\infty = 常数 \tag{1-44}$$

当 $P = 0$ 时，$V = V_0$ ，代入式(1-44)得

$$P_0 = \frac{\sigma V_\infty}{V_0 - V_\infty} \tag{1-45}$$

将式(1-44)代入式(1-45)得

$$\frac{V - V_\infty}{V_\infty} = \frac{V_0 - V_\infty}{V_0} \times \frac{1}{P/P_0 + 1}$$

或

$$\frac{V - V_\infty + V_0 - V_0}{V_0} = \frac{V_0 - V_\infty}{V_0} \times \frac{1}{P/P_0 + 1}$$

整理得

$$\frac{V_0 - V_\infty}{V_0} - \frac{V_0 - V}{V_0} = \frac{V_0 - V_\infty}{V_0} \times \frac{1}{P/P_0 + 1}$$

或

$$\frac{V_0 - V}{V_0} = \frac{V_0 - V_\infty}{V_0} - \frac{V_0 - V_\infty}{V_0} \times \frac{1}{P/P_0 + 1}$$

即

$$\frac{V_0 - V}{V_0} = \frac{V_0 - V_\infty}{V_0} \times \frac{P/P_0}{P/P_0 + 1} \tag{1-46}$$

设粉末体积减小率

$$C = \frac{V_0 - V}{V_0} \tag{1-47}$$

又设

$$a = \frac{V_0 - V_\infty}{V_0} \tag{1-48}$$

$$b = \frac{1}{P_0} \tag{1-49}$$

由式(1-46)~式(1-49)联立可得

$$C = \frac{abP}{1 + bP} \tag{1-50}$$

川北公夫对 10 种粉末进行试验，得到粉末体积减小率与压制力的关系如图 1-65 所示。

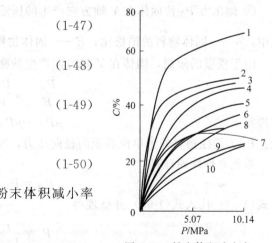

图 1-65　粉末体积减小率
与压制力的关系

1—氧化镁；2—滑石粉；3—硅酸铝；
4—氧化锌；5—皂土；6—氯化钾；
7—硅酸镁；8—糖；9—碳酸钙；
10—糊精

（五）压片过程中的力

固体颗粒在受到外力而成形的过程中，各断面的受力并不是相等的。在同一断面内，中心部位与靠近模壁的部位、颗粒的上部和下部所受的力也并不一致。料粉除去受到外加的正压力外，还有侧压力及摩擦力等。所以，压制成形的片

剂密度并不均一。

正压力作用于固体颗粒后，一部分用来使固体颗粒产生位移、变形及克服其内部的摩擦力，称之为净压力；另一部分用以克服颗粒与模壁之间的摩擦压力，这部分称为压力损失。压制时所用的总压力为

$$P = P_1 + P_2$$

式中，P_1——单位面积的净压力，N/m^2；P_2——单位面积的摩擦压力，N/m^2；P——单位面积的总压力，N/m^2。

1. 侧压力

固体颗粒在中模内受到冲头的压缩时会向周围膨胀，模壁会给固体物料侧面一个反向作用力，以限制其变形。这个作用力就是侧压力。

图 1-66 是圆柱固体受压时的受力示意图。当固体在 Z 轴方向受到正压力 P_Z 的作用时，会在 Y 轴和 X 轴方向产生膨胀，同时 X 轴方向的侧压力 P_X 驱使固体向 Y 轴方向膨胀、Y 轴方向的侧压力 P_Y 也会驱使固体向 X 轴方向膨胀。然而，由于受到模壁在两轴方向的反向侧压力，故其对固体的膨胀趋势产生了限制。

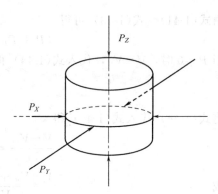

图 1-66　圆柱固体受力分析

应用广义虎克定律分析上述诸力对 Y 轴的作用：

① 正压力 P_Z 使固体在 Y 轴方向产生的膨胀　$\Delta l_{Y1} = \mu \dfrac{P_Z}{E}$ 　　　　(1-51)

② 侧压力 P_X 使固体在 Y 轴方向产生的膨胀　$\Delta l_{Y2} = \mu \dfrac{P_X}{E}$ 　　　　(1-52)

③ 侧压力 P_Y 使固体在 Y 轴方向产生的压缩　$\Delta l_{Y3} = \dfrac{P_Y}{E}$ 　　　　(1-53)

式中，μ——固体物料的泊松比；E——固体物料的弹性模量，N/m^2。

由于模壁的限制，固体在 Y 轴方向产生的膨胀总量为零，即

$$\mu \frac{P_Z}{E} + \mu \frac{P_X}{E} = \frac{P_Y}{E} \tag{1-54}$$

整理得

$$\mu P_Z + \mu P_X = P_Y \tag{1-55}$$

设：P_r 为圆柱物料外侧单位面积的径向压力，N/m^2。

根据对称性原理有

$$P_X = P_Y = P_r \tag{1-56}$$

将式(1-56)代入式(1-55)并整理得

$$P_r = \frac{\mu}{1-\mu} P_Z \tag{1-57}$$

或

$$P_r = \xi P_Z \tag{1-58}$$

式中，ξ——侧压系数。

由式(1-58)可见，侧压力与正压力为线性关系，且随正压力的增高而加大。

同 μ 类似，侧压系数 ξ 也与物料种类、粉末特性有关。在片剂压制中，ξ 与固体物料的

孔隙率有关。可知片剂压制中侧压力的变化十分复杂。

还应指出，上述的侧压力是平均值。由于固体颗粒与模壁摩擦的影响，外加的正压力传递到固体内部后，在不同深度的断面是不同的。所以，在固体内的不同深度上侧压力也是不同的。可以证明，同正压力一样，侧压力随深度的增加而减小。

2. 固体颗粒与模壁间的摩擦压力

固体颗粒与模壁间的摩擦压力 P_f 同侧压力有如下关系：

$$P_f = kP_r \tag{1-59}$$

式中，k——固体颗粒与模壁之间的摩擦系数。

将式(1-59)代入式(1-58)得

$$P_f = k\xi P_Z \tag{1-60}$$

3. 轴向压力沿固体颗粒层厚度的变化

图 1-67 所示为单冲压片机冲模内距上冲底面深度 h 的被压制固体颗粒层的相对位置及其轴向受力分析图。

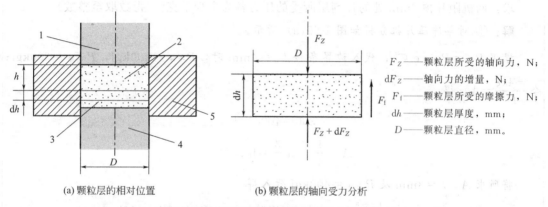

F_Z——颗粒层所受的轴向力，N；
$\mathrm{d}F_Z$——轴向力的增量，N；
F_f——颗粒层所受的摩擦力，N；
$\mathrm{d}h$——颗粒层厚度，mm；
D——颗粒层直径，mm。

(a) 颗粒层的相对位置　　　　(b) 颗粒层的轴向受力分析

图 1-67　轴向力沿固体颗粒层厚度 h 的变化

1—上冲；2—料粉；3—颗粒层；4—下冲；5—中模

当颗粒层处于图 1-67(a) 所示位置时，由静力学原理得

$$F_Z - F_f - (F_Z + \mathrm{d}F_Z) = 0 \tag{1-61}$$

将 $F_Z = \dfrac{\pi D^2}{4}P_Z$，$F_f = (\pi D \mathrm{d}h)P_f$ 及 $P_f = k\xi P_Z$ 代入式(1-61)得

$$k\xi P_Z \mathrm{d}h = \frac{-D}{4}\mathrm{d}P_Z \tag{1-62}$$

积分并整理得

$$P_Z = Ce^{\frac{-4k\xi}{D}h} \tag{1-63}$$

代入边界条件 $h=0$ 时 $P_Z = P_{上冲}$ 得

$$P_Z = P_{上冲}e^{\frac{-4k\xi}{D}h} \tag{1-64}$$

式(1-64)表明单冲压片机压制过程中轴向压力与固体颗粒层厚度和直径成指数变化关系。由式(1-64)可见，直径较大的片子所需的压制压力比直径小的片子要小，这是因为随固体外形尺寸的增加，固体的比表面积相对减小，固体与模壁的相对接触面积减小，因而消耗于外摩擦的压力损失也相应减少。

图 1-68 所示为单冲压片机和旋转压片机轴向压力沿固体颗粒深度的变化情况。由于旋转压片机在压制过程中上、下冲同时加压，两侧的轴向外压力同时沿固体颗粒两侧表面向内部的中间对称面递减。

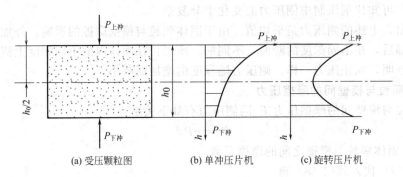

(a) 受压颗粒图　　(b) 单冲压片机　　(c) 旋转压片机

图 1-68　单冲压片机和旋转压片机轴向压力沿固体颗粒深度变化的比较

【例 1-3】　分别用单冲和旋转压片机压片。终态时，测得两压片机上冲压力均为 400kgf，压得片厚均为 4mm，单冲压片机下冲力 300kgf，其他条件一致。

求：两机距片顶 3mm 处的片剂层所受的压力各为多少千克？（得数取至整数）

解：① 对单冲压片机分析如图 1-69(a) 所示。

根据 $P_Z = P_{上冲} e^{\frac{-4k\xi}{D}h}$；代入边界条件 $h_0 = 4mm$ 时，$P_{上冲} = 400kgf$，$P_{下冲} = 300kgf$；

令 $\dfrac{-4k\xi}{D} = A$，得：

$$300 = 400e^{A \times 4}$$

或

$$A = \frac{1}{4} \times \ln \frac{3}{4} = \ln(3/4)^{1/4}$$

将所求 A，$h = 3mm$ 及 $P_{上冲} = 400kgf$ 代入得

$$P_Z = 400e^{\frac{1}{4} \times \ln\frac{3}{4} \times 3} = 400e^{\ln(3/4)^{3/4}} = 400 \times (3/4)^{3/4} = 322kgf$$

② 对旋转压片机分析如图 1-69(b) 所示。

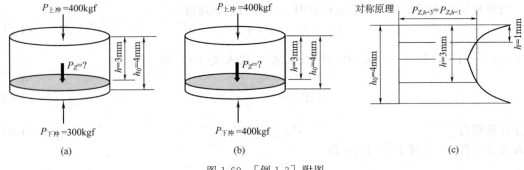

图 1-69　[例 1-3] 附图

由对称原理和图 1-69(c) 得 $P_{Z,h=3} = P_{Z,h=1}$。将 $P_{上冲} = 400kgf$，$h = 1mm$ 代入得

$$P_{Z,h=3} = 400e^{A \times 1}$$

整理得 　　　　$$P_Z = 400e^{\frac{1}{4} \times \ln\frac{3}{4}} = 400e^{\ln(3/4)^{1/4}} = 400 \times (3/4)^{1/4} = 372kgf$$

结论：单冲机和旋压机距片顶 3mm 处片剂层的压力分别为 322kgf、372kgf。

说明旋转压片机压片时，片剂受力更均匀，压片质量更好。

如上所述，外摩擦力造成了压力损失，使得片剂内部力和密度的分布不均匀，影响了压制质量。为减少因摩擦出现的压力损失，可采取如下措施：

① 添加润滑剂；

② 提高冲头和中模的光洁度和硬度；

③ 改进压制方式（如采用双面压制或多次压制等）。

式(1-64)说明：如物料中的某一成分出了问题（如变质或错料使侧压系数增大）或因操作不当（如装料量或冲头位置调节不当造成产品尺寸变化），都可能造成产品因硬度下降而出现无规律破损的现象，这种情况下，只能通过相关的质检手段找出问题并加以解决。

4. 固体颗粒内部力的分布

固体颗粒在压制过程中受力是不均匀的。Train 曾在直径 50mm 的圆形中模中充填 160g 碳酸镁，在水压机上进行 7 个不同压力的试验。在粉末中的不同层位置有压敏电阻，借以观察固体内部受力的分布状态。试验结果如图 1-70 所示，图中各曲线为等压线。

将上述实验的成型片子精确切割后分别测定其重量和体积，可得到片子的相对密度分布图，图形与图 1-70 相似。

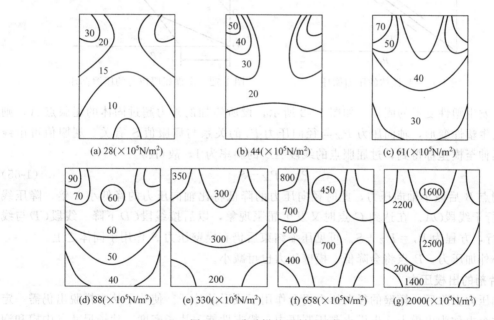

(a) 28(×10⁵N/m²)　　(b) 44(×10⁵N/m²)　　(c) 61(×10⁵N/m²)

(d) 88(×10⁵N/m²)　(e) 330(×10⁵N/m²)　(f) 658(×10⁵N/m²)　(g) 2000(×10⁵N/m²)

图 1-70　碳酸镁的压制试验结果

高压或高密度区位于靠近上冲的圆周处，另一高压区位于靠近下冲的轴心处。可见，在与上冲相接触的片子最上层压力和密度从中心到边缘逐步增大；在片子的内部，压力和密度自上而下逐渐降低，但在靠近模壁处，由于外摩擦的作用，压力和密度的降低比片子中心大，以致在片子底部的边缘压力和密度比中心的密度低。因此，片子下层压力和密度的分布状况和上层相反。

实践表明：增加片子的厚度会使压力分布的不均匀性增加，而增大片子直径有利于改善压力分布的不均匀性。采用光洁度很高的中模和冲头，在料粉中加入润滑剂等减小外摩擦系数，可以改善片子内部的压力分布和密度分布。

(六) 片剂的出模力与弹性后效

1. 固体在压力消除时的弹性膨胀

在压制时由于受到外力的作用，固体颗粒发生弹性及塑性变形，体积发生收缩。

压制终了时，上冲移去，片剂出模。其间的片剂体积会发生弹性膨胀，对片剂出模过程及出模后的形状等均会产生影响。

根据 Leigh 所作的固体在压力下变形的研究，按固体在受压与压力消除时的性质可将其分为 2 种类型。

(1) 完全弹性体　如前所述，对圆柱物体施以轴向压力，则在径向产生径向压力，其关系如式(1-58)：$P_r = \xi P_z$。

若片子是完全弹性体，在轴向力消除后，径向力恢复到零，见图 1-71。压片后上冲移去时，物料复原，片子可自由地从中模内移出，压制却无法实现。

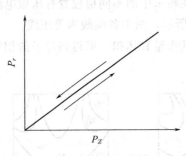

图 1-71　弹性体的压缩循环

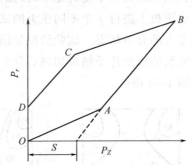

图 1-72　出现屈服应力的压缩循环

(2) 发生塑性变形的固体　如图 1-72 所示，设所施加的外力超过固体的屈服点 A，则该固体发生塑性变形，轴向压力 P_z 与径向压力 P_r 的关系与屈服值 S 有关。屈服值可由线段 BA 延伸至横坐标得到，过屈服点的线段 AB 的斜率为 1，故可得

$$P_r = P_z - S \tag{1-65}$$

若到点 B 后减小轴向压力，此时径向压力的降低将比轴向压力的降低小 k 倍，降压线段 BC 平行于线段 OA。在达到 C 点时又发生屈服现象，以后按线段 CD 下降。线段 CD 与线段 AB 平行，方程为 $P_r = P_z + S$。可见压缩结束后仍有模壁压力 S 作用于固体之上。

减小外加压力，B 点将会降低，模壁压力也可减小。

2. 片剂的出模压力

外加压力去除后，模壁的径向压力仍会作用于成形的片子。使片子从中模脱出仍需一定的力，这个力称为出模力。出模力与压制压力、粉末性能、片子密度、片子尺寸、中模和润滑剂等有关。

如物料为完全弹性体，压制外力去除后片子的出模力为零；如为完全塑性体，则出模力等于压缩终了时固体与模壁的摩擦损失。通常情况下，片子在外力消除后会有弹性膨胀发生，片子沿轴向伸长，侧压力也会减小，出模力介于零和压缩终了时的摩擦损失之间。物料弹性越大，出模力的下降就越大，反之亦然。

3. 弹性后效

在压片中，当除去冲头的压力并把片子移出中模之后，由于内应力的作用，片子发生弹性膨胀，这种现象称为弹性后效。

弹性后效计算公式为

$$\delta = \frac{l - l_0}{l_0} = \frac{\Delta l}{l_0} \tag{1-66}$$

式中，δ——沿片子厚度或直径的弹性后效；l_0——片子卸压前的厚度或直径；l——片子卸压后的厚度或直径。

固体颗粒在压制中发生弹性或塑性变形，在片子内部聚集很大的内应力（弹性内应力），其方向与颗粒所受的外力方向相反。当外力消除后，弹性内应力释放，颗粒的外形和颗粒间的接触状态会发生改变，片子因此而发生弹性后效。由于片子受力的大小和方向不同，所以弹性内应力也不相同。片子的弹性后效具有方向性，由于轴向力比侧压力大，故轴向的弹性后效比径向的弹性后效大。一般来说，片子从中模脱出后片厚可增大 $0.5\% \sim 3\%$。片子之所以发生顶裂和裂片，也是弹性膨胀的缘故。

（七）旋转式压片机构造及组成

1. 旋转式压片机的分类

旋转式压片机是片剂生产中应用最多的压片机。按转盘上的模孔数可分为 16 冲、19 冲、27 冲、33 冲等。如按转盘旋转一周充填、压缩、出片等操作的次数，又可分为单压、双压等。

单压指转盘旋转一周只充填、压缩、出片各一次。单压压片机冲数有 12 冲、14 冲、15 冲、16 冲、19 冲、20 冲、23 冲及 24 冲等，现已很少见到，目前常用的单压高速压片机的冲数则要更多（如 GZP40 高速旋转式压片机为 40 冲）。

双压指转盘旋转一周完成上述操作各两次。双压压片机的冲数有 25 冲、27 冲、31 冲、33 冲、39 冲、41 冲、45 冲及 51 冲等。

双压压片机有两套压轮，为避免机体同时承受两倍的冲头压制力，减少振动及噪声，设计时采用两套压轮交替加压的方式，故压片机的冲头数多为奇数。

药厂采用的普通旋双压压片机多为 33 冲压片机，其中 ZP33 型旋转压片机的性能见表 1-11。

该压片机具有操作方便、使用安全可靠等优点，适用于生产各种圆形药片。但不适用于半固体、潮湿的粉末和极细粉末的压制。对于异形片的压制，需采用装有异形冲头的压片机完成。

表 1-11 ZP33 型旋转压片机主要性能参数

项目	参数	项目	参数
中模孔数	33 个	转盘转速	$11 \sim 28\text{r/min}$
最大压制力	4000kg	片剂生产能力	$4.5 \times 10^4 \sim 11 \times 10^4$ 片/h
最大压片直径	12mm	电机功率	2.2kW
最大充填深度	15mm	电机转速	960r/min
片剂厚度范围	$1 \sim 6\text{mm}$		

2. 旋转式压片机的组成

旋转式压片机由动力传动、加料、压制及吸粉 4 部分组成。

（1）动力及传动部分　电机安装在机座内部，机轴固定有无级变速轮，通过三角带带动机座上部的传动轴旋转。传动轴水平装置在轴承托架内，中间装有蜗杆，由此蜗杆带动转盘上的蜗轮运转。

传动轴的前端为试车手轮，另一端为锥形圆盘离合器。离合器靠弹簧压力所产生的摩擦与传动轴上的皮带轮接触。若机器的负荷超过弹簧力时，离合器就发生打滑，保护机器免受损坏。

压片机的调速是靠调节电机轴上的无级变速轮的有效直径来实现的。无级变速轮内部有两片锥形活片，活片端部铣有沟槽。两活片在沟槽处相互啮合，借以调节三角皮带在槽内的有效直径，从而达到无级变速的要求。两片活片各靠 6 个弹簧两面顶住，产生正压力。调速的方法是移动电动机，以使两活片之间的距离改变，从而改变有效直径。

（2）加料部分　在转盘的模盘上方装有圆形锥底下料斗和月形栅式加料器。加料器底部距模盘 0.03～0.1mm，可将料粉颗粒刮入中模孔内，并将模口刮平，以使所压制的片子符合重量差异的要求。颗粒的流量由下料斗出料口距模盘的高度来控制，高度的调节以控制加料器内颗粒无外溢为准。

（3）压制部分　压制部分包括具有 3 层结构的转盘（上层为上冲转盘、下层为下冲转盘、中层为中模转盘）、冲模、上下轨导、上下压轮及充填调节装置等。

① 转盘　转盘为一整体铸件，周围均布着垂直的模孔，见图 1-73。转盘垂直套在固定的立轴上，转盘的最下层装有蜗轮。由电机经皮带传至传动轴的动力经蜗杆传给转盘下方的蜗轮，转盘带动冲头及中模转盘绕立轴作顺时针方向旋转。

② 冲模　压片机冲模包括上冲、下冲与中模，如图 1-74 所示。该图为我国最常用的 ZP19 及 ZP33 压片机所用的冲摸。

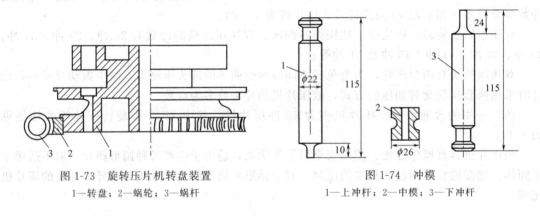

图 1-73　旋转压片机转盘装置
1—转盘；2—蜗轮；3—蜗杆

图 1-74　冲模
1—上冲杆；2—中模；3—下冲杆

上下冲杆直径 22mm，全长 115mm，中模外径 26mm，高 22mm。可压药片直径 5.5～12mm，每隔 0.5mm 为一种规格，共 14 种。

冲头形状依所压出的片子的形状有浅凹形（圆片）、深凹形（深糖衣片）、平面底角圆弧形（平片）及平形等，如图 1-75 所示。

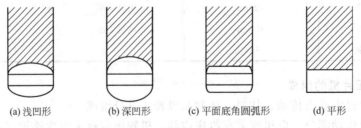

(a)浅凹形　　(b)深凹形　　(c)平面底角圆弧形　　(d)平形

图 1-75　冲头的形状

因中模在压片过程中承受很大的压力，所以其制造材料应具有较高的强度和硬度。轴承钢强度较高，并具有一定的耐腐蚀性，在制造冲模时较多采用。对较难压制的中草药等物料，常在中模内衬以硬质合金衬套以延长其使用寿命。冲模加工时需经热处理，以达到规定的硬度。中模的硬度一般应高于上、下冲的硬度。冲模应具有较高的精度及光洁度，冲头和中模应有互换性。

为提高生产能力，在小直径片子的压制中，一支冲杆上可以固定 2～3 个冲头，中模上也要开相应的模孔。此种情况只在异形片压机上才有。由于在模盘上距转盘中心不一致及离心力的差异，多孔冲模可能会增加片重差异。

异形片压片机的冲杆具有方向性，通常在冲杆的一侧固定有滚轮或凸出滑块，操作时，滚轮或滑块在随转盘一同旋转的垂直滑道内运动，可以避免冲杆自转。

③ 上下轨导装置　压片机在完成充填、压片、出片等过程中需不断调节上、下冲间的相对位置，冲杆升降的调节由轨导装置完成。上、下轨导均为圆环形，上轨导装置位于转盘的上方，固定在立轴上；下轨导位于转盘的下方，固定于主体的上平面。

上轨导装置由导盘及轨导片组成。轨导盘为圆盘形，中间有轴孔，其固定于立轴上，轨导盘的外缘镶有经过热处理的轨导片，用螺钉紧固在轨导盘上。上冲尾部的凹槽沿着轨导片的凸边运转，完成有规律的升降，如图 1-76 所示。

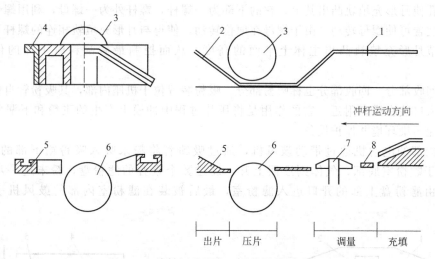

冲杆运动方向

出片　压片　　　调量　充填

图 1-76　旋转压片机上、下轨导装置示意图

1—轨导盘；2—轨导片；3—上压轮装置；4—上冲安装活板；5—下轨导；6—下压轮装置；
7—充填调节装置；8—下冲安装孔盖板

在上轨导的最低点装有上压轮装置。下轨导被螺钉紧固在主体之上。当下冲在运行时，它的尾部嵌在或顶在轨导槽内，随着轨导槽的坡度完成有规律的升降。在轨导圆周范围内的主体上平面装有下压轮装置、充填调节装置等。

④ 上压轮装置　如图 1-77 所示，上压轮套在曲轴上，轴外端有杠杆，其下端被连接的弹簧压住。当上压轮受力过大时，由曲轴的偏心力矩作用使弹簧压缩，增大了上、下压轮间的距离，以保护机器和冲模的安全。

⑤ 下压轮装置　如图 1-78 所示，下压轮位于主体的槽孔内，轮的上缘凸出于主体的上平面，其凸出的高度可调，借以调整压制力。

下压轮套在曲轴上，曲轴的外端装有蜗轮，蜗轮与可旋转的调节蜗杆相连。用手转动蜗杆使曲轴的偏心向上时，压轮上升，则压制力增加，反之则压制力减小。以此来控制片剂的厚度和硬度。

⑥ 充填调节装置　充填调节装置是用来调整模盘上面加料器最后刮粉时下冲位置的，

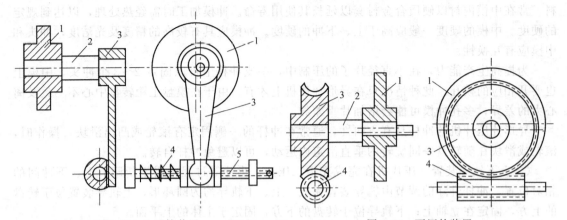

图 1-77 上压轮装置

1—上压轮；2—曲轴；3—杠杆；4—弹簧；5—螺杆

图 1-78 下压轮装置

1—下压轮；2—下压轮曲轴；3—蜗轮；4—蜗杆

用以调整中模内的药粉量，以达到片重偏差要求。充填调节装置装在主体的内部，主体上平面的有槽孔使月形充填轨凸出其上。它的下部为一螺杆，螺杆外为一螺母，利用螺母外围的蜗轮蜗杆装置可使螺母转动。由于螺母在原位转动，使得与月形充填轨相连的螺杆可以垂直升降，调节月形充填轨凸出主体上平面的高度，从而控制最后刮料时下冲的位置，见图 1-79。

(4) 回收部分　回收部分也称吸粉部分。吸粉装置位于机座内部，其吸粉管自机座侧面伸出，吸入口装在模盘附近。它的作用是将压片过程中冲模上产生的飞粉和下漏的粉末回收，以避免污染环境并保护设备。

机座内部的电动机通过带动鼓风机，通过吸粉管将粉末吸入吸粉箱下部的贮粉室，粉末下坠于贮粉室底部，气体则迂回上升。经过数个重叠的滤粉盘，粉末进一步得到分离，气体由滤粉盘上部的开口进入滤粉室，最后被装在滤粉室内部的鼓风机引出，见图 1-80。

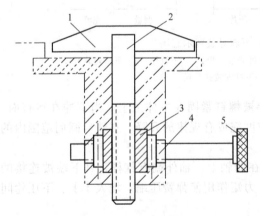

图 1-79 充填调节装置

1—月形充填轨；2—螺杆；3—螺母
(外为蜗轮)；4—蜗杆；5—手轮

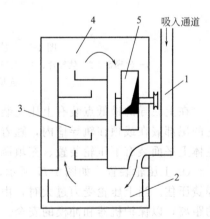

图 1-80 吸粉装置

1—吸粉管；2—贮粉室；3—滤粉盘；
4—滤粉室；5—鼓风机

如粉末很轻不易净制时，可采用湿法净制，即在滤粉盘内放一半清水，以提高净制效果。有的压片机用滤袋代替滤粉盘，因滤袋所占空间较大，鼓风机需置于吸粉箱的外部。

（八）其他压片机简介

1. 高速压片机

高速压片机的压片速度并无明确界限，其"高速"也是相对而言。对于湿颗粒法压片高速压片是指出片速度在每秒 15 片以上（双压式一般可达每秒 30 片以上）。

中模内充填速度，冲头冲击，机器过载，片子顶裂和裂片等问题限制了高速压片机的应用。

近些年开发的一些技术例如粉末的强制充填、压片的缓冲机构、锥形中模内孔的利用等，突破了上述诸多障碍，结合压片机机构的改革和新型制剂工艺的发展，使高速压片在工业上的应用日趋广泛。

（1）多次压缩压片机　普通旋转式压片机转盘直径较小，冲杆底面积较大，虽有利于片剂的成形，但冲模数量少，单位时间出片数量少。此外，由于冲杆底面积大，与轨导的摩擦还会增加。

如在压片机上安装两套压轮，使每一片剂在成形过程经受两次压缩，不仅可延长压缩时间，且可降低冲杆轨导的损伤。这种重复压缩的方法就称为二次压缩，这种压片机就是二次压缩压片机。同理，也可有三次压缩压片机。

二次压缩压片机可有两种方式：预压方式和双压方式。预压方式采用直径较小的预压压轮（$\phi90mm$）将颗粒预压，然后用正常压轮（$\phi180mm$）再次压制，二次压缩开发初期多用此法。另一方法是采用直径相同的两套压轮（$\phi180mm$）压制。

图 1-81 为二次压缩压片机的展开略图。固体颗粒充填于中模后，经一次和二次压缩后，下冲上升出片，各次压制力可分别由调节下压轮的升降高度来完成。

图 1-82 为多次压缩的应力-应变曲线，曲线内部所包容的面积代表所消耗的功率。由图 1-82 可以看出，在多次压缩的情况下，使用较小的应力可以达到较大的应变，可以减少压片的功率消耗。但随反复压缩次数的增加，物料的塑性变形部分减少，最后可接近于弹性变形。可见，多次压缩的次数是有一定限度的。

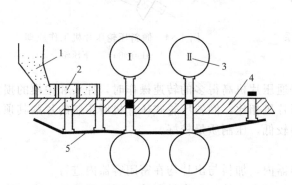
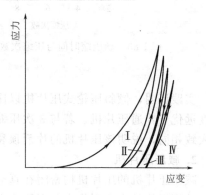

图 1-81　二次压缩压片机原理　　　　　　　　图 1-82　多次压缩的应力-应变曲线

1—料斗；2—加料器；3—压轮；4—模盘；5—下轨导

压片机的压缩时间如前所述，包括动压缩时间和压缩停滞时间。

多次压缩的总时间为每次压缩的动压缩时间和压缩停滞时间之和，计算公式为

$$\tau_0 = \frac{30}{\pi N}\left[\sum_{i=1}^{n}\sin^{-1}\left(\frac{1}{R}\sqrt{r_i \Delta h_i}\right)\right] + \frac{30 d_e}{\pi R N} \tag{1-67}$$

式中，τ_0——多次压缩的总时间，s；Δh_i——第 i 次压缩时的压缩距离，m；r_i——第 i 次压缩时的压缩半径，m；N——回转盘的转速，r/min；n——压缩次数；d_e——压片的直

径；R——回转盘的半径，m。

式中的第 1 项为动压缩时间，第 2 项为压缩停滞时间。

若各压轮半径 r_i 相等，且 $\Delta h_i = \dfrac{\Delta h}{n}$ 时，动压缩时间与压缩次数的关系如图 1-83 所示。由图1-83可见，$n > 4$ 时的曲线斜率较 $n \leqslant 3$ 时的小，时间增加率下降。此外，如 n 增加则压轮数随之增加，磨盘直径必增加很多。所以，多次压缩的次数限度为 3 次。

片剂在多次压片机中所经受的压缩次数较多，内部密度分布也较均匀，使得其强度提高，顶裂现象下降。

（2）倾斜压轮式压片机　压片机在压制时承受很大的力，为防止机件和冲模损坏，压制普通黏性粉末时，压片机转速一般最高不超过 50r/min。异形片压制时冲模的摩擦力较大，最大转速不超过 40r/min。

为改善压片机的受力状态，开发了倾斜压轮压片机。

图 1-84 所示为倾斜压轮压片机原理，压轮为球形台状，其工作面为球面，工作面与冲杆接触点的轨迹为一复杂的曲线，冲杆的运动轨迹为一椭圆形。

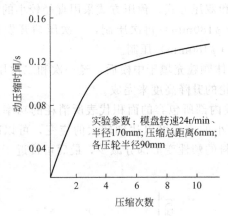

图 1-83　动压缩时间与压缩次数关系

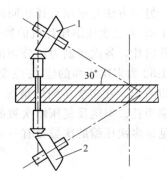

图 1-84　倾斜压轮压片机工作原理
1—上压轮；2—下压轮

实践证明，倾斜压轮式压片机以比普通压片机高得多的转速操作时，冲头和中模的损伤程度远优于普通压片机。若与 3 次压缩压片机相比，倾斜压轮式压片机所压制的片剂其顶裂率大致相同，说明该压片机的片剂顶裂率较低，压制质量较好。

2. 减压压片机

减压压片机的压片机构密闭在真空容器内，加料与出片均在密闭容器内进行。

减压压片具有下列优点：因固体内空气量少，故粉末容易充填，所需压片压力小，应力分布均匀。对空气中易起变化的药品，可在密闭容器内实施惰性气体保护。

与常压下相同，减压下的片剂强度随压制压力的增加而加大。减压下的片剂强度通常较常压下高，但在高真空（1.33×10^{-3}Pa）条件下，粒子表面附着水分子（极性非常强）消失，影响了固体粉末间的黏合力及成形性，片剂强度却较常压下低。

减压压片机的机构复杂，片剂的顶裂和裂片率也较高，目前在制药工业中用量有限。

3. 多层片压片机

双层和三层压片机的结构原理基本相同，可用于压制隔离层片剂（将不宜直接接触的两种药物中间用隔离层遮断而压制成的三层结构片剂）和多层长效片剂（按速释层和缓释层压制成的双层结构片剂)。多层片压制有两种方法：

① 一次压制法　将各层药粉按顺序充填于中模后，一次压制成形；

② 预压法　底部各层分别充填并经预压后，将上层充填，再以重压压制成形。

预压法是生产中常用的方法。一次压制法因各层药量不易控制，且压制出的片剂分层不明显，故较少使用。

三层压片机的预压法成形过程如图 1-85 所示。

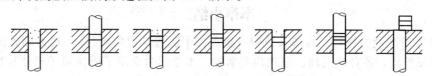

(a) 充填　　(b) 预压　　(c) 充填　　(d) 预压　　(e) 充填　　(f) 压制(重压)　(g) 出片

图 1-85　三层压片机的预压法成形过程

多层片层间的结合力与预压力、粉末粒径有关。预压力较大时，层间分层明显，但层间结合力较弱。所以，预压力的大小应以能将压制物取出以供重量检测为准，一般需将预压力控制在较低的水平。

粉末过细会降低层间结合力。所以一般优先考虑较粗的粒径。此外，各层间在压制时不应有过剩的粉末。

多层片压片机主要结构原理与旋转式压片机相似。各层药粉贮于单独的料斗中，机上配有预压压轮和重压压轮。按充填→预压→充填→……→充填→预压→充填→重压→出片的顺序布置。此外，各层均有取样装置，以供片重检测之用。

因各层充填量较少、充填层较薄，所以多层片压片机压出的片子各层厚度不易均匀。多层片压片机的出片速度较慢，大约在每秒 8～9 片左右。

4. 压制包衣压片机

压制包衣是将片芯及作为包衣材料的固体粉末压制成包衣片的方法。包衣片有圆形平片、圆形凸片及异形片等，外观上与一般片剂相同。因包衣是干式操作，所以适用于对热、水不安定药品的包衣。此外，可按用途将药物置于片芯或包衣层中制成多层片（如肠溶片等）。与糖衣片相比较，包衣片的包衣层机械强度较低，而透气性、透湿性较高。压制包衣的过程一般为一次压制成形，如图 1-86 所示。

(a) 一次充填　　(b) 加入片芯　　(c) 覆盖充填　　(d) 压制　　(e) 出片

图 1-86　包衣片的压制成形过程

压制过程中如片芯置偏、置斜或片芯形状与片剂外廓不适合等，压缩后会出现因片芯膨胀而引起的裂片。因此，片芯及包衣层的形状、大小以及物料性质均对压制包衣操作有明显的影响。

对表面粗糙的片芯和粒度较细的包衣粉末来说，因细粒子可充填于片芯粒子间隙的缘故，片芯与包衣层结合的情况较好。

一般的压制包衣压片机是由一根主动轴带动两台压片机组成。第 1 台专用于片芯的压制，然后通过供片装置送往第 2 台并埋于外层粉末中压制成包衣片。有时，也采用在其他压片机预先压制片芯然后供给包衣压片机压制包衣片的方法。

此种压片机的关键部分有 3 处，即将片芯准确置于包衣材料中心部位的控制机构（置芯机构）、将位置不准确的片芯检出的控制机构及将无芯片剔出的控制机构。在完成上述操作时不应影响整机的连续运转。

该种压片机出片速度较慢（操作速度较快时，片芯难以准确置入），实际生产场合的出片速度大约 8～9 片/s。

本章小结

1. 本章所涉及的粉碎、筛选及造粒（重点为干法造粒中的压片），均为制备药物粉体的常用单元操作，各自的机理、原理均需掌握。本章同时介绍了固体粒子粒径及其测量方法、力学性能等，是课程理论讲解中的基础知识，需要了解。

2. 熟悉粉碎能量计算、筛效率计算、压片速度及片剂受力计算，对指导生产实际（如操作成本核算、机械故障排除及找出产品质量原因等）具有指导意义。

3. 了解粉碎、筛选、压片设备的构造、工作原理、操作流程及适用范围，可以针对不同生产场合作出合理的选择，进而指导实际生产。

4. 在制剂生产技术不断发展的今天，新型制剂设备不断涌现，了解其适用范围、工作原理及其演变过程，为实际生产中是否采用、为何采用新设备提供依据。

第二章

物料的混合

混合是制剂生产中用以保证产品质量的重要单元操作之一，根据物料种类与性质的不同，可分为固体与固体、固体与液体、液体与液体、液体与气体之间的混合等。互溶流体之间的混合比较容易，甚至可以实现分子尺度的完全混合；固体间的混合是以粒子为分散单元进行的，因而在实际操作中无法做到完全混合。为了实现产品中各组分的均匀分布，需尽量减小颗粒的尺寸，所以常以微粉体为物料。

第一节　固体混合

固体混合是一种借助混合机械使两种或两种以上物料相互分散，从而达到总体均匀的操作。

对于固体制剂的生产操作来说，物料的混合度、流动性、充填性非常重要，如粉碎、过筛、混合是保证药物含量均匀度的主要操作单元，几乎所有的固体制剂，如片剂、颗粒剂、散剂、胶囊剂、丸剂等制造中必须经历这一重要的操作单元。

固体混合不同于流体间的混合，后者的过程机理是分子扩散，即分子运动的结果，最终可达到完全混合。固体粒子无法实现布朗运动，混合过程需靠外加的机械作用才能进行。对固体物料而言，只有对其中每一个粒子的混合作用完全相同时才有可能实现完全混合。实际上，由于各组分间粒子的形状、尺寸、密度等诸多的不同，混合结果不可能实现粒子的均匀排列，所以不能达到局部均匀，而只能达到总体均匀。

一、混合机理

混合机内粒子经随机的相对运动完成混合，Lacey 提出了固体粒子在混合时的 3 种运动方式，据此混合机理可归纳如下：

1. 对流混合

固体粒子群在混合机械的作用下发生较大位移而产生的总体混合称为对流混合。即固体粒子在设备本身或设备内搅拌器转动的情况下，粒子群会发生大范围的位置移动，在混合设备内形成固体的循环流，依此进行的混合，被称为对流混合。粒子循环流的形成如图2-1(a)所示：位于回转圆筒内的固体随筒壁上升，超过休止角后，离开壁面反向下流至桶壁另侧的下部，周而复始即成循环。

2. 剪切混合

粒子群因内部剪切力的作用而产生滑动断面，破坏团聚状态所形成的局部混合称为剪切混合。或者说，剪切混合即由于粒子群内颗粒间运动速度的差异而产生相互滑动和撞击，以及搅拌叶片端部与筒壁之间的粒子团块遭受压缩和拉伸而产生的伴随粉碎的混合。剪切的混合作用在混合器内部逆向流动粒子群间的剪切层内及器壁两侧处的粒子群中比较明显，如图2-1所示。

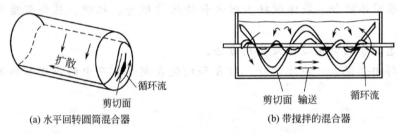

(a) 水平回转圆筒混合器　　　　(b) 带搅拌的混合器

图 2-1　混合机理示意图

3. 扩散混合

因粒子形状、速度差异及充填状态所产生的无规则运动，导致相邻粒子间发生相互换位所产生的局部混合称为扩散混合。

上述的3种混合方式在实际的操作过程中并不是独立进行的，对任何一次混合操作而言，3种混合机理可能会同时发生，只不过所表现的程度因混合器的类型、粉体的性质、操作条件等不同存在差异而已。一般来说，在混合开始阶段以对流混合与剪切混合为主导作用，随后扩散混合作用增加；在水平回转圆筒混合器内以对流混合为主，而在带搅拌的混合器内［图2-1(b)］以强制的对流混合和剪切混合为主。必须注意，在混合不同粒径、密度的粉体时，会因伴随分离而影响混合程度。

二、混合程度

混合程度简称混合度，是表示物料混合均匀程度的指标。即混合过程中或混合终态时被混合物料均一程度的指标。固体间的混合只能达到宏观均匀，因此，常以统计分析的混合极限作为完全混合状态的基准，用以比较实际的混合程度。混合度的常用表示方法有标准偏差或方差和混合度。

1. 标准偏差或方差

混合物料多次抽样中某一成分分率（质量或个数）的方差 σ^2 或标准偏差 σ 为

$$\sigma^2 = \frac{1}{n-1}\sum_{i=1}^{n}(x_i - \overline{x})^2 \tag{2-1}$$

$$\sigma = \left[\frac{1}{n-1}\sum_{i=1}^{n}(x_i - \overline{x})^2\right]^{1/2} \tag{2-2}$$

式中，n——抽样次数；x_i——某一组分在第 i 次抽样中的分率（质量或个数）；$\overline{x}$——某一

组分的平均分率均值（质量或个数），以表示某一组分的理论分率，$\overline{x} = \dfrac{1}{n}\displaystyle\sum_{i=1}^{n} x_i$。

按式(2-1)，通过对混合设备中物料的抽样并计算某一组分方差的方法，可了解混合过程物料的状态。计算结果越接近于平均值（即 x_i 越接近 $\overline{x}$），σ^2（或 σ）越小，混合效果就越好。σ^2（或 σ）值为 0 时，此混合达到完全混合。然而，计算过程中，σ^2（或 σ）受取样次数、取样位置、加入分率等的影响，具有随机误差，用来表示最终混合状态并不完善。

2. 混合度

混合度能有效地反映混合物的均匀程度，可用 Lacey 公式描述：

$$M_\tau = \frac{\sigma_0^2 - \sigma_\tau^2}{\sigma_0^2 - \sigma_\infty^2} \tag{2-3}$$

式中，M_τ——混合时间为 τ 时物料的混合度；σ_0^2——两组分完全分离状态下的方差，即 $\sigma_0^2 = \overline{x}(1-\overline{x})$，$\overline{x}$ 为混合终态值；σ_∞^2——两组分完全混合状态下的方差，$\sigma_\infty^2 = \overline{x}(1-\overline{x})/n$，$n$ 为样品中固体粒子的总数；σ_τ^2——混合时间为 τ 时的方差，$\sigma_\tau^2 = \displaystyle\sum_{i=1}^{N}(x_i - \overline{x})/N$，$N$ 为样品数。

完全分离状态时：
$$M_0 = \lim_{\tau \to 0} \frac{\sigma_0^2 - \sigma_\tau^2}{\sigma_0^2 - \sigma_\infty^2} = \frac{\sigma_0^2 - \sigma_0^2}{\sigma_0^2 - \sigma_\infty^2} = 0 \tag{2-4}$$

完全混合均匀时：
$$M_\infty = \lim_{t \to \infty} \frac{\sigma_0^2 - \sigma_\tau^2}{\sigma_0^2 - \sigma_\infty^2} = \frac{\sigma_0^2 - \sigma_\infty^2}{\sigma_0^2 - \sigma_\infty^2} = 1 \tag{2-5}$$

而在实际混合过程中由于 $\sigma_\infty^2 < \sigma_\tau^2 < \sigma_0^2$，所以有 $0 < M_\tau < 1$。

由图 2-2 混合度 M_τ 与混合时间 τ（或混合设备转速）的关系曲线所示：混合初段（a区）以对流混合为主；中段（b 区）以对流混合和剪切混合为主；后段（c 区）以扩散混合为主，曲线作不定的波动，表明物料在混合中混合与分离同时进行，处于一种动平衡状态，而在生产及生活实际中，这一特性被经常用于固体物料的分离操作。

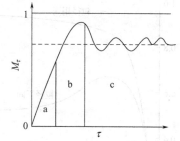

搅拌型混合器以 a 区为主，故在初期其混合速度较快。而回转型混合器的混合 b 区曲线较长。

实际的混合操作中，因粒子的粒径、形态、密度等各有不同，物料在混合的同时常伴随有分离现象，所以混合

图 2-2　混合特征曲线

特性曲线的形状会受这些因素的影响。混合速度由混合特性曲线的斜率 $\dfrac{\mathrm{d}M_\tau}{\mathrm{d}\tau}$ 表示，混合速度与完全混合的混合度和混合时间为 τ 时的混合度之差成正比：

$$\frac{\mathrm{d}M_\tau}{\mathrm{d}\tau} = K_M(1 - M_\tau) \tag{2-6}$$

即
$$M_\tau = 1 - e^{-K_M\tau} \tag{2-7}$$

式(2-7)表明了混合度与混合时间的关系，其中的比例系数 K_M 称为混合速度系数，单位为 1/min，它与混合设备型式、操作条件、固体粒子的物理性质等有关。由式(2-7)可知，混合前物料完全分离时，$\tau = 0$、$M_0 = 0$；随粉碎时间的延长，M_τ 趋向 1。

三、影响混合的因素

在混合机内多种固体物料进行混合时往往伴随着离析现象，离析是与粒子混合相反的过程，妨碍良好的混合，也可使已混合好的物料重新分层，降低混合程度。在实际的混合操作中常遇到物料密度不同、粒径不同、形态不同，混合过程不仅受这些物性因素的影响，而且还受到混合设备和操作条件的影响，如混合机的类型、旋转速度、填充量、填充方式等。因此，根据物料不同选择最适宜的操作条件是混合过程中首先应解决的问题。

（一）物性因素的影响

1. 粒径的影响

图 2-3 表示物性相同、粒径相同或不同的两种粒子在 V 型混合机内混合时粒径对混合度的影响。由图 2-3 可见，粒径相同的粒子混合时，混合度随混合机的转速 n 单调增加，当混合机旋转 15 转左右时混合度几乎达到 0.85，转速再增加，混合度几乎不变，趋于一个定值。粒径不同的粒子混合时，混合度达到某一最大值后随转速的增加反而下降，使混合度降低。这是因为粒子间产生了离析作用的缘故。产生离析现象的主要原因是小粒子从由大粒子构成的空隙中降到下部（类似过筛作用）。

由图中两条曲线的比较可清楚地看到，粒径不同粒子的混合度明显低于粒径相同的粒子的混合度，这就是物料混合前应粉碎过筛的原因。

2. 粒子形态的影响

图 2-4 所示为球形、圆柱形、粒状的粒子在 V 型混合机内混合时的混合度与混合机转速的关系曲线。图 2-4(a) 所示为形态相同、粒径相同的粒子间的混合过程，混合曲线形状大致相同，最后均达到相近的混合状态。图 2-4(b) 所示为形态相同、粒径不同的粒子间的混合过程，由于混合过程中不同粒径的粒子分离程度不同，不同形态离子的最终混合水平有所不同。其中圆柱形粒子混合度最高，而球形粒子和粒状粒子的混合度均较低。

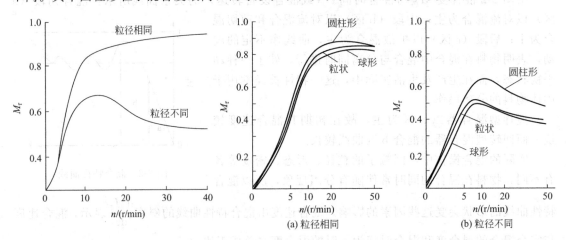

图 2-3　粒径对混合度的影响　　　　图 2-4　粒子形态对混合度的影响

造成这种结果的原因是小球形粒子容易在大球形粒子的间隙通过（如球形粒子在过筛时最容易通过筛网，粒状粒子次之，最后才是圆柱形粒子），所以在混合时球形粒子的分离程度最高，混合度则最低；而小圆柱形粒子不易由大圆柱形粒子的间隙通过，因而阻碍离析作用，混合程度提高。在制造过程中，所用粉体粒子的形态各异，当其形态越接近球状时，其流动性虽好，但容易发生离析作用；而其形态远离球形时，则可制约离析作用，有利于保持高混合度。

3. 粒子密度的影响

形态与粒径相同，密度不同的粒子相混合时，由于粒子向下流动速度的差异造成混合时的离析作用（即分离作用），使得混合效果下降。但当粒径小于 $30\mu m$ 时，粒子的密度大小将不会成为导致分离的原因。

若被混合的两种组分的粒径及密度均有差异时，分离作用变得更加复杂，粒径间的差异会造成类似筛分的分离，密度间的差异会造成以流动速度为主的分离。如能事先适当调节粒径和密度，利用一种因素将另一种因素产生的分离作用抵消，就可以找出一种控制混合过程分离作用的有效手段。

如图 2-5 所示为乳糖、蔗糖、小麦淀粉同碳酸钙、玉米淀粉等物料在 V 型混合机中混合时，粒径、密度对混合度的影响。由图可见，各曲线的形状皆为一凸形的二次曲线，具有平移的相似性。各曲线形状之所以相近，是由于所用物料中的大粒子密度较大。尽管小粒子可从大粒子间的缝隙中通过，而造成分离趋向，但大粒子由于密度较大，其流动速度较快，可使两者保持速度上的平衡，提高了混合的效果。

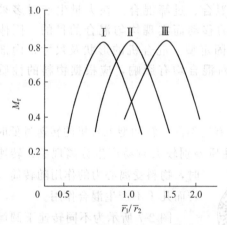

图 2-5　粒径、密度对混合度的影响　　　　图 2-6　最大混合度时粒径比和密度比的关系

密度比：Ⅰ—1：0.65；Ⅱ—1：1；Ⅲ—1：1.58

从不同密度比的粒子群中选择最大混合度的粒径比，可绘制密度比与粒径比的关系，如图 2-6 所示。此为对数线性关系，可用式(2-8) 表示：

$$\frac{\rho_1}{\rho_2} = \left(\frac{\overline{r}_1}{\overline{r}_2}\right)^2 \tag{2-8}$$

式(2-8) 意味着大粒子的密度应比小粒子的密度适当大一些，这是因为大粒子的密度较大可使粒子的流动速度加快，可减小大、小粒子间的流动速度差，防止离析，提高混合度。

各组分间密度差及粒径差较大时，最好的办法是先装密度小或粒径大的物料，再装密度大或粒径小的物料，且混合时间应适当。

4. 表面粗糙度的影响

当离子的形态、密度相同但粒径不同而且大粒径的粒子多于小粒径的粒子时，如大粒径粒子的表面粗糙度小于小粒径粒子的表面粗糙度，可使混合物的孔隙率减小，改善充填性，使小粒子的运动空间变小（或小粒子的流动阻力增大），从而达到控制离析作用的目的。

5. 各组分的黏附性与带电性的影响

有的药物粉末对混合器械具有黏附性，不但影响混合效果也造成药物损失，一般应将量大或不易吸附的药粉或辅料垫底，将量少或易吸附者后加入。混合时摩擦起电的粉末不易混匀，通常加少量的表面活性剂或润滑剂加以克服，如硬脂酸镁、十二烷基硫酸钠等具有抗静电作用。

6. 含液体或易吸湿成分的混合

当处方中含有液体组分时，可用处方中其他固体组分或吸收剂吸收该液体直至不润湿为止。常用的吸收剂有磷酸钙、白陶土、蔗糖和葡萄糖等。若含有易吸湿成分，则应针对吸湿原因加以解决。如结晶水在研磨时释放而引起湿润，则可用等物质的量的无水物代替；若某组分的吸湿性很强（如胃蛋白酶等），则可在低于其临界相对湿度条件下，迅速混合并密封防潮；若混合引起吸湿性增强，则不应混合，可分别包装；有些药物按一定比例混合时，可形成低共熔混合物而在室温条件下出现湿润或液化现象，如药剂调配中可发生低共熔现象的常见药物有水合氯醛、樟脑、麝香草酚等，以一定比例混合研磨时极易湿润、液化，此时尽量避免形成低共熔物的混合比。

（二）设备及操作条件的影响

实验室常用的混合方法有搅拌混合、研磨混合、过筛混合。在大量生产时多采用搅拌或容器旋转方式，以产生物料的整体和局部的移动而实现均匀混合的目的。固体的混合设备大致分为两大类，即容器旋转型和容器固定型。混合机的形状及尺寸，内部插入物如挡板以及强制搅拌等，材质及表面情况等对混合均有影响，应根据物料的性质选择适宜的混合器。

1. 设备转速的影响

一般情况下，混合机的转速不同，混合机理有所不同。转动型混合机的转速过低时，物料在筒壁表面向下滑动，当各成分粒子的粉体性质差别较大时易产生分离现象；转速过高时，物料受离心力的作用随转筒一起旋转而几乎不产生混合作用。

图 2-7 所示为不同转速下圆筒型混合器内粒子的运动状态。转速 n_1 很低时，粒子在粒子层的表面向下流动，物理性质不同的粒子流动速度不同，故造成显著的分离现象，见图 2-7(a)。提高

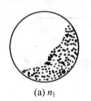 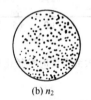

(a) n_1 (b) n_2 (c) n_3

图 2-7　不同转速下圆筒型混合器内粒子的运动状态

转速至 n_2 后，粒子随转筒升得更高，然后循抛物线的轨迹下落，相互堆积进行混合，此种混合情况受粒子的物理性质的影响较小，见图 2-7(b)。转速过高（增大至 n_3）时，粒子受离心力的影响随转筒同速旋转，设备失去混合作用，见图 2-7(c)。

图 2-8 表示在两种体积的 V 型混合机中混合无水碳酸钠和聚氯乙烯时，无水碳酸钠的标准差 σ 与转速 N 的关系曲线。由图可见，转速较低时，标准差 σ 随转速的增加而减小，到最小值后，又随转速的增加而加大。因此，其最小标准差 σ 为最大混合度，所对应的转速为最适宜转速。由图 2-8 还可见，混合机体积较大时最适宜转速较小，而且与此最适宜转速所对应的标准差 σ 值小，即混合度大。

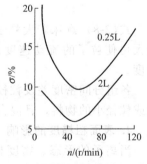

图 2-8　在 V 型混合机中混合时标准差与转速的关系

2. 充填量的影响

图 2-9 表示物料在不同体积 V 型混合机内的标准差 σ 与充填量（单位体积混合机内充填的物料质量，kg/m³）的关系。由图 2-9 可见，充填量大致在 10%［相当于容量比（粒子的堆积容积/混合机全容量）30%］左右时，σ 最小。而且相同充填量下，V 型混合机体积越大，混合机 σ 值越小。

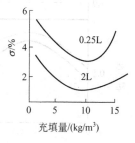

图 2-9 在 V 型混合机中混合时标准差与充填量的关系

考虑旋转圆筒型混合机的充填量时，为保证物料在机内充分运动，至少留出堆体积相同的空间；搅拌式混合机的充填量一般大于旋转圆筒型混合机，按溶剂比（粉粒体的堆体积/混合机的体积）计算大约大 10%；容器旋转型混合机的充填量一般较容器固定型的充填量小。

3. 装料方式的影响

图 2-10 表示 7.5L V 型混合机中 3 种不同装料方式。

Ⅰ型：把两种物料粒子上下放入，也叫 Bedding 装料法，如图 2-10(a) 所示；

Ⅱ型：把两种物料粒子左右放入，如图 2-10(b) 所示；

Ⅲ型：把两种物料粒子部分上下，部分左右错开放入，如图 2-10(c) 所示。

将物料性质基本相同的 P 群粒子和 Q 群粒子以等比例混合，并以上述 3 种方式装填混合时，方差 σ^2 与混合机转速 n 的关系如图 2-10 所示。由图 2-10 可见，Ⅰ型装料方式使物料 P、Q 两种粒子迅速上下移动，属对流混合；Ⅱ型装料方式使物料 P、Q 两种粒子较缓慢地左右移动，总体上看属于横向扩散混合；Ⅲ型装料方式开始以对流混合为主，然后转变为横向扩散混合为主。由图可见，按图 2-10 Ⅰ型分层装料方式的混合速度最快，优于其他两种装料方式。

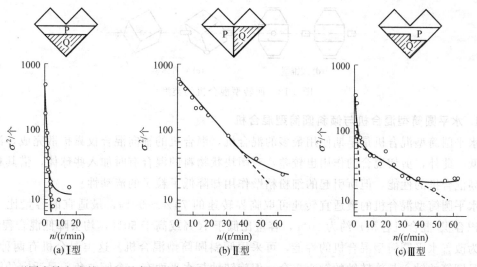

图 2-10 不同充填方式的 V 型混合机混合时方差与混合机转速 n 的关系（张汝华，《工业药剂学》P158）

4. 混合比的影响

多种成分粒子混合物在其混合比改变时，粒子的充填状态会受影响。两种成分的粒径、表面粗糙度等差异均可引起混合过程中的分离程度的变化。

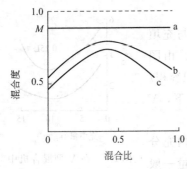

图 2-11 混合比对混合度的影响

粒径比：a—1∶1；b—1∶0.85；c—1∶0.67

图 2-11 表示在 V 型混合机旋转 50 圈后 3 种不同粒径比物料的混合比对混合度的影响。由曲线 a，两种粒径相同的粒子混合时，混合比与混合度几乎无关。曲线 2、3 说明粒径相差越大，混合比对混合度的影响越显著。由图 2-11 还可见到，大粒子的混合比为 30% 时，各曲线的混合度处于极大值，这是因为大粒子的混合比在 30% 左右时粒子间的空隙率最小，粒子处于密实的充填状态，不易移动，从而抑制了分离作用，获得良好的混合效果。

各组分混合比例相差过大时，难以混合均匀，此时应该采用等量递加混合法（又称配研法）进行混合，即量小的药物研细后，加入等体积其他细粉混匀，如此倍量增加混合至全部混匀，再过筛混合即可。

四、混合设备

混合设备按混合容器的运动可分为容器回转型、容器多维运动型和带有搅拌的固定容器型 3 类。

（一）容器回转型混合机

回转型混合机包括水平圆筒型、倾斜圆筒型、V 型、双锥型及立方体型等，见图 2-12。

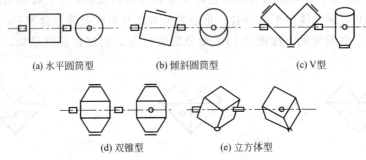

(a) 水平圆筒型　　(b) 倾斜圆筒型　　(c) V 型

(d) 双锥型　　(e) 立方体型

图 2-12　回转型混合机的类型

1. 水平圆筒型混合机与倾斜圆筒型混合机

水平圆筒型混合机是早期使用最多的混合机，混合机的轴向混合仅靠扩散完成，混合速度很低。此外，剪切混合的作用也较差，对团块状物料的混合有时加入些球体，借其粉碎作用提高混合机的性能，但所引起的细粉粘壁作用却降低了粒子的流动性。

水平圆筒型混合机的最适宜转速可取临界转速的 70%～90%，最适宜的容量比（粒子的堆积容积/混合机容积）约为 30%，容量比低于 10% 或高于 50%，均会降低混合程度。

为改善水平圆筒型混合机的性能，可采用倾斜圆筒型混合机。这类混合机有两种型式：一种是圆筒的轴心与旋转轴的轴心重合，但旋转轴与水平面有一个倾斜角，最适宜的倾斜角度为 14°左右；另一种是旋转轴水平放置，但圆筒却倾斜安装。混合过程中，前者的粒子运动状态呈螺旋线，后者则呈杂环状。

2. V 型混合机

V 型混合机由 2 个圆筒 V 形交叉结合而成，操作时粒子反复分离、合并，依此达到混合的目的。最适宜转速为临界转速的 30%～40%，最适宜容量比为 30%。与水平圆筒型混合机相比，最大混合程度及混合速度也较高。

圆筒的直径与长度之比一般为 0.8～0.9，两圆筒的交角为 80°或 81°，对结团性强的粒子，将交角减小可提高混合度。

在容器内穿过传动轴安装一个与容器逆向旋转的搅拌器，不仅可防止物料的结团，并可缩短混合的时间。

3. 双锥型混合机

双锥型混合机是由一个短圆筒两端分别焊接一个锥形圆筒而形成的，旋转轴与容器中心线垂直。混合机内粒子的运动状态、最大混合度、混合时间以及回转速度与混合度的关系等与 V 型混合机相似。

（二）容器多维运动型混合机

传统的回转型混合机的混合容器在回转运动过程中，物料主要靠对流混合和扩散混合的机理而达到混合，但物料由于离心力的作用，对密度差异较大的物料在混合过程中会因此产生密度偏析，从而使混合程度降低，混合时间延长。近年，为提高混合效果使混合容器做二维或三维空间运动的多维运动型混合机在制药工业得到广泛采用，二维运动混合机的混合容器做旋转和摇摆运动，而三维运动的混合容器做空间摇摆运动。

以三维运动混合机为例，如图 2-13 所示，混合容器为两端锥形的圆桶，桶身两端被两个带有万向联轴节的轴连接，其中一个轴为主动轴，另一个轴为从动轴。当主动轴旋转时，由于两个万向节的夹持，混合容器在空间既有公转又有自转和翻滚，做复杂的空间运动。经分析，当主动轴旋转一周时，混合容器在两空间交叉轴上下颠倒 4 次，因此物料在容器内除被抛落、平移外，还做翻倒运动，进行着对流混合、剪切混合和扩散混合，使混合在没有离心力作用下进行，故混合均匀度高，物料装载系数大，特别是当物料间密度、形状、粒径差异较大时能得到很好的混合效果。三维运动混合机的特点是占地面积和空间高度较小，上料和出料方便，混合时间较短，容器和机身可用隔离墙隔离，符合 GMP 要求。目前产品规格最大可到 $1m^3$，已形成系列。

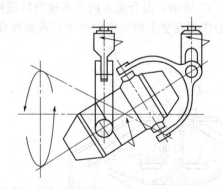

图 2-13　三维运动混合机及其原理示意图

（三）固定型混合机

1. 搅拌槽式混合机

搅拌槽式混合机的槽形容器内部有螺旋形带状搅拌器，如图 2-14 所示。一般在搅拌轴上固定有旋转方向相反的螺旋形带状搅拌翅，搅拌翅可将物料由两端向中心集中，又将中心物料推向两端。对固体混合，这种槽式混合机的混合程度曲线与 V 型混合机大致相似。

2. 锥形混合机

此种混合机在锥形容器内装有 1~2 个螺旋推进器，如图 2-15 所示。螺旋推进器的轴线与容器锥体的母线平行，在容器内既有自转又有公转。自转的转速约 60r/min，公转转速约 2r/min。容器的圆锥角约 35°，充填量 30%。

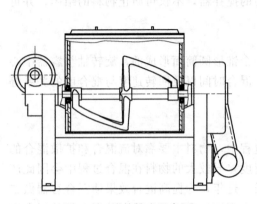

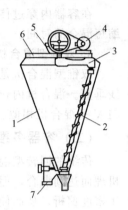

图 2-14 搅拌槽式混合机

图 2-15 锥形垂直螺旋混合机

1—锥形圆筒；2—螺旋桨；3—摇动臂；4—电动机；
5—减速器；6—加料口；7—出料口

在螺旋推进器自转的作用下被混合的固体粒子自底部上升，在公转作用下物料在全容器的范围内产生漩涡和上下的循环运动。混合机内的物料在 2~8min 内即可达到最大混合程度。

3. 回转圆板型混合机

如图 2-16 所示，被混合的固体加到高速旋转的圆板 3、5 上，由于离心力的作用，粒子被散开，在散开的过程中粒子间相互混合，混合后的粒子由出料口 8 排出。回转圆板的转速为 1500~5400r/min，处理量随回转圆板的大小而变。此种混合机处理量较大，可连续操作，混合时间短，混合程度与加料是否均匀有关，一般，物料的加入需通过加料器以调节流量。

4. 流动型混合机

如图 2-17 所示，混合室 3 内有高速回转搅拌叶 5，固体粒子由顶部加入，受到搅拌叶的剪切与离心作用在整个混合室内产生对流而混合。

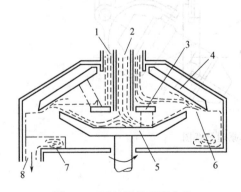
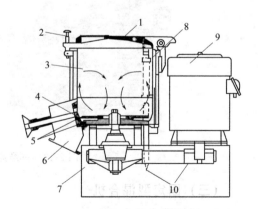

图 2-16 回转圆板型混合机

1,2—加料口；3—圆板；4—上锥形板；
5—下部圆板；6—混合区；7—出料挡板；
8—出料口

图 2-17 流动型混合机

1—加料盖；2—快开螺栓；3—混合室；4—排出阀；
5—搅拌叶；6—排出口；7—底座；8—夹套；
9—电动机；10—皮带轮

混合终了时将排出阀开启，调慢搅拌叶的回转速度，混合好的粒子由排出口 6 排出。搅拌叶转速一般为 $500\sim1500r/min$。流动型混合机混合速度快，一般在 $2\sim3min$ 内即可完成。

第二节　液体搅拌

使液体与固体、液体或气体等其他介质相互分散而达到均匀混合的操作称为液体搅拌。

一、搅拌的目的及方式

1. 搅拌的目的

在制药生产中，搅拌有如下目的：①制备成分均匀的混合物，如制备混悬液、乳浊液等；②加强物质的传递或增加反应速率，如促进固体的溶解、吸附或萃取等；③促进器壁与流体间的传热。

2. 搅拌的方式

搅拌通常有如下几种方式：①机械搅拌；②管道混合；③气流搅拌；④射流混合等。

根据制药企业的实际应用，本节只讨论前两种搅拌方式。

二、液体混合机理

由于液体分子扩散速率很小，单靠分子扩散进行液体混合需要非常长的时间，实际上不可能应用。通常情况下，液体混合需靠外加能量，以造成液体的强制对流。液体混合过程，是在强制对流作用下的强制扩散过程。

1. 强制扩散

强制扩散有两种方式，即主体对流扩散和涡流扩散。

（1）主体对流扩散　以液体的机械搅拌为例，搅拌器把动量传给周围的液体，产生高速液流，这股液流又推动周围的液体，最终使全部液体在槽内循环流动。这种大范围内的循环流动被称为宏观流动，由此产生物料组分的全槽范围扩散叫做主体对流扩散。

（2）涡流扩散　当搅拌叶搅动产生的高速液流从运动速度较低或静止液体中通过时，高、低速流体分界面上的流体受到强烈的剪切作用，因而产生了大量漩涡。这些漩涡随即向周围迅速扩散，把更多的液体夹带到这股高速液流中，同时使物料在局部范围内产生快速、紊乱的对流漩涡。搅拌槽内的这种漩涡运动被称为微观流动。由漩涡运动造成的局部对流扩散称为涡流扩散。

2. 分子扩散

由温差、浓度差引起分子热运动而导致的扩散被称作分子扩散。

液体实际混合的过程是主体对流扩散、涡流扩散和分子扩散的综合作用。主体对流扩散的作用是把不同物料形成的流体团混合起来，而涡流扩散的作用是通过这些流体团界面间的涡流把物料的不均匀程度降低到漩涡本身的大小，分子扩散的作用则是通过分子热运动将物料的不均匀程度降低到分子尺度。可见，主体对流扩散和涡流扩散主要作用是提高了混合的速度，而不能实现物料的完全混合；完全均匀的混合只有通过分子扩散才能达到。

综上所述，主体对流扩散和涡流扩散只能实现宏观混合，分子扩散才能达到微观混合。宏观混合中，涡流扩散的混合速度比主体对流扩散快得多。而漩涡运动正是湍流运动的本质，湍动程度越高，涡流扩散速率越大，混合速率也越快；漩涡运动的程度取决于被搅拌液体的湍动型态。

三、液体在槽内的流动形态

与流体在管路内流动相似，液体在槽内的流动形态也是根据雷诺数来判定的。这个雷诺数被称为搅拌雷诺数，以 Re_M 代表，计算公式如式(2-9) 所示：

$$Re_M = \frac{D^2 n \rho}{\mu} \qquad (2-9)$$

式中，D——搅拌器直径，m；n——搅拌器转速，r/s；μ——液体黏度，Pa·s；ρ——液体密度，kg/m³。

以 Re_M 区分流动形态大致范围如下：层流区 $Re_M < 10$；湍流区 $Re_M > 1 \times 10^4$；过渡区 $10 < Re_M < 1 \times 10^4$。

实际上，液体在槽内的湍动状态并不一致。叶轮附近很小的区域内处于高度湍动状态，此区域内的物料被充分混合；只有在槽内作循环运动的主体对流不断将液体推入该区域时，才有可能实现全槽的液体混合。

四、液体混合程度

混合程度是反映搅拌效果的指标，用以判定物料混合后达到的均匀程度。

（一）混合物的调匀度

为反映物料的均匀性，需用调匀度 S 来表示被搅拌液体形成混合物的混合程度。在 A、B 两种液体进行混合后，从系统中任意抽取 n 个试样。设组分 A 在某一试样中的浓度为 C_A、平均浓度为 $\overline{C}_A$，则调匀度表示为

$$S = \frac{C_A}{\overline{C}_A} \qquad (2-10)$$

式(2-10) 中 S 为调匀度，表示混合时物料的均一程度。液体完全混合时，$S = 1$；完全分离时，$S = 0$。如果在取样中有的样品出现 $C_A > \overline{C}_A$ 时，应以物料 B 的浓度 C_B，与物料 B 的平均浓度 $\overline{C}_B$ 为基准进行计算，即

$$S = \frac{C_B}{\overline{C}_B} = \frac{1 - C_A}{1 - \overline{C}_A} \qquad (2-11)$$

在槽内有代表性的各处取 n 个样品，则槽内液体的平均调匀度 S_M 为

$$S_M = \frac{\sum\limits_{i=0}^{n} S_i}{n} \qquad (2-12)$$

平均调匀度不是反映混合槽内液体混合均匀程度的唯一标准。因为宏观混合均匀的液体在微观上并非都是均匀的。平均调匀度随着取样范围大小可以显出很大的变化，所以仅能从宏观角度表示物料的混合程度。

（二）混合物的不均匀尺度与不均匀强度

为判定混合物经过搅拌所达到的混合程度，根据混合所达到的均匀性，可以用不均匀尺度和不均匀强度两个概念进行描述。

不均匀尺度表示液体中以溶质组分的浓度或以传热过程的温度等可分散参量的未分散部分的

大小。对应地，这两种参量未分散部分之间的距离以隔层厚度表示。

不均匀强度表示邻近流体团之间该参量（浓度，温度等）数值间的差异。不均匀强度用以描述分子扩散对混合过程的影响，完全混合时不均匀强度为零。

图 2-18 示出了混合物不均匀尺度和不均匀强度的变化关系。在安装了不同搅拌装置的 3 个搅拌罐分别加入同一种物质进行溶解，在溶解后的搅拌过程中从 3 个罐中分别采样 3 个样品，这 3 个样品分别以 A、D、G 表示。图中每个小方格表示一个未混合的团块，每个方格黑点的数目代表溶质的含量，由左至

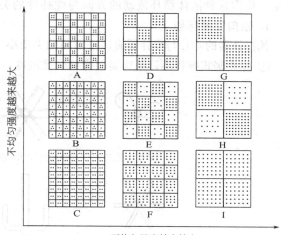

图 2-18　不均匀尺度和不均匀强度的变化关系

右方格越来越大，因此不均匀尺度越来越大，G 比 D 和 A 更为集中，这种分散物的集中尺度就是不均匀尺度。不均匀尺度越大，表示物料分散情况越差。两个未混合团块间的距离就是隔层厚度，隔层厚度越大，表示物料分散情况越差。

由于溶质可以溶解在溶剂中，经过一定时间后，这 3 个样品中的团块间就有了溶质相互扩散，如图分别以 B、E、H 表示。以试样 B 和 A 比较，B 的流体团块间浓度差比 A 小，所以 A 的不均匀强度比 B 大。不均匀强度越大，则表示物料混合越不充分。经过相当时间后，样品内所有团块溶质扩散均匀，如图以 C、F、I 表示。说明这 3 个样品不均匀强度为零，溶质和溶剂经过扩散已达到理想的完全混合状态，即所谓的微观均匀或分子尺度均匀。

引入不均匀尺度和不均匀强度的概念，可以表明混合的均匀程度。由此图可形象地说明：不均匀尺度是衡量宏观混合结果的量，而不均匀强度则表示微观混合的结果。混合程度的极限是不均匀强度为零，即达到分子尺度的均匀。并非所有的液体混合都可能达到这种均匀程度，只有互溶液体的混合才可能达到。如果液体间是不互溶的或有悬浮固体的液体混合，都不可能达到分子尺度的均匀。对这些液体的混合来说，调匀度越高、不均匀尺度越小，也就意味着混合越充分。

在对不同物料进行混合时，应视具体情况来确定调匀度与不均匀尺度，例如对软膏剂，要求均匀细腻无粗糙感；对乳浊型注射剂，要求达到微米级油滴粒径等。为满足这些要求，应采用不同的搅拌装置和搅拌条件。

前已述及，液体混合的机理是主体对流扩散、涡流扩散和分子扩散。在物料的混合过程中，主体流动将两种物料进行初步的分散，达到一定的调匀度，此时物料的隔层厚度必然较大。湍流使微小的流体团进行不规则的湍动，能够把主体流动所造成的已有一定调匀度的混合物进一步分散，减低了混合物的隔层厚度。因此，主体对流的作用主要是形成一定调匀度的混合物，而湍流的作用则是降低混合物的隔层厚度。如果两种物料是互溶的液体，隔层厚度越小，越有利于达到分子尺度的均匀。

五、机械搅拌

（一）搅拌器的分类

搅拌器在旋转时，既造成搅拌器附近的液体湍动，又推动全部液体在槽内作整体的循环

流动，依据这种液体循环流动的方向与搅拌叶的关系，可将搅拌器分为如下几种：

1. 轴向流搅拌器

凡搅拌器的叶片与搅拌器旋转平面间的夹角小于 90°的都属于轴向流搅拌器。其中包括：

① 螺旋桨式搅拌器，结构类似螺旋桨推进器，通常由 3 片桨叶构成，如图 2-19(a) 所示；

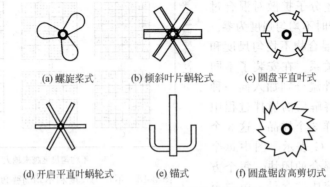

(a) 螺旋桨式　　(b) 倾斜叶片蜗轮式　　(c) 圆盘平直叶式

(d) 开启平直叶蜗轮式　　(e) 锚式　　(f) 圆盘锯齿高剪切式

图 2-19　各种搅拌器的叶片型式

② 倾斜叶片蜗轮式搅拌器，其结构一般由 6 片平直叶倾斜 45°固定于轴套上，如图 2-19 (b) 所示。

2. 径向流搅拌器

径向流搅拌器的叶片对液体施以径向离心力，液体沿叶轮的径向流出并在槽内循环。其中包括：

① 圆盘平直叶式及开启平直叶涡轮式搅拌器，如图 2-19(c)、(d) 所示；

② 锚式搅拌器形状与搅拌容器的轮廓相近，间距一般为 20～50mm，主要用于溶解结晶及高黏度液体的混合等场合，如图 2-19(e) 所示；

③ 高剪切搅拌器叶轮产生的剪应力很大，但产生的液体循环量较小，主要用于乳浊液的制备和高黏度液体的混匀，如图 2-19(f) 所示。

（二）搅拌槽内液体的流动

搅拌槽内的液体在搅拌器的作用下围绕搅拌轴旋转，产生圆周方向的切向运动。液体在离心力作用下涌向器壁，使中心部位的液面下降，形成大漩涡，这种流动型态称为打漩。打漩时几乎不产生轴向混合作用。如果被搅拌物料是多相系统，在离心力作用下反而会发生分层或分离。此外，打漩也可能从液体表面吸入空气，降低搅拌效率，并使搅拌器发生振动。

消除打漩的方法是在搅拌槽内安装挡板，挡板一般为 4 块，在槽壁垂直安装。挡板宽度一般为搅拌槽直径的 1/12～1/10。安装挡板有两方面作用，一是将液体的切向流动转变为轴向和径向流动，提高液体的主体对流扩散；二是增大液体的湍动程度，提高搅拌效果。

液体在搅拌槽内沿搅拌轴 Z 方向的速度分布如图 2-20 所示。流动状态与槽内是否有挡板有关。图 2-20 中 U_t、U_r 及 U_z 分别代表液体的圆周方向、径向及轴向的速度分布。由图 2-20 可见，在有挡板情况下圆周方向流速比无挡板时下降很多，而径向流速和轴向流速均有很大的增加。可见，加入挡板后，液体在槽内的流动由圆周方向的切向流为主转为以轴向流为主，液体从搅拌器径向排出形成循环流。

从叶轮直接排出的液体体积流量称为叶轮的排液量，其方向取决于搅拌器的类型，可为径向也可为轴向。由叶轮排出的液体可产生夹带作用，带动槽内液体的循环，参与循环流动的所有液体的体积流量称为液体的循环量，循环量可以远大于排液量。

液体在槽内的流动与搅拌雷诺数有关。图 2-21 表示层流、过渡流及湍流状态与 Re_M 的关系。Re_M 较低时为层流状态，液体附于叶轮旋转，液体只在叶轮周围的区域流动。Re_M 增大时，液体从叶轮排出，产生圆周方向流动，此时槽内同时发生轴向流动和湍动，直至全槽达湍流状态。

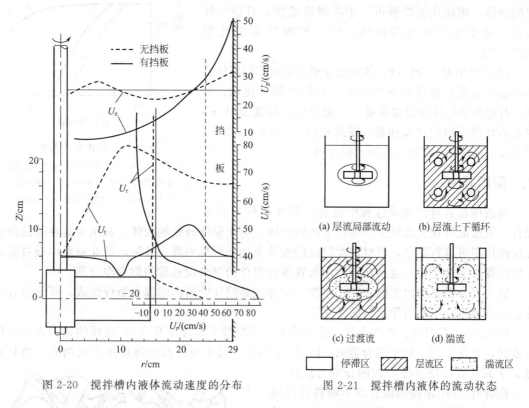

图 2-20 搅拌槽内液体流动速度的分布   图 2-21 搅拌槽内液体的流动状态

（三）搅拌器的选型

前已述及，为达到一定搅拌目的，就要给液体输入机械能。为达到一定的调匀度，需要一定的总体流动，而为了达到一定的分割尺度，则需要一定的湍流强度。搅拌器所消耗的功率理论上一部分用于产生槽内液体的总体流动，另一部分用于产生液体中的湍流（剪切流动）。

生产上有着不同的搅拌目的，有的过程需要总体流动完成，而另一些过程则需要湍流完成。为了满足工艺要求，搅拌器的选型非常重要。生产上液体不同的混合特性和要求如下：

① 互溶液体的混合：互溶液体的混合目的是通过搅拌获得一定调匀度的混合物，该过程的控制因素通常是主体流动。

② 颗粒状固体悬浮：要求一定的总体流动，视固体的密度而定，对重固体颗粒总体流动要求更强些，而对湍流要求并不主要。

③ 高黏度物料的混匀：高黏度物料在混合过程不存在湍动，没有涡流扩散，主要的混合作用就是由运动的搅拌器所造成的液体的总体流动，用于高黏度物料的搅拌器一般直径比较大。

④ 不互溶液体的分散：不互溶液体的分散要求有比较高的剪切作用，主要靠湍流产生，这类过程的控制因素主要是湍流强度。

不同型式的搅拌器作用于液体的特性各不相同。根据对流体剪切作用的大小，各种搅拌器排序依次为：平桨式＜蜗轮式＜旋桨式＜锯齿状叶轮。对要求液体以主体流动为主的工艺过程多选用平桨式、锚式搅拌器，以湍动为主的多选用蜗轮式、旋桨式搅拌器。

此外，液体黏度对搅拌器选型具有很大影响。旋桨式搅拌器适用于较低黏度的液体，平桨式可用于黏度较高的液体，蜗轮式搅拌器可用于高强度搅拌，且适应性较强。对于不同黏度的液体，这 3 种搅拌器的选型如图 2-22。

图 2-22 中有 6 个区域，各曲线分别表示出不同搅拌器的极限，只要在曲线以下的范围该搅拌器都可使用，所以，有些类型与其他类型重叠。一般经验，黏度 20Pa·s 以上不宜使用蜗轮式搅拌器，锚式适用于 10Pa·s 以下，对黏度更高的液体可选用螺带式搅拌器。

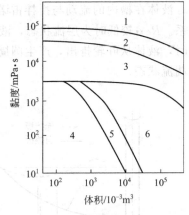

图 2-22　搅拌器的选型
1—桨式变形；2—平桨式；3—蜗轮式；
4—螺旋桨式（1750r/min）；5—螺旋桨式
（1150r/min）；6—螺旋桨式（420r/min）

六、管道混合

使液体在管道内流动过程中混合的操作被称为管道混合。管道混合在大规模生产条件下比较经济。对于黏度较低的液体，利用液体在管路内的湍流作用即可进行混合，但对黏度较高的液体为达到可靠的混合效果，可在管路内放置混合组件以提高混合质量，这种在管道内放置混合组件的混合设备称为静力混合器。

静力混合器又称固定混合器，由按一定方式装填在管道内的混合组件组成，每个混合组件起着将液流分割和引导流向的作用。

以 Kenics 静力混合组件为例，它是由左、右旋螺片以端部互成 90°交错的排列方式串接而成的，见图 2-23。每个混合器有 14~21 个组件，每个组件都能将液体分成两股。物料通过 n 个元件后，便进行 2^n 次的分割与复合。

在含有 20 个组件的混合器中物料被分离复合一百万次以上。即使是黏度相差很大的两种液体，经过 10 个元件后也可达到很好的混合效果。静力混合器可应用于如下场合：

图 2-23　Kenics 静力混合组件

① 高黏性的液体之间或黏度相差很大的液体之间的混合；
② 气液反应器。因混合组件造成气、液相表面的不断更新，有利于提高传质速率；
③ 不互溶液体间的分散；
④ 黏性物料的加热或冷却装置，因混合组件造成的径向混合，使得管子截面上的物料温度均匀一致、管壁表面的物料不断更新，提高了传热膜系数。

与湍流式管道混合器不同，液体在静力混合器中的混合作用主要靠混合组件的分割。静力混合器内液体处于湍流状态时，阻力增加所带来的问题会超过因传热、传质速率的增加所带来的好处。由于在处理黏性物料方面具有经济上的优越性，所以静力混合器的最主要用途是混合高黏度或黏度相差很大的液体以及糊状物料等。

第三节　捏　合

在固体粉末中加入少量液体，使液体均匀润湿粉末颗粒的内部和表面，以制备均匀的塑性物料的操作称"捏合"（kneeding）。如湿法制粒中"制软材"的操作过程，在工程上亦叫捏合。制软材作为湿法制粒的前处理在当今制药工业生产中具有非常重要的地位，其主要目的是使粉末和液体均匀混合，靠液体的黏合作用成粒，因此，捏合的好坏决定制粒的成败。湿法制粒和干法制粒相比所需工序多，但应用广泛，原因是在制软材过程中由于液体的作用能进一步改善主药和辅料的均匀混合以及促进辅料（或黏合剂）的包裹作用，使颗粒的表面性质得到改善，而有利于压缩成形。

一、捏合时固液混合特性

1. 液体在粒子间的充填特性

若将液体逐次加入不溶于该液体的固体粒子中进行混合，液体在粒子中的充填状态如表2-1所示，这些状态的模型如图2-24所示。每种状态详述如下：

表 2-1　液体在粒子中的充填状态

水分含量	形状	充填状态			适宜的造粒方式
		液体	粒子	空气	
很少	悬摆状	不连续	连续	连续	压缩法
少	绳索状 1	连续	连续	连续	转动造粒、压出造粒
多	绳索状 2	连续	连续	不连续	转动造粒、压出造粒
较多	毛细管状	连续	不连续	—	转动造粒、压出造粒
很多	泥浆状	连续	不连续	—	喷射造粒、喷雾造粒

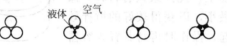

(a) 原始状态　(b) 悬摆状　(c) 绳索状 1　(d) 绳索状 2　(e) 毛细管状　(f) 泥浆状

图 2-24　液体在粒子间充填状态的模型

① 悬摆状　将少量液体加入固体时，液体以毛细现象吸附在粒子的接触点，以单独的点状存在，呈不连续状态，固体粒子在各接触点处连续，存在于粒子之间的空气也是连续的；

② 绳索状 1　在悬摆状液固混合物中再加入少量液体，液体在粒子的接触点以绳索状延伸相互连在一起，此时液体、粒子、空气三者完全呈连续态；

③ 绳索状 2　在绳索状 1 混合物中再加入一些液体，空气被封闭在液体之间而呈不连续态；

④ 毛细管状　在绳索状 2 物料中再加入液体，空气消失，成为毛细管状；

⑤ 泥浆状　在液体量十分多的情况下，固体粒子完全被液体包围，整个物料成为泥浆状。

2. 液体与粉末的混合特性

各种状态所需能量的变化如图 2-25 所示。将液体加入固体粉末中进行混合时，即使加量很少也能引发结团现象。如将全部液体一次加入，粉末的局部会结成大团，对均匀混合很不利，故应分次加入。因此，操作的开始应先加入少量液体，使一部分粒子结成小糊团，此时是糊团与粒子混合存在，搅拌所需能量随液体量的增加而增大，如图 2-25 的 a 区所示；当液体量继续增加时，形成的糊团增加，糊团在运动中

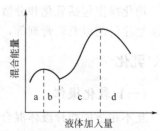

图 2-25　液体添加入固体
粉末时混合能量的变化

破碎形成小颗粒，搅拌所需能量下降，如图 2-25 的 b 区所示。再继续加入液体时，颗粒间相互黏附形成一个外观均一的大团，此时搅拌阻力上升很快，若对团块缓慢施加外力可引起变形，如图 2-25 的 c 区所示。再继续加入液体，粒子团就成为糯糊伏，搅拌所需能量急剧下降，如图 2-25 的 d 区所示。

在捏合操作过程中掌握捏合所加入的液体量是该操作的关键。如果液体加入量过少，则结合力弱，不易成形；当液体加入量过多时，形成膏状物，黏性过强使制成的颗粒自动粘在一起，干燥后形成硬的团块；液体加入量最适宜时，制成的颗粒保持松散状，有利于下一步的干燥。

二、捏合设备

捏合过程要求把原料粉末与适量黏合剂溶液有效地、均匀地混合在一起，充分满足生产要求。捏合常用的设备有带搅拌桨的混合器，如搅拌槽式混合机（图 2-14）、锥形垂直螺旋混合机（图 2-15）、流动型混合机以及制药工业以前常用的槽形混合机等。除此以外，立式搅拌混合机也有一定的应用。

立式搅拌混合机型式较多，装料容器为立式圆筒型，搅拌桨为立式，见图 2-26。搅拌桨可上下调整，其运动为行星式，既有自转又有公转。操作时可将容器内的物料全部搅动起来。另一种型式是将容器固定于可转动的机座底盘上，搅拌桨只有自转，操作时容器的器壁与搅拌器的间隙调到最小，以获得较好的搅拌效果。有的混合机的搅拌器还可倾斜翘起，操作时再将其置入容器内，搅拌器与容器逆向旋转，起到行星运动的效果。

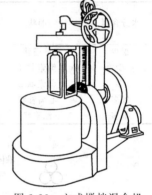

图 2-26　立式搅拌混合机

立式搅拌混合机除可用于捏和操作外，在调整搅拌器的转速后也可用于粉末的混合、液体的搅拌、乳化等。

第四节　均　　化

使液体、半固体非均一系进行分散，以得到均匀稳定的分散系的操作称为均化（homonization）。均化操作时，伴随着固体或液体粒径的减小，兼有混合、粉碎等操作的特征，但均化所要求的混合程度和粉碎程度更高，使用一般的搅拌器及粉碎机是不能达到要求的。均化、搅拌、粉碎这 3 个操作常混合进行，均化设备与搅拌及混合设备在某些方面有共同之处。物料在均化操作之前往往先经粉碎、搅拌，以形成初步的混合物，再经均化器进一步加工，才能得到符合质量要求的药剂。

均化操作包括乳化和分散，在药物制剂中占有重要地位，如混悬型、乳浊型液体药剂，乳浊型注射剂以及软膏剂等，以分散法制造时皆需利用均化操作。

一、乳化

（一）乳化操作

互不相溶的两种液体混合，其中一种液体以小液滴状态分散于另一相液体中形成非均相液体分散体系的过程称为乳化。形成液滴的液体称为分散相、内相或非连续相；另一液体则称为外相或连续相。互不相溶的两种液体经乳化而成的药剂称为乳浊型液体药剂，简称乳剂，如静脉注射乳剂、口服乳剂等。

根据乳滴（分散相的液滴）粒径大小，将乳剂分为普通乳、亚微乳、纳米乳。

① 普通乳：粒径大小一般在 $1\sim100\mu m$ 之间，这时乳剂形成乳白色不透明的液体。

② 亚微乳：粒径大小一般在 $0.1\sim0.5\mu m$ 之间，亚微乳常作为场外给药的载体，静脉注射乳剂应为亚微乳，粒径可控制在 $0.25\sim0.4\mu m$ 范围内。

③ 纳米乳：又称微乳或胶团乳，粒径大小一般在 $0.01\sim0.10\mu m$ 之间，乳剂处于胶体分散范围，这时光线通过乳剂时不产生折射而是透过乳剂，肉眼可见乳剂为透明液体。

在同一乳剂中液滴粒径的大小并非均匀一致，其分布曲线如图 2-27 所示。

液体分散时，增加单位表面所需要的能量与表面张力 σ 有关。例如，橄榄油对水的表面张力为 $0.0229J/m^2$，若将此油 $10cm^3$ 分散成直径为 $0.2\mu m$ 的油珠，产生的界面总面积 $300m^2$，所需能量为 $6.87J$。这个能量以势能的方式存在于体系之中。从热力学观点看，这一体系是很不稳定的。为增加其稳定性，需加入乳化剂。

例如橄榄油和水中加入 2% 的肥皂，可将界面张力降至 $0.002J/m^2$，即是降低了 91%。有关表面活性剂的种类与机理请参阅药剂学教材。

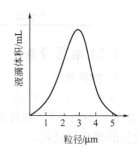

图 2-27　乳浊液中
粒径分布

根据乳化剂的种类和操作方法不同，乳化时所需施加的外力不同。自发乳化、转相乳化所需的外力较小，不需机械搅拌即能自动进行，如苯或二甲苯在 $0.2mol/L$ 十二烷基胺的盐酸盐水溶液中即能自行乳化。自发乳化过程在制药工业很少遇到，其机理尚无考证。一般情况下要想得到稳定的乳剂需借助搅拌器、胶体磨、乳匀机、高压匀质机等设备对液体施以较大的能量。

普通乳剂的类型有油包水（W/O）和水包油（O/W）两种类型，决定乳剂类型的因素很多，其中最重要的因素是乳化剂的性质及其亲水亲油平衡（HLB）值，其次是相体积分数和制备方法。乳剂由一种类型变为另一类型的现象称为转相，即 W/O 及 O/W 之间发生转化。乳剂中内相与外相的体积比、温度及乳化剂浓度的变化有可能引起转相。乳剂发生转相时，黏度及表面张力等均有很大变化。如利用这一变化，对黏度很高的乳剂可方便地实现均化。

图 2-28 表示温度对转相的影响。先将在室温以 O/W 型乳剂存在的乳化剂溶解于高温的油相中，乳化剂的 HLB 值发生改变，变为稳定的 W/O 型乳剂；然后在搅拌下将水相加入含乳化剂的油相中，形成W/O 型的乳剂。将上述 W/O 型乳剂在搅拌下降温，低温下乳化剂的 HLB 值又恢复到 O/W 型时的 HLB 值，发生由 W/O 型到 O/W 型乳剂的转相。转相温度与油相及水相的性质、乳化剂的种类及浓度有关。乳剂转相时，油水相之间的表面张力急剧下降，稍加搅拌即可获得高度均匀分散的乳剂。

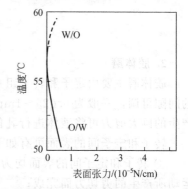

图 2-28　温度对转相的影响

转相乳化所用的搅拌器多为复合式，由乳化搅拌器和桨式搅拌器共同组成。低转速的桨式搅拌器将黏度较高的乳状液混合，而由另一电机穿过桨式搅拌器的空心轴带动高速旋转的乳化搅拌器对液体施以很强的剪切力使其达到均匀的乳化。上述型式乳化设备又被称作"超高黏度均匀混合器"。乳化过程中设备大多在减压情况下操作，以防空气吸入而产生气泡。

除上述的自发、转相乳化外，大部分乳化操作需要外界对液体施以一定的能量以形成新的界面。常用的乳化设备主要有乳化混合器、胶体磨、均化器及超声波乳化器和高压匀质机等。不同型式的乳化设备所得乳剂的粒径分布不同，表 2-2 表示各种乳化设备与粒径的关系。

表 2-2　乳化设备与粒径的关系

乳化设备型式	粒径范围/μm		
	1%乳化剂	5%乳化剂	10%乳化剂
旋桨式搅拌器	不乳化	3~8	2~5
蜗轮式搅拌器	2~9	2~4	2~4
胶体磨	6~9	4~7	3~5
均化器	1~3	1~3	1~3

（二）乳化设备

1. 搅拌器

各种型式的搅拌器（如高速旋桨式或蜗轮式搅拌器）均可对低黏度的液体进行分散（图 2-29）。但搅拌器对液体的剪切力较低，不易获得乳浊液所需的分散度，故多用于其他乳化设备的预分散之用。

图 2-29　不同型式的搅拌器

2. 胶体磨

胶体磨主要由定子和转子组成，转子转速范围为 1000~20000r/min。转子和定子之间的间隙可调，一般为 0.025~1mm。操作时，液体自转子和定子之间的间隙通过，利用它所产生的巨大剪力可将液体进行乳化。

转子和定子间的表面可有如下几种情况：

① 转子和定子间的表面均为光面，两表面完全平行，液体的乳化只依靠两表面的相对运动所产生的剪切力而完成；

② 完全平行的转子和定子表面覆以金刚砂等形成粗糙的表面。利用其形成的湍流可以处理黏度较高的乳浊液；

③ 转子和定子表面分别被加工成沟槽形，转子和定子的间隙在液体进口处较大、出口处较小。液体在间隙中通过时，受到沟槽及间隙改变的作用，流动方向急剧变化。物料受到很大的剪切力、摩擦力、离心力和高频振动等而被乳化。

胶体磨有立式和卧式两种。卧式胶体磨如图 2-30 所示，液体自轴向水平进入，通过转子和定子之间的间隙被乳化，在叶轮的作用下从出口排出。有些胶体磨的乳浊液可自排出口装有的支管重返入口，以作循环乳化。

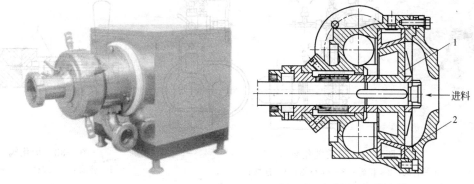

图 2-30 卧式胶体磨
1—转子；2—定子

立式胶体磨如图 2-31 所示，料液自料斗 1 的下口进入胶体磨，在通过转子 2 和定子 3 的间隙时被乳化，乳化后的液体在离心盘 4 的作用下自出口 5 排出。胶体磨可加工黏度很高的液体或膏状物料，操作时应避免空气进入，最好在进、出口管安装液封等，以作密闭之用。

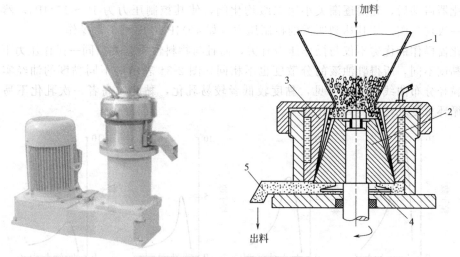

图 2-31 立式胶体磨
1—料斗；2—转子；3—定子；4—离心盘；5—出口

3. 均化器

均化器又称匀质乳化泵或乳匀机。均化器是将高压液体通过间隙非常小的均化阀而分散的乳化设备。乳化泵的构造见图 2-32。

均化器主要由动力端、液力端及均化阀等装置组成。动力端包括电机 1、齿轮 2、偏心轮 3、连杆 4、十字头等。由电机传出的动力通过齿轮减速，再经过连杆、十字头等使旋转运动变为上下垂直的往复运动。液力端包括柱塞 5、缓冲阀 6、压力表 7 等。柱塞由上而下运动时，液体由料斗 9 经吸入阀吸入泵缸，待柱塞由下向上运动时，进料口吸入阀关闭，液体被迫经均化阀 8 流出。

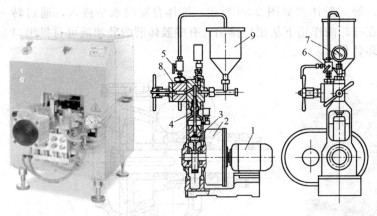
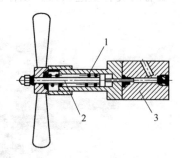

图 2-32　匀质乳化泵

1—电机；2—齿轮；3—偏心轮；4—连杆；
5—柱塞；6—缓冲阀；7—压力表；8—均化阀；9—料斗

图 2-33　均化阀

1—弹簧；2—阀杆；3—阀座

均化阀装置通常由两级均化阀组成，构造见图 2-33。均化阀的阀杆被强力弹簧 1 压住，阀杆 2 与阀座 3 之间形成密封。当液体压力超过弹簧压力时，均化阀被迫开启，高压液体得以通过。通过均化阀后，压力骤然下降，液体得到很好的乳化。可通过旋转手柄改变弹簧压紧力的方法调节液体通过均化阀的压力。通常操作时一级均化阀的排出压力为 40MPa，二级均化阀为 10～15MPa。

均化器启动后，先要逐渐关小第二级均化阀，使其控制压力为 10～15MPa，然后再逐渐调小一级均化阀，使其达到所需的控制压力（如 40MPa）即可正常操作。

均化器操作的优劣不仅与操作压力有关，而且与物料性质有关。同一操作压力下，如果物料的黏度不同，所得乳浊液的分散度也不相同。图 2-34 表示对不同黏度的油经实验所测的油滴粒径分布曲线。由图可见，黏度较低者较易乳化，黏度较高者一次乳化不易达到要求，可循环重复乳化以提高乳化效果。

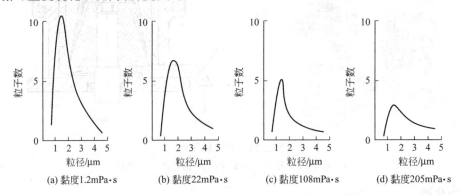

(a) 黏度1.2mPa·s　　(b) 黏度22mPa·s　　(c) 黏度108mPa·s　　(d) 黏度205mPa·s

图 2-34　不同黏度的油经实验所测的粒径分布曲线

均化器的工作原理如下：

① 剪切作用　流体因在均化阀缝隙处高速流动产生的剪切作用而乳化。均化阀阀门缝隙不超过 0.1mm，流体通过此缝隙时先是被延伸，同时又存在着液流的涡动作用，使延伸部分被剪切为更细小的微粒。液体中存在的表面活性剂围绕在细小油滴外形成一层膜，使这些油滴不再互相结合。一级均化阀主要使油滴破碎，二级均化阀主要使油滴均匀分散。

② 撞击学说　由于柱塞的高压作用使液流中的油滴和均化阀发生高速撞击现象，因而

使料液中的油滴破碎。

③ 空穴学说　因高压作用，使料液高速流过均化阀时产生高频振动，瞬间引起空穴现象，使油滴碎裂。

4. 超声波乳化器

超声波乳化指频率在 20kHz 以上的机械振动在液体中激起的机械波使被分散相进行分散的乳化过程。液体在受到超声波的声压作用时，受到拉伸及压缩。液体在拉伸时被撕裂，即发生所谓的空穴。由于空穴闭合时可产生数千个大气压，其机械作用和局部温升将液体乳化。空穴的产生与液体内溶解的气体有关，若液体中无溶解气体，则不能产生乳化作用。另外，这些效应所引起的激烈振动也可能增加分散相的碰撞次数，增加了聚结的可能，液体的乳化也是分散与聚结同时进行的结果。为使乳化达到良好效果，需选择合适的操作条件。

常见的超声波发生器有下述 3 种型式：

① 压电式　利用压晶体管（如石英等）在电场中发生的伸缩现象，对其施以与固有振动频率相同的交变电流，则其表面可产生强烈的振动，见图 2-35(a)。

② 磁致伸缩式　某些杆状磁致伸缩组件（如镍及镍合金等）置于交变磁场中，会发生周期性的长度变化。如交流电频率与镍杆的固有频率相一致，则镍杆会在磁致伸缩力的作用下产生强烈的振动，从杆端射出频率相同的超声波，见图 2-35(b)。

③ 液笛式　把簧片固定在两个节点上，使之能够进行弯曲振动。被乳化液体通过管子的喷嘴后喷射到簧片刃口上，簧片在刃口受到喷射作用时会发生强烈的共振，发出超声波并传到四周的液体中，见图 2-35(c)。共振最强烈的区域是簧片附近，乳化作用就发生在这个区域。

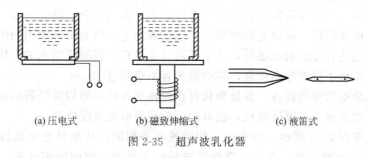

(a) 压电式　　　　　(b) 磁致伸缩式　　　　(c) 液笛式

图 2-35　超声波乳化器

二、分散

将固相在液相中分散、混合以制备悬浮液或膏状物的方法为分散操作。在药剂学上对悬浮液及含有分散固体的膏体分别称为混悬型液体药剂（简称混悬剂）及混悬型软膏。

1. 分散法制备混悬剂的过程

混悬型液体药剂（简称混悬剂）系指难溶性固体药物以微粒状态分散于分散介质中形成的非均匀分散的液体制剂。混悬微粒一般在 $0.5\sim10\mu m$ 之间，小者可为 $0.1\mu m$，大者可达 $50\mu m$ 或更大。混悬剂属于热力学不稳定的粗分散体系，所用溶剂大多数为水，也可用植物油。为了安全起见，剧毒药或剂量小的药物不应制成混悬剂。

分散法是将粗颗粒的药物分散成符合混悬剂微粒要求的分散程度，再分散于分散介质中制成混悬剂的方法。混悬液为不稳定体系，为保持固体微粒的悬浮，一般需加入稳定剂，有关稳定剂种类及选用请阅药剂学有关章节。分散法制备混悬液的过程一般分 3 步：

① 将固体研磨粉碎至一定粒度；

② 加一部分液体继续湿磨至所要求粒度；

③ 加入其余液体混合。

少量制备可用乳钵，大量生产可用乳匀机、胶体磨等机械。固体药物在粉碎时，1份药物可加 $0.4\sim0.6$ 份液体研磨，可使药物粉碎得更细，微粒可达到 $0.1\sim0.5\mu m$。这种方法称为加液研磨法。

对于质重、硬度大的药物，可采用中药制剂的"水飞法"。有些药物粉末表面吸附有空气，使药物漂浮于水面上，可加少量的表面活性剂，以驱逐微粒表面的空气。疏水性药物与水的接触角大于 $90°$ 时，必须加一定量的润湿剂。

2. 制备混悬液的设备

制备混悬液的设备主要有粉碎研磨设备和混合设备。

（1）粉碎研磨设备　粉碎研磨设备主要有球磨机和流能磨。球磨机既可用于干磨也可用于湿磨。球磨机可密闭操作，能防止挥发性物质挥散，属于常用设备。其内部还可充以惰性气体，以免易氧化的药物变质。球磨机的缺点是磨球磨损后容易污染物料。一般场合多使用钢制磨球，近年来也有使用氧化锆、石英（特殊场合）制作磨球的。氧化锆相对密度为 3.7，为瓷球的 2 倍，使用寿命也比瓷球长得多。流能磨只适于干磨，由于粉碎中伴有大量气流，可防止固体粒子的温度升高及变质。

（2）混合设备　混悬液的混合设备不需对分散相粉碎，无需强剪切力的搅拌器，所以多用锚式或桨式搅拌器。对物料黏度较大的混合，可采用图 2-26 所示的立式搅拌混合机或图 2-14 所示的搅拌槽式混合机等混合设备，但结构上应能适应液体物料的操作。

3. 混悬型软膏的分散设备

混悬型软膏是将固体药物分散混合于基质中的半固体制剂。通常将基质加热使其成为易流动的液体后先溶入可溶性药物然后混入不溶性药物，再经混合、研磨而成。

（1）不溶性固体药物　应预先粉碎研磨。按药典规定：供制软膏剂用的固体药物除另有规定外，应预先用适宜方法制成细粉，并全部通过 6 号筛；供眼膏剂用的固体药物应全部通过 8 号筛，在显微镜下检查分布颗粒，其中最大者不应超过 $75\mu m$。

（2）制备混悬型软膏的设备　混悬型软膏在搅拌混合后一般均需经研磨操作以提高混合程度，常用的研磨设备为三辊研磨机，也有的用单辊研磨机及胶体磨。

三辊研磨机如图 2-36 所示。机上的三辊转速各不相同，从加料处至出料处，辊速依次加快。物料在辊间因被压缩、剪切、摩擦而被粉碎和混合。辊间间隙可调，加料处间隙较

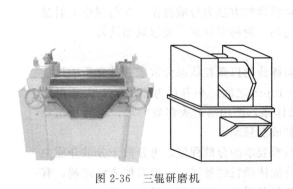

图 2-36　三辊研磨机

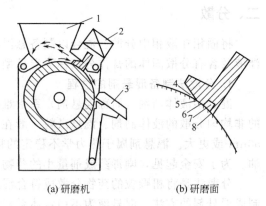

(a) 研磨机　　　(b) 研磨面

图 2-37　单辊研磨机

1—料斗；2—油压装置；3—刮刀；4—压缩部；5—咬入口；
6—第 1 研磨面；7—凹槽；8—第 2 研磨面

大，而后依次减小。在后辊边装一与其平行的刮板，可将研磨好的膏体刮下。膏体可黏附于辊筒上，从加料槽处开始，膏体不断被下一辊黏附、带走，直至出料。辊筒材料一般采用轴承钢制成，可研磨无腐蚀性物料。对腐蚀性物料则可采用石质或其他耐腐蚀材料制造辊筒。

单辊研磨机如图 2-37 所示，由可旋转的辊筒与固定的研磨辊所组成。研磨辊有两个研磨面，以倒 U 形与辊筒平行排列，第 2 研磨面与辊筒的间距通过油压控制。辊筒以图示箭头方向旋转，物料附于辊筒表面旋转，物料被剪切循环分散混合，经刮刃刮下后得成品。

本章小结

1. 混合是指把两种或两种以上相互间不发生化学反应的物质均匀掺和在一起的操作，是保证制剂产品质量的重要措施之一。本章介绍了固体与固体、固体与液体、液体与液体、液体与气体之间混合常用的方法和混合机理，理论性比较强，也是需要掌握的知识点。

2. 混合度是表示物料混合均匀程度的指标，常用的混合度表示方法有标准偏差、方差、混合度。学会应用该方法评价固体与固体、固体与液体、液体与液体、液体与气体之间混合物料是否达到均一程度；熟悉影响混合程度的设备因素和操作条件，保证制剂产品质量，也是需要掌握的知识点。

3. 本章列举的固体间的混合、液体混合、捏合及均化常用的方法与设备，都是实际生产过程中常见的。掌握各种设备的工作原理，可为今后生产实践提供理论基础；学会比较各种混合方法与设备的优缺点及适用条件，可针对不同生产场合作出适宜的选择。

第三章

液相非均一系的分离

学习目标

1. 掌握过滤的分类、操作原理及影响因素，恒压过滤基本方程式及过滤常数的测定方法；掌握离心设备的分类、设备构造、工作原理，掌握分离因数的概念。

2. 熟悉过滤设备的构造、性能及操作；熟悉离心设备的适用范围、性能及其影响因素；熟悉过滤设备的选型依据。

3. 了解分离技术及设备的发展近况。

非均一系是指由两相或更多相物质组成的物系。非均一系中，分散物质（其中的一相）以微细的状态分散于分散介质（另一相）之中。液相非均一系包括混悬液、乳浊液及泡沫，分别指在液体分散介质中悬浮固体、液体或气体微粒的物系。本章将主要介绍混悬液及乳浊液的分离问题。

第一节 液体过滤

过滤是利用多孔过滤介质构成的障碍场将固体粒子从液体中分离的操作过程。

在医药生产过程中，广泛应用过滤操作来分离混悬液及乳浊液以获得澄清液体或固体物料。它既可分离比较粗的颗粒，也可分离比较细的颗粒，甚至可以分离细菌、病毒和高分子物质，常作为沉降、结晶、固液反应等的后续操作。

过滤的推动力可以是重力、压力差、真空或离心力。通常将待澄清的物料称为料浆或滤浆，截留于过滤介质上的固体称为滤饼（或滤渣），通过过滤介质的液体称为滤液。

过滤操作的目的是获得澄清或澄明的液体，例如溶液型的口服或外用制剂、注射剂及滴眼剂等，通过过滤操作以保证滤液的质量；可以获得滤饼产品，例如药材的洗涤过滤；同时获得滤液及滤饼产品，例如药品精制中重结晶后的过滤，即需同时回收滤饼和滤液。

一、过滤的方法

过滤过程中需借助一定的推动力以克服滤饼、过滤介质等产生的阻力。根据推动力形式的不同，将过滤的方法分为：

① 常压过滤 利用原液自身液位差提供推动力而进行过滤，故而过滤速度慢，实际生产中应用较少。

② 加压过滤 以压缩机、泵等设施为原液提供的压力为推动力而进行过滤。适用于黏度大、颗粒细、可压缩物料的过滤。

③ 真空过滤 利用大气压力与通过真空泵抽吸过滤介质下方的空间或用泵直接抽吸滤液所产生的真空形成的压差为推动力，而进行的过滤。适用于滤液量不大或滤渣（或滤饼）量较少的场合。

④ 离心过滤 利用装有过滤介质（如滤网、滤布）的有孔转鼓所产生的离心力作为过滤的推动力，液体借助径向压差穿过滤饼层而流出，固体粒子截留在过滤介质上，最后完成滤液和滤饼分离的操作。由于离心力较大，过滤较快，适用于不可压缩粒子，如结晶颗粒等的过滤。

二、过滤的机制

过滤操作根据其机制不同可分为筛滤、深层过滤及滤饼过滤等几种基本类型，如图 3-1 所示。

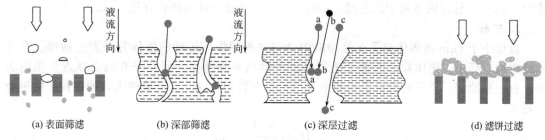

(a) 表面筛滤　　　　(b) 深部筛滤　　　　(c) 深层过滤　　　　(d) 滤饼过滤

图 3-1　过滤的基本类型

（一）筛滤

根据过滤介质的孔隙与固体粒子粒径的大小关系，筛滤过程又包括表面筛滤和深部筛滤两种情况。

1. 表面筛滤

料液中固体粒子的粒径大于过滤介质的孔隙，过滤介质将固体颗粒截留于其表面，而粒径小于孔隙的粒子，则随滤液一起通过介质，即过滤介质起筛网的作用。由于粒子是沉淀在介质的表面上，所以此种过滤现象称为表面筛滤，如图 3-1(a) 所示。此种过滤机理在杆筛、平纹编织网及膜上都起着主要作用。

2. 深部筛滤

如果筛滤机理出现在过滤介质内部，即流道尺寸比固体粒子粒径还小的地方，那么此种筛滤称为深部筛滤，如图 3-1(b) 所示。如非织造布、毛毡及膜等介质，都具有深部筛滤机理。

（二）深层过滤

当过滤介质采用砂子、硅藻土、颗粒活性炭等堆积介质时，介质层内部形成长而弯曲的通道，且通道尺寸大于颗粒直径。过滤时，过滤介质的孔隙截留固体颗粒使其与流体分开，即在过滤介质内部发生固液分离过程，过滤中起主要作用的是过滤介质，如图 3-1(c) 所示。

深层过滤的原因是由于重力、惯性、扩散而产生的沉积，或者是因静电、范德华力而产生的吸引所致，其捕捉粒子模型如图 3-2 所示。深层过滤具有复杂的混合机理，主要捕捉粒子的机理包括以下几类：

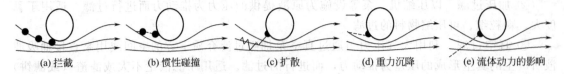

(a) 拦截　　　　(b) 惯性碰撞　　　　(c) 扩散　　　　(d) 重力沉降　　　(e) 流体动力的影响

图 3-2　深层过滤捕获粒子的模型

1. 拦截

固体粒子在无其他作用力的情况下，随着流体的流线通过介质的颗粒层。由于介质层内部通道细小，流体以层流状态流过颗粒层。流线遇颗粒会绕过分开流动，并在其后方再集中。如果固体颗粒与介质颗粒表面间的距离小于 $(d_p+d_m)/2$，那么就会发生拦截。在这里，d_p 是固体粒子的直径（Stokes 直径），d_m 是介质颗粒的直径。

拦截发生的可能性与直径比 I 有关。I 值越大，则固体粒子被捕捉的概率便越大。

$$I=\frac{d_p}{d_m} \tag{3-1}$$

式中，d_p——悬浮固体粒子的直径，μm；d_m——过滤介质的颗粒直径，μm。

2. 扩散

直径小于 $1\mu m$ 的固体粒子在悬浮液中会与其周围作热运动的液体分子发生碰撞。在连续地碰撞过程中，固体粒子获得了进行布朗扩散的足够能量，使粒子有机会靠近介质的表面，直至被捕捉。扩散捕捉粒子的概率可用扩散系数 D_f 表示。D_{br} 值越大，捕捉粒子的机会便越大。

$$D_f=\frac{k_B T}{3\pi\mu d_p} \tag{3-2}$$

式中，k_B——玻耳兹曼常数，$k_B=1.38\times10^{-23}$ J/K；T——热力学温度，K；μ——流体的黏度，Pa·s；d_p——悬浮粒子的直径，μm。

3. 惯性碰撞

当悬浮液通过介质颗粒之间曲折的流道时，若固体粒子的密度远大于它所悬浮的液体的密度，则粒子受惯性力的作用，将不再沿着流线方向改变运动方向，而会与介质颗粒发生碰撞，直至被介质捕捉。惯性碰撞效果可用无量纲的斯托克斯数 St 表示。St 值越大，表示惯性碰撞的机会越多，过滤效果越好。

$$St=\frac{(\rho_s-\rho_f)d_p^2\overline{u}}{18\mu d_m} \tag{3-3}$$

式中，ρ_s——固体粒子的密度，kg/m³；ρ_f——流体的密度，kg/m³；d_p——固体粒子的直径，m；d_m——介质颗粒的直径，m；$\overline{u}$——流体通过介质空隙时的平均速度，m/s；μ——流体的黏度，Pa·s。

4. 沉降

当悬浮液自上而下通过过滤介质时，固体粒子会因重力沉降作用而沉淀。直径为 $2\sim10\mu m$ 的粒子的重力沉降速度对过滤有重要影响。

如果将介质粒状层中的间隙视为微小沉淀池，则固体粒子的沉淀效果可用无量纲数 S 来表征。S 是斯托克斯沉降速度 v 与流体逼近速度 u 之比（称为沉降系数），由下式给出：

$$S=\frac{v}{u}=\frac{g(\rho_s-\rho_f)d_p^2 u}{18\mu} \tag{3-4}$$

式中，u——流体逼近速度，m/s；ρ_s——固体粒子的密度，kg/m^3；ρ_f——流体的密度，kg/m^3；d_p——固体粒子的直径，m；μ——流体黏度，Pa·s；g——重力加速度，m/s^2；v——固体粒子的沉降速度，m/s。

（三）滤饼过滤（表面过滤）

滤饼过滤是指过滤过程中固体粒子在过滤介质之上形成滤饼，而液体则透过滤饼和介质成为滤液，如图3-1(d)所示。其操作目的主要是对悬浮液（固含量大于1%或颗粒直径大于1μm）进行浓缩及回收固体。

滤饼过滤过程可分为两个阶段：初始阶段会有部分粒径小于过滤介质孔隙的粒子进入介质的孔道，并透过过滤介质进入滤液中，致使早期的滤液呈浑浊状。随着过滤的进行，在孔道内颗粒会迅速产生"架桥"现象，架起的桥会拦住细小粒子透过过滤介质，因而被截留住的大粒子和小粒子逐渐累积成薄饼层，乃至厚饼层。此后，过滤便转入了滤饼过滤阶段。一旦形成滤饼层，滤液将变得澄清。显然在过滤的初期，过滤介质起着决定性作用，并且会长久影响滤饼的结构和整个过滤过程。

在过滤初期，由于滤饼形成与粒子进入介质孔道均未发生，过滤介质和液体均清洁，液流处于流速较低的层流状态。在此前提条件下，法国人达西（Darcy）模拟电学欧姆定律提出了著名的达西定律，给出了体积流速与压降的关系。

$$\frac{\Delta p}{L} = \frac{\mu}{K_p} \times \frac{dV}{dt} \times \frac{1}{A} \tag{3-5}$$

式中，A——过滤面积，m^2；Δp——压差，Pa；L——介质厚度，m；μ——液体的黏度，Pa·s；K_p——介质的渗透性系数，m^2；t——过滤时间，s；V——累积的滤液体积，m^3。

若令 $Q = dV/dt$ 和 $R_m = L/K_p$，则式(3-5)可改写为

$$Q = \frac{\Delta p A}{\mu R_m} \tag{3-6}$$

式中，Q——体积流速，m^3/s；R_m——过滤介质阻力，m^{-1}。

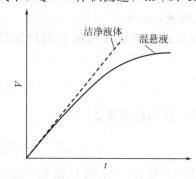

图3-3 累积滤液体积与时间的关系

如图3-3所示，如果被过滤的液体是洁净的，则以上各式中的参数均为常数，因此得到了恒定压差下的恒定流速，即累积滤液体积 V 与时间 t 有线性关系；而当过滤液体为混悬液时，则会在介质上形成逐渐增厚的滤饼，此情况下 V 与 t 的关系非线性，即滤饼过滤过程中受到两个阻力，其中一个是介质阻力 R_m（假定为常数），另一个是滤饼阻力 R_c（随着过滤的进行而逐渐增大）。因此滤饼过滤方程式为

$$Q = \frac{\Delta p A}{\mu(R_m + R_c)} \tag{3-7}$$

实际过滤过程中，由于颗粒进入介质孔隙中可能使之堵塞，因此假设 R_m 为常数很少是真实的，而假定 R_c 与滤饼的沉淀量成比例却符合实际（对不可压缩性滤饼来说）：

$$R_c = \alpha w \tag{3-8}$$

式中，R_c——滤饼阻力，m^{-1}；w——单位面积上沉淀的滤饼质量，kg/m^2；α——滤饼的比阻，m/kg。

将式(3-8)代入式(3-7)得

$$Q = \frac{\Delta p A}{\alpha \mu w + \mu R_m} \tag{3-9}$$

式(3-9) 给出了滤饼过滤时 Q 与 Δp 的关系。

实际的过滤常常不是只通过一种机理完成的，而是两种或两种以上机理共同作用的结果。例如，滤饼过滤现象是在筛滤之后出现的，即在过滤的初期先由筛滤截留住大于介质孔隙的颗粒，这些较大的颗粒是构成滤饼的一部分。与此同时，受"架桥"现象的影响，粒径小于孔隙的较小颗粒有可能不透过介质，也成为滤饼组成的一部分。滤饼形成后，就成了图3-1(d) 所示的粒状层。之后液体从滤饼表面流向介质时，就出现了深层过滤现象。由此看来，在滤饼过滤操作中，前接筛滤，后续深层过滤。

同样，在深层过滤操作中，随着过滤的进行，粒径小于介质孔隙的颗粒沉积在介质中，如图 3-1(c) 所示。但是随着小颗粒不断的沉积，介质的孔隙流道会逐渐地变窄，小颗粒在窄处被截留，发生筛滤现象。

三、过滤理论与计算

过滤操作中，涉及的影响因素较多，如：处理的悬浮液流量或分离得到的纯净的滤液量、过滤的推动力、过滤面积和过滤速度等。而过滤基本方程式正是描述诸因素之间关系的数学表达式。

(一) 过滤基本方程式

过滤是液体通过滤饼层的流体力学问题。滤液在滤饼层中细小曲折的通道内流动，因通道的直径很细，方向曲折多变，且长度随滤饼厚度的增加而增加，流动阻力不断增加，流速不断在减小，所以滤液的流动过程常处于层流状态。因此，滤液在滤饼通道内的流动规律应符合哈根-泊谡叶方程：

$$p_1 - p_2 = \frac{32\mu u l}{d^2} \tag{3-10}$$

式中，$p_1 - p_2$——通道两端的压强差，即滤层两侧的压强差，为过滤推动力；l——通道的平均长度，m，随滤层厚度的增加而加长；d——通道的平均直径，m，对不可压缩滤饼为常数；μ——滤液黏度，Pa·s；u——滤液在通道内的平均流速，m/s。

令 $p_1 - p_2 = \Delta p'$，并将式(3-10) 改写为滤液在细小通道内的平均流速 u 的计算形式，即

$$u = \frac{d^2 \Delta p'}{32\mu l} \tag{3-11}$$

设单位时间内通过单位过滤面积所获得的滤液体积为 U，称为过滤速度，即

$$U = \frac{dV}{A d\tau} \tag{3-12}$$

式中，U——过滤速度，m/s；V——滤液体积，m³；A——过滤（介质）面积，m²；τ——过滤时间，h。

在过滤过程中，过滤速度 U 与滤液在细小通道内的平均流速 u 成正比关系，即

$$\frac{dV}{A d\tau} \propto \frac{d^2 \Delta p'}{32\mu l} \tag{3-13}$$

引入比例系数 C_1，可将式(3-13) 改写为等式，即

$$\frac{dV}{A d\tau} = C_1 \frac{d^2 \Delta p'}{32\mu l} \tag{3-14}$$

在式(3-14) 中，通道的平均长度 l 和滤饼的厚度 L 成正比关系，即

$$l \propto L \tag{3-15}$$

引入比例系数 C_2，可将式(3-15)改写为等式，即

$$l = C_2 L \tag{3-16}$$

将式(3-16)代入式(3-14)中，得

$$\frac{dV}{A d\tau} = \frac{C_1 d^2 \Delta p'}{32 C_2 \mu L} \tag{3-17}$$

由式(3-17)可得出如下结论：过滤速度与压降成正比；过滤速度与滤液的黏度成反比；过滤速度与饼层厚度成反比；过滤速度与滤饼过滤面积成正比。

若令 $r = \dfrac{32 C_2}{C_1 d^2}$，则式(3-17)可改写为

$$\frac{dV}{A d\tau} = \frac{\Delta p'}{r \mu L} \tag{3-18}$$

式中，r 为滤饼的比阻，m^{-2}，其大小随悬浮液的性质、操作条件等改变，反映了滤饼的结构特征，一般由实验测得；$\Delta p'$ 为推动滤液在滤饼中流动的推动力。根据过程速率等于过程推动力与过程阻力之比的定义，则 $r\mu L$ 相当于滤液在滤饼中的流动阻力。然而，滤液在穿过滤饼层后还要继续通过过滤介质，由于介质阻力的存在，滤液在介质层中的流动过程也要消耗一定的推动力，用 $\Delta p''$ 表示。

通常仿照局部阻力损失计算方法中的当量长度法进行过滤介质阻力的确定，即令其与介质具有相同流动阻力的滤饼层厚度为 L_e，L_e 称为过滤介质的虚拟滤饼厚度或当量滤饼厚度，将介质阻力转化成厚度为 L_e 的滤饼阻力进行阻力计算。在考虑了介质阻力后，式(3-18)可写为

$$\frac{dV}{A d\tau} = \frac{\Delta p'}{r \mu L} = \frac{\Delta p''}{r \mu L_e} = \frac{\Delta p' + \Delta p''}{r \mu (L + L_e)} \tag{3-19}$$

在过滤操作中，$\Delta p' + \Delta p''$ 等于滤饼上游与滤液出口处的压强差，即过滤过程的总推动力 Δp，则式(3-19)可整理为

$$\frac{dV}{A d\tau} = \frac{\Delta p}{r \mu (L + L_e)} \tag{3-20}$$

若假设每获得 $1 m^3$ 滤液可在介质上截留的滤饼体积为 v，称为滤饼得率。则滤饼厚度 L 可表示为

$$L = \frac{vV}{A} \tag{3-21}$$

设在介质上形成厚度为 L_e 的滤饼所获得的滤液体积为 V_e，称为介质的当量滤液体积，则

$$L_e = \frac{vV_e}{A} \tag{3-22}$$

将式(3-21)和式(3-22)代入式(3-20)中，整理得

$$\frac{dV}{d\tau} = \frac{A^2 \Delta p}{r \mu v (V + V_e)} \tag{3-23}$$

式(3-23)称为过滤基本方程式。

在使用过滤基本方程式对实际过滤进行计算时，结合具体的情况可将滤饼和过滤介质的阻力略去其一。滤饼量极少，其阻力可忽略不计，如砂滤器滤水。滤饼较厚时，其阻力远比过滤介质的阻力大，过滤介质阻力可忽略不计。

（二）过滤的计算

过滤有两种典型的操作方式，即恒压过滤和恒速过滤。不同类型过滤方式的流速和压力

特性，如图 3-4 所示。

1. 恒速过滤

通过不断增大压差，维持过滤速度恒定的过滤。其特征为：过滤速度恒定，压力逐渐加大，如使用正位移泵进行的过滤。

实际过滤生产过程中，由于恒速过滤压差不断变化，较难控制，所以一般不采用恒速过滤。有时为避免过滤初期因压差过高引起滤布堵塞和破损，也可以采用先恒速后恒压的操作方式，过滤开始后，压差由较小值缓慢增大，过滤速度基本维持不变，当压差增大至系统允许的最大值后，维持压差不变，进行恒压过滤。

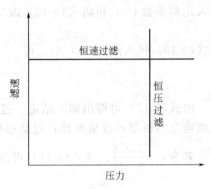

图 3-4　不同类型过滤方式的
流速和压力特性

2. 恒压过滤

通过压力稳定的压缩气体或真空下为推动力进行的过滤。其特征为：过滤过程中，滤饼逐渐增厚，致使过滤阻力逐渐增大，因而过滤速度逐渐减小，如连续过滤机上进行的过滤都是恒压过滤。

对于恒压过滤过程，Δp 为定值。对于一定的悬浮液，若滤饼不可压缩，则 μ、r、v、V_e、A 均为常数，故式(3-23) 中的 $\Delta p/(r\mu v)$ 的值为常数，令其为 k，称为过滤常数，单位为 $\mathrm{m^2/s}$，即

$$k=\frac{\Delta p}{r\mu v} \tag{3-24}$$

显然，过滤常数 k 与过滤推动力及悬浮液的性质等有关，其值通常由实验测得。

若将式(3-24) 代入式(3-23)，得

$$\frac{\mathrm{d}V}{\mathrm{d}\tau}=\frac{kA^2}{V+V_e} \tag{3-25}$$

式(3-25) 为恒压过滤过程的滤液流量计算式。

当过滤阻力与滤饼阻力相比可忽略时，即 $V_e=0$，则式(3-25) 可改写为

$$\frac{\mathrm{d}V}{\mathrm{d}\tau}=\frac{kA^2}{V} \tag{3-26}$$

将式(3-26) 分离变量，并按 $\tau=0$，$V=0$；$\tau=\tau$，$V=V$ 的边界条件积分，得

$$\int_0^V (V+V_e)\mathrm{d}V=kA^2\int_0^\tau \mathrm{d}\tau$$

$$V^2+2V_eV=2kA^2\tau \tag{3-27}$$

式(3-27) 表达了恒压过滤过程中过滤时间与所获滤液体积间的定量关系。

如令 $K=2k$，且 K 仍称为过滤常数，则式(3-27) 可改写为

$$V^2+2V_eV=KA^2\tau \tag{3-28}$$

若令 $q=\dfrac{V}{A}$，$q_e=\dfrac{V_e}{A}$，则式(3-28) 可改写为

$$q^2+2q_eq=K\tau \tag{3-29}$$

式(3-29) 表达了过滤时间 τ 与单位过滤介质面积上所获得的滤液体积 q 之间的关系。

式(3-28)、式(3-29) 统称为恒压过滤方程式。

(三) 过滤常数

应用恒压过滤方程式计算过滤时间时，需要先确定过滤常数。由于各种悬浮液的性质及

浓度不同，其过滤常数会有较大差别。由于没有可靠的预测方法，工业设计时要通过悬浮液在实验设备中测定过滤常数。

将恒压过滤方程式(3-29)改写为

$$\frac{\tau}{q}=\frac{1}{K}q+\frac{2}{K}q_e \tag{3-30}$$

式(3-30)为一直线方程，即 τ/q 与 q 之间具有线性关系。直线的斜率为 $1/K$，截距为 $2q_e/K$。在一定压力下对某滤饼以实验方式求出不同过滤时间 τ 内累积得到的单位过滤面积的滤液量 q 的数据。求解数据 τ/q 与 q 的值，然后在坐标纸上以 τ/q 为纵坐标，以 q 为横坐标进行标绘，连成一条直线，可求得斜率 $1/K$，截距 $2q_e/K$ 的值。

但是需要注意，因过滤常数 $k=2\Delta p/(r\mu v)$，其值与悬浮液的性质、温度及压力差有关。所以只有在工业生产条件与实验条件完全相同时才可直接使用实验测定的过滤常数。

【例 3-1】 使用过滤面积为 $0.3m^2$ 的过滤设备测定某碳酸钙悬浊液的过滤常数。已知：操作压力差为 $0.15MPa$，温度为 $20℃$。经测定，当过滤进行 $5min$ 时，获得滤液 $0.034m^3$；进行 $10min$ 时，获得滤液 $0.050m^3$。试求：(1) K、V_e 及 q_e 的值；(2) 当过滤进行到 $1h$ 时，所得滤液量？

解：(1) 根据已知条件 $\tau_1=300s$，$V_1=0.034m^3$；$\tau_2=600s$，$V_2=0.050m^3$。则根据公式 $V^2+2V_eV=KA^2\tau$ 有

$$0.034^2+2\times0.034V_e=300\times0.3^2K$$
$$0.050^2+2\times0.050V_e=600\times0.3^2K$$

联解方程得

$$K=5.6\times10^{-5}\,m^2/s$$
$$V_e=5.22\times10^{-3}\,m^3$$
$$q_e=\frac{V_e}{A}=1.74\times10^{-2}$$

(2) 根据公式 $V^2+2V_eV=KA^2\tau$ 有

$$V^2+2\times5.22\times10^{-3}V=3600\times0.3^2K$$

得

$$V=0.129m^3$$

(四) 滤饼的洗涤和洗涤速度

过滤终了后，受滤饼呈多孔结构的影响，在滤饼内部总会存留一部分料液，因此在实际生产中常用第 2 种液体（洗涤液）从滤饼中置换出料液，此操作称作滤饼洗涤，简称为洗涤。洗涤的目的主要有 3 个：从滤饼中回收有价值的滤液，提高滤液回收率；洗涤滤饼中的液体杂质，提高滤渣中固体组分的纯净度；用洗涤液溶去滤饼中有价值的成分或有害杂质。

通常洗涤是为了达到以上一个或多个目的。影响洗涤过程的因素很多，而且错综复杂，这里仅介绍洗涤速度。在洗涤过程中，如洗涤液与滤液的黏度相差无几，则洗涤速度可与最后的过滤速度相等，但对板框式压滤机，洗涤液与滤液的流动路径不同，洗涤速度应为滤液最后过滤速度的 $1/4$。洗涤速度的表达式为

$$u_w=\frac{dV_w}{Ad\tau} \tag{3-31}$$

式中，u_w——洗涤速度，m/h；V_w——洗涤液的体积，m^3。

四、过滤介质

过滤中，固体粒子沉淀在其表面或内部的任何有渗透性的材料，称为过滤介质。过滤介质作为过滤机的"心脏"，为了能在过滤中有效地分出固体粒子，获得符合要求的滤液，正确地选择过滤介质尤为重要。

（一）过滤介质应满足的条件

1. 过滤介质的物理、力学性能

过滤介质的物理、力学性能包括机械强度、蠕变或拉伸抗力、边缘稳定性、抗摩擦性、振动稳定性、可制造工艺性、密封性、可供应指标等性能指标，这些指标均影响介质的过滤性能及使用寿命。不同类型结构的过滤机对过滤介质物理、力学性能要求差异，如板框过滤机与叶片过滤机相比，对滤布的力学强度要求更高。

2. 过滤介质对固体颗粒的捕集能力

所谓捕集能力就是能截留的最小粒子尺寸。捕集能力取决于介质本身的孔隙大小及分布情况，关系到过滤的分离次序。介质能截留的最小粒径，见表 3-1。

表 3-1　各类介质能截留的最小粒径

过滤介质种类	滤纸	滤布	烧结金属	金属丝织物	多孔陶瓷	多孔塑料板	滤膜
最小粒径/μm	5	10	3	5	1	3	0.005

3. 清洁介质的流阻

在实际生产中，流阻的大小既影响对粒子的截留，又影响过滤机的运转成本，所以在过滤介质的选择上必须考虑介质的流阻。流阻值的大小受介质上孔的尺寸和介质单位面积孔数的影响。孔隙体积只占整体介质体积的一小部分，两者的比率 ε 称为孔隙率。介质的孔隙率取决于其材料的性质和介质的制造方法，因此不同介质的流阻值差异很大。孔隙率 ε 的定义式为

$$\varepsilon = \frac{\text{介质中孔隙的体积}}{\text{介质的总体积}} \times 100\% \tag{3-32}$$

空隙率越大，说明过滤介质内部的毛细孔越多。实际过滤中，粒子被过滤介质所吸附，所以过滤介质的孔径并不等于所捕捉粒子的直径。此外，空隙率与过滤速度并非一定成正比关系，过滤介质的过滤性能需通过实验确定。常见过滤介质的孔隙率见表 3-2。

表 3-2　常见过滤介质的孔隙率

介质种类	编织金属丝网		烧结金属粉末	膜	纸	多孔塑料	塑料泡沫、陶瓷塑料
	斜纹织	正方形					
孔隙率/%	15～20	25～50	25～55	80	60～95	45	93

4. 过滤介质的稳定性能

由于过滤过程所处理的物料种类繁多，其化学性质各不相同。如酸性、碱性和强氧化性等，而且都在一定的温度下进行过滤。这就要求所选用的过滤介质能在被处理的物料中具有良好的化学稳定性、热稳定性、生物学稳定性以及动态稳定性。

（1）化学稳定性　化学稳定性有时是造成过滤介质失效的主要因素。例如在强碱过滤时，必须使用聚丙烯纤维布，而不是聚酯布。关于过滤介质化学稳定性的数据可以从相关数据表中查到。

（2）热稳定性　热稳定性是指过滤介质的最高允许工作温度。它除了取决于介质本身的

性质外，还取决于过滤介质所处的化学环境，其值可查。

（3）生物学稳定性　生物学稳定性对天然纤维（如棉花）来说很重要，合成纤维通常不受生物学影响。

（4）动态稳定性　动态稳定性是指过滤介质上的纤维或碎屑掉入滤液中的可能性，这种掉入有时会造成药品质量不合格的严重后果。

5. 过滤介质的卸渣和清洗再生性能

（1）过滤介质的卸渣性能　为了保证过滤的持续正常进行，应当在一个工作循环结束时使滤饼从介质上剥离下来。滤饼剥离的难易不仅与其黏度和附着力有关，而且与滤饼厚度有关。虽然滤饼薄有助于保持较高的过滤速度，但是过薄的滤饼却不易从滤布上剥离下来，反而降低了过滤机的效率。对于连续式真空过滤机来说，滤饼的剥离性是维持其正常操作的先决条件。

（2）过滤介质的清洗再生性能　过滤介质的清洗再生过程非常重要。如果不能用清洗法将附着在介质表面上或嵌入介质里边的粒子除掉，就表明介质被堵塞了，结果造成介质的流阻升高到不可接受的程度。

6. 其他条件

（1）可处置性　是指将用过的和废弃的过滤介质进行无害化处理的可能性。

（2）再利用性　是指介质再生后的重新使用，例如滤布经反冲洗后的再用、活性炭的再生等。

（3）成本　是指过滤机的造价及其运转成本（包括更换介质的费用）。

由上述内容不难发现，过滤操作中对过滤介质的要求众多。实际上，不可能找到一种满足所有过滤过程要求的过滤介质。通常根据过滤的主要目的选择过滤介质，即如果主要目的可得到最大限度的满足，个别要求可以放宽。

（二）过滤介质的种类

过滤介质按材质分类，可分为天然纤维（如棉、麻、丝等）、合成纤维（如涤纶、锦纶等）、金属、玻璃、塑料及陶瓷过滤介质等。过滤介质的种类众多，下面对制药工业常用过滤介质加以介绍。

1. 滤纸

滤纸是最简便、最常用的过滤介质，通过造纸技术以纤维素材料为主要原料制成。纤维素滤纸对粒子的捕捉能力较差，但其成本低、力学性能好。由棉花精制的纤维素可耐100℃，强度较大，可耐酸、碱及有机溶剂。但滤纸过滤初期可能有少许纤维屑，故用前应予洗涤。一般使用的滤纸平均孔径大约为 $1\sim7\mu m$，常用于小量液体药剂的过滤。滤纸用于板框压滤机和加压叶滤机时，需要借助支撑物来弥补其强度的不足。

2. 滤布

滤布作为过滤介质常用于精细过滤前的预滤，可分为纺织滤布和无纺滤布。

纺织滤布是由经纱和纬纱织成的。在纱与纱之间和纺纱的纤维之间有孔隙，滤布纱线之间的孔隙起过滤作用，而纤维之间的孔隙则起毛细管作用，液体在一定压力下才能通过这些孔隙。滤布的孔隙率约为50%，过滤机理同滤饼过滤。

无纺滤布是通过机械、热、化学的方法及其组合方法，将纤维结合成的布状物。无纺布的纤维互相纠缠在一起，形成的孔隙虽不规则，但分布较均匀，孔隙率约为80%。如果对无纺布的表面进行特殊处理，造成形状多样而排列不规则的孔，其在较低压差下可过滤微小颗粒。无纺布过滤从机理上讲为深层过滤和滤饼过滤。

滤布有长纤维和短纤维之分，收集滤饼以长纤维滤布为宜，收集滤液则可使用短纤维滤布。各种滤布的耐热性和耐蚀性见表 3-3。

表 3-3　各种滤布的耐热性和耐蚀性

滤布种类	耐热性/℃	耐蚀性
维尼纶	220	在强酸、酚中分解
尼龙	180	在强酸中分解
聚酯	240	浓硫酸中分解，酚中膨胀，强碱中强度降低
羊毛丝	100	不耐碱
棉纱	120	不耐强酸、氢氧化钠
玻璃纤维	350	不耐强碱
石墨纤维	3000	

3. 烧结金属过滤介质

烧结金属过滤介质是将金属粉末压成薄片、管状物或其他形状物后，在模具中进行高温烧结（所谓烧结，是指将金属置于真空中，使之受热至温度为熔点温度的 90%，并施压一定时间，使金属各接触点的原子互相扩散而结合在一起）而成。成品介质的孔径、孔径分布、强度及渗透性，取决于金属粉末的细度、压制及烧结工艺。

最常用的烧结金属材料是不锈钢和青铜。此外，还有镍、蒙乃尔合金、哈斯特镍合金、钛及铝等。烧结金属分为 10 个等级：0.1、0.2、0.5、1、2、5、10、20、40 及 100，数字对应着介质的平均孔径，例如 0.2～20 的过滤等级，其绝对额定值是 1.4～35μm（液体过滤时）和 0.1～100μm（气体过滤时）。

4. 石棉滤材

石棉滤材的孔隙率为 10%，耐热性可达 150℃，化学稳定性优良，比表面积大，吸附性较强，对细菌及热原的除去性能较高。石棉滤材除菌的主要原理是它的吸附性较高。为防止药液中有效成分的损失，故宜用较稀浓度溶液过滤。但石棉滤材强度较低，碎屑易混入药液，单独使用已被许多国家禁止，所以近年来石棉在过滤中的应用有减少的趋势。

5. 多孔塑料滤材

多孔塑料滤材热塑性塑料的粉末（聚氯乙烯和聚丙烯）通过烧结制成的滤材。如聚氯乙烯过滤器的孔径有 1μm、2μm、7μm 等，其中 1μm 的可用来过滤注射液。该滤材不耐热，需用化学法灭菌；聚丙烯滤材耐热性可达 107℃，对强酸、强碱等也表现出较高的化学稳定性，可过滤 5μm 以上的粒子。

6. 多孔玻璃滤材

多孔玻璃是利用特定组成玻璃的分相现象，经过特定工艺处理而制得的一种具有无数连通孔道的玻璃。多孔玻璃具有比表面积大、耐高温、热稳定性高、耐腐蚀性强和强度相对较高等特点。孔径在 0.9～1.4μm 的多孔玻璃滤材可对细菌进行过滤。

7. 多孔陶瓷滤材

多孔陶瓷是用耐火材料（硅酸铝、碳化硅、四氮化三硅）制成矩形、圆形和管形等形状，置于不锈钢容器内，在内减压或外加压下过滤，多用于精滤。其过滤原理主要是筛分效应及静电吸引，具有很好的耐化学腐蚀性（除了氢氟酸之外的酸和碱）和高温稳定性，但过滤速度较慢。

8. 微孔滤膜

微孔滤膜是指由特种纤维素酯或高分子聚合物制成的，具有筛分过滤作用的多孔固体连续介质。其厚度为 0.12～0.15mm，孔径为 0.025～14μm、孔隙率可达 80% 左右，微孔滤膜主要用来对一些只含微量悬浮粒子的液体进行精密过滤，如制药工业的无菌过滤。

微孔滤膜的化学稳定性因材质而异，一般可耐稀酸、稀碱、非极性溶剂等。但不耐丙酮、乙醚及乙醇等极性溶剂，也不耐强碱。微孔滤膜的缺点是强度较低，易堵塞及价格较高。

五、过滤器

过滤器种类繁多，可按照不同方法分类。按操作方式分类有间歇式和连续式；按过滤介质分类有多孔介质（如陶瓷、金属等）过滤器、滤布介质（天然或人造纤维编织物等）过滤器与膜滤器（微滤器与超滤器等）；按过滤能力分类有粗滤器（砂滤棒、钛滤器、板框式压滤机等）与精滤器（垂熔玻璃滤器、微滤器、超滤膜、核滤器等）。

1. 砂滤棒

国内生产的砂滤棒主要有两种：

① 硅藻土砂滤棒　由硅藻土、石棉及有机黏合剂高温烧制而成。根据滤速不同可分为粗号（500mL/min 以上）、中号（300～500mL/min）和细号（300mL/min 以下）。此种滤器质地较松散，一般适用于黏度较高，浓度较大的滤液。

② 多孔素瓷砂滤棒　由白陶土等黏结而成。此种滤器质地致密，滤速慢，适用于低黏度药液。孔径小于 $1.5\mu m$ 的多孔素瓷砂滤棒，可用于除菌过滤。

砂滤棒耐压性强，滤速快，过滤面积大，价格便宜，但易脱砂，对药液吸附性强，可能改变药液的 pH，清洗困难。常用于注射剂的预滤或脱碳过滤。

2. 垂熔玻璃滤器

以中性硬质玻璃细粉烧结成空隙错综交叉的多孔性滤板，再粘连玻璃器皿而成。根据形状分为滤棒、垂熔玻璃漏斗及滤球，如图 3-5 所示。

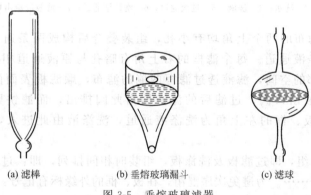

(a) 滤棒　　　　(b) 垂熔玻璃漏斗　　　　(c) 滤球

图 3-5　垂熔玻璃滤器

按滤板孔径大小分为 1～6 号 6 种规格，通常 1～2 号（孔径 15～40μm）多用于常压过滤，可滤除加大颗粒；3～4 号（孔径 5～15μm）多用于减压或加压过滤，滤除细沉淀物；5～6号（孔径＜2μm）可滤除细菌，作无菌过滤使用。

垂熔玻璃滤器化学性质稳定，一般不受药液影响（除强碱和氢氟酸外），不改变药液的pH；过滤时无碎渣脱落，吸附性低，滞留药液少，易于洗净，可热压灭菌，但价格较贵，质脆易碎。主要用于注射液的精滤或膜滤器过滤前的预滤。

3. 板框式压滤机

板框式压滤机是加压过滤机的代表，历史最久，目前在制药生产过程中广泛使用。设备是由许多交替排列的滤板与滤框，共同支承在机架上并可在架上滑动，并用一端的压紧装置将它们压紧，使交替排列的滤板和滤框构成一系列密封的滤室。滤板和滤框的个数可根据生产任务自由调节，一般为10~60块，过滤面积为2~80m²，操作压力一般为0.3~1MPa，其制造材质包括铸铁、碳钢、不锈钢、铝和硬橡胶等，无菌过滤时，一般采用不锈钢制造的压滤机。

板框式压滤机中，滤板表面制有沟槽，其凸起部位的作用为支撑滤布并有利于滤液的排出，滤框的作用为积集滤渣和承挂滤布，板、框之间的滤布作为过滤介质的同时还起密封垫片的作用，构造如图3-6所示。

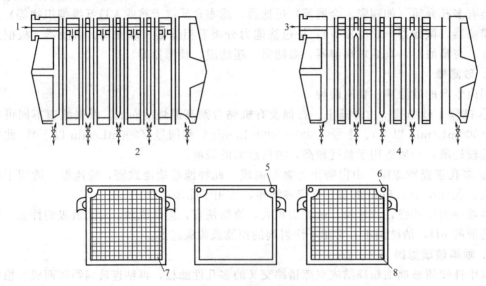

图 3-6　板框式压滤机

1—悬浮液；2—滤液；3—洗水；4—洗液；5—进液通道；6—洗涤液通道；7—滤液液流出口；8—洗涤液液流出口

滤板、滤框和滤布的两个上角均有小孔，组装叠合后构成两条通道。右上角为原液通道，左上角为洗涤液通道。每个滤框的右上角有暗孔与原液通道相通，过滤时原液由此暗孔进入滤框内部的空间，滤液透过滤框两侧的滤布，顺滤板表面的凹槽流下。滤板下角的暗孔装有滤液出口阀，过滤后的滤液即由此阀排出，而滤饼则被滤布阻挡，积集于滤框内部。各板、框的左上角为洗涤液通道，洗涤液由此进入，以洗涤滤框内的滤饼。

有的滤板分为两组，即滤板及洗涤板，组装时相间排列，即：过滤板→滤框→洗涤板→滤框→过滤板→……。为避免次序混淆，在板、框的外缘标有记号：有1个点的为过滤板，有2个点的为滤框，有3个点的则为洗涤板。排列时以1→2→3→2→1→……的顺序排列。

板框式压滤机操作方式基本是间歇式，每个操作循环可分为4个阶段：

① 压紧　压滤机操作前须查看滤布有无打折或重叠现象，电源是否已正常连接，检查后即通过压紧装置将滤板、滤框和滤布压紧。

② 进料　当压滤机压紧后，开启进料泵，并缓慢开启进料阀门，进料压力逐渐升高至正常压力。这时观察压滤机出液情况和滤板间的渗漏情况，过滤一段时间后压滤机出液孔出液量逐渐减少，这时说明滤室内滤渣正在逐渐充满，当出液口不出液或只有很少量液体时，证明滤室内滤渣已经完全充满形成滤饼。如需要对滤饼进行洗涤操作，即可随后进行，如不需要洗涤即可进行卸饼操作。

③ 洗涤　压滤机滤饼充满后，关停进料泵和进料阀门。开启洗涤泵，缓慢开启进洗液

或进风阀门，对滤饼进行洗涤。操作完成后，关闭洗液泵及其阀门。

④ 卸饼　首先关闭进料泵和进料阀门、进洗液装置和阀门，通过压紧装置活塞杆带动压紧板退回，退至合适位置后，人工逐块拉动滤板卸下滤饼，同时清理黏在密封面处的滤渣，防止滤渣夹在密封面上影响密封性能，产生渗漏现象。至此一个操作周期完毕。

板框式压滤机的出液形式有两种，一种形式为洗涤液及滤液由各板通过阀门直接排出，其流动方式被称作明流式。另一种形式为滤液由板框的下角通道汇集排出，则流动方式被称作暗流式。采用明流式可观察板框的过滤情况，如发现滤液浑浊，可将该板的阀门关闭，而不妨碍设备操作。暗流式构造简单，常用于不宜与空气接触的滤液。

板框式压滤机的优点是结构简单，操作容易，故障少，保养方便，机器使用寿命长，占地面积小，对各种物料适应能力强，过滤面积选择范围广，所得滤饼含水量少；缺点是间歇操作，劳动强度大，操作条件差，过滤效率低（过滤速度随着滤饼的增厚而减慢），滤布损耗非常快。

4. 加压叶滤机

加压叶滤机是在板框式压滤机的基础上改进生产的。其核心部件是矩形或圆形的滤叶，滤叶由金属多孔板或金属网制造，内部具有空间供滤液通过，外部覆以滤布。若干块平行排列的滤叶组转成一体，插入密封槽内，结构如图 3-7 所示。

过滤时，用泵将料浆压入机壳，在压力差的作用下，滤液穿过滤布进入滤叶内部，汇集到下部总管流出，颗粒沉积在滤布上形成滤饼。过滤结束后，进行洗涤，洗涤液的路径与滤液完全相同。洗涤后，用振动器或压缩空气反吹卸滤饼。

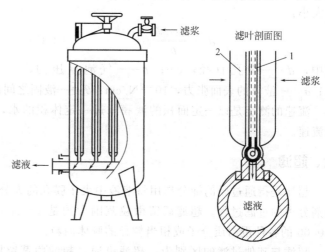

图 3-7　加压叶滤机
1—滤布；2—滤饼

叶滤机设备紧凑，过滤面积大，机械化程度高，卫生条件较好，且密封操作，适用于无菌过滤。但是设备的结构比较复杂，造价较高，过滤介质的更换也比较复杂。

5. 钛滤器

采用粉末冶金方法将钛金属粉末通过高温烧结加工制成，有钛滤棒和钛滤片两种。钛滤器具有精度高、耐高温、耐腐蚀、重量轻、机械强度高、过滤阻力小，滤速大等优点。在制药行业中，钛滤棒适用于大输液和针剂生产线中的脱碳过滤，而钛滤片常用于注射液的除微粒预滤使用。

6. 微孔滤膜过滤器（微滤器）

以微孔滤膜作过滤介质的过滤装置，结构如图 3-8 所示。原料液由上部进入，经过滤后，滤液由下部排出。过滤器为全不锈钢结构，可整体高温消毒，消毒温度受滤膜及密封圈的耐热性限制，一般不超过 105℃。过滤器内有一多孔筛板，用以支撑微孔滤膜。因滤膜强度较低，故流体不能反向流动。安装滤膜时，由于滤膜正反面孔径不同，如正面为 $0.45\mu m$ 左右，其反面约为 $1\mu m$，为防止膜的堵塞，延长其使用时间，应使滤膜反面朝向待过滤的料液。安装前，滤膜应在 70℃注射用水中浸渍润湿 12h 以上。

微孔滤膜过滤器主要用于精滤，如水针剂及大输液的过滤、热敏性药物（胰岛素、链霉素等）除菌净化、高纯水的制备等。为保证过滤效果，在使用前应对微孔滤膜进行必要的质量检查，包括滤膜孔径大小、分布和流速等。

孔径大小一般采用气泡点法，每种滤膜都有特定的气泡点压力，它是滤膜孔径额定值的函数，是推动空气通过被液体饱和的膜滤器所需的压力。具体测定方法：将微孔滤膜湿润后装在过滤器中，并在滤膜上覆盖一层水，从过滤器下端通入氮气，按 34.3kPa/min 的速度加压。当压力升高至一定值，滤膜上面水层中开始有连续气泡逸出时，此压力值即为该滤膜气泡点。根据式（3-33）可计算出薄膜孔径大小：

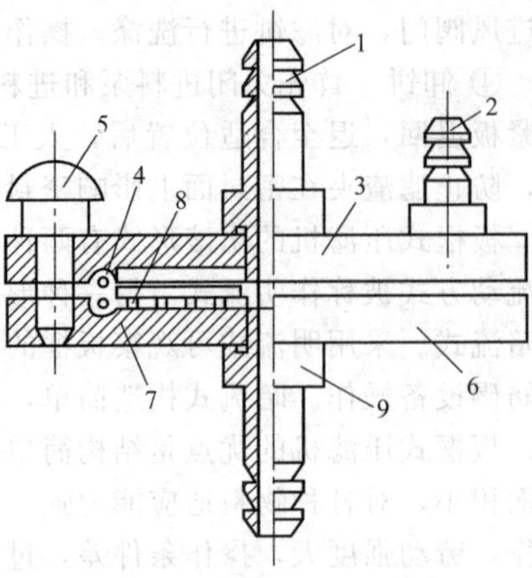

图 3-8　微孔滤膜过滤器
1—进口接头；2—放气接头；3—上盖；4—密封圈；5—螺栓；6—底座；7—支撑网；8—支撑架；9—出口接头

$$d = \frac{4\sigma\cos\theta}{p} \tag{3-33}$$

式中，d——微孔直径，cm；p——气泡点压力，Pa；σ——液体的表面张力，10^{-5} N/cm；θ——液固之间的接触角，（°）。

流速的测定是以一定面积的滤膜滤过一定体积的水，求得膜在 25℃、压力 93.3kPa 下的流速。

六、超滤

超滤是指通过膜的筛分作用将溶液中大于膜孔的大分子溶质截留，使这些溶质与小分子溶剂分离的过滤过程。超滤截留微粒范围大约是 1～20nm，相当于相对分子质量是 500～300000 的各种蛋白质分子或相当粒径的胶体微粒。

超滤与其他过滤的区别为：超滤可通过超滤膜截留原液（含有两种溶质）中的一种溶质，使其与另一种溶质分离，起到浓缩或分离的作用；超滤膜的微孔近似于直圆筒形，孔径尺寸分布相当狭小，其结构易受外界条件的影响，如温度、pH 等；在进行超滤过程中，受超滤膜强度、透过度均较低的影响，需有支撑物和较高的操作压力。

（一）分离机理

超滤的分离机理为筛孔分离过程，同时超滤分离的重要影响因素还包括膜表面的化学性质，即超滤过程中溶质的截留有在膜表面的机械截留（筛分）、在孔中滞留而被除去（阻塞）、在膜表面及微孔内的吸附（一次吸附）3 种方式。由于理想的分离是筛分，因此要尽量避免一次吸附和阻塞的发生。

（二）超滤过程

当溶液在静压差推动力的作用下流过滤膜，溶液中小于膜孔的组分透过膜，而大于膜孔的组分被截留。被截留的组分在紧邻膜表面形成沉积层或胶凝状薄层，使膜表面处的溶液浓度远远大于主体溶液浓度，形成由膜表面到主体溶液之间的浓度差，使过滤的阻力大大增加，这就是超滤过程中的浓差极化现象。浓差极化现象的出现会导致紧邻膜表面溶质反向扩散到主体溶液中，当达到稳定时，溶质向膜表面迁移的量与从膜表面向主体反向扩散的量相等，过滤阻力和流速基本稳定。继续提高操作压力并不能增加单位面积的透过量。

浓差极化现象严重时足以使超滤过程无法进行。因此，超滤中须采用其他方法来减少浓差极化的影响，可以提高超滤速度，如增加搅拌、提高温度或降低黏度等。

（三）超滤所用的膜

超滤膜多为非对称结构，由一层具有一定孔径、起筛分作用的极薄（0.1~1μm）表皮层和一层具有海绵状或指状结构、起支撑作用的较厚（125μm）多孔层组成。由于超滤过程的对象是大分子，超滤膜的性能不以孔径为表征参数而是以截留分子量（MWCO，又称切割分子量）来表征。MWCO是指90％溶质能被膜截留的物质的相对分子质量。如某种膜的截留分子量为20000，即表示相对分子质量大于20000的所有溶质有90％能被这种膜截留。

（四）超滤在制药工业中的应用

根据处理对象和分离的要求，超滤系统可以采用间歇操作或连续操作两种形式。间歇操作平均通量较高，所需膜面积较小，装置简单，成本较低，主要缺点是需要较大的储槽。连续操作的优点是产品在系统中停留时间短，这对热敏或剪切力敏感的产品是有利的，缺点就是通量较低。

在制药工业的生产中，由于生产规模和性质，所以多采用间歇操作。如图3-9给出了从间歇发酵液中分离头孢菌素C的一个组合过程：首先采用0.2μm微滤膜除去发酵液中细胞，然后用截留分子量为10000的超滤膜去除蛋白质和多糖，其渗透液再用反渗透浓缩，最后由高效液相色谱（HPLC）纯化。

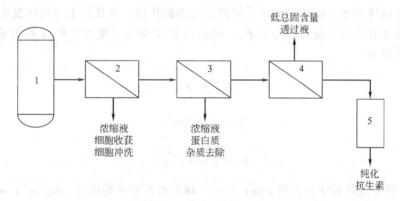

图 3-9　头孢菌素 C 的回收工艺
1—发酵；2—微滤；3—超滤；4—反渗透；5—HPLC

第二节　离心分离

离心分离是利用不同物质之间的密度、形状和大小的差异，依靠离心力的作用使液相非均一系分离的一种方法，主要于分离混悬液和乳浊液。其优点为速度快、效率高、液相澄清度好、可连续化操作。当固体颗粒很小或溶液黏度很大，过滤速度很慢，甚至难以过滤时，离心操作往往十分有效。但其设备价格较高和维护费用昂贵，且固相干燥程度不如过滤操作。

一、离心分离的类型

离心分离是利用离心力对非均相混合物所进行的分离过程，可分为离心过滤、离心沉降、离心分离三种类型。

（一）离心过滤

离心转鼓周壁开孔为过滤式转鼓，转鼓内铺设过滤介质（滤布和筛网）。混悬液随转鼓旋转的过程中，受离心力的作用被甩向转鼓周壁，固体颗粒被过滤介质截留在转鼓内，形成滤饼，而液体通过滤饼和过滤介质的孔隙由鼓壁开孔甩离转鼓，从而达到固液分离的目的。适用于分离固相含量较多、颗粒较粗的混悬液。

（二）离心沉降

离心转鼓周壁无孔。混悬液随转鼓旋转的过程中，相对密度较大的固体颗粒在离心力的作用下，先向转鼓沉降形成沉渣，澄清液由转鼓顶端溢出，并被转鼓甩出，从而达到混悬液澄清的目的。适用于固相含量较少、颗粒较细的混悬液的分离。

（三）离心分离

离心转鼓周壁也无孔，转速更快。混悬液随转鼓旋转的过程中，混悬液在离心力的作用下分会为两层，相对密度较大的液体首先沉降紧贴鼓壁在外层，相对密度较小的液体则在里层，在不同部位分别被引出转鼓，从而达到液-液分离的目的。当乳浊液中含有少量固体颗粒时，则能进行液-液-固三相分离。

二、离心分离的原理

当流体带着球形悬浮粒子随离心转鼓做圆周运动时，就形成了惯性离心力场。如果球形粒子密度大于流体密度，则球形粒子受惯性离心力的作用，在径向上与流体发生相对运动而飞离中心。粒子在径向上受到离心力 F_c、向心力 F_f 和阻力（曳力）F_d 3 种力的作用。则 3 个力可分别表示为

$$F_c = \frac{\pi}{6} d^3 \rho_s \omega^2 r \tag{3-34}$$

$$F_f = \frac{\pi}{6} d^3 \rho \omega^2 r \tag{3-35}$$

$$F_d = \xi \frac{\pi}{4} d^2 \frac{\rho u_r^2}{2} \tag{3-36}$$

式中，d——球形悬浮粒子的直径，m；ρ_s——球形悬浮粒子的密度，kg/m^3；ω——球形悬浮粒子的角速度，1/s；r——球形悬浮粒子到旋转轴中心的距离，m；ρ——流体的密度，kg/m^3；ξ——阻力系数；u_r——粒子在径向相对于流体的运动速度，即离心沉降速度，m/s。

如要计算离心分离过程中阻力（曳力）F_d 的大小，需先确定阻力系数 ξ。球形粒子在各种流型中的阻力系数可按如下方法计算：

① 斯托克斯（Stokes）定律区（$10^{-4} < Re_p < 1$），流动为层流：

$$\xi = \frac{24}{Re_p} \tag{3-37}$$

② 艾仑（Allen）定律区（$1 < Re_p < 10^3$），流动为过渡状态：

$$\xi = \frac{18.5}{Re_p^{0.6}} \tag{3-38}$$

③ 牛顿定律区（$10^3 < Re_p < 10^5$）：

$$\xi = 0.44 \tag{3-39}$$

粒子雷诺数 $Re_p = du\rho/\mu$。生物溶质的离心分离通常在斯托克斯定律区中进行，其雷诺数较小，主要受粒子大小、形状和两相浓度差影响；而含有较大结晶的溶液的离心则可能在高雷诺数下进行，分离过程进入艾仑区或者牛顿定律区还会受到如粒子速度、壁效应及粒子

间相互作用等附加因素的影响。

离心分离时，粒子运动的方向取决于离心力 F_c 与向心力 F_f 的相对大小。当 $F_c > F_f$ 时，粒子沿径向朝远离轴心方向运动；当 $F_c < F_f$ 时，粒子沿径向向轴心方向运动。由式(3-34)、式(3-35) 可知，在惯性离心力场中，粒子所受离心力与向心力的相对大小与粒子密度和流体密度的相对大小相关，如液-固混合体系中，固体颗粒密度大于流体密度，因此，颗粒多为朝远离轴心方向运动，3 种力达到平衡时，有

$$\frac{\pi}{6}d^3(\rho_s-\rho)\omega^2 r-\xi\frac{\pi}{4}d^2\rho\frac{u_r^2}{2}=0 \tag{3-40}$$

由式(3-40) 得出离心沉降速度 u_r 为

$$u_r=\sqrt{\frac{4d(\rho_s-\rho)^2}{3\xi\rho}r\omega^2} \tag{3-41}$$

将同一粒子在同种流体中所受离心力与重力之比称为离心分离因数，以 α 表示，是反映离心分离设备性能的重要指标，其表达式为

$$\alpha=\frac{\omega^2 r}{g} \tag{3-42}$$

根据分离因数的大小，可以对离心机进行分类：$\alpha < 3000$，常速离心机，主要用于分离颗粒较大的混悬滤浆或物料的脱水；$3000 < \alpha < 50000$，高速离心机，主要用于含细粒子、黏度大的悬浮液及乳浊液的分离；$\alpha > 50000$，超速离心机，主要用于分离极不容易分离的超微细粒悬浮液和高分子胶体悬浮液，如抗生素发酵液、动物生化制品等。

由于离心机转速从每分钟上千转到几万转，其分离因数可达几千以上，甚至数十万。分离因数的数值越大，越有利于悬浮粒子的分离。由此可见，离心机的分离能力要远高于重力沉降。由式(3-42) 得知，对于一定物料，转鼓的直径越大，转速越快，分离因数就越大。但转速增加、离心力增大会引起过大的应力，为保证转鼓有足够的机械强度，在增大转速的同时，需适当减小转鼓的直径。因此，高速离心机转鼓的直径通常都较小。

转鼓内的液体受到径向离心力和轴向重力的联合作用，其合力为倾斜向下方向。由此可知液体在转鼓内的自由面呈旋转的抛物线形。转鼓的转速越高，转鼓内的液面凹陷得越深，且靠转鼓壁处的液面越高。因此，离心机转鼓的上平面都制有环边，以防液体自上沿抛出。

三、过滤式离心机

离心过滤即料液中的液体在离心力场作用下穿过离心机多孔转鼓的过滤介质，而固体粒子被截留的分离过程。分离过程是以离心力为推动力完成过滤，兼具离心和过滤双重作用。离心过滤一般用于处理颗粒粒径较大（大于 $10\mu m$）、固体含量较高的悬浮液。

过滤式离心机是在离心机转鼓的侧壁开出均匀密集的小孔，过滤介质（滤布）铺于转鼓内，如图 3-10 所示。离心过滤过程一般可分为滤渣（滤饼）的形成、滤渣（滤饼）的压紧和滤渣（滤饼）的机械干燥 3 个主要阶段。原料从进料口进入离心机的转鼓内，料液在高速旋转的转鼓内受离心力的作用分布成一中空圆柱面，固相沉积在鼓壁上形成滤渣（滤饼），滤渣受到压紧，液相则通过鼓壁上的滤渣、介质和滤孔排出。在过滤后期，当空气进入渣内并使被分离物料变成三相体系后，开始进行滤渣（滤饼）压干过程，此时离心分离使滤渣（滤

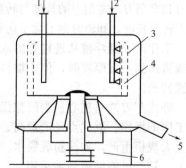

图 3-10　过滤式离心机
1—滤浆入口；2—洗涤液入口；3—多孔转鼓；4—滤布；5—滤液；6—传动机构

饼）空隙内的液体流出。根据物料性质的不同，离心过滤过程中的 3 个阶段，有时只进行 1 个或 2 个阶段。例如，较大颗粒的结晶体进行离心过滤就只有第 1 阶段。

典型的过滤式离心机有三足式离心机、卧式刮刀卸料式离心机和活塞推料式离心机等。

（一）三足式离心机

三足式离心机是一种常用的间歇式离心机，是制药工业中最常用的过滤式离心设备，其转鼓、外壳及传动装置均固定于机座上，机座借助 3 个装有压力弹簧的拉杆悬吊于各自的支脚之上，起到缓冲和减振作用。工作时，传动装置带动转鼓旋转，外壳起到收集滤液的作用，其结构如图 3-11 所示。

我国生产的三足式离心机转鼓直径有 450mm、600mm、800mm 及 1000mm 等多种。如型号为 SS-600 的离心机，其符号 SS 代表三足式和上部卸料，600 则代表转鼓直径为 600mm。

三足式离心机具有结构简单，操作平稳，占地面积小，固体粒子不易被磨损等优点。适用于分离粒径为 0.05～5mm 的悬浮液，并可通过控制分离时间来达到产品湿度的要求，比

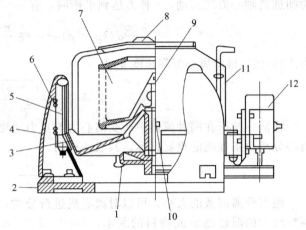

图 3-11 三足式离心机

1—滤液出口；2—机座；3—底盘；4—支柱；
5—摆杆；6—缓冲弹簧；7—转鼓；8—机盖；
9—主轴；10—轴承座；11—机壳；12—电动机

较适宜于小批量多品种物料的分离。缺点是上部出料，间歇操作，劳动强度大（除非有自动卸料装置），滤饼上下不均匀，上薄下厚，下部传动系统维护不便，且可能有液体漏入传动系统而发生腐蚀。

（二）上悬式离心机

上悬式离心机避免了三足式离心机下部传动、上部卸料所带来的问题，采用上部传动、下部卸料的结构，可用于过滤和沉降分离。但是由于结构的变化，导致主轴较长，易磨损，有振动。

（三）卧式刮刀卸料离心机

在固定机壳内，转鼓装在水平的主轴上，由一悬臂式主轴带动，鼓内装有进料管、冲洗管、耙齿。还有一个固定的料斗，内装一可上下移动的长形刮刀，如图 3-12 所示。刮刀分宽刮刀和窄刮刀。宽刮刀的长度与转鼓长度相同，适用于卸除较松软的滤渣；窄刮刀的长度则远小于转鼓长度，卸渣时刮刀除了向转鼓壁运动外还作轴向运动，适用于滤渣较密实的场合。

工作时，悬浮液从进料管加入连续运转的卧式转鼓中，借助机内耙齿使物料均匀分布。当滤饼达到一定厚度时，停止加料，进行洗涤、脱水、通过液压装置控制刮刀上移卸料，再清洗转鼓。

卧式刮刀卸料离心机为间隙操作，但可在全速下自动循环进行过滤、洗涤、分离、卸料等工序的操作。其优点是产量高、分离效果好、劳动强度低等，适用于中细粒度悬浮液的脱水及大规模生产，如淀粉乳脱水。但是设备结构复杂，振动严重，且刮刀卸料造成晶体破损率大、转鼓可能漏液到轴承箱。

（四）活塞推料式离心机

活塞推料式离心机由主轴、推杆、转鼓、推料盘、进口管等组成，如图 3-13 所示。

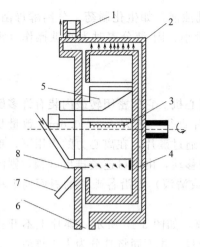

图 3-12　卧式刮刀卸料离心机

1—油压装置；2—机壳；3—耙齿；

4—转鼓；5—刮刀；6—滤液出口；

7—卸渣斜槽；8—进料管

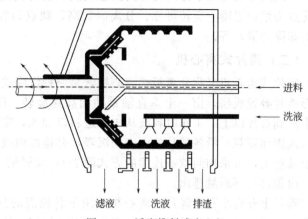

图 3-13　活塞推料式离心机

操作时，料液加入旋转的锥形料斗，而后分布到鼓壁滤网上，液体经滤孔流出，固体形成滤渣层。转鼓底部装有与转鼓一起旋转的活塞推料器，做往复运动进行脉动卸料。活塞推料式离心机脱水洗涤效果好，对晶体破坏小，运转平稳，适于固体含量 30%～50%、粒度 0.25～10mm 的易滤料浆的脱水。但当推送器一次推送行程过长时会造成滤渣拥堵，可采用多级活塞推料离心机来缩短行程。

四、沉降式与分离式离心机

对液体量很大而固体很少且不易分离的混悬液（中药煎煮后的滤液及各种胶质液体等），可采用高速旋转的沉降式离心机，而各种乳浊液的分离则应采用高速旋转的分离式离心机。

沉降式与分离式离心机的构造基本相似，不过分离式离心机有轻、重液两个出口，而沉降式离心机只有一个液体出口，所以在使用上不能互换。

（一）管式离心机

管式离心机的转速为 15000～50000r/min，转鼓直径 50～100mm，长 720mm 左右，最大分离因数可达 13200，是一种能产生高强度离心力场的离心机，如图 3-14 所示。

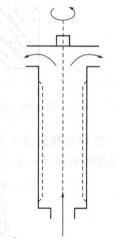

图 3-14　管式离心机

工作时料液在加压条件下由转子底部的进料管进入转鼓，筒内有 3 块辐射状挡板，带动液体随转鼓旋转。由于重液和轻液（或固体颗粒和清液）的密度存在差异，在高速离心力的作用下，料液被分为内、外两层，密度较小的轻液（或清液）位于转鼓中央，而重液（或固体颗粒）则向管壁运动。

处理乳浊液时，轻重两相由各自的溢流口排出，实现连续的液-液分离。用于混悬液澄清时，重液出口被堵住，固体颗粒沉积于转鼓内壁，清液由转鼓上部的溢流口排出，但受转鼓容量有限的影响，运转一段时间后，需停车卸下转鼓清理沉渣，操作为间歇式。生产过程中为保持连续处理，采用两台离心机交替使用。

管式离心机适用于分离稀薄的混悬液及不易分离的乳浊液，如生化制药、分离酵母菌。其优点为结构紧凑、运转可靠、分离因数高，缺点为容量小、固-液分离时为间歇操作（需人工卸除滤渣）等。

（二）碟片式离心机

碟片式离心机又称分离板式离心机，是一种沉降式离心机。它的密闭转鼓内装有许多倒锥形碟片叠置成层，由一个垂直轴带动而高速旋转。碟片直径一般为 0.2～0.6m，数量从几十片到百片以上。工作时料液从中心进料口加入，穿行通过碟片，在离心力的作用下，重液（或固体颗粒）沿各碟片的内表面沉降，并连续向鼓壁移动，由出口连续排出（颗粒则沉积于鼓壁上，可采用间歇或连续的方式除去）；而轻液（或清液）则沿各碟片的斜面向上移动，由顶部的环形缝排出。

碟片上开有小孔的碟片式离心机，用于乳浊液的分离，如图 3-15 所示。碟片上不开孔的碟片式离心机，用于悬浮液的分离，同时可根据固体卸料方式不同将其分为人工排渣、喷嘴排渣和活塞（活门）排渣 3 种型式：

① 人工排渣碟片式离心机为避免经常拆卸除渣，适用于处理固体含量小于 2% 的悬浮液，如抗生素的提取、疫苗的生产等澄清作业，如图 3-16 所示；

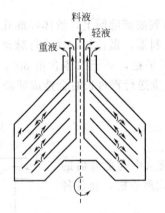
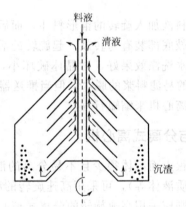

图 3-15　液-液分离碟片式离心机　　图 3-16　人工排渣碟片式离心机

② 喷嘴排渣碟片式离心机其转鼓呈双锥形，四周分布有喷嘴，能连续排渣，适用于处理固体颗粒粒径 0.1～100μm 的悬浮液，如羊毛脂分离提取，如图 3-17 所示；

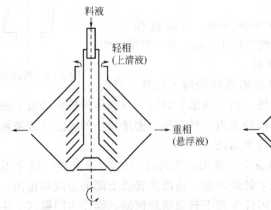
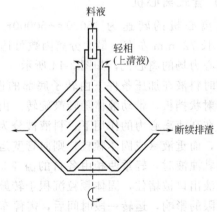

图 3-17　喷嘴排渣碟片式离心机　　图 3-18　活塞排渣碟片式离心机

③ 活塞排渣碟片式离心机的转鼓内有与碟片同轴的排渣活塞装置，活塞可上下移动，自动启闭排渣口，断续自动排渣，适用于处理颗粒直径 $0.1 \sim 500 \mu m$ 的悬浮液，如图 3-18 所示。

（三）螺旋卸料式离心机

螺旋卸料式离心机根据主轴方位分为有立式和卧式两种，其结构如图 3-19、图 3-20 所示。通常采用卧式的较多。

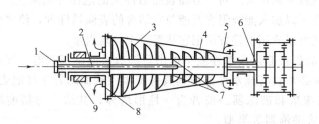

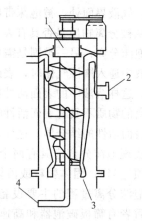

图 3-19　卧式螺旋卸料式离心机

1—进料口；2—进料管；3—螺旋推送器；4—锥形转鼓；
5—排渣孔；6—减速箱；7—进料孔；8—溢流口；9—皮带轮

图 3-20　立式螺旋卸料式离心机

1—齿轮箱；2—分离液出口；3—固体颗粒
出口；4—供给液入口

螺旋卸料式离心机转鼓为圆锥形，内有螺旋卸料器，进料管为螺旋输送器的空心轴，在此空心轴上某一轴向位置（偏向底流口）开有进料孔，溢流口（若干个溢流孔）在转鼓的大端，底流口（排渣孔）在转鼓的小端。

工作时，悬浮液经加料管进入转鼓，沉降到鼓壁的沉渣由螺旋输送器输送到转鼓小端的排渣孔排出。螺旋与转鼓同向回转，但具有一定的转速差（由差速器实现），分离液经转鼓大端的溢流孔排出。

螺旋卸料式离心机为连续式离心机，最大分离因数可达 6000，操作温度可高达 $300^{\circ}C$，操作压力一般为常压，适于处理颗粒粒径 $2 \sim 5 \mu m$、固体含量 $1\% \sim 50\%$ 的悬浮液。

第三节　新型分离技术及设备

制药过程所涉及的悬浮液或溶液原料中一般总是有或多或少的各种杂质，但是随着制药行业的飞速发展，对其分离和纯化的要求越来越高，因此开发新型分离技术和设备至关重要。

一、新型分离技术

（一）十字流动态过滤技术

过滤时，滤浆平行于过滤介质的表面快速流动，滤液以低速垂直于介质表面流出，两者流动的方向互相垂直交错，这种过滤被称为十字流过滤，又称为错流过滤。

传统的过滤，滤浆是垂直于过滤介质的表面流动，被截图的固体粒子形成滤饼并逐渐增厚，过滤速度也随之逐渐降低，直至滤液停止流出。而十字流过滤，由于滤浆的快速流动对聚积在介质上的粒子施加了剪切扫流作用，从而抑制了滤饼厚度的随时增加，使过滤的速度几近恒值，过滤压力也未随过滤时间的增长而迅速升高。

（二）泡沫分离

泡沫分离是一种新型分离技术，在常温下可分离稀溶液中微量浓度的组分。泡沫分离是根据表面吸附原理，在工艺上利用高度分散的微气泡吸附具有或"使其具有"表面活性的悬浮颗粒，使其密度小于液体介质的复合体而上浮到悬浮液表面。显然表面活性强的物质优先吸附和浓集在气液界面处，被泡沫带出，即可达到浓缩表面活性物质或净化液相主体的目的。

从被分离物质是否具有表面活性的角度，泡沫分离可分为两大类：一类是无需加表面活性剂的泡沫分离；另一类则是需加表面活性剂的泡沫分离。对于前者而言，在含有表面活性物质的溶液中通入惰性气体时，表面活性物质就会在空气泡的表面上浓集并随气泡上浮到上部液体表面，这样溶液中的表面活性物质就被分离出来。对于需加表面活性剂的泡沫分离来说，当要求分离的物质不具有表面活性时，则可以加入能吸附它或能与它结合的表面活性剂，使之生成具有表面活性的结合体，这样，也就可以应用上述方法把它从溶液中分离出来。

实现泡沫分离应具有两个基本前提：必须向悬浮液中提供足够数量的微细气泡（气泡直径必须适当）；固体颗粒或液体颗粒必须具有疏水性或使其具有疏水性从而附着于气泡表面。

泡沫分离过程的主要设备有泡沫塔和破沫器。前者为一柱形塔体，其结构与精馏塔类似。后者有筛板破泡器和高速转盘式破泡器等类型。

泡沫分离法的优点是可以连续进行且在常温下即可操作，因此适用于热敏性及化学不稳定性物质的分离。它的最大优点是在低浓度下分离特别有效，因此特别适用于溶液中的低浓度组分的分离回收。

（三）超声分离技术

超声分离技术是利用超声波的空化作用、热作用、机械作用以及这些作用的附加效应的联合发挥辅助分离的技术，可提高分离效率、缩短工作时间、简化操作过程。如在膜分离过程中，超声空化作用可以强化膜与流体界面的涡流传质，还可以强化空腔内的蠕动传质，使膜通量大为提高。

1. 超声凝聚

超声波通过有悬浮粒子的流体介质时，由于流体介质的黏性，造成悬浮粒子在一定程度上随着介质一起振动，其振动的幅度取决于粒子的大小、振动频率。而随着粒子粒径的增加其受迫振动将减小，相位将落后，即大小不同的粒子，会以不同的振幅和不同的相位而振动。随着振动频率的增加，不同粒径的粒子表现出不同的频率特性。由于大小不同的粒子具有不同的振幅和相位，颗粒将会相互碰撞、黏合，使粒子的体积和重量均增大。由于粒径变大，不能跟随介质分子振动，只能作无规则的运动，继续的碰撞、黏合，足够大的粒子最后便沉淀下来。

2. 超声过滤

利用超声波的驻波效应，即换能器发射出超声波，液体中的粒子将迅速聚集在声束轴线上相距 $1/2$ 声波波长的各点处。分离操作时，将两个换能器水平相向置于待处理的流动液体的两侧，如果两个换能器的工作频率略有差别，那么，驻波将不再静止，而是有规则地横越两个换能器之间的媒介，使滞留在相距半波长各处的粒子被运动的驻波所带走，最终集中在某一换能器的一侧，即被分流，使两侧液体分别进入各自的分叉管道中，被分离出来的粒子将被集中在一侧的管道中。如果分离效果不满足要求，可将过程多次重复，直至达到满意的分离效果。

3. 超声强化超滤

超滤过程中，由于浓差极化现象和膜污染现象，使超滤的分离效率大为降低。超声波可使存在于料液的微气泡（空化核）产生振动，当声压达到一定数值时，气泡将迅速变大，然后突然闭合，由此产生瞬时高压和冲击波。由于存在跨膜压力差和液体自重，空化气泡闭合后，可形成一个指向膜表面的射流，能对膜表面产生巨大的冲击作用，减少膜的边界层的厚度，并提高溶液的渗透量。存在于膜孔内及膜与表面沉积层之间的缝隙内的微气泡，在声场的作用下振动和突然闭合，可直接击碎沉积层。溶液的渗透量也因此得以提高。此外声冲流能产生类似机械搅拌的作用，这种搅拌作用一方面可减缓膜表面沉积层的形成速度；另一方面对已经形成的膜表面沉积层有冲洗和破坏作用，使其重新分散于料液中。

（四）新型膜分离技术

膜分离技术被认为是新一代节能型、清洁型、环保型的技术，近年来已经得到长足的发展，从最初的水处理领域已经扩展到石油化工、医药生产、中草药分离、生物制品等行业的产品分离、提纯和浓缩等的应用。

1. 膜蒸馏

利用一张具有微孔疏水膜，将不同温度的水溶液隔开时，由于膜的疏水性，膜不会被水溶液所润湿，因而膜两侧的水溶液不会通过膜孔进入另一侧，膜孔中充满气体。由于膜两侧水溶液的温度不同，导致膜两侧的水蒸气压力不同，在这一蒸气压差的作用下，水蒸气会通过膜孔从高温侧进入低温侧冷凝下来，这样水便从热的水溶液中分离出来，热水溶液得到浓缩。

2. 膜分相

利用多孔固体膜表面与乳浊液中两相的物化作用不同，其中一相优先吸附在膜表面上，形成纯的液相层，在膜两侧极小压差作用下，此相优先通过分相膜的孔，从而达到两相分离。

3. 亲和膜分离

是膜分离与色谱技术相结合的一种新型膜分离过程。它是基于在膜分离介质上利用其表面孔及孔内所具有的官能团，将其活化，接上具有一定大小的间隔臂。再选用一个合适的亲和配基，在合适条件下使其与间隔臂分子产生共价结合，生成带有亲和配基的膜。将样品混合物缓缓地通过这种膜，样品中能与亲和配基产生特异性相互作用的分子产生偶联，生成相应的配合物。然后改变条件（如改变冲洗液相组成、pH 值、离子强度、温度等），使已和配基产生亲和作用的配合物产生解离，再将其收集，从而使样品得以分离。

二、新型分离设备

（一）管束式十字流过滤机

由多组管束组件平行安装在不锈钢筒中构成的十字流过滤机，如图 3-21 所示。过滤时，稀薄滤浆走管内，滤液经管内壁向管外壁渗透。如聚丙烯管束式十字流过滤机，滤管的孔隙尺寸可达 $0.2\mu m$，滤管具有良好的耐腐蚀性（游离氯除外），耐酸碱性为 pH 值 $0.5\sim14$。在制药工业中，常用于营养液的灭菌过滤、细胞悬浮液的浓缩、疫苗的生产、氨基酸的过滤等。

（二）新型卧式螺旋离心机

新型卧式螺旋离心机是在卧式螺旋卸料式离心机上加装沉降片分离板，结构如图3-22所示。它的分离性能介于碟片式离心机和卧式螺旋卸料式离心机之间，可以分离出粒径为 $0.5\mu m$ 的微粒，其分离因数可达到 5000。已应用于食品工业及城市污水处理的剩余活性污泥脱水中。

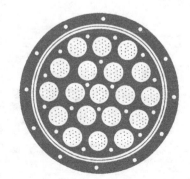

图 3-21　管束式十字流过滤机示意图

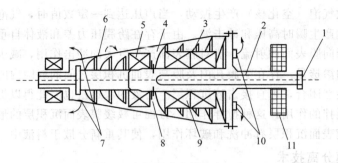

图 3-22　新型卧式螺旋离心机

1—进料口；2—进料管；3—螺旋推送器；4—预分离区；5—隔离板；6—转鼓；
7—排渣孔；8—分液口；9—分离板；10—清液排出孔（溢流孔）；11—皮带轮

本章小结

1. 液体过滤广泛应用于制药生产过程中。通过本章学习，应了解、掌握过滤的分类、操作原理及影响因素；理解过滤介质的类型、规格；掌握恒压过滤基本方程式及过滤常数的测定方法，具备应用恒压过滤基本方程式进行过滤工艺计算的能力；了解、掌握过滤设备的构造、性能及操作。

2. 离心分离是依靠离心力的作用使液相非均一系高速分离。通过本章学习，应了解离心设备的分类、设备构造、工作原理、适用范围、性能及其影响因素；掌握分离因数的概念。

3. 新型分离技术及设备是解决能源危机和缓解三废污染的有效途径，在了解其原理、适用范围及优点的同时，还应清楚我国新型分离技术在工业组件、制造、示范装置的建立等方面存在的不足，仍需科技人员不懈努力，以求短期内在工业应用中走上一个新台阶。

第四章

中药的浸出

● 学习目标 ●

1. 掌握中药药材的浸出机理、常用的浸出方法及相关计算。
2. 熟悉影响浸出的因素、浸出常用的设备及辅助剂。
3. 了解中药浸提过程中的新型提取技术。

浸出是使溶剂在一定温度和压力条件下与药材充分接触，从而提取药材中有用成分的单元操作，是中药制剂生产过程中一项关键的技术。掌握中药浸出过程的特点、原理及注意事项，可为生产实际提供充分的理论依据。

浸出操作广泛应用于从中药材中提取有效成分以制备一定规格的制剂，如汤剂、浸膏、流浸膏等。汤剂、浸膏、流浸膏又可进一步制成丸剂、片剂、糖浆、软膏、颗粒剂等，中药浸出液亦可进一步制成注射剂。中药材的浸出实际上是液-固相间萃取的问题，但由于中药材药用部分多种多样，如有根、茎、叶、花、果实、种子等，其各药用部分的植物组织各不相同，如薄壁组织、分生组织、分泌组织、保护组织、输导组织、机械组织等。中药材浸出的成分也是多种多样的，如有的药材中含有生物碱，有的含有各种苷类，有的含有蒽醌衍生物、香豆素、木质素、黄酮类、挥发油、氨基酸、蛋白质、鞣质等，这些成分的性质各异，必然使中药材浸出操作及影响因素十分复杂，尽管目前液-固萃取理论已取得很大进展，但对中药材浸出仍有许多机理问题尚待解决。

第一节　浸出过程中的质量传递

利用溶剂将有效成分自中药材中浸出是一个复杂的过程，其中包括溶剂对药材的湿润、细胞中可溶性物质的溶解、物质在细胞内部的扩散、物质从药材表面向溶液主体的扩散等，这些过程中任何一个步骤都可能成为浸出速率的主要控制因素，但前两个过程通常进行得较快。因此，物质的扩散过程往往是影响有效成分浸出速率的主要因素。此外，细胞组织对浸出过程提供了一个额外的阻力，物质在药材内部的浸出可能还另外受到渗透和渗析的影响。例如，植物细胞中的原生质和细胞膜是近乎半透性的，它只能使溶剂通过或只允许分子分散状态的物质通过，而胶体和分子量较大的物质通过膜很困难，使物质扩散变得迟缓，有时甚至被完全阻止。

一、浸出原理

在中药材的浸出过程中，溶剂首先进入组织将有效成分溶解；故组织中的溶液浓度很高，由于药材组织内外溶液间的浓度差构成了质量传递的推动力，促使系统浓度趋向均匀一致，使得有效成分从高浓度向低浓度方向的移动，即发生了传质现象。物质传递靠两种方式：分子扩散和涡流扩散。实际的生产过程，这两种物质传递的方式同时发生，通常将它们合称为对流扩散。物质的分子扩散是由分子热运动引起的，由于液体中分子在不停地作不规则运动，分子不断地相遇并进行弹性碰撞，从而改变了运动方向，导致液体中的分子扩散。涡流扩散是指湍流流体中的质点因漩涡湍动而引起的物质传递过程。涡流的作用不仅会使流动系统产生动量传递，而且当有浓度差存在时，由于漩涡湍动的混合作用，系统中还将伴随着质量的传递。分子扩散时，物质传递的速度可用费克定律来描述：

$$\frac{dM}{d\tau} = -DA\frac{dc}{dx} \tag{4-1}$$

式中，$\frac{dM}{d\tau}$——物质的扩散速度，kmol/s；A——传质面积，m^2；$\frac{dc}{dx}$——物质在 x 方向上的浓度梯度，$(kmol/m^3)/m$；D——扩散系数，m^2/s。

式(4-1)是费克定律的表达式，它表明分子扩散时扩散速度与传质面积和浓度梯度成正比，比例系数就是扩散系数。右侧的负号表明，扩散是沿浓度下降方向进行的。物质的分子扩散发生于静止流体或层流（滞流）流体的内部。

在层流流体中，流体的质点只有平行于流动方向的运动，如果浓度梯度的方向与流动方向相垂直，则物质的传递只能靠分子运动。而在湍流的流体中，流体的质点沿各方向作不规则运动，运动速度随时变化，使流体内出现漩涡。因有漩涡的存在，物质传递的速率远大于分子扩散时的速率，这种传递称为涡流扩散。涡流扩散基本上是个混合过程，是由于漩涡中质点的强烈混合而进行的物质传递过程。涡流扩散的机理十分复杂，要定量地描述漩涡的几何特征和运动特征非常困难。因此，常常仿照分子扩散的模型，来描述涡流扩散：

$$\frac{dM}{d\tau} = -D_E A\frac{dc}{dx} \tag{4-2}$$

式中，D_E——涡流扩散系数。

湍流流体内物质的传递既靠分子扩散、又靠涡流扩散，两者合称对流扩散。对流扩散的扩散速度可以写成：

$$\frac{dM}{d\tau} = -(D+D_E)A\frac{dc}{dx} \tag{4-3}$$

或

$$\frac{dM}{d\tau} = -KA\frac{dc}{dx} \tag{4-4}$$

式中，$K = D + D_E$。

费克定律只适用于稳定传质（即液体中各点物质的浓度不随时间改变）的情况。对不稳定传质（即扩散物质在系统的任一点上的浓度沿 x 轴方向随时间而改变），则浓度的变化需以费克第二定律来描述：

$$\frac{\partial c}{\partial \tau} = D\frac{\partial^2 c}{\partial^2 x^2} \tag{4-5}$$

式(4-5)所表示的方程只适用于物质在系统内的一维扩散，若物质在系统内沿 x、y、z 轴方向作三维扩散，则费克第二定律的形式为

$$\frac{\partial c}{\partial \tau}=D\left(\frac{\partial^2 c}{\partial^2 x^2}+\frac{\partial^2 c}{\partial^2 y^2}+\frac{\partial^2 c}{\partial^2 z^2}\right) \tag{4-6}$$

中药材的间歇式浸出过程属于不稳定扩散，描述与计算时，应采用费克第二定律。

二、药材浸出的机理

在一般的固-液萃取研究领域中，固-液相间的质量传递过程有 3 种表现形式：

① 固体物质的溶解；

② 含有溶解物的多孔固体因与液体相互作用而扩散；

③ 多孔物质的溶解。

中药药材中的有效成分存在于细胞内的液泡中或细胞壁上，所以中药材提取的质量传递过程主要是上述表现形式中的第 2 种形式。

新鲜药材的浸出过程机理有 3 个步骤：

① 细胞液自破碎的细胞内洗脱；

② 细胞内可溶物质经多孔壁面以分子扩散方式的传质；

③ 物质自药材颗粒表面到溶液的传质。

干燥药材的浸出过程机理相对复杂一些，主要有以下 5 个步骤：

① 溶剂向药材内部的渗透；

② 药材内部物质的湿润；

③ 细胞内物质的溶解；

④ 有效物质经多孔细胞壁以分子扩散方式的传质；

⑤ 有效成分自药材颗粒表面向溶液中的传质。

为了深入研究各种因素对浸出机理各个过程的影响，一些研究者在模拟中药材浸出情况下对上述 5 个过程机理分别进行了理论研究，以下进行简要介绍。

（一）溶剂向药材内部的渗透

溶剂在毛细管力的作用下向药材内部渗透。植物组织内有大量的毛细管，溶剂可以沿毛细管孔渗入植物组织，将植物细胞和其他间隙充满。毛细管被水充满的时间可由式（4-7）计算：

$$\tau=KA\frac{h_0^2}{r} \tag{4-7}$$

$$A=\alpha^2(14.46-12.5\alpha)$$

$$\alpha=p_i/(p_i+p_o)$$

式中，τ——充满时间，s；h_0——毛细管长度，m；r——毛细管半径，m；K——系数，s/m，$K=1.37\times10^{-4}$；p_i、p_o——毛细管及大气压力，Pa。

由于植物组织中的毛细管及细胞内存有空气，而液体充填速度又受空气扩散速度的影响，所以液体的实际充填时间远比式（4-7）计算的结果长。采用下述措施可加快充填速度：

① 将中药材处于负压；

② 将液体加压；

③ 以易溶解的气体置换孔隙中的空气。

毛细管充填速度增加，也就加快了溶剂在药材内部的渗透。

（二）药材内部物质的湿润

药材内部有效物质的湿润过程是与溶剂在药材内的渗透同时进行的，故有效物质的湿润在很大程度上受溶剂渗透速度的影响。溶剂对物质的湿润与该物质同溶剂的化学亲和力有关，可由下式计算：

$$\sigma_{13} = \sigma_{23} + \sigma_{12}\cos\theta \tag{4-8}$$

式中，σ——相间界面的表面张力（其中下标 1 代表溶剂、2 代表气体、3 代表固体），N/m；θ——接触角。

当 $\sigma_{13} < \sigma_{23} + \sigma_{12}$ 时，溶剂可铺展于固体表面，固体浸湿过程的推动力可由铺展系数 S 确定：

$$S = \sigma_{13} - \sigma_{23} - \sigma_{12} \tag{4-9}$$

采用降低气液间表面张力的物质（表面活性剂）可提高溶剂在原料内部沿毛细管的渗透和浸湿速度。

（三）细胞内物质的溶解

溶解过程的速度遵循费克第一定律：

$$\frac{dG}{d\tau} = kA(c_s + c_1) \tag{4-10}$$

式中，G——物质溶解的物质的量，kmol；τ——时间，s；A——该物质的表面积，m^2；c_s——溶液饱和浓度，kmol/m^3；c_1——溶液浓度，kmol/m^3；k——系数，$k = D/x$；D——物质在液体中的扩散系数，m^2/s；x——扩散层的厚度，m。

扩散层的厚度与溶解过程中液体的流速有关。在中药材内部，溶剂实际是静止的，因此扩散层厚度可等值于药材的颗粒尺寸。

对存在于药材颗粒表面的物质，扩散层的厚度随液体的流动速度的增加而降低。在自然对流情况下，液体运动由溶剂与溶液的密度差产生。可用特征数方程表示：

$$Nu = 0.64\sqrt{Pr}\sqrt{Gr} \tag{4-11}$$

式中，Nu——努塞尔数，$Nu = \dfrac{kd}{D_c}$；Pr——普朗特数，$Pr = \dfrac{\nu}{D_c}$；Gr——格拉晓夫数，$Gr = \dfrac{\rho_s - \rho}{\rho_s} \times \dfrac{gd^3}{\nu^2}$；$k$——传质分系数，m/s；$d$——定性尺寸，m；$D_c$——液体中的扩散系数，m^2/s；$\nu$——液体的运动黏度，m^2/s；$\rho_s$——饱和溶液的密度，kg/m^3；$\rho$——溶液的密度，kg/m^3；$g$——重力加速度，m/s^2。

中药材颗粒内部物质的溶解速度取决于该物质在固体内部的传质速度，而药材颗粒表面的溶解速度则取决于固体表面的传质速度。

因固体表面的传质速度随流体流速的增加而增加，所以粉粒表面处的物质溶出速度很快，药材颗粒的浸出过程此时也处于快速浸出阶段。

（四）有效物质经多孔细胞壁的传质

有效物质在中药材内部的传质有如下两个过程：

① 物质在细胞液中的自由扩散　细胞的大小和数量决定其传质单位数。

② 物质经细胞壁的传质　有效成分经细胞壁的传质速度与许多因素有关，如层数及厚度，细胞壁上的纹孔数及直径，有效成分在传递路程上的细胞壁数等。

需要指出的是，中药材细胞壁的厚度因植物的类型，所在植物的组织、器官的不同而不同。

目前对物质经细胞壁的传质过程研究尚不充分。根据细胞壁的纹孔，通常认为细胞膜具有半透膜的性质。

由于膜两侧的浓度梯度引起物质穿透膜的扩散，其扩散过程可以下式表示：

$$W = \alpha_0 A \Delta c \tag{4-12}$$

式中，W——单位时间内传递的物质的量，kmol/s；α_0——传递速度系数，m/s；A——面积，m^2；Δc——对数平均浓度差，$kmol/m^3$。

经过膜的传递速度系数 α_0 应为经膜附近液体层的传递系数 α_1 与经膜本身的传递系数 α_2 之和，即

$$\alpha_0 = \alpha_1 + \alpha_2 \tag{4-13}$$

其中

$$\alpha_1 = mD \tag{4-14}$$

$$\alpha_2 = \frac{60DFV}{hZ} \tag{4-15}$$

式中，m——比例系数，1/m；D——扩散系数，m^2/s；F——正、反向扩散的比值，$1/m^3$；V——膜的孔隙率，%；h——毛细孔的长度与膜厚的比值；Z——膜厚，m。

其中的 F 值由式(4-16) 计算：

$$F = 1 - 1.104 \left(\frac{d_m}{d_g}\right) + 2.09 \left(\frac{d_m}{d_g}\right)^3 - 0.85 \left(\frac{d_m}{d_g}\right)^5 \tag{4-16}$$

式中，d_m——分子直径，m；d_g——气孔直径，m。

分子直径 d_m 由式(4-17) 计算：

$$d_m = 1.465 \times 10^{-3} \left(\frac{M}{\rho}\right)^{\frac{1}{3}} \tag{4-17}$$

式中，M——相对分子质量；ρ——密度，kg/m^3。

(五) 有效成分由药材颗粒表面向溶液中的传质

中药材提取的最后阶段是有效成分自颗粒表面向溶液中的传质。Bennett 提出流体在平板上层流运动时传质分系数的方程如下：

$$Sh = 0.33 (Re)^{\frac{1}{2}} (Sc)^{\frac{1}{3}} \tag{4-18}$$

式中，Sh——舍伍德（Sherwood）数，$Sh = \frac{kL}{D}$（相当传热的 Nu 数）；Re——雷诺（Reynolds）数，$Re = \frac{Lu\rho}{\mu}$；Sc——施密特（Schmidt）数，$Sc = \frac{\mu}{\rho D}$（相当于传热的 Pr 数）；k——传质分系数，m/s；D——扩散系数，m^2/s；L——定性尺寸，m（此式中 L 代表流体流经的板长）；u——流体的流速，m/s；μ——流体黏度，Pa·s；ρ——流体密度，kg/m^3。

三、浸出速率的计算

(一) 浸出速率方程

中药材浸出中，单位时间传过单位面积的有效成分量称为扩散通量，以符号 N 表示。根据费克定律：

$$N = \frac{dM}{Ad\tau} = -D \frac{dc}{dz}$$

现利用上述关系式分析浸出过程在液相内有效成分的传递速率。设在扩散距离 z 之内，有效成分自 c_1 变化到 c_2，积分上式得

$$N \int_0^z dz = -D \int_{c_1}^{c_2} dc \tag{4-19}$$

$$N = \frac{D}{z}(c_1 - c_2) = k(c_1 - c_2) \tag{4-20}$$

式中，k——传质分系数，m/s，$k = D/z$。

同理，设传递过程是在多孔固体中进行，则传递速率为

$$N = \frac{D}{l}(c_2 - c_3) \tag{4-21}$$

式中，l——多孔固体中物质的扩散距离，m。

由于

$$c_1 - c_3 = N\left(\frac{1}{k} + \frac{1}{D}\right)$$

整理得

$$N = \frac{1}{\dfrac{1}{k} + \dfrac{1}{D}}(c_1 - c_3)$$

$$N = K\Delta c \tag{4-22}$$

式中，K——浸出时的总传质系数，m/s；Δc——固体中与液相主体中有效物质的浓度差，$kmol/m^3$。

若浸出过程中固体与液相主体中的有效成分浓度差不是定值，即开始浸出时的浓度差为 Δc_B，终止浸出时的浓度差为 Δc_E，则 Δc 由式（4-23）求得

$$\Delta c = \frac{\Delta c_B - \Delta c_E}{\ln \dfrac{\Delta c_B}{\Delta c_E}} \tag{4-23}$$

（二）浸出的总传质系数

中药材浸出过程的总传质系数包括：

① 内扩散系数　代表有效成分在药材颗粒内部的传质速度；
② 自由扩散系数　代表有效成分在细胞液中的传质速度；
③ 对流扩散系数　代表有效成分在流动的萃取剂中的传质速度。

中药材中有效成分浸出过程的总传质系数的形式为

$$K = \frac{1}{\dfrac{l}{D_i} + \dfrac{\delta}{D_f} + \dfrac{l}{D_c}} \tag{4-24}$$

式中，K——总传质系数，m/s；l——颗粒尺寸，m；δ——边界层厚度，m；D_i——内扩散系数，m^2/s；D_c——对流扩散系数，m^2/s；D_f——自由扩散系数，m^2/s。

其中，自由扩散系数可由式（4-25）求取：

$$D_f = \frac{k_B T}{6\pi\mu R} \tag{4-25}$$

式中，k_B——玻耳兹曼常数，$k_B = 1.38 \times 10^{-23} J/K$；$T$——热力学温度，K；$\mu$——液体黏度，$Pa \cdot s$；$R$——扩散粒子半径，m。

由于多孔物体结构中的孔隙和毛细管的影响，分子在毛细管中的运动缓慢，所以内扩散系数远小于自由扩散系数。内扩散系数与所浸药材有关，叶类药材的内扩散系数在 1×10^{-6} mm^2/s 左右，根类及根茎类内扩散系数在 1×10^{-5} mm^2/s 左右，树皮类内扩散系数在 1×10^{-4} mm^2/s 左右。表 4-1 为一些药材内扩散系数的测定值。

内扩散系数与有效成分含量、温度及流体力学条件等有关，故并不为一固定常数。此

外，内扩散系数还与浸渍时药材的膨胀、细胞组织的变化、扩散物质浓度的变化等有关。

对流扩散系数的数值大于自由扩散系数，而且其值随溶剂对流的增加而增加，湍流运动时达到最大值。带搅拌的浸取过程中，对流扩散系数很大，以致在计算时可予以忽略。这种情况下，浸取全过程的决定因素就是内扩散系数。

表 4-1　一些药材的内扩散系数

药材名称	可浸出物质	溶剂	内扩散系数/(mm²/s)
百合叶子	苷类	乙醇	0.45×10^{-6}
颠茄叶子	生物碱	水	0.90×10^{-6}
缬草根	缬草酸	乙醇	0.82×10^{-5}
甘草根	甘草酸	氨水	5.10×10^{-5}
花生仁	油脂	苯	2.40×10^{-6}
芫荽籽	油脂	苯	0.65×10^{-6}
五倍子	单宁	水	1.95×10^{-7}

第二节　浸出的方法与设备

一、浸出方法的分类

工程上通常按照物料的操作方式来分类。

药材被一次性加入浸出器后，停留一段时间后再排出的操作，称为间歇式操作；药材被连续加入浸出器并不断排出的操作，称为连续式操作。

溶剂被间歇地加入浸出器，停留一段时间后放出的操作，称为静态操作；溶剂连续地加入与放出浸出器的操作，称为动态操作。

实际操作中既有药材也有溶剂，所以共分为 3 类，即静态间歇、静态连续及动态连续。

生产中往往按照操作工况来分类：按药材在设备内的状态可分为静态、动态、移动床操作；按操作设备数量可分为单罐浸出、多级串联浸出；按溶剂种类可分为水提取、醇提取和有机溶剂提取；按溶剂和药材接触方式可分为浸渍和渗漉；按浸出操作温度可分为冷浸、温浸和沸点浸渍（煎煮及热回流提取）；按浸出操作压力可分为减压、常压和加压提取等。

在中药浸出的实际生产中，按所用溶剂进行分类的情况较多，具体归纳如下：

1. 以水为溶剂的提取

①间歇提取——静态提取、动态提取；②半连续提取——罐组串联；③连续提取。

2. 以乙醇为溶剂的提取

①间歇式提取——冷浸法、温浸法、热回流法、渗漉法；②半连续提取——罐组串联；③连续提取。

3. 有机溶剂提取

①索氏提取；②连续提取机组。

4. 水蒸气蒸馏

主要用于提取挥发油。

在植物药料的浸出过程中，会有许多因素影响到浸出工艺和设备选型，例如浸出时间、设备台数与型式、浸出的药材、溶剂量等，所以上述的分类方法还有许多变型。

二、浸渍法

浸渍法广泛应用于中草药的浸出。依据浸出的温度，可分为常温浸渍法、温浸法、煎煮及热回流提取法。

浸渍时，将粉碎至一定大小的药材投入浸渍器，加入溶剂（水、乙醇等）浸渍一定时间，将浸出液自浸渍器中放出，并尽可能从药渣中分离出浸出液；再次加入溶剂，以同样的方法浸出数次，以减少有效成分的损失，提高浸出效果。这种方法就是重浸渍法。所选用溶剂的种类及浸渍的时间应根据有效成分的种类及操作规程而定。操作中，药材的加入与出渣的劳动强度较大，应当选用机械化程度较高的新型中药提取设备，以改善操作条件。

（一）提取罐

图 4-1 所示为多功能提取罐，主要由罐体等组成。用于中药材煎煮时，首先通过加料口 3 将药材投入，再通过罐内的喷淋水管加入一定量的水。关闭加料口后即可进行煎煮，煎煮时可向夹套入口 4 通入蒸汽，也可通过罐底的进汽口向罐内通入直接蒸汽。煎煮完毕即可由罐底的出液口向外放液，并送往浓缩工段。最后打开罐底的出渣门排渣。

多功能提取罐的罐体 1 由不锈钢制造。出渣门 5 通过气缸 6 的活塞带动斜面摩擦自锁机构进行启闭。罐体较大时，内有提升破拱机构，由罐底的提升气罐 2 活塞带动。出渣时，提升破拱机构上下运动以利出渣。为防止罐内药渣的架桥现象，较大容积的罐底多采用斜锥形。

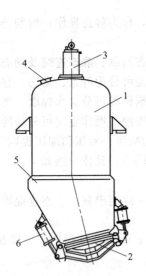

图 4-1　多功能提取罐
1—罐体；2—提升气罐；
3—加料口；4—夹套入口；
5—出渣门；6—气缸

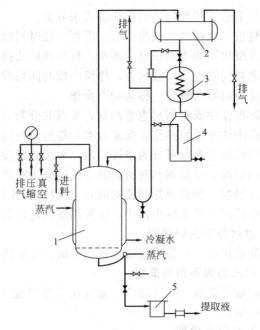

图 4-2　多功能提取罐操作流程
1—提取罐；2—冷凝器；3—冷却器；
4—油水分离器；5—过滤器

多功能提取罐如外接冷凝器、冷却器、油水分离器等，则可用于中草药的温浸、常压和加压煎煮、热回流及芳香油提取等，见图 4-2。如在过滤器后加一离心泵，将药液泵送回至提取罐，还可用于强制循环提取。

另一种提取器为翻转出渣的多功能提取锅，如图 4-3 所示。可用于中药材的煎煮、回流、提油等。

该设备利用液压通过齿条、齿轮机构使罐体倾斜125°由上口出渣。罐盖可通过液压提升或下降，可改善装料与出渣的劳动强度。罐盖封闭后，可用于加压煎煮，缩短提取时间，解决一些中药材的煮不透、提不净现象，增加提膏率。设备如与汽水分离器、冷凝器、水油分离器等组合，可完成多种用途的提取操作。该设备料口直径大，适用于中草药的块大、品种杂的特点。

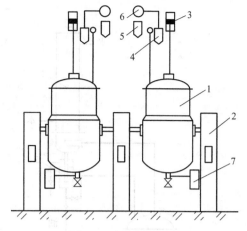

图 4-3　多功能提取锅

1—提取锅；2—支座；3—液压罐；4—汽水分离器；

5—油水分离器；6—冷凝器；7—滤渣器

（二）加压提取

中草药的提取如在压力下进行，有利于溶剂渗入植物细胞组织，可提高有效成分浸出速率。加压方式有3种：水泵加压、蒸汽加压及惰性气体加压。惰性气体加压系在提取罐内通入压缩气体，如二氧化碳等，以惰性气体加压的提取只限于惰性气体来源充足的场合，实际使用很少。

水泵加压是利用循环泵，连续自提取器底部将浸出液循环打至顶部，并利用阀门控制提取器内的压力，如0.3～0.5MPa。图4-4示出了水泵加压原理。蒸汽加压是在提取器夹套通入蒸汽或向提取器内通入直接蒸汽，调节排气口，以控制提取器内一定的压力，如0.05～0.15MPa等。图4-5表示双锥形旋转式加压式水煎锅，锅内通入直接蒸汽，可提高煎煮的操作压力。另外，水煎锅在提取过程中可以旋转，加强了固体药材和溶剂之间的相对运动，提高了提取速率。加压比常压提取用时短，加压提取时设备密闭，避免了蒸汽的外溢及跑料，还可改善操作条件及减少用水量。

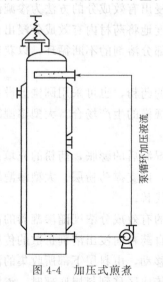

图 4-4　加压式煎煮　　　　图 4-5　双锥形旋转式加压式水煎锅

三、水蒸气蒸馏

根据水蒸气蒸馏的原理可用水蒸出中药中与其不互溶的挥发油。将中药材与水加入提油

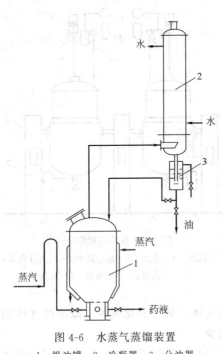

图 4-6　水蒸气蒸馏装置

1—提油罐；2—冷凝器；3—分油器

罐后，向夹套通入加热蒸汽使罐中水溶液沸腾，所产生的蒸汽中包含水蒸气及有效成分挥发油的蒸汽，此蒸汽经冷凝器冷凝，冷凝液分为水、油二相，然后经油水分离器将油分出，即得所需的有效成分。水相通常回流入罐，以继续带出油分。

开始时可以同时加入直接蒸汽与间接蒸汽以加速升温。操作中，应关闭直接蒸汽并调节好间接蒸汽的压力，以掌握罐内液体量。

水蒸气蒸馏装置一般包括提油罐、冷凝器及分油器等，如图 4-6 所示。提油罐结构与前述的煎煮罐相似，但为防止有效成分的损失，故罐体的严密性要求较高。提油罐内的物料置于筛板上方，筛板下方装有直接蒸汽的进口管。蒸汽在进罐前应经过一个倒 U 形的液封管，其最高点应高于罐内液面，以防蒸汽压力波动时料液倒灌的损失。

小型提油罐出渣口可开在靠近筛板上方的罐壁，出渣口下缘应与筛板的上缘相平，以利完全出渣。冷凝器多采用列管式。图中为立式列管冷凝器，蒸汽自下方进入，冷凝后，冷凝液即直接进入分油器静置分层。分油器中，如水相密度较大，则可连续自分油器底部返回提油罐，油相则自分油器放油管集中放出。

四、渗漉法

将药粉置于渗漉器内并连续地由上部加入溶剂以浸出有效成分的方法为渗漉法。与强制循环浸渍不同，渗漉法所用的是新鲜溶剂，可最大限度地将药材内有效成分浸出。而强制循环浸渍法操作开始时使用新鲜溶剂，而后的操作是这部分溶剂的不断循环，以获得更高浓度的浸出液。

渗漉罐一般为圆筒形设备，对湿润后膨胀性较大的药粉，也可采用圆锥形设备。因圆锥体过大时，浸出不易均匀，故圆锥形设备多用于较小规模的生产场合。大型渗漉罐仍多为圆筒形，其圆筒体的长度与直径之比一般为 2～3。

药粉装填后，其上部需留有充分的空间以备药粉湿润后的膨胀，药粉的充填系数一般为 70%左右。圆筒体的底部常装有筛板、筛网或滤布等，以支撑药粉层。大型渗漉罐多以不锈钢制造，小型的可利用非金属材料制造或用某些设备代替。

渗漉法属于动态间歇操作，固相内液体与溶剂中的有效成分浓度随渗漉器的高度和时间而变化。浸出溶剂由上部连续加入料层后，有效成分自药粉向浸出溶剂扩散的传质区域最初位于料层的上部，随着渗漉的进行，传质区不断向下移动，由料层下部所收集的渗漉液在传质区到达料层底部前浓度较高并且一直保持稳定。待传质区移到料层底部时，渗漉液的浓度开始明显下降，渗漉亦将结束。

图 4-7 所示为一小型渗漉罐，将药粉加入渗漉罐，自渗漉罐上部加入一定量的浸出溶剂，浸渍一定时间后，即可进行正常的渗漉操作。应在罐的侧壁加液面计以利观察罐内的液面。

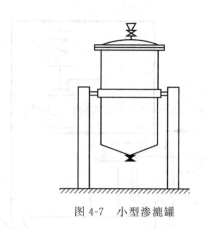

图 4-7　小型渗漉罐

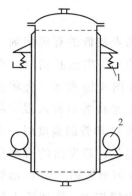

图 4-8　振动式渗漉罐
1—弹簧；2—振动器

渗漉完毕，可将罐倾转，从罐口出渣。对大型渗漉罐的出渣，可在罐的底部或侧壁加出渣口。

为提高渗漉操作的速度，可采用振动式渗漉罐或在罐侧加超声波以强化渗漉的传质过程。图 4-8 所示为一振动式渗漉罐。罐体以支脚支撑于罐周的弹簧之上，罐的下部固定有振动器，罐中的物料在振动器的作用下，加强了固液间的相对运动，可大大改善渗漉操作的效果。

渗漉操作的周期较长，为得到较浓的漉出液，可采用多级逆流渗漉罐组的操作，如图 4-9 所示。原料顺序装满 A～E 号渗漉罐，溶剂由泵从溶剂罐送至 A 号罐，出 A 号罐后经加热器顺序流入后面几个罐，漉出液由 D 号罐下口流出。当 A 号罐内药材中的有效成分全部漉出后，用压缩空气将罐内液体全部顶空，即可进行卸渣、装新料操作。此时，来自溶剂罐的新鲜溶剂注入 B 号罐，最后经 E 号罐排出漉出液。待 B 号罐漉完，再由 C 号罐注入新溶剂，而改由 A 号罐排出漉出液。依此类推。

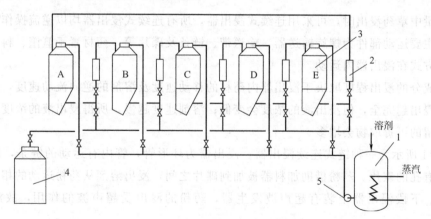

图 4-9　多级逆流渗漉罐组
1—溶剂罐；2—加热罐；3—渗漉罐；4—储液罐；5—水泵

多级逆流渗漉罐组一般由 5～10 个渗漉罐组成。在整个操作过程中，始终有一个渗漉罐进行卸渣和装料。漉出液是从最新加入的药粉罐中流出，而新鲜溶剂则被加入到渗漉尾端的渗漉罐中。多级逆流渗漉操作可得到较浓的漉出液，药粉中有效成分的浸出也较为彻底。由于渗漉液浓度高、液量少，可节省后期蒸发操作时的蒸汽和冷却水消耗量，降低生产成本。与单罐法相比，多级逆流操作的浸出效果更好，可进一步提升出膏率。

五、索氏提取

当中药材用沸点较低的有机溶剂（如乙醚、石油醚、醇等）浸出或脱脂时，常采用索氏提取装置，如图4-10所示。先将药材装入浸出罐，再自贮槽将溶剂放入浸出罐。当罐内液面上升至倒U形管的高度时，液体即流入蒸发罐进行蒸发。蒸发出的溶剂蒸剂经冷凝器冷凝后，又回至贮槽。倒U形管上端有一连通管与浸出罐相连，连通管上的阀门开启时，浸出罐内可维持一定的液面，由贮槽加入的液体浸出后经倒U形管入蒸发器，此操作与前述的渗漉相同。若连通管上的阀门关闭，当浸出罐内液面高于倒U形管的高度时，由于虹吸作用，浸出罐内的液体可全部流入蒸发罐，完成了一次浸渍。后面的操作与前述相同，可完成多次提取。

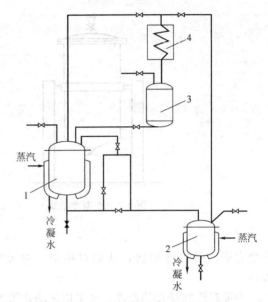

图 4-10　索式提取装置
1—浸出罐；2—蒸发器；3—贮槽；4—冷凝器

药材中有效成分全部浸尽后，浸出罐内的剩余液体可由水平管放入蒸发罐；而药渣中残留的溶剂可由夹套蒸汽加热蒸出，蒸汽经冷凝器冷凝后回到贮槽，依此实现回收。

六、连续逆流浸出器

在大量中草药浸出时，可采用连续式浸出器，所有连续式浸出器均以逆流操作。大多数浸出器的主要运动部件为螺旋输送器、输送带、链条及碟片等，药材置于篮筐、料斗并以碟片拖动的方式在浸出器内运动。

有效成分的浸出程度取决于浸出器内药材的移动速度及溶剂的逆向流动速度，药材速度越慢，则浸出越完全，但浸出液的浓度会变低；溶剂速度越慢，所得浸出液的浓度越高，但药渣中残留的可提取物会增多。

图4-11所示为一种链式连续浸出器。浸出器为环形管，管内有运动的链条，链条上固定有许多有孔的碟片。药粉借助加料器被加到碟片之间，浸出溶剂从药粉运动的相反方向加入浸出器。下段浸出器上装有超声波发生器，药粉的浸出受超声波的作用，故浸出速率较快。

图4-12所示为一种螺旋推进式浸出器，操作以动态连续的方式进行。浸出器由3根管子组成，每根管按需要可设蒸汽夹套。药材自加料斗加入进料管，由各螺旋推进器推向出料口。浸出溶剂逆向加入，将药材中有效成分浸出后由出口处排出，药渣被螺旋输送器推出管外。

为防止各螺旋输送器间发生堵塞，螺旋输送器间的衔接处应采用不同结构，以适应各种药材的性质。

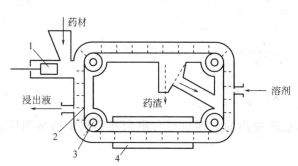

图 4-11　链式连续浸出器
1—加料器；2—链条；3—链轮；4—超声波发生器

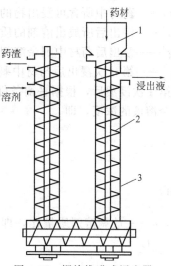

图 4-12　螺旋推进式浸出器
1—料斗；2—螺旋推进器；3—筒体

平转式连续浸出器如图 4-13 所示。在一圆柱形容器内有一间隔 18 个扇形格的水平圆盘，每个扇形格装有有孔活底，中药材在容器上部的一个固定位置加入，当圆盘回转近一周后，扇形格的活底开启，物料卸到器底的出渣器上排出。新鲜的浸出溶剂由卸料处邻近扇形格的上部喷洒，浸出液由下部收集，在与物料回转相反的方向用泵将浸出液打在邻格内的物料上，如此反复逆流浸出，最后可收集浓度很高的浸出液。

平转式连续浸出器结构较简单，且占地较少，适用于大量中药材的提取。

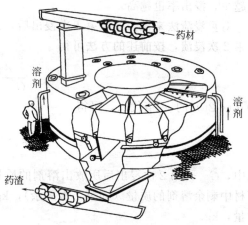

图 4-13　平转式连续浸出器

第三节　浸出过程计算

药材浸出过程中，把溶剂加入药材并浸渍一段时间后，液相可浸出物质的浓度将逐渐增加，一直到单位时间内物质自药材扩散到浸出液中的量与自浸出液扩散到药材中的量相平衡为止，此时的系统达到了平衡状态；药材内部剩余液的浓度与药材外部浸出液的浓度相同，这个浓度称为平衡浓度；此刻的系统符合平衡条件，即总溶液、放出液、剩余液，这三者的浓度相等。平衡状态下，有效物质的浸出率与所倾出的浸出液量和药材中含有的浸出液量之比有关。

系统达到平衡状态所用的时间称为平衡周期，如浸出时间少于平衡周期，则药材内部液体浓度与浸出液的浓度并不相等，即系统并未达到平衡状态。

一、平衡状态下的浸出计算

（一）浸渍法

1. 计算方法一

对一次浸渍的系统，设：

G——药材中所含可浸出物的质量，kg；

G'——浸出后所放出溶剂的质量，kg；

g'——浸出后药材中剩余溶剂的质量（与药材性质有关），kg；

g_n——第 n 次浸出后药材中剩余可浸出物的质量，kg。

第 1 次浸渍后，根据平衡条件，系统达到平衡状态时，总溶液的浓度应等于浸渍药材内部剩余溶液的浓度，即

$$\frac{G}{G'+g'}=\frac{g_1}{g'}$$

整理得
$$g_1=\frac{G}{\alpha+1} \tag{4-26}$$

式中，α——放剩溶剂质量比，即浸出后所放出的溶剂质量与剩余在药材中的溶剂质量之比，$\alpha=\dfrac{G'}{g'}$。

由式(4-26)可见，对于一定量的浸出溶剂，α 值越大，浸出后剩余在药材中的可浸出物越少，浸出率也越高。

对重浸渍法来说，完成第 1 次浸出后，须加入与所分出浸出液中质量相同的新鲜溶剂进行第 2 次浸渍，按前述的方法可得

$$\frac{g_1}{G'+g'}=\frac{g_2}{g'}$$

将式(4-26)的 g_1 值代入，可得

$$g_2=\frac{G}{(\alpha+1)^2} \tag{4-27}$$

式中，G——第 2 次浸出后所放出溶剂的质量（同第 1 次放出），kg；g'——第 2 次浸出后药材中剩余溶剂的质量（同第 1 次剩余），kg；g_2——第 2 次浸出后药材中剩余可浸出物的质量，kg。

依此类推，可得在第 n 次浸出后，剩余在药材中的可浸出物的质量为

$$g_n=\frac{G}{(\alpha+1)^n} \tag{4-28}$$

讨论：由"g_n 越小浸渍效果越好"，展开分析如下：

① 当 α 不变时，n 值越大，浸渍效果越好。

但 n 增加 1 次，对平衡浸渍来说，操作时间就会增加一个周期，对生产企业而言，所有与时间有关的成本，诸如人工、折旧、管理费等都会增加；另外，n 增加 1 次，溶液处理量也会增加近 1 罐，厂房占地面积、装储设备及后处理能耗费等也都会增加。

② 如 n 保持不变，则 G'/g' 越大，浸渍效果越好。

但 G' 增加，浸出设备必须增大，溶液后处理费、设备费及设备占地面积等都会增加。

如 G' 不变，而使 g' 减少，即在每次浸渍后，对药材进行压榨，将其中部分剩余溶剂挤出。就能在只增加人工费的前提下，提高浸渍效果。必须要说的是，压榨会提升工人的劳动强度，而在采用有机溶剂提取中，还须增加防护措施，以免出现工伤事故。

实际生产中，要从综合效益的角度看问题。对提取操作而言，片面追求提升浸渍效果是不可取的，当提升效果所需的花费高于由提升效果产生的效益时，就会出现亏损。从这个角度上看，"收率高的工艺不一定是好工艺"。

【例 4-1】 现有含可浸出物质 25％的药材 100kg，浸出溶剂质量与药材质量之比为 5：1，求浸渍 1 次、2 次和 5 次后药材中所剩余的可浸出物质量及 5 次浸渍的总浸出率。

设：药材中所剩余的溶剂质量等于其本身的质量。

解： 按题意：药材中所含可浸出物质总质量 $G=25kg$；药材中所剩余的溶剂质量 $g'=100kg$；浸渍 1 次后所放出的溶剂质量 $G'=500-100=400kg$。由此

$$\alpha=\frac{G'}{g'}=\frac{400}{100}=4$$

第 1 次浸渍后药材中所剩余的可浸出物质量 g_1 为

$$g_1=\frac{25}{4+1}=5kg$$

第 2 次浸渍后药材中所剩余的可浸出物质量 g_2 为

$$g_2=\frac{25}{(4+1)^2}=1kg$$

同理，第 5 次后所剩余可浸出物质量为

$$g_5=\frac{25}{(4+1)^5}=0.008kg$$

由此可知，浸渍 5 次后对可浸出物质的浸出率为

$$\frac{25-0.008}{25}=99.97\%$$

2. 计算方法二

浸出率是量化浸渍效果的参数，以 E 表示，代表浸渍后的倾出液中所含浸出物的质量与原药材中所含的可浸出物质质量之比。如浸渍后药材中剩余的溶剂量为 1 份，所加的总溶剂量为 M 份，则放出的溶剂量为 $M-1$ 份。

在平衡条件下总浓度等于放出液浓度，浸渍 1 次的浸出率为

$$E_1=\frac{(M-1)\times剩余溶剂质量\times放出液浓度}{M\times剩余溶剂质量\times放出液浓度}$$

整理得
$$E_1=\frac{M-1}{M} \tag{4-29}$$

由图 4-14 可见，M 值在 2～6 之间是浸出率变化最大的区间，如再增加溶剂质量，浸出率增加缓慢。浸出率的极限为 1。

由浸出率的定义可知，$1-E$ 为浸渍后药材中所剩余可浸出物质的分率，被称为浸余率。如再对药材浸渍 1 次，则第 2 次浸渍所得倾出液中可浸出物质的浸出率 E_2 为

$$E_2=\frac{M-1}{M}\times(1-E_1) \tag{4-30}$$

将式(4-29)的 E_1 代入，可得

$$E_2=\frac{M-1}{M^2} \tag{4-31}$$

同理可得第 n 次浸渍的浸出率为

$$E_n=\frac{M-1}{M^n} \tag{4-32}$$

而浸渍 2 次后，可浸出物质的总浸出率 E 为

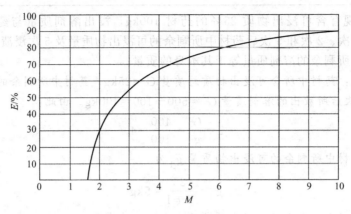

图 4-14　浸出率曲线

$$E=E_1+E_2=\frac{M^2-1}{M^2} \qquad (4\text{-}33)$$

同理，如经 n 次浸渍，可浸出物质的总浸出率为

$$E=\frac{M^n-1}{M^n} \qquad (4\text{-}34)$$

式中，n——浸出次数；M——剩余溶剂为 1 份时，首次浸出加入溶剂的份数（或称总剩比），由比较可知：$M=\alpha+1$。

当式 (4-34) 中 $n=1$ 时，同式 (4-29)，即为单次浸渍。

由式 (4-32) 可见，每一次浸渍的单次浸出率与浸渍次数 n 成反比关系。合理的重浸渍次数是 4~5 次，因为若继续增加浸渍次数，则单次浸出率过低，经济上不合理。若浸渍溶剂用量较多，第 1 次浸出率较高，此时重浸渍的次数可减少到 3~4 次。如 $M=4$ 时，第 5 次的单次浸出率等于 $\dfrac{4-1}{4^5}=0.29\%$，即只能从有效物质总量中提出 0.29%。

表 4-2 列出 M 为 1.2~10、n 为 1~4 时单次浸出率 E_n 的计算值。表内的数值如图 4-15 所示，可由图 4-15 查出浸渍次数 n 或浸出率 E_n。

由式 (4-34) 可见，当 $M\to\infty$ 时总浸出率 E 趋于 1。表 4-3 列出不同的 M 及 n 值下的总浸出率 E 的值。表内的数值如图 4-16 所示。由图可见，在 $M<2$ 的区域曲线陡峭，说明浸出溶剂量的少许变化对总浸出率影响较大。为提高总浸出率设法减少药渣中所含浸出溶剂量是必要的，例如可采用压榨或离心法等。

表 4-2　单次浸出率 E_n

M	E_n			
	$n=1$	$n=2$	$n=3$	$n=4$
1.2	0.167	0.139	0.115	0.096
1.5	0.333	0.222	0.148	0.099
2.0	0.500	0.250	0.125	0.082
3.0	0.666	0.222	0.074	0.025
4.0	0.750	0.187	0.047	0.012
5.0	0.800	0.160	0.032	0.006
6.0	0.833	0.139	0.023	0.004
7.0	0.857	0.123	0.017	0.003
8.0	0.875	0.109	0.014	0.002
9.0	0.889	0.099	0.011	0.001
10.0	0.900	0.090	0.008	0.001

表 4-3　总浸出率 E

M	E			
	$n=1$	$n=2$	$n=3$	$n=4$
1.25	0.200	0.359	0.487	0.590
1.50	0.333	0.555	0.704	0.808
2.00	0.500	0.750	0.875	0.917
3.00	0.666	0.889	0.963	0.987
4.00	0.750	0.937	0.984	0.996
5.00	0.800	0.960	0.992	0.998
6.00	0.833	0.972	0.995	0.999
7.00	0.857	0.979	0.997	1.000
8.00	0.875	0.984	0.998	1.000
9.00	0.889	0.987	0.999	1.000
10.00	0.900	0.990	0.999	1.000

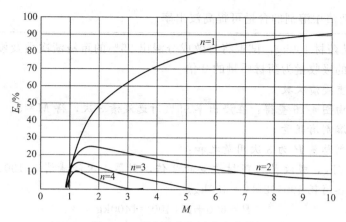

图 4-15　单次浸出率浸出率曲线

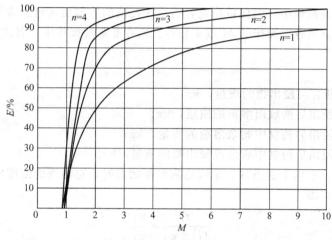

图 4-16　总浸出率曲线

【例 4-2】　某药材可浸出物中含质量分数分别为 30% 的无效成分和 10% 的有效成分，浸出溶剂质量为药材质量的 10 倍，药材对溶剂的吸收量为药材质量的 2 倍。求 250kg 药材单次浸渍所得无效成分及有效成分的质量。若压榨药渣，使其所含溶剂质量降为药材质量的 1.2 倍，求可浸出物的浸出率。

解： (1) 所得无效成分及有效成分质量

a. 求可浸出物的浸出率

令药材质量为 1，则溶剂的总剩比为 $M = 10 : 2 = 5$，则浸出率为

$$E = \frac{M-1}{M} = \frac{5-1}{5} = 80\%$$

即无效成分浸出率：$30\% \times 80\% = 24\%$；有效成分浸出率：$10\% \times 80\% = 8\%$。

b. 求 250kg 药材中所得无效成分及有效成分质量

可浸出无效成分 $250 \times 24\% = 60$kg；有效成分 $250 \times 8\% = 20$kg。

(2) 求压榨后可浸出物的浸出率

若药渣经压榨后含溶剂质量降为 1.2，$M = 10 : 1.2 = 8.3$，则浸出率为

$$E = \frac{8.3-1}{8.3} = 88\%$$

可见，降低药渣中溶剂的含量可提高浸出率。

【例 4-3】 某药材 100kg，试求将有效成分浸出 95% 的重浸渍次数及浸出溶剂消耗量。已知药材对溶剂的吸收量为药材质量的 2 倍。

解：（1）求重浸渍次数

利用图解，由图 4-16 查得：在浸出率 95% 时选浸渍 3 次，得 $M = 3$。

（2）求浸出溶剂消耗量

因所消耗溶剂总量 P 为 3 次用量之和：

已知药材 100kg，吸收量为药材质量的 2 倍，则第 1 次浸渍消耗 $100 \times 2 \times 3 = 600$kg；第 2 次及第 3 次各消耗 $100 \times 2 \times 2 = 400$kg。

$$P = 600 + 2 \times 400 = 1400 \text{kg}$$

---

3. 计算方法三

在重浸渍的常规操作中，为保持稳定，后一次浸渍的溶剂加入量通常等于前一次浸渍的放出溶剂量，其特点是各次操作的 M 或 α 相等。而在非常规操作中，各次浸渍操作的 M 或 α 并不相等。

此时设：

G——药材中所含可浸出物的质量，kg；

G'_n——第 n 次浸出后所放出溶剂的质量，kg；

g'_n——第 n 次浸出后药材中剩余溶剂的质量，kg；

g_n——第 n 次浸出后药材中剩余可浸出物的质量，kg。

第 1 次浸渍后，根据平衡条件，系统达到平衡状态时，总溶液的浓度应等于浸渍药材内部剩余溶液的浓度，即

$$\frac{G}{G'_1 + g'_1} = \frac{g_1}{g'_1}$$

整理得：

$$g_1 = \frac{G}{\alpha_1 + 1} \tag{4-35}$$

式中，α_1——第 1 次浸渍的放剩溶剂质量比，$\alpha_1 = \dfrac{G'_1}{g'_1}$。

同理对第 2 次浸渍有

$$\frac{g_1}{G'_2 + g'_2} = \frac{g_2}{g'_2}$$

式中，G'_2——第 2 次浸出后所放出溶剂的质量，kg；g'_2——第 2 次浸出后药材中剩余溶剂的质量，kg。

整理得

$$g_2 = \frac{g_1}{\alpha_2 + 1} \tag{4-36}$$

将式（4-35）的 g_1 值代入，可得

$$g_2 = \frac{G}{(\alpha_1 + 1)(\alpha_2 + 1)}$$
$$M = \alpha + 1$$

整理得

$$g_2 = \frac{G}{M_1 M_2} \tag{4-37}$$

式中，g_2——第 2 次浸出后药材中剩余可浸出物的质量，kg。

依此类推，可得在第 n 次浸出后，药材中剩余可浸出物的质量为

$$g_n = \frac{G}{M_1 M_2 \cdots M_n} \tag{4-38}$$

比较式 (4-34) 得

$$E = \frac{M_1 M_2 \cdots M_n - 1}{M_1 M_2 \cdots M_n} \tag{4-39}$$

当各 M 相同时有：

$$E = \frac{M_1 M_2 \cdots M_n - 1}{M_1 M_2 \cdots M_n} = \frac{M^n - 1}{M^n}$$

说明对重浸渍来说，常规操作是非常规操作的特殊形式。

【例 4-4】 已知某 3 次平衡重浸渍，药材 100kg，有用成分含量 30％。浸渍后药材中剩余的溶剂质量为药材质量的 1.5 倍。放出溶剂质量为剩余溶剂质量的 1.5 倍。求：

① 浸出后药渣中有用成分质量（kg）及总浸出率，并求出溶剂使用质量（kg）。

② 采用压榨，药材中剩余的溶剂质量为药材质量的 0.8 倍。如每次溶剂用量与①中各次相同，求此时的总浸出率。

解 ① a. 根据 $g_n = G/(\alpha + 1)^n$，其中 $n = 3$，$G = 100 \times 30\% = 30$kg，$\alpha = 1.5$，代入得

$$g_n = 30/(1.5 + 1)^3 = 1.92 \text{kg}$$

b. 又根据 $E = 1 - \dfrac{g_n}{G}$，其中 $g_n = 1.92$kg，$G = 30$kg，代入得

$$E = 1 - 1.92/30 = 0.936$$

c. 溶剂用量：第 1 次为 Mg'，后两次均为 $\alpha g'$，其中 $M = \alpha + 1$，$\alpha = 1.5$，$g' = 100 \times 1.5 = 150$kg，代入得

$$W = 2.5 \times 150 + 1.5 \times 150 + 1.5 \times 150 = 375 + 225 + 225 = 825 \text{kg}.$$

② 按题意，每次溶剂用量与①中各次相同，而剩余的溶剂质量为药材质量的 0.8 倍。

即：第 1 次加入 375kg；第 2 次加入 225kg；第 3 次加入 225kg。分析如图 4-17 所示。计算得

$$M_1 = 375/80 = 4.688$$
$$M_2 = (225 + 80)/80 = 3.813$$
$$M_3 = M_2$$

即该操作属非常规操作。

根据式 (4-39) $E = \dfrac{M_1 M_2 M_3 - 1}{M_1 M_2 M_3}$，代入得

$$E = \frac{4.688 \times 3.813^2 - 1}{4.688 \times 3.813^2} = 0.985$$

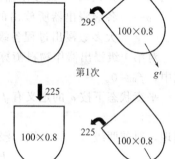
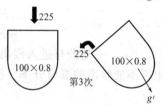

图 4-17　[例 4-4] 附图

结论：采用压榨后，在溶剂后处理量相同的情况下，浸出率从 0.963 上升至 0.985，提高了 2.28％。

（二）多级逆流浸出

多级逆流浸出流程如图 4-18 所示。

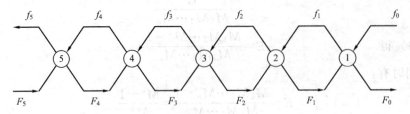

图 4-18　多级逆流浸出流程

f_0——加到第 1 级浸出器的溶剂中所含溶质质量，kg（对新鲜溶剂 $f=0$）；

F_0——从第 1 级浸出器放出的药渣内溶剂中所含溶质质量，kg；

f_N——第 N 级浸出器浸后溶剂中所含溶质质量，kg；

F_N——进入第 N 级浸出器的固体内溶剂中所含溶质质量，kg；

α——各级浸出器所放出的溶剂质量与药材中所含溶剂质量之比（假定各级 α 相等。大多数浸出过程各级浸出器的溶剂比相同，但新加入药材的浸出器会有例外）。

对第 1 级浸出器作物料衡算：　　　$F_1 + f_0 = F_0 + f_1$

式中，$f_0 = 0$。

平衡状态下按 α 的定义有 $f_N = \alpha F_{N-1}$，代入上式得

$$F_1 = F_0 + \alpha F_0 = F_0(\alpha + 1)$$

同理，对前两级（一、二级）浸出器作物料衡算可得

$$F_2 = \alpha F_1 + F_0 = F_0(\alpha^2 + \alpha + 1)$$

依此类推，可得下列关系

$$F_5 = F_0(\alpha^5 + \alpha^4 + \alpha^3 + \alpha^2 + \alpha + 1)$$

或　　　　　　　　$F_N = F_0(\alpha^N + \alpha^{N-1} + \cdots + \alpha + 1)$　　　　　　　　(4-40)

式中，F_N——随药材进入浸出系统的溶质质量；F_0——随药材离开系统的溶质质量，则药材中所不能倾出的溶质分率（浸余率）为

$$\frac{F_0}{F_N} = \frac{1}{\alpha^N + \alpha^{N-1} + \cdots + \alpha + 1} \qquad (4-41)$$

将浸出率与浸余率的关系 $E = 1 - \dfrac{F_0}{F_N}$ 代入式（4-41）得

$$E = \frac{\alpha^N + \alpha^{N-1} + \cdots + \alpha}{\alpha^N + \alpha^{N-1} + \cdots + \alpha + 1} \qquad (4-42)$$

式中，α——倾出的溶剂质量和留在药材内的溶剂质量之比，$\alpha = M - 1$；N——操作中的浸出器级数；E——浸出率。

为计算方便，利用等比级数前 N 项代数和的公式可将式（4-42）改写为

$$E = \frac{\alpha^{N+1} - \alpha}{\alpha^{N+1} - 1} \qquad (4-43)$$

当 $N = 1$ 时，由式（4-43）可得

$$E = \frac{\alpha}{1 + \alpha}$$

若以 $\alpha = M - 1$ 代入，即得 $E = \dfrac{M-1}{M}$ 的浸渍公式。

如将 N 为 $1\sim5$，M 为 $1.2\sim10$ 代入式(4-43) 可得浸出率值如表 4-4 所示。

表 4-4　多级逆流浸出的浸出率

α	M	E				
		$N=1$	$N=2$	$N=3$	$N=4$	$N=5$
0.2	1.2	0.1666	0.1935	0.1987	0.1991	0.1996
0.5	1.5	0.3333	0.4286	0.4613	0.4837	0.4919
1.0	2.0	0.5000	0.6667	0.7500	0.8000	0.8333
2.0	3.0	0.6667	0.8571	0.9300	0.9677	0.9842
3.0	4.0	0.7500	0.9231	0.9750	0.9917	0.9973
4.0	5.0	0.8000	0.9524	0.9882	0.9971	0.9993
5.0	6.0	0.8333	0.9677	0.9936	0.9987	0.9997
6.0	7.0	0.8571	0.9767	0.9961	0.9994	—
7.0	8.0	0.8750	0.9824	0.9975	0.9996	—
8.0	9.0	0.8889	0.9863	0.9983	0.9998	—
9.0	10.0	0.9000	0.9890	0.9988	0.9999	—

　　利用表 4-4 可绘制图 4-19。由图可见，α 值从 $0\sim2$ 是逆流多级浸出中浸出率变化较大的区间，再继续增大 α 值，在浸出级数较多的情况下，浸出率增加缓慢。

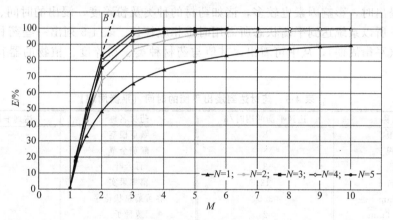

图 4-19　多级逆流浸出的浸出率

　　在 $\alpha<1$ 的区域内，增加浸出级数时，浸出率的增加有一个极限，当 $N\to\infty$ 时，浸出率 $\to100\%$。利用式(4-42) 可证，当 $\alpha=1$ 时其极限为

$$\lim_{N\to\infty}E=\lim_{N\to\infty}\frac{1^1+1^2+1^3+\cdots+1^N}{1+1^1+1^2+\cdots+1^N}=\lim_{N\to\infty}\frac{N}{N+1}=1$$

　　此外，由表 4-4 也可见到这种关系。

　　例如 $\alpha=0.2$ 时，$\lim E=0.2$；$\alpha=0.5$ 时，$\lim E=0.5$ 等。当 $M<2$（$\alpha<1$），增加级数时的浸出率极限如图 4-19 中直线 AB 所示。

　　由上述可知，在实际生产情况下若采用 $\alpha<1$ 时，将药材中有效成分完全浸出是不可能的。例如 $\alpha=1$ 时，在浸出级数 $N=4$ 时浸出率为 $80\%\sim85\%$ 左右；在浸出级数 $N=5$ 时，浸出率为 $83\%\sim88\%$ 左右；而欲达到 95% 的浸出率却需要 $10\sim15$ 级浸出，可见采用较小的 α 值时提高浸出率是很困难的。实际生产中，为保证逆流多级浸出的浸出率，所采用 α 值通常大于 1.5。

【例 4-5】 已知浸出器共 7 级，所用溶剂量是每个浸出器中中药材质量的 4 倍，药材吸收溶剂量是其本身质量的 2 倍。试计算多级逆流浸出器的浸出率。

若 $\alpha = 1.5$，浸出率如 7 级罐组所求，试确定实际所需设备最少台数。

解：（1）由题意知 $M = \dfrac{4}{2} = 2$ 或 $\alpha = M - 1 = 1$。代入式（4-42）中得

$$E = \frac{1^1 + 1^2 + 1^3 + 1^4 + 1^5 + 1^6 + 1^7}{1 + 1^1 + 1^2 + 1^3 + 1^4 + 1^5 + 1^6 + 1^7} = \frac{7}{8} = 0.875$$

（2）根据式（4-43），依题意，其中 $\alpha = 1.5$，$E = 0.875$，代入得

$$0.875 = \frac{1.5^{N+1} - 1.5}{1.5^{N+1} - 1} \quad 或 \quad 0.125 = \frac{0.5}{1.5^{N+1} - 1}$$

解得

$$(N+1)\ln 1.5 = \ln\left(\frac{0.5}{0.125} + 1\right)$$

整理并圆整得 $\qquad\qquad N = 3$

代入式（4-43）校正得，$N = 3$ 时，$\qquad E = 0.877$

结论：实际最少台数应为 $N + 1$ 台，即为 4 台。

二、非平衡浸渍——浸渍动力学问题

中药材浸出时，影响因素也较多，诸如药材的种类及粉碎度，浸出的时间、温度及流体力学条件等。所以系统达到平衡状态所需用时也相应较长。表 4-5 列出一些药材达到浸出平衡时的时间（平衡周期），从中可看出，其值与药材种类、粉碎度、植物的器官组织等因素有关。

表 4-5 药材达到浸出平衡的时间（平衡周期）

药材名称	达到平衡的用时/h	药材名称	达到平衡的用时/h
蜀葵根	8	缬草根茎	6
前胡根	8	颠茄全草	3
颠茄根	8	百合叶	5
干草根 2mm	12	罂粟果实	3
干草根 1mm	3.5	春黄菊总状花序	5
干草根 0.5mm	2	葱种子	6

药材浸出时，可浸出物质不断向溶剂中扩散，浸出液中的浓度逐渐增高，直到平衡时为止。若浸渍过程在浸出液未达平衡浓度时停止，这种浸渍称为非平衡状态的浸渍。非平衡浸渍的浸出液浓度低于平衡状态的浸出液浓度，且与浸渍时间有关。

（一）浸出曲线

将粉碎至一定程度的中药材进行浸渍时发现：药材中可浸出物质的浸出过程包括快速阶段和慢速阶段。经过粉碎的药材结构被破坏，部分细胞暴露于溶剂之中。浸出时，这部分细胞中的可浸出物质较易被溶剂浸出，快速浸出阶段就此形成。而对未破坏细胞的浸出则形成了慢速扩散阶段。快速与慢速两者数值相差数倍。

快速阶段取决于源自破坏细胞的自由扩散，其浸出率决定于自由扩散的物质量。倘若可浸出物质在植物组织中均匀分布，快速阶段可浸出物质量占全部可浸出物的质量分率大体上能说明细胞被破坏的程度。慢速阶段的浸出取决于可浸出物质在植物组织内部的传质系数。如以 q_0 代表药材中可浸出物质的初始含量，q_τ 代表经过时间 τ 浸出后药材中可浸出物质的

含量，药材的浸出曲线如图 4-20 所示。

浸出曲线以两种方式表示，第 1 种是可浸出物质在药材中剩余率 $\dfrac{q_\tau}{q_0}$ 对时间 τ 的曲线，第 2 种是药材浸出率 $E=\dfrac{q_0-q_\tau}{q_0}$ 对时间 τ 的曲线。

由图 4-20 可见，浸出曲线可分为两个区域，即 I 区和 II 区。区域 I 是浸出开始时的快速浸出阶段，区域 II 产生于可浸出物质在药材中的扩散以及溶剂对药材的湿润和对细胞的穿透。快速阶段从药材中所浸出的可浸出物质量 $\dfrac{q_0-q_{\tau_C}}{q_0}$ 被称为洗脱率，如图 4-20 中 C 所示。如将 II 区的曲线延长，与纵轴分别交于 A、B 两点，则直线 AA' 和

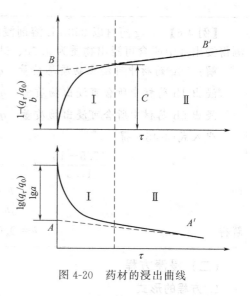

图 4-20　药材的浸出曲线

BB' 分别表示细胞未被破坏的那部分药材的浸出过程。由图 4-20 可见，这两条直线的方程可分别写为

$$AA':\qquad \lg\dfrac{q_\tau}{q_0}=\lg a-k'\tau \qquad\qquad (4\text{-}44)$$

$$BB':\qquad \dfrac{q_0-q_\tau}{q_0}=k\tau+b \qquad\qquad (4\text{-}45)$$

式中，q_0——可浸出物质在药材中初始质量，kg；q_τ——经浸出 τ 时间后药材中剩余可浸出物质的质量，kg；b——洗脱系数，$b=1-a$。

其中洗脱系数 b 为直线 BB' 在纵轴上的截距。洗脱系数是对浸出过程所规定的参数。如药材细胞破坏很少，则浸出操作主要由可浸出物质在植物组织内的扩散速度所决定，过程极其缓慢；反之，若细胞破坏很多，则浸出操作的洗脱系数很高，过程进行很快。由此可知，药材被粉碎后导致细胞的破坏，使得洗脱系数增大，区域 II 起始点上移。洗脱系数 b 及洗脱率 C 均是药材非平衡浸渍的主要性质之一，说明了快速浸出阶段所能浸出的物质量及粉碎后药材的被破坏细胞数。洗脱系数 b 与溶剂量有关，而表现为进入倾出液的洗脱率 C。洗脱率 C 和洗脱系数 b 的关系可利用下式计算：

$$b=C\dfrac{V_c}{V_c+V_y} \qquad\qquad (4\text{-}46)$$

式中，V_y——药材间所含的溶剂体积，m^3；V_c——倾出的溶剂体积，m^3。

式(4-46) 中的 V_y 指倾出后药材颗粒外部所含的溶剂体积（不包括药材组织内部的溶剂）。其测定方法举例如下：称取已知含量药材 50g，加入 200mL 溶剂浸渍至平衡状态，然后倾出浸出液并测其含量。再取 50mL 溶剂加入药渣，在搅拌下将其洗脱 3 次，对洗脱溶剂内的可浸出物质量也进行测定，并依此计算药材间剩余的溶剂体积 V_y：

$$V_y=\dfrac{\text{洗脱剂内可浸出物质质量}}{\text{倾出液中可浸出物质浓度}}$$

由上述公式可知，中药材粉碎度的增加虽然大大增加了快速阶段的浸出速率，但也使无效或有害成分的浸出量增大，对以后的操作带来很大困难。所以，药材的粉碎度应视药材的种类及其中各种成分的含量而定。

【例 4-6】 50g 药材以 250mL 溶剂浸出 5h。药材中所含可浸出物质为 35%。在 1h 时测得浸出液中所含可浸出物质为 4.5g、5h 时为 6.2g。求洗脱系数。

解：50g 药材中可浸出物质总质量 $q_0 = 50 \times 35\% = 17.5g$

浸出 1h 药材中所含可浸出物质量 $q_1 = 17.5 - 4.5 = 13g$

浸出 5h 药材中所含可浸出物质量 $q_5 = 17.5 - 6.2 = 11.3g$

代入式 (4-45) 得

$$\frac{17.5 - 13}{17.5} = k \times 1 + b, \quad \frac{17.5 - 11.3}{17.5} = k \times 5 + b$$

即

$$k + b = 0.257$$
$$5k + b = 0.354$$

解得

$$k = 0.024, \quad b = 0.233$$

（二）浸渍方程

1. 方程的形式

药材浸渍过程中浓度与时间的经验关系式举例如下：

$$\lg\left(1 - \frac{q_\tau}{q_0}\right) = \lg b + k\tau \tag{4-47}$$

$$\ln\frac{x_p}{\frac{N}{m}(x - x_p)} = \frac{m+1}{m}k\tau + b \tag{4-48}$$

$$\lg\frac{1}{1-x} = 0.58k\tau + b \tag{4-49}$$

式中，τ——浸渍时间；b——洗脱系数；q_0，q_τ——浸出物质的初始及时间 τ 后在药材中的含量，kg；x，x_p——浸渍中可浸出物质在药材中的浓度及平衡时的浓度；N——分布系数；m——倾出系数。

有关的系数值被列于表 4-6，可用于与表中所列实验条件相同情况下的浸渍过程。利用式 (4-47)～式 (4-49)，可计算在不同的浸渍时间下的可浸出物质量。所有对浸渍影响的因素都反映在系数 k 和 b 中。

2. 影响浸渍的因素

（1）药材粒径　粒径减小，b 值增大。因粒径减小，增大了被破坏细胞的数量，在快速浸出阶段可浸出较多的可浸出物质。但粒径减小，k 值也随之下降，这是由于快速浸出后浸

表 4-6　不同药材的浸出条件、浸渍方程式及有关系数

浸渍方程式	药材	浸出物质	浸出条件	有关系数	
				k	b
式 (4-47)	甘草根	皂苷	5mm	0.0228	0.279
			3mm	0.0153	0.395
	蜀葵根	胶液	—	0.4470	0.089
	前胡根	胶液	—	0.3090	0.022
式 (4-48)	缬草根茎	挥发油	$m = 2.53$ $N = 4.56$	0.2900	0.160
	百合叶子	苷类	$m = 4.88$ $N = 2.02$	0.8150	0.180
	罂粟果实	生物碱	$m = 4.07$ $N = 3.83$	1.5000	0.680
	春黄菊总状花序	油脂	—	0.7350	0.156
式 (4-49)	颠茄全草	生物碱	$m = 3.03$	0.7500	0.240

出的推动力（浓度差）降低。

（2）溶剂量　溶剂增加时，可增大 k 值。溶剂量的增加，降低了药材外部溶液的浓度，增加了药材内外的浓度差，使得浸出的推动力增加。溶剂量增加，b 值也随之增加，这是因为在溶剂量较大的情况下可洗脱更多可浸出的物质。b 值与溶剂量近似关系如式（4-46）所示。

（3）温度　可浸出物质在浸出过程的扩散系数与温度有关，可用下式表示：

$$\frac{D'}{D} = \frac{T'}{T} \times \frac{\mu}{\mu'}$$

(4-50)

式中，T，T'——温度，K；D，D'——不同温度下的扩散系数，m^2/s；μ，μ'——不同温度下的液体黏度，$Pa \cdot s$。

温度的升高不仅使扩散加快，而且改善流体力学条件，使可浸出物质的浸出速度增加。

例如，甘草的皂苷在浸出时扩散系数与温度的关系为

$$D = 4.4 \times 10^{-9} T + 1.35 \times 10^{-7}$$

由上式可见，提高浸出温度可使扩散系数成直线关系增加。然而，若药材中存在大分子物质（如淀粉、果胶质等）时，温升会使其黏度增大，可浸出物质的扩散系数将会降低。

（4）浓度差　浓度差是指中药组织内的溶液与组织外部周围溶液的浓度差值，它是扩散作用的主要动力。浸提过程中，适当利用和扩大浸出过程的浓度差，将有利于提高浸提效率。浸提过程中，不断搅拌、更换新溶剂、强制浸出液循环流动、采用渗漉法等，均有利于增大浓度梯度，提高浸出效率。

（5）浸提压力　加压可加速溶剂对质地坚硬的中药的浸润与渗透过程，使发生溶质扩散过程的时间缩短，并可促使部分细胞壁破裂，有利于成分的扩散。但当中药组织内已充满溶剂之后，加压对扩散速度没有影响。对组织松软的中药，容易浸润的中药，加压对浸出影响不明显。

（6）溶剂 pH 值　在中药浸提过程中，调节适当 pH 值，有助于中药中某些弱酸、弱碱性有效成分在溶剂中的解吸和溶解，如用酸性溶剂提取生物碱，用碱性溶剂提取皂苷等。

【例 4-7】　今拟将某药材内可浸出物质浸出 75%，求溶剂量及浸出时间。经测定，药材对溶剂的吸收量为 2。

公式（4-47）中的系数 $k = 0.044$，药材的洗脱量 $C = 0.35$，药渣间含液量 $V_y = 0.75$。

解： 今设药材量为 1 份，求溶剂量。根据图 4-19 浸出率曲线，取 $M = 5$。因药材对溶剂吸收量为 2，故溶剂量 $= 5 \times 2 = 10$ 份，倾出液量 $= 10 - 2 = 8$。

利用式（4-46）求出洗脱系数为

$$b = C \frac{V_c}{V_c + V_y} = 0.35 \times \frac{8}{8 + 0.75} = 0.32$$

根据式（4-47）

$$\lg\left(1 - \frac{q_\tau}{q_0}\right) = \lg b + k\tau$$

现已知浸出率 $1 - \dfrac{q_\tau}{q_0} = 75\%$，$b = 0.32$，$k = 0.044$，代入得

$$\tau = 8.4h$$

（三）重浸渍

在第 1 次浸渍将倾出液分出后，药渣间剩余了一部分含可浸出物质的溶液，在第 2 次浸渍加入新鲜溶剂后，这部分物质立即进入溶剂中，使得溶剂浓度升高，此情况类似于第 1 次浸渍中的快速浸出阶段。第 2 次浸渍初期进入溶剂的物质量应等于第 1 次倾出后剩在药渣间的物质量。如取药渣间液体浓度等于第 1 次所倾出的液体浓度，则可简化以后的计算。

由上述可知，第 2 次及以后诸次浸渍的开始阶段是药渣间液体与溶剂的混合阶段，均属快速阶段。随后是可浸出物质在植物组织内进行扩散的阶段，属慢速阶段。

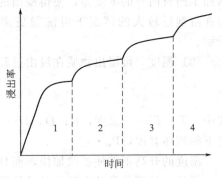

图 4-21　重浸渍的浸出曲线

第 2 次浸渍的浸渍曲线表明，由于从破坏细胞浸出的物质已在第 1 次浸渍时被浸出，所以快速阶段的 b 值（截距）只代表可浸出物质在药渣间液体中的特性。因为随着浸渍时间的延长，药材进一步膨胀，可浸出物质在药材内的分布进一步均匀，而使可浸出物质在药材的内扩散系数有所提高，所以慢速阶段的 k 值（斜率）在第 2 次浸渍时应比第 1 次略大些。重浸渍的浸出曲线如图 4-21 所示。

【例 4-8】 求药材重浸渍的浸出率。浸渍次数为 4 次，每次浸渍 8h 药材的洗脱系数为 0.3，洗脱量为 0.33。溶剂用量是药材质量的 10 倍。

设：药材对溶剂的吸收量为 2，药渣间所含液量为 0.8，公式的斜率 $k=0.046$。

解： 1. 计算第 1 次浸渍的浸出率

$$E=\frac{q_0-q_\tau}{q_0}$$

利用式（4-47）

$$\lg E_1=\lg\left(1-\frac{q_\tau}{q_0}\right)=\lg b+k\tau=\lg 0.3+0.046\times 8=-0.155$$

可得

$$E_1=0.7$$

2. 求第 2 次浸出时可浸出物质的浸出率

（1）计算第 2 次浸渍的洗脱系数 b_2

第 1 次浸渍倾出后，根据剩余在药渣间的可浸出物质量与第 1 次倾出液中物质量之比等于药渣间液体体积 V_y 与倾出液体积 V_c 之比，可求药渣间的可浸出物质量。

所求存留于药渣间的可浸出物质量在第 2 次浸渍快速阶段被完全浸出，又根据本题是以 1 份药材为基准，倾出量 $=10-2=8$，故药渣间的物质含量（%）是第 2 次浸渍快速阶段的浸出量，即相当于截距 b_2，代入得

$$b_2=\frac{E_1 V_y}{V_c}=\frac{0.7\times 0.8}{8}=0.07$$

（2）求第 2 次浸出时可浸出物质的浸出率

$$\lg E_2=\lg\left(1-\frac{q_\tau}{q_0}\right)=\lg 0.07+0.046\times 8=-0.787$$

可得 $E_2 = 0.164$

（3）同理，可求：$b_3 = 0.0169$，$E_3 = 0.0383$；$b_4 = 0.00383$，$E_4 = 0.00893$。

（4）总浸出量 E

$$E = E_1 + E_2 + E_3 + E_4 = 0.70 + 0.164 + 0.0383 + 0.00893 = 0.911$$

即可将药材内的可浸出物质浸出 91.1%。

第四节　新型提取技术

中药材采用传统的溶剂浸出方法历史悠久，以水、乙醇或有机溶剂为溶剂经过长时间加热提取，不可避免会造成有效成分的损失、分解变化；此外有机溶剂残留影响到产品质量，在生产过程中还存在安全和环保问题。为解决传统提取方法的不足，利用现代技术促使中药生产现代化是必由之路，已研制的新型提取技术有超临界流体萃取、超声提取、微波萃取等。

一、超临界流体萃取

超临界流体萃取是用超临界流体作为溶剂对中药材所含有效成分进行萃取和分离的一种技术。图 4-22 是一种纯流体的压力-温度图。图中 A 点是气-液-固三相共存的三相点。AB 线表示气-液平衡的饱和液体蒸气压曲线。将此纯物质沿气-液饱和曲线升温至图中 B 点以后，气-液分界面开始消失不再分为气相和液相，此 B 点称为临界点。该点的温度和压力分别称为临界温度和临界压力。在临界压力和临界温度以上的物质状态称为超临界状态。超临界流体兼

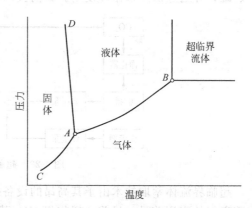

图 4-22　纯流体的压力-温度图

有气体和液体的特征，如其密度接近于液体，黏度接近于气体，而扩散系数比液体大得多，表面张力为零，具有很强的渗透能力。此外，超临界流体的密度和介电常数随压力增大而增加，故超临界流体具有优良的溶剂性能，可作为萃取剂从固体或液体中萃取出有效成分并进行分离。

可作为超临界流体萃取溶剂的物质有 CO_2、C_2H_6、C_2H_4、C_3H_8、C_3H_6、N_2O、NH_3 等。CO_2 由于价格低、易得、无毒、惰性、安全、临界密度大、溶解能力强、临界压力适中等优点，成为超临界流体萃取最常用的溶剂。CO_2 的临界温度为 $31.06℃$，临界压力为 $7.29MPa$（绝对压力），临界密度为 $460kg/m^3$。

CO_2 作为超临界流体溶剂时，影响其萃取的主要因素有以下几方面：

（1）有效成分的性质　由于 CO_2 是非极性分子，所以超临界流体 CO_2 是众多非极性、弱极性物质的良好溶剂，如植物的挥发油（小分子的低极性萜类化合物）、碳氢化合物、脂、醚、内酯、含氧化合物等。

超临界流体 CO_2 对极性化合物如苷类、氨基酸、糖类的溶解度极小；对分子量较大和极性基团较多的有效成分也不能萃取。但在 CO_2 超临界流体中加入一定量的极性溶剂可显著改善其对极性分子的溶解性能和对溶质的选择性，这种加入的极性溶剂称为夹带剂（又称

提携剂），如甲醇、乙醇、水或丙酮等。

（2）压力　压力增加可使超临界流体的密度增加，特别是在临界点附近（对 CO_2 超临界流体一般压力范围在 7～20MPa），增加压力使有效成分的溶解度增加非常明显。这一特点可用于一些物质在高压下萃取，而在低压下将被萃取物解析。

（3）温度　CO_2 超临界流体的密度随温度的升高而降低，导致其对有效成分的溶解度下降，但下降到最低溶解度后，继续升高温度，超临界流体的溶解度随温度的升高而加大的作用占了主导，其对有效成分的溶解度随温度的升高而增加，故 CO_2 超临界流体的溶解度-温度曲线有一个对应最低溶解度的温度。在萃取过程中维持较高温度不仅溶解度较大，而且溶质的扩散速度也较快。

（4）CO_2 流量　对一些易溶的溶质，增大 CO_2 流量可提高传质系数及生产能力，但对难溶的溶质，增大 CO_2 流量的作用并不明显。

（5）其他因素　包括药材粒度、萃取时间等。

超临界流体萃取的流程见图 4-23。药材事先加入萃取釜中，CO_2 经高压泵加压和调温后进入萃取釜进行萃取，萃取后的 CO_2 经调温后进入分离釜分离，分离后的 CO_2 以液态贮存于贮罐，并通过加压泵循环使用。目前我国可以制造 $2m^3$ 的超临界流体萃取设备。

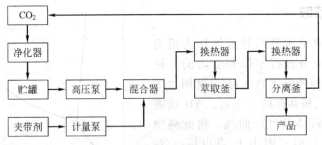

图 4-23　超临界流体萃取流程

超临界流体萃取技术由于其高昂的设备投资和较高的操作费用，对一些高附加值的产品有着良好的应用前景。目前，超临界 CO_2 萃取有针对实验室或生产用的小型设备，也有适用于中试或企业生产的中型或大型萃取设备，可采用多个萃取釜交替间歇操作，但目前国内提供超临界设备的企业较少，且产品种类单一，还有待进一步研究发展和推广应用。

二、超声提取

超声提取是利用超声波的空化作用、机械效应和热效应等加速细胞内有效物质的释放、扩散和溶解，显著提高提取效率的提取方法。与常规提取法相比，超声波提取法最大的优点是提取时间短、温度较低、收率高，并且已为中药大生产的提取分离提供合理化生产工艺、流程及参数。

超声提取装置如图 4-24 所示，主要理论依据是超声的空化效应、热效应和机械作用。当大能量的超声波作用于介质时，介质被撕裂成许多小空穴，这些小空穴瞬时闭合，并产生高达几千个大气压的瞬间压力，即空化现象。超声空化中微小气泡的爆裂会产生极大的压力，使植物细胞壁及整个生物体的破裂在瞬间完成，缩短了破碎时间，同时超声波产生的振动作用加强了胞内物质的释放、扩散和溶解，从而显著提高提取效率。

超声提取可用于酸类、多糖类、黄酮类、皂苷类、蒽醌类等多种成分的提取。超声法现已不再局限对植物的提取，在动物药及菌类有效成分提取方面也应用得比较多。如牡蛎中氨基酸的提取，辅助提取蟾皮中蟾蜍噻咛活性成分，鹿茸中鹿茸多肽的提取，以及茯苓、灵芝中的多糖类提取。

近年来，双频、三频超声技术的应用，以及超声波和其他技术的耦合，如超声-微波协同萃取技术、纤维素酶-超声波萃取技术、超声强化超临界萃取技术的应用，使得中草药有效成分得到更有效的提取。

超声提取因其快速、高效的特点已被广泛应用于实验室小量样品制备及分析样品的处理，但是由于缺乏有效的工程放大手段和方法，超声场的范围和强度限制了每次处理的物料量，从而阻碍了其在大规模生产中的应用。

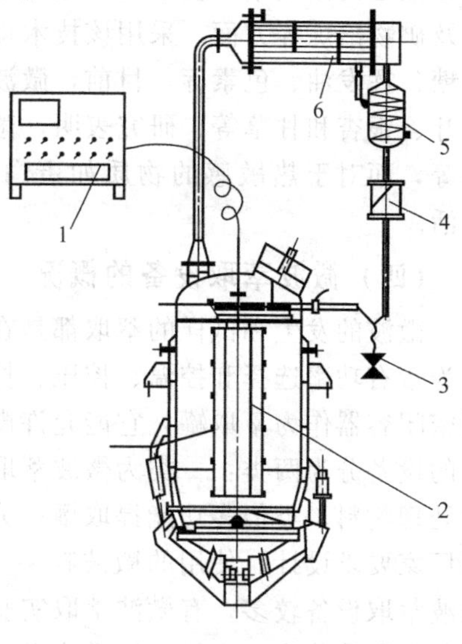

三、微波萃取

微波萃取（又称为微波辅助提取）是利用电磁场的作用使固体或半固体物质中的某些有机物成分与基体有效地分离，并能保持分析对象的原本化合物状态的一种分离方法。微波是波长介于 $1\sim1000mm$（频率 $0.3\sim300GHz$）之间的电磁波。

图 4-24　超声提取装置
1—超声波发生器；2—超声波振荡器；3—放料阀；4—油水分离器；5—冷却器；6—冷凝器

（一）微波的基本原理

微波萃取主要是利用分子热效应。由于被萃取物细胞内含有水和极性有效成分，在微波电磁场作用下，极性分子从原来的热运动状态转向依照电磁场的方向交变而排列取向，产生类似摩擦热，这些含水和极性有效成分的分子在微波场中大量吸收热量，内部产生热效应，从而使被萃取物的细胞结构发生破裂。细胞外溶剂容易进入细胞内，溶解并释放出细胞内物质。这就是细胞的破壁作用。微波技术应用于植物细胞破壁，可有效提高收率。

（二）微波辅助提取的优点

① 传统热萃取是以热传导、热辐射等方式由外向里进行，而微波辅助提取是里外同时加热。没有高温热源，消除了热梯度，从而使提取质量大大提高，有效地保护食品、药品以及其他化工物料中的功能成分；

② 由于微波可以穿透式加热，提取的时间大大节省，根据大量的现场数据统计，常规的多功能萃取罐 8h 完成的工作，用同样大小的微波动态提取设备只需几十分钟便可完成；

③ 微波能有超常的提取能力，同样的原料用常规方法需 2～3 次提净，在微波场下可一次提净，大大简化工艺流程；

④ 微波萃取没有热惯性，易控制，所有参数均可数据化，和制药现代化接轨；

⑤ 微波萃取物纯度高，可水提、醇提、脂提，适用广泛；

⑥ 微波萃取温度低，不易糊化，分离容易，后处理方便，节省能源；

⑦ 溶剂用量少（可较常规方法用量少 50%～90%）；

⑧ 微波设备是用电设备，不需配备锅炉，无污染，安全，属于绿色工程；

⑨ 生产线组成简单，节省投资，目前已经开发出来的微波萃取设备完全适用于我国各类大、中、小企业的食品和制药工程。

（三）微波萃取法的应用

随着微波萃取技术的研究与发展，微波萃取在很多行业都有广泛的应用。到目前为止，已见报道的微波萃取技术主要应用于土壤分析、食品化学、农药提取、中药提取、环境化学以及矿物冶炼等方面。采用该技术提取的成分已涉及生物碱类、蒽醌类、黄酮类、皂苷类、多糖、挥发油、色素等。目前，微波萃取已经用于多项中草药的浸取生产线之中，如葛根、茶叶、银杏和甘草等。研究表明，微波萃取仅适用于对热稳定的产物，如生物碱、黄酮、苷类等，而对于热敏感的物质如蛋白质、多肽等，微波加热能导致这些成分的变性，甚至失活。

（四）微波萃取设备的概况

微波的发生和试样的萃取都是在微波试样的制备系统中进行的，故微波萃取装置一般要求为带有功率选择和控温、控压、控时附件的微波制样设备。一般由聚四氟乙烯材料制成专用密闭容器作为萃取罐，它能允许微波自由通过，耐高温高压且不与溶剂反应。用于微波萃取的设备分为两类：一类为微波萃取罐；另一类为连续微波萃取线。两者主要区别是一个分批处理物料，类似多功能提取罐；另一个以连续方式工作，具体参数一般由生产厂家根据使用厂家要求设计。使用的微波频率一般有两种：2450MHz 和 915MHz。目前，各企业提供微波萃取设备较多，有微波萃取实验设备、罐式或管道式微波萃取设备、动态微波逆流萃取设备和微波萃取生产线，管道式微波萃取设备适用于粉状物料的提取。但都只适用于医药科研院所、实验室、制药行业进行小试研究或中试制备。

四、动态逆流提取

动态逆流提取技术是近 10 年来应用于中药提取领域的新技术之一。它是通过多个提取单元之间物料和溶剂的合理浓度梯度排列和相应的流程配置，结合物料的粒度、提取单元组数、温度和溶剂用量，循环组合，对物料进行提取的一种新技术。

该技术与传统方法相比具有显著的优点，提取收率和提取效率高，能连续生产，应用范围广，生产成本低。常见的有罐组式动态逆流提取设备，螺旋式连续逆流提取设备，U 形槽式逆流提取机，平转式连续提取器，千代田式 L 形连续浸出器等，还可采用微波、超声波、电磁等手段进行强化以加速浸取过程。

罐组式动态逆流提取是将 2 个以上的动态提取罐机组串联，提取溶剂沿着罐组内各罐药料的溶质浓度梯度逆向地由低向高顺次输送通过各罐，与药料保持一定提取时间并多次套用。该技术集萃取、重渗漉、动态和逆流技术为一体，具有多种用途，与传统提取方法比较，提取率高，生产能耗少，成本低，且对生产设备要求不高，大多数厂家通过对现有多功能提取罐进行设备改造，即可建成罐组式动态逆流提取设备。螺旋式连续逆流提取装置中，药材从加料口进入，被螺旋输送器缓慢推移到水平管，再推移到出料口，排出药渣，溶剂从出料口的下方逆向往加料口流动，渗漉液由加料口的下方引出收集。但存在溶剂用量大、周转量大等缺点，在规模放大时，螺旋输送器的轴功率需求和轴的直径都会大幅度增加。也有将超声波振荡器应用于连续逆流浸提设备，以进一步提高浸提效率。

五、酶法提取

生物酶解提取技术就是利用反应高度专一的酶来降解植物细胞壁的成分，破坏细胞壁从而提高有效成分的提取率。

（一）酶法提取的基本原理

存在于微生物细胞内的代谢产物，只有破碎其细胞壁和细胞膜，才能获得最大程度的释放。通常细胞壁较坚韧，细胞膜强度较差，易受渗透压的冲击而破碎，所以，破碎的阻力来自于细胞壁。酶法提取就是利用酶破坏细胞壁，使细胞内的有效成分溶出。

（二）酶法在中草药提取中的应用

（1）单一酶法提取　细胞壁的主要成分是纤维素，应用较早较多的是纤维素酶、蛋白酶、果胶酶等其他酶类。如纤维素酶提取北豆根中的生物碱类成分和羊栖菜中的多糖，果胶酶提取杜仲叶中的绿原酸、黄酮成分。

（2）复合酶法　中草药杂质成分有多种，选用两种或两种以上的酶组合复合酶，可以同时将几种目标杂质成分降解，使干扰成分减少，有利于有效成分提取。目前，应用较多的复合酶组成成分是纤维素酶、果胶酶、蛋白酶，淀粉酶和半纤维素酶等也有应用。主要根据细胞的成分及有效成分来选择酶的种类。如：纤维素酶、果胶酶组成复合酶在低温下提取茶叶中的茶多酚，提取率高达98%以上，茶多酚中的活性成分儿茶素相对含量较传统沸水提取法高出9%～10%。

（三）酶解技术关键问题

（1）酶反应提取条件筛选　当条件适宜时，酶的催化能力最强，表现出的活性最强；否则其催化能力减弱，活性降低，甚至失活。因此，在中药酶解提取过程中，优选酶反应的最适宜条件，最大限度地发挥酶的催化作用极为重要。酶反应条件主要有酶的种类、酶的浓度、底物浓度、酶处理温度、酸碱度、酶解时间等，此外还需注意激动剂、抑制剂、中药材成分以及酶解产物等的影响。

（2）酶本身的去除问题　酶技术是通过酶解反应实现的，与利用化学反应生产制剂一样，酶反应用于中药材的处理必然会带来酶本身的残留以及反应产物种类、性质和数量的变化等一系列问题。因此，对于酶本身及酶解产物必须考虑和研究以下问题：①是否会与中药材或制剂中的有效成分发生降解、沉淀或络合反应等，是否会导致质和量的变化；②对制剂疗效有无影响，是否会产生毒副作用等；③对质量检测和控制是否产生干扰；④对剂型选择的影响。酶本身作为蛋白质，对某些剂型可能产生不利影响，如中药注射剂中若残留酶，则易产生浑浊，引起疼痛。

（四）酶处理技术应用前景

酶处理技术在部分中药提取以及提取液的分离纯化中的应用结果表明：酶反应在较温和的条件下将植物组织分解，可克服醇沉法等所造成的药物有效成分损失大、生产成本高、工序复杂等缺点，较大幅度地提高药物有效成分的提取率和纯度，改善中药生产过程中的过滤速度和纯化效果，提高中药制剂的质量；酶处理技术是在传统的中药提取基础上进行的，应用常规提取设备即可完成。另外，由于酶属于生物催化剂，少量的酶就可以极大地加速所催化的反应。因此，酶反应法用于中药的提取和提取液的分离纯化，具有操作简便，成本低廉的优点，并具备大生产的可行性。随着酶反应技术在中药中应用的进一步深入，必将为提高中药提取效率，改进剂型以及创新药物等方面提供新的技术手段，为中药制剂现代化注入新的内容和活力。酶反应技术在中药制剂加工中具有较好的应用前景。

六、超高压提取

超高压提取技术是将原料与溶剂混合液加压至100MPa以上，并保持一定时间，使细胞内外液压力达到平衡，再瞬间释放压力，因细胞内外渗透压力差忽然增大，从而使细胞内有效物质流出。超高压提取过程分为预处理、升压、保压、卸压、分离纯化等阶段。

超高压提取技术在中药中已有应用于多糖类、黄酮类、皂苷类、生物碱、有机酸类等物质提取的研究。其特点是提取时间短，提取率高，可在常温下提取，操作简便。其研究还处于起步阶段，其技术的适应性、传质机制还有待深入研究。

超高压设备包括超高压容器、高压泵、油槽、卸压阀以及超高压管道等部件，高压设备价格昂贵，一次性投资较大，且为间歇操作，设备的密封、强度、寿命等产业化难度大，超高压提取技术的产业化应用还亟须技术和理论研究。

● 本章小结 ●

1. 药物浸出的机理、费克定律、浸出速率是本章的难点内容，理论性比较强，也是需要掌握的知识点。

2. 本章列举的浸出方法与设备，都是实际生产过程中常见的。掌握浸出的方法、设备的工作原理，可为今后生产实践提供理论基础；学会比较各种浸出方法与设备的优缺点及适用条件，可针对不同生产场合作出适宜的选择。

3. 熟悉浸出过程的计算，对确定生产操作参数、改进生产工艺具有指导意义。

4. 新型的提取技术可弥补传统提取方法的不足。在了解其独特的优点与用途的同时，更需要懂得：任何新技术的引入初期，都会伴存着新的实际问题产生，需要靠科技人员在实践中不断解决。

第五章

药品分装技术

◆ 学习目标 ◆

    1. 熟悉药品的分装设备，即将固体或液态的药品通过计量、计数灌装或分装进入瓶类或袋类容器的设备。

    2. 了解药品分装设备的组成机构及工作原理，如容器输送装置、药品计量装置、封口盖封装置、自动控制系统和隔离系统等。

    药品的分装设备，即将固体或液态的药品通过计量或计数灌装或分装进入瓶类或袋类容器的设备。药品分装设备的工作部分可分解为容器输送装置、药品计量装置、封口盖封装置、自动控制系统和隔离系统 5 个部分。

第一节 概 述

一、制药机械设备及分类

    设备是指为达到某一目的而配置的建筑与器物等。药厂中如制药生产设备、动力设备、机修设备、运输设备、电信设备、仪器仪表、传导管线等均属此范畴。其中具有机器特征的制药设备，通常被称为制药机械。

（一）制药机械设备的分类

依据药品生产的品种可按如下进行分类：

① 原料药机械设备　如合成药物和抗生素等的反应器、发酵罐等；

② 制剂机械设备　如压片机、灌装机等；

③ 中成药机械设备　如粉碎机、煎煮罐、合坨制丸机等；

④ 其他设备　如非标准设备、药材采收加工机械、搪瓷设备等。

（二）制剂机械设备的分类

制剂机械设备依照其在生产流水线中的工序（以片剂生产为例）大体上可分为：

（1）工艺设备　磨粉机、颗粒机、干燥设备、筛粉机、混合机、压片机、糖衣机、糖衣片打光机等。

（2）分装包装设备　为制造各种剂型、规格的药剂，必须对药品分装或包装。

① 液体分装机械（或称灌装机） 水针、大输液、酊水糖浆、软膏、气雾剂的灌装机等；

② 固体粉末（或颗粒）的分装机械 粉针剂灌装机、胶囊灌装机、散剂计量机等；

③ 包装设备 数片机、片剂包装联合机、塞棉条纸条机、旋盖机、贴签机、打批号机、说明书折叠机、片剂铝塑包装机、纸袋包装机等。

（3）辅助工艺设备 如洗瓶机、瓶子烘箱等。

二、制剂机械设备的要求

为保证制药产品的质量和满足生产的要求，应要求制剂机械设备具有如下特点：

① 制造设备的材质不应与物料发生化学反应、不能造成产品的污染，设备与产品直接接触的表面应光洁、平整、易清洗、耐腐蚀；

② 为防止产品的污染，制剂机械设备应便于拆洗，所有容器须有盖，并能保持清洁；

③ 制剂机械设备应便于调节、检修、更换（模具），并尽可能做到一机多用；

④ 制剂机械设备应具有较高的机械化和自动化程度，且应标准化、系列化、通用化，以适应不同的要求；

⑤ 制剂机械设备应做到外形简洁、尺寸小、重量轻，甚至可制成移动式设备；

⑥ 制剂机械设备应保证一定的计量精确度，且安全可靠、操作简单、制造容易和价格合理。

本章将对制剂机械设备中分装包装设备所采用的分装技术加以讨论。

三、药品分装机械的计量方法

药品分装机械的计量主要有容积法、质量法和计数法 3 种。质量法是在分装过程中分次称取一定质量药品的方法。质量法计量精度高，但计量速度慢、计量结构复杂，适用于易吸潮结块、粒度不均匀、密度不稳定及剂量较大的物料。

容积法是在分装中分次量取一定容积药品的方法。容积法计量速度快，计量结构简单，但精度不如质量法。适用于密度稳定、剂量较小的物料。容积法是药品分装机械主要的计量方法。

计数法是对一定形状的物料（或包装）采用光电、机械、电子等手段进行计数的方法。如片剂的数片机、小包装的计数装置等。

四、药品分装机械组成

药品分装机械主要由以下几部分组成：容器传送装置、药品计量装置、封口盖封装置、自动控制系统和隔离系统等。

（一）容器传送装置

为进行各种药品的分装，要求将包装材料（安瓿、瓶、管等）准确地送至固定位置。这就要求输送和控制机构对包装材料既能连续输送又能定时供给。对少数具有方向性的包装材料，应采用识标机构，以满足灌装上的要求。

（二）药品计量装置

对松散药品进行定量的分装采用计量部件，对液体或稠性药品进行定量的分装采用灌装阀。准确的定量分装对药品的质量有直接影响，中国药典对各种不同剂型药品分装计量与含量的上下限均作了明确的规定。计量部件和灌装阀的内部与药品直接接触，故其材质不应与药品发生反应。运动部件间亦不得有碎屑、润滑油、冷却剂等污染物料。计量部件和灌装阀型式与药品的物理性质有关，如黏度、粒度、密度、流动性、黏结性、黏附性等。为提高剂量分装的精度，计量装置不但要考虑计量速度以及结构的复杂性，而且还要考虑计量的调整是否方便（能否微调），能否在开车时动态调量等。

（三）封口盖封装置

在分装过程中，药品离开灌装机之前，包装应完成封口或盖封，以保证药品质量。其方法可采用热封（铝塑包装、塑料软管等）、卷边封口（铝管等）、盖封（瓶、罐等）、熔封（安瓿等）、塞盖（输液瓶等）以及其他一些操作（如塞纸、贴标签、打批号等），视包装材料而定。

（四）自动控制系统

自动控制系统指的包装机械中的自动控制部分，机械中的自动控制部分类似于人的大脑、眼睛和神经，自动控制系统由可编程序控制器、伺服系统、传感器、机器视觉系统、工业机器人等控制元件组成，各部分共同配合达到智能化的目的。

（五）隔离系统

在包装机械中，尽管无菌药品的灌装不属于包装范畴，但是所用分装机械原理类似，需要配合隔离系统以达到无菌要求，以减少人员干预，可降低污染风险。

本章主要介绍容器输送装置、药品计量装置、自动控制系统和隔离系统等部分。

第二节　容器输送装置

为进行药品的灌装，须将包装材料准确、定时、连续地传送至指定位置，并在灌装后及时将其移出。合理设计传送部分对药品灌装的正常操作影响很大。

为进行药品的分装，应视具体情况在药品灌装头前后的传送线上设置相关操作：

① 以硬胶囊为例　加囊→输送→定向→选囊→开囊→灌装→合囊→出囊→检查→记数等。

② 以片剂装瓶机为例　装片→塞纸→盖内塞→盖外盖→蘸腊→打批号等。

③ 以西林瓶注射剂为例　洗瓶→灭菌除热原→输瓶→灌药→加塞（半加塞→冻干→全压塞）→轧盖→灯检→贴标→包装等。

为满足不同剂型药剂的分装，需采用不同的传送装置。分装机械的自动化水平，随着制造业技术的提高也将更趋完善。

一、传送装置

分装机械将包装物连续并准确地送至指定位置灌装，之后又将其传送至下一操作岗位，其传送装置的结构与包装物的形状及种类有关。

（一）安瓿的传送装置

安瓿的传送多采用齿板。通过曲轴的带动，使移动齿板作有规律的摇动，将倾斜45°置于固定齿板上的安瓿顺序向前移动，以进行药液的灌注与封口，如图5-1所示。

各种规格安瓿液封机的传送装置大多采用与上述相同的机构。齿板上的齿形为三角

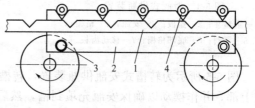

图 5-1　安瓿灌封机
1—固定齿板；2—移动齿板；3—曲轴；4—安瓿

形，安瓿位于齿的凹槽内，位置准确，可满足药液灌封的要求，故得到广泛的应用。

可采用多种方法将来自料斗的安瓿以适当间距逐个地送至齿板凹槽或进行其他操作（如印字、装盒等）。最常用的方法为采用槽形拨盘，即圆形拨盘上开有凹槽，如图 5-2 所示。其上侧凸入安瓿进料斗的底部，当拨盘旋转时，安瓿即嵌入拨盘的凹槽内（每个凹槽嵌入一个安瓿），随拨盘转速、凹槽数目的不同，可间断地供出安瓿。

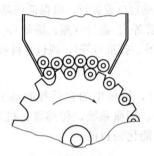 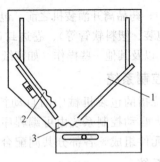

图 5-2　安瓿灌封机的拨盘装置　　　　图 5-3　灌封机的进料架组

1—进料斗；2—推瓶板；3—送料板

图 5-3 示出的是另一种安瓿进料装置。进料斗内有一往复运动的推瓶板 2，不时地松动斗内的安瓿，以防下料不畅。料斗的下口有一横向往复的送料板 3，板面有若干槽口，每当送料板右移至槽口位于下料板的出口时，安瓿即落入槽口内。待送料板向左移出下料口时，安瓿即被送料板移出。如此反复，即可间断供出安瓿。

与上述相类似的供瓶装置还有一些。图 5-4 所示为滑阀式供瓶装置。

在进料斗 1 底部装有可通过安瓿的格栅 4，其下部有往复运动的有槽孔滑阀 5，滑阀底部有一层固定的底部格栅 6。滑阀往复运动至槽孔与格栅槽孔相重合时，安瓿即落入滑阀的槽孔内，并被底部格栅托住。待滑阀运动至槽孔与底部格栅相重合时，安瓿即落到移动齿板 7 上。

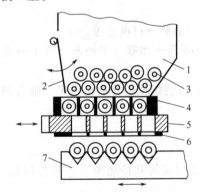 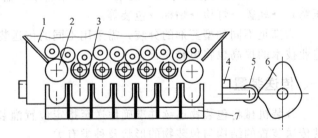

图 5-4　滑阀式供瓶装置　　　　　图 5-5　转槽式安瓿供瓶装置

1—进料斗；2—摇板；3—安瓿；4—格栅；　　　1—进料斗；2—松瓶轮；3—转槽；4—转轴的
5—滑阀；6—底部格栅；7—移动齿板　　　　传动齿条；5—滚轮；6—凸轮；7—传送部分

图 5-5 所示为转槽式安瓿供瓶装置，转槽 3 位于进料斗 1 底部。操作时，转槽的开口转向上部，并作摆动以确保安瓿充填到槽，然后转槽旋转 180°将安瓿供到传送部分 7。转槽两端的松瓶轮 2 可使料斗内的安瓿保持松动，其后部有齿轮系，通过转轴的传动齿条 4，带动所有的转槽作有规律的同步摆动。

（二）瓶类包装物的传送装置

制药工业所用的瓶类包装物极多，如西林瓶、输液瓶、黄圆瓶、酊水糖浆瓶、膏剂大口瓶、药酒瓶以及一些特殊规格的异形瓶等。常用的送瓶装置有皮带输送、链板输送和推板输送等。

使用最早的是皮带输送装置，用来输送质量较小的物件。由于其构造简单，至今仍在大量使用。该装置使用一段时间后皮带会伸长，故需定期调整皮带长度。皮带传送装置被料液污染后易长霉，又不易清理，故多用于对卫生无特殊要求的工序。

链片输送装置是利用链轮带动链片运动，对位于其上的瓶类包装起到传送的作用。销轴将多个链片连接一体，由链轮带动。常见的链片单体构造如图5-6所示。

链片两侧被导轨托住，故链片上表面比较平整。链片多由不锈钢板或尼龙1010制成，表面光滑，不易生锈。链片传送装置运动平稳、速度较快，西林瓶、输液瓶等均可使用，并且容易清扫。多用于对卫生条件有一定要求的场合。

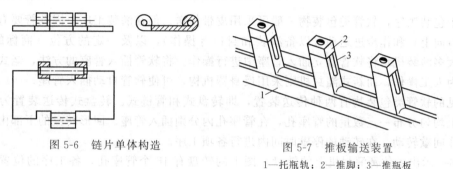

图5-6　链片单体构造

图5-7　推板输送装置
1—托瓶轨；2—推脚；3—推瓶板

推板输送装置又称步进式输瓶装置，如图5-7所示。位于瓶子底部有2条托瓶轨，其间的条缝内有数十个推脚。瓶子位于两个推脚之间，借助于推脚的推动向前方运动，推脚随后下降至托瓶轨内。待推脚又回至推瓶前的位置时，推脚重新上升，又推动另外的瓶子，托瓶轨上所有的瓶子被推脚有节奏地间断地推动前进。在瓶子停顿的时间内，自动线上各瓶均在进行有关的操作。推板输送装置的结构较为复杂，不能制成长距离的输送装置。传动线上的瓶子步进式移动，移动距离比较准确，适用于结构紧凑的多工位联合包装机。

为将众多瓶子有序地送入输送装置，在输送装置之前多配有理瓶机，如图5-8所示。

理瓶机为一连续转动的圆形理瓶盘，在边缘有裙板以防瓶子坠落。由于离心力及惯性力的作用，使位于盘上的瓶子移向圆周。在圆盘的一侧装有弧形裙板，理瓶盘上的瓶子由于摩擦力即可由裙板导至传送带上。理瓶盘上设有拨瓶簧片，可使最后一排瓶子拨至盘的边缘。为适应不同规格瓶子的理瓶，可调节理瓶盘的转速。理瓶机一般设置有翻瓶机构，可使倒置于装瓶盘中的瓶子翻转后落入理瓶盘中。

除了理瓶盘式的理瓶机，还有一种由多条网带组成的理瓶机，其型式如常规的输送轨道，只是这个轨道由多条网带组成，网带运行方向经过一定的排列，使瓶子来回运动，并顺利进入下一道工序。

（三）软管类包装物的传送装置

软管类包装物一般用来灌装稠状物料，如软膏类药物等。软管材料主要是铅锡、塑料、铝、硬质纸筒以及塑料和铝箔的复合材料等。管子一般为圆筒形，由尾部开口灌装后进行压尾封口。封口方法视软管材料而定，金属类软管一般采用折尾封口，而塑料类软管则采用压尾热封。

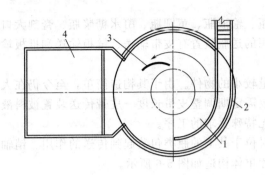

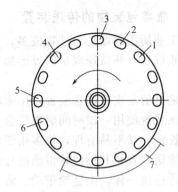

图 5-8　理瓶机
1—理瓶盘；2—裙板；3—拨瓶
簧片；4—翻瓶机构

图 5-9　软膏灌封机上的转盘
1—空管插入；2—灌装；3—软管插扁；4—第 1 道折尾；
5—第 2 道折尾；6—末道封口；7—成品出口

对于包装工序，软管类包装物一般可采用皮带传送。但在灌装工序，因软管要有一定方向（开口向上）和作步进运动（以备灌装和封口等操作），以及一定的方位（商标的定向）等，故大多灌装机均将软管直立插入管座中进行操作。将软管插入管座的方法，老式的灌装机一般为人工操作，而新式灌封机则采用反身器机构，可使软管自动插入管座。

常见的软管类包装物有两种传送装置，即转盘式和管链式。转盘式传送装置为圆形转盘，其上均匀分布一定数量的管座孔，在管座孔内分别插入管座。回形转盘的下部由槽轮机构带动作间歇转动，在转动的停歇时间内进行各项工序。

图 5-9 示出了软膏灌封机上的转盘，图上的转盘有 16 个管座孔，各工序的位置即对准其中的几个孔，转盘则每一次转动 22.5°。转盘每转一周即可完成空管插入、灌装、软管插扁、折尾、封口、成品顶出等操作。

图 5-10 示出了该转盘上的管座，管座靠本身的重量放置在圆盘的管座孔上。每个管座有两个管孔，灌装时在管孔内插入软管，每次两个喷头同时灌两个管，转盘每转一周即生产32 支软膏。流水线由套筒滚子链和托杯组成，托杯内放着支承软管的管座。图 5-11 为管链式传送装置示意图，在托杯支脚的上下方各有一条链条，每个托杯的两个支脚同时被上下链条所固定。链轮由槽轮机构带动，故链条的运动为间歇运动。若每次灌装两支管，则链条每次的运动距离为两个托杯的中心长度。上下链条分别在轨道内运动，故运转平稳。又由于流水线是长圆形，所以可同时容纳较多的操作，是近年来应用较多的一种传送装置。

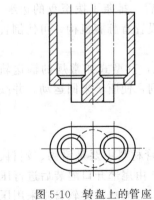

图 5-10　转盘上的管座

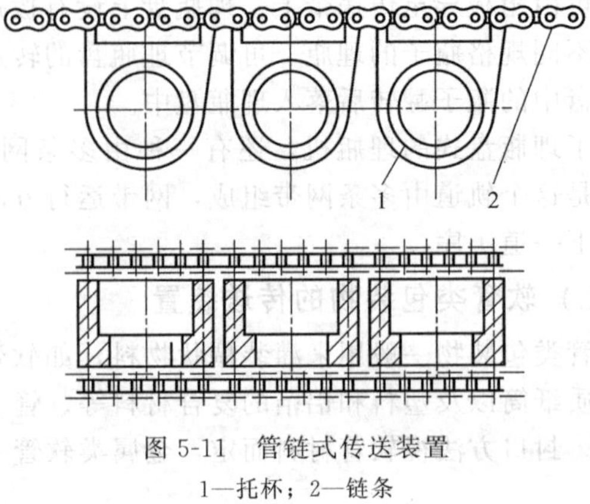

图 5-11　管链式传送装置
1—托杯；2—链条

二、进瓶装置与升降机构

（一）进瓶装置

为使带式输送装置传递的瓶类包装物能定时输送给灌装机，目前多使用拨轮及螺旋输送器（绞龙）。

图 5-12 示出了将药瓶输送到灌装机上所使用的进瓶装置——拨轮及螺旋输送器，瓶子由链片输送带输送，在靠近灌装机处设有螺旋输送器，输送带上的瓶子在此被定时送出，利用三爪拨轮使其转向，并送至灌装机的转盘上。灌装后，瓶子由拨轮拨回输送带，以进行下步工序。

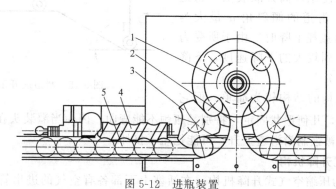

图 5-12　进瓶装置

1—转盘；2—导向板；3—拨轮；4—螺旋输送器；5—输送带

（二）传送带上瓶子的定位

有许多灌装机的灌装头直对瓶类的输送带，如药液灌装机、片子瓶装机等。在传送带上需设定位装置，以对瓶子进行灌装。定位装置可采用挡瓶器或夹板等。在转送带的侧面设置2 个电磁挡瓶器。挡瓶器内有电磁铁，有挡销自侧面伸出，控制电磁铁可使挡销起到挡瓶的作用。如图 5-13 所示，同时有 4 个灌装头对 4 个靠紧的药瓶灌装，第一挡瓶器的挡销设在正在灌装药瓶的右侧，第二挡瓶器的挡销与第一挡销中间有 4 个药瓶的间距，灌装后第一挡销脱离，药瓶前进，被第二挡销挡住。之后，第一挡销将空瓶挡住，对空瓶进行灌装，第二挡销脱离，已灌装后的药瓶前进，进行下步操作。挡瓶器定位方法适用于链片式输送带输送药瓶的灌装。

夹瓶板定位适用于步进式输送装置，为进一步调整每个瓶子前进后的位置，在瓶子两侧设置具有三角形凹槽的夹瓶板，如图 5-14 所示。推瓶时，夹瓶板张开，瓶子前进；推瓶后，

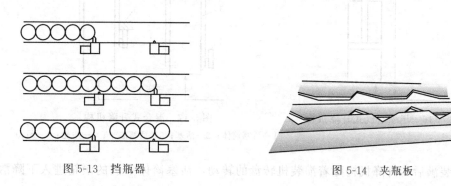

图 5-13　挡瓶器

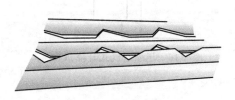

图 5-14　夹瓶板

夹瓶板收拢，利用夹瓶板上的三角形凹槽将瓶子夹紧并定位。夹瓶板还可防止瓶子移动或转动，便于用力较大的操作（如旋盖、贴标签、打批号等）。

（三）瓶子的升降机构

在灌装机中，常把包装容器升到一定高度进行灌装，然后又将灌装后的药瓶下降到规定的位置，这一动作是由升降机构来完成的。升降机构分为3种型式：滑道式、压缩空气式及混合式。

1. 滑道式升降机构

如图5-15所示，滑道式升降机构的任务是在药瓶行程的最高点处将瓶口紧压在灌装头上，在最低点处使瓶口离开灌装头。为避免滑道受力过大，滑道的倾斜角 α 最大为30°。对于空行程（瓶托下降时）由于所受力很小，为使瓶托得到较大的下降速度，下降的倾斜角 β 宜小于70°。

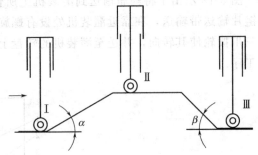

图5-15　滑道展开示意图

滑道式升降机构的结构较为简单。但它要求瓶子的质量好，几何形状固定，特别是瓶颈不能弯曲。因为当灌装头在运转过程中出现故障时，药瓶依然被强制沿滑道上升，可能把瓶子挤坏。

2. 压缩空气式升降机构

图5-16所示为压缩空气式升降机构，在活塞上下部各有空气的进出管。当压缩空气由活塞的下部通入时，活塞上升，活塞杆推动瓶托向上移动，使瓶口紧压在灌装头后进行药液的灌装。当压缩空气由活塞的上部通入时，活塞带动瓶托下降。

活塞的上下部各有空气排出口以排出空气，排出管上设有阀门以控制瓶托升降的速度。这种升降机构克服了滑道式升降机构的缺点，当发生故障时，瓶子被卡住，不再上升，故不会被挤坏。

3. 混合式升降机构

这种升降机构活塞固定而活塞筒体上下运动，可带动瓶托升降，如图5-17所示。压缩空气进入活塞芯子，又经活塞芯子上的小孔进入活塞筒体，使活塞筒体上升，将药瓶升起进行灌装。

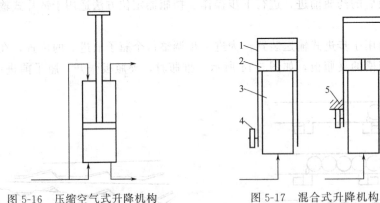

图5-16　压缩空气式升降机构　　　　图5-17　混合式升降机构

1—活塞筒体；2—活塞；3—活塞芯子；4—滚轮；5—滑道

当瓶子装满后，升降机构随着灌装机转盘的转动，活塞筒体下侧的滚轮进入下降滑道，在滑道的作用下，活塞筒体被强制下降，同时由活塞芯子下部排气，待灌装后的瓶子下降到规定位置时，被拨瓶盘送出。此时，滚轮脱离滑道，完成一个升降的循环。这种升降机构，在下降时比较平稳，但结构较复杂。

（四）灌针的升降与跟踪结构

对于注射剂而言，通常采用的方式是玻璃瓶在轨道上连续运行，而灌针通过升降、跟踪实现药液的灌装。一般有 3 种升降和跟踪形式：机械凸轮控制、伺服电缸控制和机器人控制，如图 5-18 所示。机械凸轮控制，即通过提前规划的运行轨迹加工出相应的带轨道的凸轮，再通过相应的连杆机构在轨道内运行以控制灌针升降和跟踪的动作伺服电缸控制，即通过伺服电机带动丝杆控制灌针升降和跟踪；机器人控制，即采用机械手臂完成相应的灌装动作。

(a) 机械凸轮控制　　　　　　　　　(b) 伺服电缸控制　　　　　　　　　(c) 机器人控制

图 5-18　灌针升降与跟踪形式

机械凸轮控制的灌装加塞设备，经过长期运行之后，存在凸轮磨损情况，会影响设备传动精度，增大碎瓶率；而采用全伺服控制，可提高运行的稳定性，长期运行无磨损，不影响传动精度，大大降低碎瓶率；并且由于伺服电机无需润滑油，运行过程可减小油气的污染，保护灌装间的 B 级环境；机器人控制，不仅保证了传动精度，并且简化了灌装机内部结构，降低了层流送风区域面积，大大降低了能耗。

第三节　药品计量装置

一、粉状药品计量装置

粉状药品的计量方法主要有定容和称重两种。粉状药品的计量与药品的物化性质直接有关，如物料密度的不稳定性、易吸潮性、易黏结性、易黏附性以及流动性等都会给计量带来一定困难。定容计量比称重计量结构简单，适用于密度变化不大、剂量小的物料计量，在制药工业中广泛采用。

（一）定容法计量

制药工业中常用的容积定量法有容杯式、螺旋式、插管式及转鼓式等。其中容杯式适用于粉体粒度较大的物料（如颗粒剂等），其他则适用于粒度较小的物料（如粉剂或小颗粒药品等）。

1. 容杯式计量部件

容杯法是利用一定大小的容杯来计量粉体物料的方法。容杯的容积大小根据所包装物料的容量（质量或容积）而定，多采用固定容杯，只能计量物料的某一特定容量，计量精度约

±(2%～3%)，该精度随视密度而变化，并与物料速度有关。固定容杯构造简单，使用较多。为克服物料视密度对计量精度的影响，可采用可调容杯，通过调整容杯的容积来提高计量精度。

图 5-19 所示为固定容杯式计量部件。在料盘 4 上等分安装 4 个容杯用来贮料，料盘上面有料盘罩 3。罩上开有大圆孔，可装置料斗（图中未表示）。罩的底面倾斜 1°，便于定容刮料。料盘罩和料斗均固定不动，料盘由齿轮通过轴带动旋转。在容杯的底部装有开闭器 5 和固定不动的开销 6、闭销 7，当料盘沿 B—B 视图逆时针旋转时，开闭器 5 在开销 6 作用下绕螺栓小轴转动打开，物料被充填到容器或小袋中。当充填完毕，随着料盘的继续转动，开闭器在闭销 7 的作用下，将其关上。料盘罩内部有两个大刮板和一个小刮板，可刮除容杯上部多余的物料。容杯的孔径应按物料密度的较大值计算，实际装料量以调整刮板与转盘的间隙来补偿，其间隙不应过大，以免造成计量不精确。当然，间隙也不应过小，以免引起刮板剧烈磨损，污染药品。

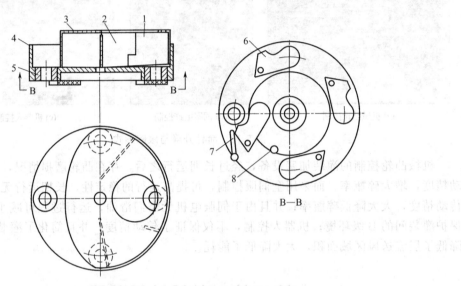

图 5-19　固定容杯式计量部件

1,2—容杯；3—料盘罩；4—料盘；5—开闭器；6—开销；7—闭销；8—手轮

可调容杯由上容杯和下容杯组合而成。上容杯套在下容杯内，分别由料盘和转盘带动，通过调整上下容杯的相对位置来调节容杯的容量。调整方法有手动及自动两种，手动方法是根据灌装过程所检测的质量波动情况用人工转动手轮 8 调节下容杯的升降高度来达到。自动调整方法是在物料进给系统中增加电子检测装置，测得物料瞬时容量变化的电信号，经放大装置放大后，传给容杯调整机构，以达到自动调节控制。容杯计量部件的计量范围一般为5～100g。

2. 微量粉体计量部件

微量粉体计量部件适用于充填微量的粉末或颗粒。图 5-20 表示微量粉体计量部件充填硬胶囊的示意图。

充填前，胶囊置于上转盘中，利用真空将胶囊的囊体吸下，使囊体位于下转盘的凹槽中并随转盘旋转，胶囊的充填可分为 3 个步骤：

① 计量室的充填　此时分配盘上的小孔位于计量室的上方，药粉通过料斗加到下口被滑板封闭的计量室中，如图 5-20(a) 所示。

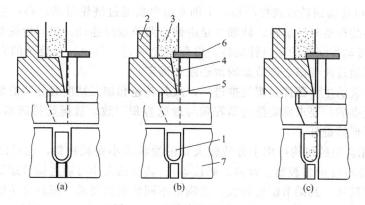

图 5-20　硬胶囊充填示意图

1—胶囊；2—料盘；3—料斗；4—计量室；5—滑板；6—分配盘；7—下转盘

② 计量室的封闭　此时计量室上、下口均被封闭，分配盘 6 将料斗及计量室 4 隔开，如图 5-20(b) 所示。

③ 胶囊充填　此时计量室上口仍被封闭而料盘转动一个角度，使计量室的下口位于胶囊开口的上方，药粉通过溜道充填到胶囊中，如图 5-20(c) 所示。

3. 螺旋式分装机构（螺杆分装）

螺旋式分装机构是一种用螺旋加料器来完成定量分装的机构。在药厂一般用于分装抗生素（如青霉素、链霉素等），也可以用于其他黏性较小的粉末和细小颗粒物料的分装。其装量范围在 20～150mg，装量精度可达 5%，分装速度为 60～80 次/min。

图 5-21 表示用于药物充填的一种螺旋式分装机构。物料置于粉斗 3 中，在粉斗下部有落粉斗，其内部装有螺旋推进器 2，由连接装置 1 固定。当螺旋推进器转动时，可将粉斗内的药粉通过落粉斗下部的开口定量地加到下面的西林瓶中。为使药粉加料均匀，粉斗内还有

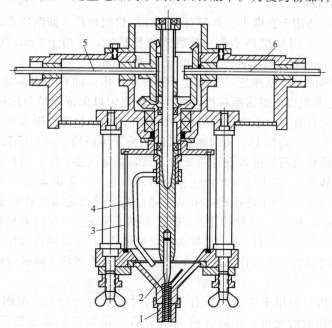

图 5-21　螺旋式分装机构

1—连接装置；2—螺旋推进器；3—粉斗；4—搅拌桨；5—转轴；6—中轴

一个搅拌桨 4，可连续回转以疏松药粉。中轴 6 由电机通过链轮带动，再由它经过圆锥齿轮带动搅拌桨 4 连续作逆时针旋转。转轴 5 是由偏心调节盘经连杆、扇形齿轮及单向离合器等（图中未表示）带动作间断的逆时针旋转，将药粉充填到西林瓶。分装量的大小（即螺旋推进器的转速）可通过改变偏心调节盘的偏心距来确定。

用以定量分装的主要部件是螺旋推进器，故其转速和加工精度对分装的装量精度关系很大。为达到定量准确，要求螺旋推进器容积与理论容积一致，故螺旋推进器必须精确加工。一般常用单头矩形螺旋杆。

与图 5-21 相类似的机构可用于分装较大量的粉状或小颗粒物料，也可以装半流体胶体物料（如 500～1000g 的颗粒剂、饮料、奶粉等）。装量的大小可通过调节螺旋推进器的给定装料时间或调节转速，其调节幅度较大，能满足不同装量的要求。螺杆分装原理是利用螺杆间歇旋转，并按计量要求通过控制螺杆的转速将粉剂定量装入抗生素瓶中。其工作过程是：粉剂装入料斗中，分装头中的螺杆转动，使粉杯中粉剂沿轴线方向输送到料嘴处，并落入位于料嘴下方的药瓶中，精确地控制螺杆的转角即可控制装填量，其容积计算精度可达到 ±2%。螺杆式分装机的优点是：

① 控制每次分装螺杆的转速就可实施精确的装量，装量相对易控制；

② 易装拆清洗；

③ 使用中不会产生"漏粉"与"喷粉"现象；

④ 结构简单、维护方便，运行成本低。

但不完善之处是对原始粉剂状态有一定要求，当对不爽滑性粉剂分装时，要通过改变小搅拌桨和出粉口来确定装量精度。

螺杆式分装机是我国自主研发的药机的代表，是国内粉针剂应用较广的机型。国内双头螺杆式分装机是在单头螺杆式分装机基础上发展而来，已有 20 年历史。目前应用的种类包括双头、四头、八头螺杆式分装机。

4. 插管式装粉机构

插管式装粉机构适用于密度小、并带有黏附性的粉剂物料（如四环素、青霉素、土霉素等），计量精度达 7%。图 5-22 所示为一插管式装粉机构，适用于 2mL 直管瓶（ϕ12mm×90mm），装量 40～400mg，装填速度为 140～155 瓶/min。

插管式装粉机构的工作原理是：药粉置于储粉斗 9 内，储粉斗由主动大齿轮 10 带动间歇旋转，其内有 7、8 组成的振荡刮粉板，可将药粉刮匀以保证装填量的精确。插管 4 由卸粉顶杆 5 带动，插入具有一定厚度疏松药粉的储粉斗内，药粉即被压入并附着于插管内。然后将插管连同药粉升起并旋转 180°转到卸粉工位，插管压板轴 3 带动插管压板 6 向下运动，压迫卸粉顶杆 5 将插管内药粉推入直管瓶 2 内。该装置每次装 5 瓶，药粉充填后，直管瓶被工作花盘 1 带动旋转 60°，按上述顺序继续分装另外 5 瓶。工作花盘共 36 个瓶槽开口，每一周分 6 次充填。直齿轮 11 为主动齿轮，由电机通过蜗形槽凸轮带动作间歇转动（图中未表示），分别带动齿轮 10 和 15，使储粉斗 9、插管 4 和工作花盘 1 作间歇回转。插管 4 和卸粉顶杆 5 的上下运动由凸轮及杠杆 13、14 拨动，以使插管轴 12 连同插管作上下升降运动，并使插管压板轴 3 连同插管压板 6 作周期性的下压，致使卸粉顶杆 5 将插管内的药粉推出，实现卸料。

插管式分装机构只能用于少量并带有一定黏附性药粉的分装，与图 5-22 原理相同的机构还可应用于硬胶囊的充填。在插管插入药粉后，相当于上述卸粉顶杆的柱塞首先将药粉在储粉斗内压实，然后再充填到胶囊中。所用插管及柱塞的直径应与所用胶囊的规格相匹配。

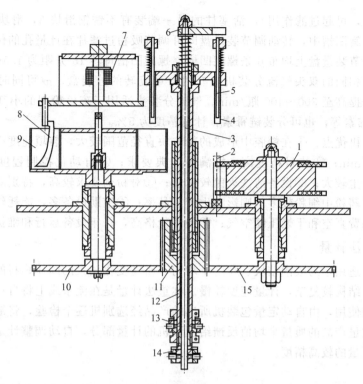

图 5-22　插管式装粉机构
1—工作花盘；2—直管瓶；3—插管压板轴；4—插管；5—卸粉顶杆；6—插管压板；
7—刮粉板振荡器；8—刮粉板；9—储粉斗；10—主动大齿轮；
11—直齿轮；12—插管轴；13,14—插管轴杠杆；15—从动大齿轮

5. 转鼓式装粉机构（气流分装）

转鼓式装粉机构是在回转的转鼓上开有若干个固定容积或可调容积的凹槽，以对物料进行计量。制药工业多使用可调容积的凹槽，代表设备为气流分装头，结构如图 5-23 所示。气流分装头适用于一般抗生素及其他疏松粉剂的小计量分装之用。其特点是利用真空吸粉进行容积定量，并利用净化压缩空气卸粉，以达到分装目的。分装头上部有药粉储存筒，药粉通过输粉口加入搅拌斗。搅拌斗内有搅拌桨，每吸粉一次转动一周，以使斗内药粉保持疏松并具有一定高度。搅拌斗下部有一可旋转的分装盘 1，分装盘上有 6 个径向圆形计量孔，以计量物料。每个计量孔的底部轴向各有圆孔与尼龙制端面阀 6 相接触，使计量孔在吸料操作时与真空相通，在卸料操作时与压缩空气相通。当计量孔与搅拌斗的下口相通时，由于真空的作用药粉被吸入计量孔内。待计量孔转入下方与西林瓶相对时，压缩空气便将药粉吹入西林瓶内。分装盘转速约 $10 \sim 11 r/min$，其分装速度为 $60 \sim 70$ 次$/min$，适用于青霉素、链霉素等的分装。

装量的调节由调节装量盘 2 来实现。在每个计量孔的内部有活塞柱 4，其一端装有吸粉过滤片 5（其多孔结构是由不锈

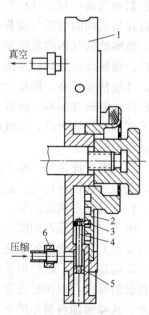

图 5-23　气流分装头
1—分装盘；2—装量盘；
3—滑块；4—活塞柱；
5—吸粉过滤片；6—端面阀

钢粉末烧结而成，可起过滤作用），活塞柱的另一端装有不锈钢滑块 3，滑块的一个边嵌入调节装量盘的螺旋凹槽中，转动调节装量盘即可调节吸粉过滤片在计量孔的位置，起到调节装量的作用。调节装量盘上均布 6 条螺旋凹槽，螺旋凹槽每转 15°升距为 1.5mm。

与上述结构相同的双头气流分装机上有两个可旋转的分装盘，故可同时装填两个西林瓶，分装能力可提高至 300～400 瓶/min。气流分装头适用于疏松粉剂的小剂量分装（50～500mg），如青霉素等，也可分装链霉素，计量精度为 5%。

气流式分装机优点：①在粉腔中形成的粉末块直径范围较大，装填速度亦较快，一般可达 300～400 瓶/min；②装量精度高，能满足药典要求；③自动化控制程度也较高。缺点为：①分装时粉尘较大；②设备清洗灭菌较麻烦；③对粉剂要求较高，特别对药粉细度、粒度要求较高，若药粉中细粉较多，则影响生产成品率；④辅助设备多，能耗较大，这是由于分装时同时要耗费真空和干燥压缩空气；⑤备件价格高，每年设备运行和维护费用较高。

（二）称重法计量

称重法计量适用于易吸潮结块、粒度不均匀、密度变化较大的固体物料的计量。称重计量精度较高，但结构较复杂，计量速度较慢。称重法计量是在流水线上将自动定量包装机与选别机同时安装使用，由自动定量包装机所出的产品经选别机逐个检验，将缺量和超量品剔出，并将一定数量产品的质量平均值反馈给包装机的计量部分，自动调整计量偏差，从而保证包装机自动定量的较高精度。

1. 自动秤

（1）概述　自动秤包括供料器、称量秤和控制装置。供料器是将物料从料仓输送到称量秤并进行称量的加料系统。供料器应具有可控性能，能随称量过程的需要实现大量供料（粗加料）、细微供料（细供料）和加料达到要求质量时的停止供料。供料器有电磁振动式、螺旋式和转鼓式等。称量秤分为杠杆秤组合、天平秤组合和弹簧秤组合等。控制装置通常分为电控制和气动控制。气动控制系统包括机械阀门、继电器、电子器件和气动装置。通过一个冲着称量机构的低压气流操作，当物料供给达到要求时，秤梁向平衡点移动并接近空气喷嘴，喷嘴处的气压将发生变化。压力变动信号经放大直接推动一个移动机构，使供料器停止供料。物料放出后，秤梁离开控制喷嘴，供料器开始下次称量给料。气动控制系统构造简单、计量精度较高，操作中需要一个恒压气源。电控制系统是由触点控制或无触点控制的电子器件、差动变压器、接近开关等组成。电子控制元件对照秤杆的位置发出相应的电信号，信号直接或经放大后，使继电器动作，控制给料器工作。所以控制装置的灵敏性将直接影响自动秤的精度。

（2）电子皮带秤　电子皮带秤属质量流量法自动秤，通过电子自动装置检测、控制和调整，进行连续供料称量，适用于粉状物料高速包装称量的需要，可用作物料质量流量的测量、积算以及连续配比等。

电子皮带秤原理如图 5-24 所示，被称量的物料连续流经自动秤上的皮带时，秤体将感受到皮带上物料质量的变化（对应视密度的变化）。通过差动变压器，将此质量变化转变为相应的电量变化，再经电子装置综合放大驱动可逆电动机，带动加料闸门的升降，控制皮带上料层的厚度，以保证皮带上物料的质量流量为一恒定值。经检测计量后的物料由皮带连续送走。其端部卸料漏斗的下方，装有一个等速回转的等分格圆盘，每格将截取相同质量的物料。再经圆盘分格下部的漏斗将物料装入包装袋或包装容器。只要适当调节皮带与等分圆盘的速度，即可达到所需要的称量。

皮带上质量的变化引起差动变压器的铁芯位移，送出相应的电压信号，检波成直流电

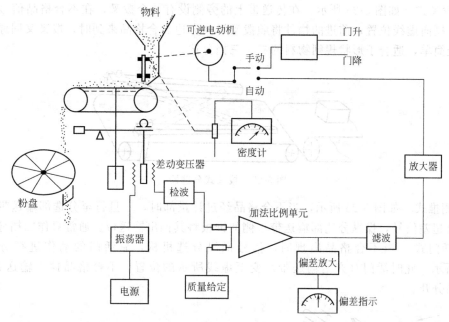

图 5-24 电子皮带秤原理

后，送到加法比例单元，与给定质量校正值（给定值）作综合比较，得到一差值电压。再经滤波器排除干扰，功率放大器放大，驱动可逆电机调节阀门的开关，即可保证皮带上物料质量的恒定。

对于一些分装速度和精度要求较高的粉剂分装设备，一般常采用容积计量的方法进行分装，如螺杆分装、气流分装等，同时会在分装设备上配置在线称重系统，称重方式一般是在分装之前先称空瓶质量，然后分装，再称分装之后的质量，以此来确定装量。

2. 选别机

自动选别机适用于袋装、盒装以及无包装的块状物品连续自动称量与分类。规格有大有小，结构型式多种多样。选别机一般安装在装料机或包装机之后。选别机多由两部分组成，前部分用作称量，称计量部；后部分用作分选，称分选部。

(1) 计量部的结构 根据物件称量时的动作，计量部可分为间歇式和连续式。

① 间歇式称量 此种结构是由数根相隔一定距离的绳带组成的输送带，被测件移动到秤盘中心时停止，在静态下进行称量，而后继续往前移动。秤盘上开有与绳带数量同样的沟槽，当被测物移到秤盘位置时，整个输送带下降（或秤体上升），秤盘将被测件托起后进行称量。称毕，被测件又被归位的输送带送走。由于称量时免除了输送带的影响，所以称量精度较高（但称量速度较慢）。

② 连续式称量 连续式称量中，被测件在连续通过称量器时完成称量。由于没有停滞时间，所以称量速度较快。但因物件和输送带振动的影响，所以精度稍低。

常用的输送器有如下两种：

a. 薄膜皮带式 运输带由一条宽带或若干条窄带组成。带子要薄、软且坚韧，被测件在称重时，才不会因带子的张力而影响称量值。

b. 皮带秤盘式 秤盘本身就是一条带有动力的输送带。采用这种型式，可免除输送带外部附加力的影响。适合对较大件物品的称量，也可用作间歇式称量。

(2) 分选部的结构 根据工作对象的不同，分选部的结构可分为下述几种型式：

① 拨叉式　如图 5-25 所示。在传送带上的旁侧设有 2 个拨叉，在不合格品信号的操纵下，拨叉摆向虚线位置，前进的物件将顺拨叉滑向旁边。合格品来到时，拨叉又回原位。该结构比较简单，适合于形状规则物料的二、三挡分选。

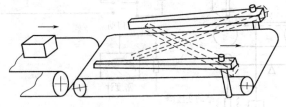

图 5-25　拨叉式分选器

② 侧推式　如图 5-26 所示，当不合格品经过计量部时，一旦行至分选部输送带，秤体就会发出超差信号，操纵分选部输送带一侧的推板将其推出输送带。通常只作二挡分选。

③ 活门式　当不合格品出现时，信号操纵分选机构，靠活门的动作进行分选，如图 5-27 所示。此时活门（亦是输送带）变至虚线所示的位置，不合格品掉入输送带下部，与合格品分开。

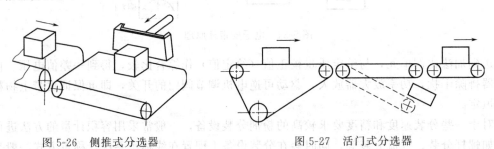

图 5-26　侧推式分选器　　　　　　　图 5-27　活门式分选器

④ 滑轮式　起输送作用的滑轮，在不合格品信号的控制下，能改变中心线的角度，使其上面物件的移送偏向另一方而与合格品分开，如图 5-28 所示。此种型式结构复杂，较适合于箱形大包装的分选。

⑤ 顺向滑板式　如图 5-29 所示，链杆 3 的两端与链条 4 相连接，链条带动链杆向前移动。链杆上带有能滑动的滑板 2，滑板下带槽。滑板与轨道 5 相配合（图中滑板下面有 3 条轨道）。由输送带 1 送来的物件，经称量为合格品时，滑板靠下面的沟槽进入中间轨道将其直线移出。如被称量的物件为不合格品，则输出信号控制滑板顺着超差的轨道前进，轻量品（或过量品）就沿着偏离中心的两侧位置输出。以这种型式分选，运行缓慢、动作平稳。但

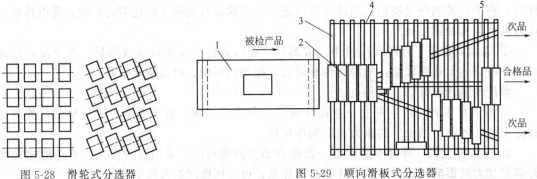

图 5-28　滑轮式分选器　　　　图 5-29　顺向滑板式分选器

1—输送带；2—滑板；3—链杆；4—链条；5—轨道

其结构复杂、成本较高。

⑥ 吹气式　该结构靠喷嘴喷出的压缩空气进行分选。

当不合格品出现时，信号操纵压缩空气的阀门将该不合格品吹出输送带，与合格品分开。吹气式分选只适用于质量较轻的小件物品。

⑦ 拨轮式　该结构在常规拨轮凹槽处设置负压正空，通过真空的通断控制来实现玻瓶的选择性输送。

⑧ 分选摆臂式　接收处分为两个或多个通道，分选摆臂在伺服电机的控制下快速切换通道位置，实现分选。

二、粒状药品计数装置

根据工作原理不同和技术的先进性，粒状药品计数装置可划分为3代，第1代是机械数粒，第2代是光电数粒，第3代是静电场数粒。国内的数粒技术以第1代和第2代为主，其中第2代光电技术应用越来越广泛，第3代在国外仍处于研发阶段。

（一）机械数粒装置

根据机械模板的型式与整机的工作原理不同，又可分为转盘式、履带（条板式）式两大类。机械式数粒技术工作原理是在不锈钢和各种塑料上预制一定数量和大小的孔槽，药品颗粒逐一填充进模板上的孔槽中，进行药品颗粒数粒，数粒完成的药品通过漏斗装瓶。机械数粒速度快，可达200瓶/min；数粒精度高，可达到99%以上，但数粒模板的适用性不足，如药物形状改变，需要更换数片模板。目前常用的转盘式数粒机结构如图5-30所示。

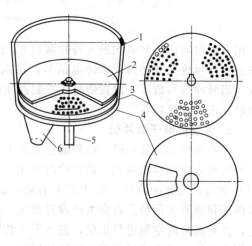

图5-30　转盘式数粒机结构示意图

1—料斗；2—盖板；3—数片模板；
4—托板；5—转轴；6—漏斗

（二）光电数粒装置

光电数粒技术首先出现在20世纪50年代的欧美发达国家并应用于工业实践。第2代光电数粒技术是安装一对发射和接收红外线传感器的数粒检测通道，当颗粒通过检测通道时，发射传感器的红外线被遮挡，接收传感器即可检测到接收红外线信号的脉冲变化，变化的脉冲通过计算机可编程控制器模块处理，通过特定算法对脉冲信号识别、判断，确定颗粒的特性，即可完成合格药品和次品的计数。

光电数粒技术根据药品颗粒输送方式可以分为振盘式（多通道）和转盘式。光电检测计数一个通道可在500粒/min速度下检测2.5mm的细小颗粒，准确率高，数粒精度高，产品适用性强，但数粒速度没有明显改善，因药品颗粒必须以大于最小识别尺寸的距离，间断地通过数粒通道，以完成对颗粒的准确判断，由于颗粒自由下落的速度受到限制，因此导致检测速度难以突破极值。提高光电数粒技术的方法主要通过增加颗粒检测通道的数量来实现，振盘式数粒机的药品输送可以通过增加振盘来达到，而转盘式光电数粒机则通过增加转盘光电数粒头的数目来达到。

1. 转盘式电子数粒机

利用旋转平盘对药粒进行排列并使之进入计数通道，在光电检测及控制装置的作用下进行定量计数和分装。如图5-31所示，药粒由料桶9经下料溜板8进入旋转平盘3，在离心力

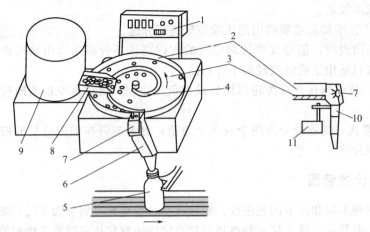

图 5-31 转盘式电子数粒机

1—控制器面板；2—围墙；3—旋转平盘；4—回形拨针；5—药瓶；6—药粒溜道；
7—光电传感器；8—下料溜板；9—料桶；10—翻板；11—电磁铁

作用下抛向周边，并依次进入药粒溜道 6。在药粒溜道上设有光电传感器 7，通过光电检测系统将信号放大并转换成脉冲电信号，输入到具有"预先设定"和"比较"功能的控制装置。当脉冲信号数等于设置值时，控制器使电磁铁 11 动作，将通道上的翻板 10 翻转，药粒通过并进入分装容器。

2. 多通道电子数片机

也称为振动盘数粒机，药粒通过自动上料机加入料斗。由三级电振使药粒连续依次地沿着药轨进入数粒检测单元，数粒检测单元通过光电检测，对药粒进行识别，将药粒数转换成 PLC 能接收的脉冲信号。由 PLC 对各通道的药粒进行计数，同时 PLC 控制各通道的料门，以保证每瓶所装药粒数符合生产设置要求。药粒装好后由正瓶/放瓶机构将装好药的瓶子移走，并对新来的空瓶进行正位，进入下一装瓶循环。装满药粒的瓶子到达剔除机构时，PLC 根据装瓶信息，决定是否将该瓶药粒剔除。振动式输送方式分配及输送药粒均匀，强制机构带来的对药粒的摩擦、挤压降低了碎粒和粉尘出现的可能。通过调整振动的频率及振幅，可以调节药品的输送速度。目前国内使用的光电数粒机以 12 或 24 轨道设备为主，检测直径在 3~23mm，在 100 粒/瓶的包装条件下，可达到 120 瓶/min 的速度，以及 99.9% 的包装精度要求。

三、液体药品的计量灌装

制药工业中液态药品的灌装种类繁多（如安瓿、输液瓶及药酒瓶灌装等），各种灌装机的灌装原理不尽相同。本节主要讨论液体药品灌装的计量方法及灌装阀的结构。

液体药品灌装的计量方法与灌装时包装容器内的压力状态有关。

1. 液体药品灌装

（1）常压灌装 包装容器保持常压，内部气体自然排出，液体及灌装头处于高位，包装容器置于低位，液体靠自重或活塞的作用从定量机构中排出，灌入包装容器中。

（2）真空灌装 包装容器密封，抽去容器中的空气，造成负压，液体在大气压力作用下被吸入包装容器中。真空灌装适用于快速灌装或剧毒药品的灌装，可避免滴漏，确保人体健康。

（3）等压灌装 先向包装容器内充气，使包装容器内气压和料液容器内气压相等，然后靠液体的自重进行灌装。等压灌装适用于溶有大量气体的液体灌装。

制药工业中大多采用常压灌装。液体药品根据产品性质（是否容易氧化），在灌装时可分为充氮灌装和普通灌装。

2. 液体药品灌装时的计量

（1）排气液位式　排气液位定量的原理是通过插入包装容器内排气管位置的高低来控制液位，以达到定量装料的目的，如图 5-32 所示。

当液体从进液管 4 进入瓶 1 时，瓶内空气由排气管 3 排出，随着液面上升至排气管时，因瓶口被垫片 2 密封，瓶子内部的气体不能排出，当液体继续流入时，这部分空气被压缩，液面稍超过排气口就不再升高，但可从排气管内上升，直至与液槽中的液位相平衡为止。瓶子随托盘下降时，排气管内的少量液体立即流入瓶内，至此定量装液工作完成。改变排气管下口在瓶内的位置，即可改变其装料量。该装置结构简单，使用方便，辅助设备少。由于以瓶内液位来定量，装料精度与瓶的制造质量有直接关系。

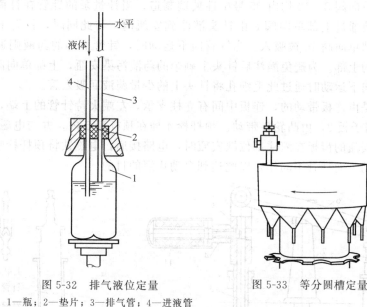

图 5-32　排气液位定量　　　　　图 5-33　等分圆槽定量
1—瓶；2—垫片；3—排气管；4—进液管

（2）等分圆槽定量　如图 5-33 所示，在匀速回转的圆形槽内有若干等分隔板，每一分格的下部均有一个随圆槽旋转的漏斗。在圆槽的上部固定有一个可精确调量的阀门，药液经此阀门调量后以恒定的流量注入圆槽内。由于圆槽匀速回转，故每一分格可注入等量的药液，经漏斗的下端开口灌注瓶内。瓶子经进瓶机构送入灌装机，在拨盘的作用下随圆槽一起旋转，灌装后的瓶子经出瓶机构输出。

由于用阀门直接控制流量，灌装又为漏斗式，因此在灌装过程中没有摩擦，可保证药液的高纯度，适合于大输液灌装。

灌装量的大小与药液阀门的开启程度及圆槽的转速有关。本机一般由无级变速器带动，生产能力的调整幅度较大，范围在 1200～3600 瓶/h。

等分圆槽定量机构结构简单、质量轻、使用寿命长且能量消耗小。

（3）量杯式定量　如图 5-34 所示，旋转的料槽内有若干个量杯。在压簧的作用下，量杯浸沉在料槽的液面以下，量杯内充满料液，如图 5-34（a）所示。灌装时，瓶子上升顶起瓶口座，并将量杯顶出液面。此时，下料管开启，量杯内的料液通过料管灌注于瓶内，如

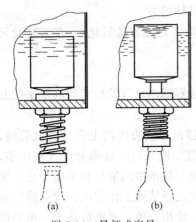

图 5-34　量杯式定量

图 5-34(b)所示。灌装量的大小与量杯的容积有关。量杯内置调节管，以调节灌装时量杯内的最低液面，灌装量为量杯的上缘与杯内调节管上缘间的一段距离的液体量。灌装量的调节可通过改变调节管的高度来达到。

（4）柱塞式定量　对黏度较高的液体（如糖浆剂）或灌装量很少的液体（如安瓿等），采用前述方式灌装的生产能力很低，故可采用柱塞式定量灌装。柱塞式定量装置的计量泵与柱塞泵的原理相同，利用作往复运动的柱塞将液体经吸入阀吸入，并经排出阀排出。灌装量与柱塞的直径及冲程有关。每个计量泵通常均对一个包装容器灌装。

图 5-35 为安瓿灌封机所用计量泵的结构及工作原理。计量泵 9 及单向阀 8、10 均由 95 号中性玻璃制造，当计量泵的针管在针筒内向上运动时，针管上部药液通过上部单向阀 8 由针头灌注到安瓿内，与此同时，针管下部因产生真空，药液通过下部单向阀 10 被吸入。当针管向下运动时，针管下部的药液则通过针管底部的孔洞进入针管的上部。为避免灌注后针头上剩余的药液污染安瓿，上部单向阀的阀芯有一毛细孔。在针管向下运动时通过此毛细孔将针头上的少量药液回吸入管。

针管的运动是由连板带动的，连板中间有立柱支承，左端夹持针管的上端，右端通过顶杆套、顶杆 3、扇子板 2，由凸轮 1 带动。顶杆栓 4 插在顶杆套 5 内，并与电磁铁 11 的铁芯相连，倘若输送安瓿的齿板在灌注部位缺安瓿时，电路接通，电磁铁将顶杆栓吸住。此时顶杆在顶杆套内滑动，而针管不动作，以此达到自动止灌的目的。

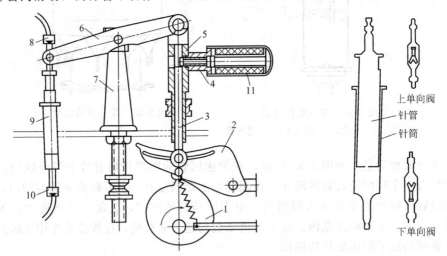

图 5-35　安瓿灌封机的计量装置

1—凸轮；2—扇子板；3—顶杆；4—顶杆栓；5—顶杆套；
6—连板；7—立柱；8，10—单向阀；9—玻璃计量泵；11—电磁铁

（5）转阀陶瓷泵或者金属泵定量　陶瓷泵和金属泵都属于柱塞泵的一种，主要是使用材质不同；其耐磨性、精度都会有些不同。陶瓷泵主要分为 3 个部分：泵体、推杆和转阀，如图 5-36 所示，转阀控制吸液和出液，推杆提供挤出动力，泵体用于计量和装液。

（6）蠕动泵滚轮式灌装阀定量　通过滚轮带动滚柱挤压硅胶管中的药液，来实现定量灌装（图 5-37）。蠕动泵灌装相对于陶瓷泵，清洗、灭菌、安装更加方便，但长时间挤压会使

硅胶管损坏，需要定期更换。

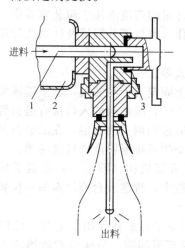

图 5-36　转阀陶瓷泵
1—推杆；2—泵体；3—转阀

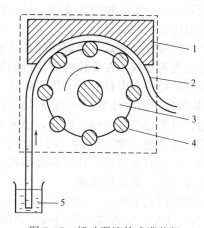

图 5-37　蠕动泵滚轮式灌装阀
1—压盖；2—硅胶管；3—滚轮；4—滚柱；5—载液

（7）时间-压力管道式灌装阀定量　时间-压力管道式灌装原理是在稳定的压力下管道内液体的流速是恒定的，在管口处单位时间内流出的液体体积是相等的，通过电磁阀与 PLC 根据时间控制装量（图 5-38）。

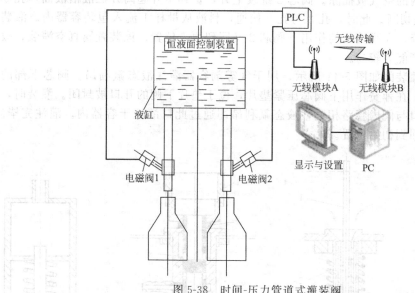

图 5-38　时间-压力管道式灌装阀

（8）质量流量计定量　质量流量计的理论基础是科里奥利测量原理，液体或气体的质量流量通过介质流经测量管产生的形变计算得出，介质的密度通过测量振荡管的振动频率测量。两个传感器检测科氏效应，当测量管是空管，两个传感器检测到相同的正弦波，无相位偏差；一旦满管工作时，作用在流动介质中的科氏力使测量管产生形变，传感器检测到相位偏差，相位偏差和质量流量成正比。单台质量流量计仪表即可直接测量质量流量、密度和温度，也可间接计算体积流量和浓度（质量或体积）。质量流量计适用于液体和气体、浆液及黏性介质、高黏介质、非匀质混合物、含固或含气的介质等，适合流量范围广，适应温度宽，可达 $-200\sim400\,^{\circ}\mathrm{C}$，测量管可耐高压，易于排污，易于清洗。

3. 灌装阀

灌装阀是药液灌装机的灌注部分，可将经过计量的药液灌注于包装容器中，并具有排出容器内空气等功能。灌装阀构造复杂，对一般操作（类似等分圆槽及柱塞式计量泵等药液的灌注）可采用针头、喷嘴等。

常用的灌装阀有旋塞式、弹簧阀门式及滑阀式等。

（1）旋塞式灌装阀　在旋转的灌装台的圆周上固定若干灌装阀，瓶子随灌装台旋转。灌装阀的料液出口处接有出料管，可将料液注入瓶子中，灌装阀的入口接有进料管及其他管路（如等压灌装需接压缩气体等）。灌装阀的开启是通过阀柄上的拨棍，在灌装台外侧适当位置固定有挡销，可拨动拨棍将阀芯旋转，使灌装阀全闭或接通料液进行灌注等。

瓶子由传送带进入灌装台后，由压缩空气式升降机构（图 5-16）将瓶子顶起，使瓶口紧压在灌装头，此时灌装阀打开，料液即灌注入瓶中，待灌装台旋转至另一位置，挡销拨动拨棍使灌装阀关闭，灌装即结束。

（2）弹簧阀门式灌装阀　如图 5-39 所示，当瓶子在瓶托作用下上升，瓶口压紧橡皮环 4，并将弹簧 2 压缩，使套筒 3 与阀碟 5 之间形成环形间隙，液体由贮液槽流入瓶中。瓶内的空气顺着管 1 排入贮液槽的液面以上空间，当瓶内液面升至管 1 下端时，进液停止。之后，瓶托开始下降，瓶嘴随即离开橡皮环 4，在弹簧 2 的作用下套筒 3 压紧阀碟 5，完成了一个瓶子的装料周期。

（3）滑阀式灌装阀　图 5-40 表示真空灌装中以量杯计量的滑阀式灌装阀，阀芯 2 处于起始位置，真空系统与料液系统互不连通。当包装容器 5 压紧阀芯压盖 4 并上升至孔 6 对准抽气口 7 时，容器内的空气被抽除。阀芯 2 继续上升，量杯 1 升起离开贮液槽液面，孔 6 离开抽气口 7，真空被切断。此时，孔 8 与孔 9 接通，料液从量杯 1 流入包装容器内。灌装完毕后，包装容器下降，在弹簧 3 的作用下阀芯 2 又回到原来位置。该装置属真空灌装，故料液灌注速度快，生产能力较高。

另一种滑阀式灌装阀如图 5-41 所示，用于气雾剂容器灌注液态氟利昂。阀芯下部的侧孔与下部开口相通，在弹簧作用下阀芯压紧垫片，位于垫片下侧的开口被封闭。灌装时，容器将阀芯顶起，开口与阀内管路相通，液态氟利昂即通过此口灌注于容器内。灌注完毕后，容器下降，阀芯又回到初始位置。

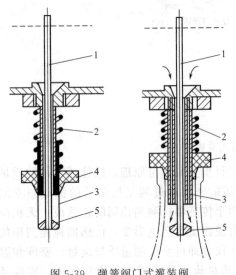

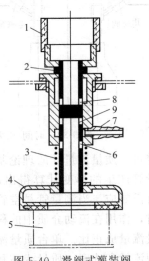

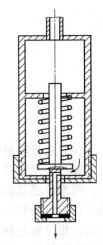

图 5-39　弹簧阀门式灌装阀
1—管；2—弹簧；3—套筒；
4—橡皮环；5—阀碟

图 5-40　滑阀式灌装阀
1—量杯；2—阀芯；3—弹簧；
4—阀芯压盖；5—包装容器；
6,8,9—孔；7—抽气口

图 5-41　气雾剂的
灌装阀

四、稠性药剂的计量灌装

稠性药剂的黏度很高、流动性差，给计量灌装带来一定困难，需使用泵送形式加压灌装，如目前软膏灌封机所使用的齿轮泵及活塞——旋塞式计量灌装机构等。

（一）齿轮泵式计量灌装

齿轮泵式灌装装置的主要结构是一对形如齿轮又相向旋转的转子，工作原理与齿轮泵相同，属于正位移方式。故能输送黏度很高的稠性物料。用于计量灌装时，其转子需作间歇旋转。

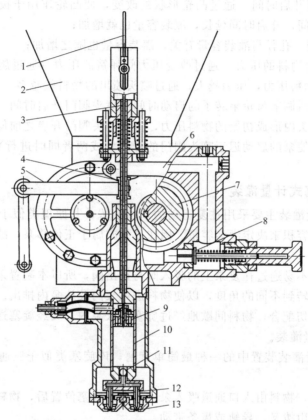

图 5-42　齿轮泵式软膏灌装机的齿轮泵及灌装阀
1—活塞杆；2—料斗；3—阀门杆；4—拨叉套；5—拨叉；6—装料塞板；7—齿轮泵；
8—压力阀；9—活塞；10—活塞套筒；11—阀门；12—喷头阀门；13—喷头

图 5-42 所示为齿轮泵式软膏灌装机的齿轮泵及灌装阀的结构原理。物料储存在上部的锥形料斗内，齿轮泵的转子由棘轮机构带动作间歇旋转，将物料送进灌装阀。

灌装阀固定于泵盖的出料口上，内部有活塞套筒，其下部连有 2 个喷头阀门，将灌装阀底部的 2 个喷头封闭。活塞套筒由阀门杆（空心圆管）带动。

灌装时，阀门杆上升，喷头开启，物料因齿轮泵的压力灌注于软管中。阀门杆的升降由凸轮通过拨叉拨动拨叉套来控制。

为防止灌装机转盘上无管时物料污染机器，设有无管时的停装机构。正常灌装时，装料塞板嵌入拨叉套与弹簧底座之间，无管时，装料塞板不能嵌入。拨叉套只能在阀门杆上滑动，不能顶起弹簧座，故在无管时不能灌注。

为防止灌注完毕时喷头上余料滴漏，在活塞套筒内部设有抽吸余料的活塞、阀门（钢珠）等。活塞杆从空心的阀门杆内伸出，由另一凸轮控制其作上下移动（图中未表示）。当灌注完毕（喷头阀门即将封闭）时，活塞杆带动活塞向上运动将喷头口的余料通过喷头阀门下端的开口吸入。吸入的物料经阀门、软管送回到装料斗。

齿轮泵的右下角装有压力阀，物料在齿轮泵内的压力可由调整弹簧压力来控制，物料压力超过弹簧压力后，即可通过压力阀由齿轮泵的排出口流回到吸入口。

齿轮泵式灌装机灌装容量的调整可有几种方法：

① 调整棘轮的进给齿数　进给齿数越多，灌装容量也就越多；

② 延长喷头阀门开启时间　通过凸轮形状的改变，使凸轮作用于拨叉的时间延长，可延长喷头阀门开启时间，开启时间延长，灌装容量也就增加；

③ 增加喷头孔径　孔径与灌装容量有关，灌装容量也随之增加；

④ 调节灌装阀内物料的压力　通过改变压力阀弹簧的压力（通过旋转压力阀调节套筒进行），可改变泵内物料压力，压力越大，通过喷头喷出的物料就越多。

应根据物料的性质调节齿轮泵转子的启动时间与喷头阀门开启时间，在灌装黏稠的膏剂时，需要在泵内和喷头内形成初始的物料压力，应在喷头阀门开启之前使泵启动。在灌装黏度较小的物料时，应使泵的启动迟于喷头阀门的开启（或两者同时进行），否则物料会产生喷溅，影响灌装。

（二）活塞-旋塞式计量灌装

活塞-旋塞式计量灌装主要采用往复运动的活塞装置，其原理类似于往复泵。利用活塞作往复运动所扫过的容积来决定灌装容量。因往复泵亦属于正位移泵，故本装置可灌装黏度很高的物料。

由于高黏度物料不易通过往复泵上的吸入阀与排出阀，所以本装置采用旋塞。在活塞的吸程和排程把旋塞旋转到不同的角度，以使物料进入泵内及从泵内排出。通过活塞往复运动和旋塞来回转动的密切配合，物料间歇地经过旋塞进入泵内，又经旋塞送出（进出过程是交替进行的），完成定量灌装。

活塞-旋塞式计量灌装装置中的一种最简单旋塞，该旋塞类似于三通旋塞，具有 2 个位置 3 个通道。

在活塞的作用下，物料由入口通道吸入泵内，变换旋塞位置后，物料又可通过出口通道排出。旋塞的运动可由拨叉、导轨或齿条带动。

另一种结构紧凑的旋塞如图 5-43 所示。该旋塞作为往复泵气缸套的一部分，套在往复运动的活塞外，为圆筒形。因已失去一般旋塞的形状，故多称其为泵阀。泵阀上开有 2 个物料出入口，在活塞作用下，当进料口正对进料管时，物料被吸入泵内，当泵阀旋转到另一角度后，出料口正对出料管，物料被排出、灌装。泵阀的转动一般由齿条带动。

图 5-44 所示为活塞-旋塞式计量灌装的软膏灌封机灌装部分泵阀工作原理的简化图。活塞的往复运动由位于图中右下部的凸轮带动（图中未表示），依次通过连杆、制动架、滚轮轨、泵冲程臂、泵冲程连杆、泵上冲程臂等带动活塞作往复运动。在活塞往夏运动间歇的期间，泵阀在齿条带动下旋转一定角度。物料由上部吸入泵内，由下部排出，并由喷嘴对软管进行灌装。灌装量与泵中活塞的直径及冲程有关，在活塞直径不变的情况下，冲程的大小可由改变泵冲程臂与泵冲程连杆的位置（或泵冲程连杆与泵上冲程臂的位置）来调节。

为防止无管时的跑料污染，设有无管时停装机构。有管灌装时，管子向上将释放环抬高，依次通过挂脚、带孔轴、制动杆、滚轮杆及其上的滚轮把滚轮轨压下，使之与制动架相

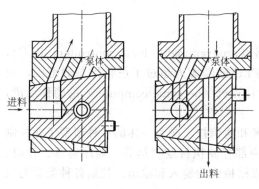

图 5-43　旋塞工作原理

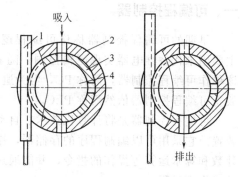

图 5-44　泵阀工作原理

1—齿条；2—泵体；3—泵阀；4—活塞

勾，制动架就可带动活塞动作。反之，若灌装时无管，释放环不能抬高，滚轮轨也不能与制动架相勾，活塞此时不动作，出料也无法进行。

为防止灌装后剩余在喷嘴口上的余料滴漏或形成的拖丝污染软管及影响封口，在活塞冲到前端但泵阀尚未转动时，需作一个轻微的反回冲程以进行回吸。如仍不能解决滴漏或拖丝，则可采用吹气装置，用压缩空气将最后一滴物料吹入软管。

第四节　自动控制系统

机电一体化是在信息论、控制论和系统论基础上建立起来的综合技术，在现代药品分装设备中应用广泛。机电一体化主要是指从系统观点出发，运用过程控制原理，将机械、电子与信息、检测等有关技术进行有机组合的技术。机电一体化的一个重要组成部分是自动控制系统（automatic control systems），它是在无人直接参与下可使生产过程或其他过程按期望规律或预定程序进行的控制系统。自动控制系统是实现自动化的主要手段，简称自控系统。其在药品分装设备中的优势体现在：

① 简化机械结构，容易调整　传统的包装机械控制系统多采用继电器、接触器等控制电路，复杂程度高，制造、调整、使用和维修均不方便。而机电一体化，采用 PLC、传感技术、伺服系统等取代电气控制柜和驱动装置，零部件数量减少，结构简化，体积缩小，调整更为简单。例如伺服系统和步进电机的使用，使到主轴的机械连接消失，每一个伺服系统或步进电机驱动的装置都是独立运转，压力、速度、位置只需要很少时间在人机界面上就可完成调整。

② 产品质量提高　PLC 伺服系统和步进电机提高了速度和精确度。如伺服系统是闭环反馈，以伺服系统为基础的封口机控制转矩的精度可达 $\pm 0.02\%$，而标准离合器驱动封口机的精度为 20%。

③ 减少维修次数　由于伺服系统应用减少了传动机构，因此减少了维修次数。药品分装设备的自动控制系统，一般包括可编程控制器、传感器、原动部分、传动系统、执行机构等部分。其中，可编程控制器的作用如同大脑，传感器是其感官，可感受各种包装参数的变化，并反馈到大脑（PLC）中，执行机构如伺服电机是其手足，各部分协调配合自动完成分装动作。

下面简要介绍几种自动控制元件：

一、可编程控制器

早期的可编程控制器称作可编程逻辑控制器（programmable logic controller，PLC），主要用来代替继电器实现逻辑控制。随着发展，PLC 已经大大超过了逻辑控制的范围，应该称作可编程控制器，简称 PC，但为避免与个人计算机（personal computer）的简称混淆，故将可编程控制器依然简称 PLC。

可编程控制器是将计算机技术、自动控制技术和通信技术融为一体的一种新型工业控制装置。它采用可以编制程序的存储器，用来在其内部存储执行逻辑运算、顺序运算、计时、计数和算术运算等操作的指令，并能通过数字式或模拟式的输入和输出，控制各种类型的机械或生产过程。

（一）PLC 的构成

从结构上分，PLC 分为固定式和组合式（模块式）两种。固定式 PLC 包括 CPU 板、I/O 板、显示面板、内存块、电源等。模块式 PLC 包括 CPU 模块、I/O 模块、内存、电源模块、底板或机架。

（1）CPU 是 PLC 的核心，类似于神经中枢，每套 PLC 至少有一个 CPU 主要由运算器、控制器、寄存器及实现它们之间联系的数据、控制及状态总线构成，CPU 单元还包括外围芯片、总线接口及有关电路。

（2）内存 内存主要用于存储程序及数据，是 PLC 不可缺少的组成单元。

（3）输入/输出部分（I/O）模块 输入/输出部分（I/O）是 PLC 与电气回路的接口，I/O 模块集成了 PLC 的 I/O 电路，其输入暂存器反映输入信号状态，输出点反映输出锁存器状态。输入模块将电信号变换成数字信号进入 PLC 系统，输出模块相反。

（4）电源模块 为 PLC 各模块的集成电路提供工作电源，有的还为输入电路提供 24V 的工作电源。

（5）底板或机架 其作用是在电气方面，实现各模块间的联系，使 CPU 能访问底板上的所有模块；在机械方面，实现各模块间的连接，使各模块构成一个整体。

（6）PLC 系统的其他设备

① 编程设备：编程器是 PLC 开发应用、监测运行、检查维护不可缺少的器件，用于编程、对系统做出设定、监控 PLC 及 PLC 所控制的系统的工作状况；

② 人机界面：目前广泛应用的人机界面是液晶屏（或触摸屏）式的一体式操作员终端，由计算机（运行组态软件）充当人机界面非常普及；

③ PLC 的通信联网：工业网络技术有助于收集、传送生产和管理数据，网络在自动化系统集成工程中的重要性越来越显著，甚至有人提出"网络就是控制器"的观点。PLC 具有通信联网的功能，它使 PLC 与 PLC 之间、PLC 与上位计算机以及其他智能设备之间能够交换信息，形成统一整体，实现分散集中控制。

（二）PLC 的分类

（1）按 I/O 点数及内存容量 分为微型 PLC、小型 PLC、中型 PLC、大型 PLC 以及超大型 PLC。微型 PLC 的控制点数为几个点、十几个点，可多至几十个点，一般不超过 100 个点；小型 PLC 控制的点数一般在 100 个点以上；中型 PLC 控制的点数为 500 点左右；大型 PLC 的控制点数一般在 1000 点以上；超大型 PLC 控制的点数可达到 10000 点甚至几万、几十万点。

（2）按组成结构 分为一体化整体式 PLC 和模块式结构化 PLC。整体式 PLC 是将电源、CPU、I/O 系统、内存等都集成在一起。微型以及小型 PLC 多为整体式。模块式的 PLC 是由不同的模块组成。如机架、电源模块、CPU 模块、输入/输出模块、通信模块等，大、中型 PLC 机一般采用模块式。

（3）按输出形式 分为继电器输出、晶体管输出、晶闸管输出，继电器输出为有触点输出方式，晶体管与晶闸管输出为无触点输出方式。

（4）按照电源供电类型 分为直流和交流电源供电。

（5）按功能 分为顺序控制 PLC、运动控制 PLC 以及过程控制 PLC 等。

（6）按使用环境 分为一般环境下使用和特殊环境（如高温、低温、耐腐蚀、灰尘等）下使用 PLC。

（三）PLC 的特点

（1）可靠性高，抗干扰能力强 由于采用现代大规模集成电路技术，严格的生产工艺制造，以及内部电路先进的抗干扰技术，PLC 具有很高的可靠性，和同等规模的继电接触器系统相比，电气接线及开关接点已减少到数百分之一甚至数千分之一，故障率也大大降低。PLC 带有硬件故障自我检测功能，出现故障时可及时发出警报信息。

（2）配套齐全，功能完善，适用性强 PLC 具有大、中、小各规模的系列产品，可用于各种规模的工业控制场合，PLC 具有完善的数据运算能力，可用于各种数字控制领域，如位置控制、温度控制等各种控制中。

（3）易学易用，深受工程技术人员欢迎。

（4）系统的设计、建造工作量小，维护方便，容易改造 适合多品种、小批量的生产场合。

（5）体积小，质量轻，能耗低。

（四）PLC 的应用领域

① 开关量的逻辑控制；

② 模拟量控制，包括温度、压力、流量、液位和速度等；

③ 运动控制，如可驱动步进电机或伺服电机的单轴或多轴位置控制模块；

④ 数据处理，指具有数学运算（含矩阵运算、函数运算、逻辑运算）、数据传送、数据转换、排序、查表、位操作等功能，可完成数据的采集、分析及处理，数据可与存储在存储器中的参考值比较，完成一定的控制操作，也可利用通信功能传送到别的智能装置，或打印制表；

⑤ 通信及联网，PLC 通信含 PLC 间的通信及 PLC 与其他智能设备间的通信。

（五）PLC 在分装机械的应用

PLC 可以直接连接继电器，传感器，可视技术等控制元件，进行数据处理以及监控，达到自动控制的目的。如在分装机上和光电传感器配合使用达到缺瓶止灌功能，在多通道数粒机中和传感器配合实现计数等功能，和可视技术配合达到不符合要求的产品的剔除。在现代制药机械中 PLC 已经成为一种不可缺少的控制元件。

二、伺服系统

伺服一词源于希腊语"奴隶"。伺服系统，又称随动系统，是使物体的位置、方位、状态等输出被控量能够跟随输入目标（或给定值）的任意变化而变化的自动控制系统。其特征是在信号来到之前，转子静止不动；信号来到之后，转子立即转动；当信号消失，转子能即时自行停转为动作。伺服的主要任务是按控制命令的要求，对功率进行放大、变换与调控等处理，使驱动装置输出的力矩、速度和位置控制灵活方便。

1. 伺服系统的组成

包括伺服系统控制器、伺服驱动器、伺服电机和编码器。在分装设备中伺服系统控制器一般由 PLC 充当。

2. 伺服驱动器

伺服驱动器又名伺服控制器，主要由功率驱动器、控制器和传感器组成。其中除了位置传感器以外，还有电压、电流和速度传感器。控制器是伺服驱动器中的关键所在，药品分装设备中使用的多是计算机数字控制，精度高、动态性能好。而位置传感器则分为反馈电压信号的电位器、反馈模拟信号的电磁感应传感器、反馈数字式脉冲信号的光电编码器以及反馈数字式电磁脉冲信号的磁性编码器。

3. 伺服电机

伺服电机是使用自控装置中执行元件的微型特种电机，又称执行电动机。伺服电机把输入的电压信号变换成电机轴上的角位移或者角速度输出。伺服电机的精确度可以达到 0.001mm。在药品分装设备中，多采用全数字控制的正弦波电动机的交流伺服驱动系统。

4. 伺服电机在机械中的作用和特点

伺服系统在分装机械中的主要作用是精密带动机构完成一定的运动（直线运动或转动），如粉体灌装中采用伺服电机驱动螺杆下料，在液体灌装机中控制计量泵的行程，控制装量。伺服系统简化了机械传动系统，使包装机的运行更加平稳可靠，降低机械噪声和机器故障率。

三、传感器

传感器是一种将非电量转换为电量的器件，将来自外界的各种信号转换成电信号。在自动控制系统中，传感器相当于系统的感受器官，其功能是检测自动控制系统自身与操作对象、作业环境的状态，为自动控制系统提供信息，保证自动控制系统达到高水平。

传感器技术是实现自动控制、自动调节的关键环节，是自动控制系统的关键技术之一，其水平高低在很大程度上影响和决定着系统的功能，水平越高，系统的自动化程度就越高。在分装设备中用到的传感器包括光电传感器、液位传感器、流量计等。在自动控制中传感器将信号传递给 PLC，PLC 发出指令给执行机构，做出某种动作，实现自动控制。

四、机器视觉系统

机器视觉是指通过光学装置和非接触式传感器接收和处理一个真实物体的图像，以获得所需信息用于控制机器人运动的装置。视觉系统是指通过机器视觉产品，将被摄取目标转换成图像信号，传送给专用的图像处理系统，根据像素分布和亮度、颜色等信息，转变成数字化信号，图像系统对信号进行运算，给出判别的结果来控制现场的设备动作，是用于生产、装配或包装的有价值的系统。在药片分装设备联动线中，它在检测和剔除缺陷药品方面扮演着重要的角色。在多通道数粒机中采用机器视觉系统可以检测药品形状的完整性，并将信号传递给 PLC，将含有形状不合格片剂的瓶子从生产线上剔除，保证产品的质量。目前机器视觉系统已经应用在检测液体注射剂中的不溶性微粒，粉针剂的表面特征，片剂、丸剂的完整性等方面。随着技术的发展，将会有更多的药品分装设备采用机器视觉系统。

机器视觉系统由光学系统（光源、镜头、工业相机），图像采集单元，图像处理单元，执行结构和人机界面等组成。

五、工业机器人

工业机器人是工业物流自动化中的重要装置之一，是当今世界新技术革命的一个重要标志。随着计算机技术、控制技术、人工智能的发展，出现了各种先进的可配视觉、触觉的机器人，为物流行业开拓了新的应用领域。工业机器人之所以能够准确操作，是因为它能够通过各种传感器来准确感知自身、操作对象及作业环境的状态，其自身状态信息的获取是通过内部传感器（位置、位移、速度、加速度等）完成，操作对象与外部环境的感知通过外部传感器来实现，这个过程非常重要，足以为机器人控制提供反馈信息。应用于工业机器人的传感器通常有位移传感器、速度和加速度传感器等。目前工业机器人主要应用于药品包装的装盒、装箱、码垛等工序中。

"智能制造"被定位为中国制造的战略发展方向。作为制造业的重要组成部分，药企也必然要更重视药品制造的智能化、信息化和可追溯性。如西林瓶、安瓿瓶、口服液瓶、卡式瓶、预充针、三合一吹灌封、软袋及大输液玻璃瓶等一系列无菌药品生产的全自动化生产设备与信息化管理系统实现了信息技术与制造技术深度融合，打造数字化与智能化制造工厂。智能制药工程整体解决方案的应用，有两个关键问题要着重解决。一是提升设备自动化水平，即采用大量的自动化设备代替人工操作，实现生产高度自动化及去人力化；二是搭建信息化管理平台，实现互联网技术与工厂的深度融合，实现智能化生产及生产全流程信息的自动化采集、存储。如设备信息、工艺数据、环境参数、人员与物料的信息等，通过应用大数据、云计算、物联网技术，实现设备自动预警、远程维护和运营管理，最终实现智能生产。

第五节 隔离系统

无菌药品生产中，人是最大的污染源。减少人员干预，可降低污染风险。隔离技术是目前公认的保护产品及保护人（隔离器）的技术。故制药机械隔离化技术有着洁净性与安全性两大特点，是今后制药机械发展的一致趋势。在制药机械隔离化技术中常用下列方法：手套式操作、密封舱、快速交换传递口、充气式密封、空气锁、装袋进出、管路密封输送、机械手等自动控制装置。目前无菌产品的分装操作环境采用的形式包括：①传统 A 级无菌室，等效 Class100（ISO5 标准）；②Open-RABS，开式 RABS 隔离系统；③Closed-RABS，闭式 RABS 隔离系统；④Isolator 隔离器系统。

本节对 RABS 隔离系统做简要介绍。

1. RABS（restricted access barried system，又称为隔离器系统和粉体系统）

限制通道的屏障系统，是为药品、生物制品的无菌检查、无菌分装、生物检测等提供局部空气净化环境且与外界实现物理隔离而设计的一种特殊净化产品。

2. RABS 隔离器系统作用

①提供物理屏障，隔离人员与无菌生产环境，提高无菌产品保证能力，限制人员对无菌产品的污染；②双门具有联锁系统，实现安全的隔离传递；③可按不同无菌药品工艺要求提供主室内正压或负压控制；④实际需要可配备在位清洗（CIP）和在位灭菌（SIP）装置；⑤设备送排风系统可按工艺需要设置开式或闭式循环方式。

3. RABS 隔离器系统应用

可用于药厂无菌药品的灌装，粉针剂的分装、压塞以及无菌制剂的配制等工序。无菌药生产的高风险控制，以及毒性产品生产防护，使得传统的洁净室技术已越来越不能满足产品质量以及对环境、人员保护的要求，亦使得隔离器技术在制药工业的应用得到迅速发展。从最初被用于替代局部洁净室，至今已被行业内广泛认同，RABS 隔离器系统已成为提高产品质量与改善操作安全性的理想解决方案。

4. RABS 隔离器系统组成

隔离器是一个密闭的系统，在此密闭的环境中，通过风机过滤器单元（高效过滤器、HEPA 或超高效过滤器），实现空气的安全交换，达到对内部环境中的微粒与微生物的持续控制，内部表面已经过生物去污处理，使用快速传递通道或气阀进行物料传递、转移。箱体采用 304 不锈钢材料制作，由送风箱、主室、传递舱与支架组成。主室内的空气由风机吸入静压箱，经高效过滤器过滤后，从出风面均流膜均匀吹出，再经主室底部初效过滤器回风口返回静压箱，从而形成从上至下的垂直洁净气流，并且能不断自循环，洁净气流以均匀的断面风速流经工作区，从而将该洁净区域内的尘埃带走，形成高洁净度环境。

第六节　分装设备举例

1. 西林瓶灌装加塞机

目前常用的西林瓶灌装加塞机，前面部分为理瓶机（理瓶盘），贯穿设备的是西林瓶输送系统，中间部分为灌装系统，右侧为加塞系统，最后为出瓶及分选系统，如图 5-45 所示。

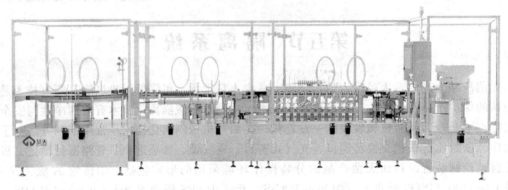

图 5-45　西林瓶灌装加塞机

2. 水剂类灌装系统

主要由灌装泵、管路、灌针、分液器、驱动系统组成。对于直接接触无菌药品的部分，一般需要清洗和灭菌。目前清洗、灭菌的方式可分为离线和 CIP/SIP（在线清洗/灭菌）两种方式。

离线清洗/灭菌需要将灌装系统各部件，如灌针、管路、灌装泵、分液器，分别拆卸、清洗、灭菌后，再无菌转移、安装；对于要求较高的操作，建议扩大层流保护，让操作者置于层流下进行无菌安装，减少污染风险。如图 5-46 所示。

在线清洗/灭菌系统（CIP/SIP）可实现灌装系统的在线清洗和灭菌，生产换批时，无需人工对灌装泵等部件进行拆装，可更好地保证设备的无菌水平，如图 5-47 所示。由于人是最大的污染源，故减少人员的干预就能有效减少污染。CIP/SIP 需要特殊的灌装泵，成本较高，可根据药品附加值选择配置。

称重：药品灌装过程中，需要对装量进行称重抽检，以确保装量精度，目前有两种方式

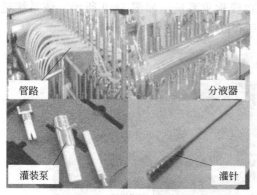

图 5-46　离线清洗/灭菌装置

图 5-47　在线清洗/灭菌系统

可供选择：离线称重与在线称重（IPC）。

离线称重需配置取样通道，将需要检测的药瓶自动取出后称重，如图 5-48 所示。人为打开玻璃门取样，会带来灌装加塞机内部 A 级环境的破坏，新版 GMP 规定"轧盖前产品视为处于未完全密封状态"，故灌装加塞机内需要 A 级保护，此处 A 级环境的破坏会严重影响产品质量。

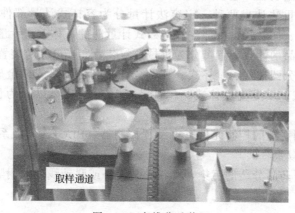

图 5-48　离线称重装置

对于一些附加值较高的药品，可选择配置在线称重系统，如图 5-49 所示。该系统进行装量抽检时，无需人工操作，与离线称重相比具有以下 3 个方面的优势：

去皮工位

称重工位

图 5-49　在线称重装置

① 减少了生产过程中装量检测的操作人员，避免人员疏忽或者操作上的失误影响整个装量检测的准确性和真实性；

② 减少药液的浪费，包括因灌装误差与装量抽检带来的药液浪费，因而减少经济损失；

③ 在线自动校正灌装泵装量，灌装的精度更有保障，提高了产品的质量及无菌的保障水平。

本章小结

1. 本章以瓶类容器的包装介绍分装技术，在药品包装中还有软袋类包装和泡罩类包装（本章没有涉及）。

2. 瓶类容器的包装目前多采用联动线。本章所述的药品分装设备组成部分如容器传送装置、药品计量装置、封口盖封装置、自动控制系统和隔离系统都属于联动线的组成部分。瓶类容器包装联动线可分为理瓶机、数粒机、塞棉条纸条机、旋盖机、电磁感应封口机、贴签机等。

3. 容器的输送装置可分为传送装置、进瓶装置和瓶子的升降机构。根据容器的不同传送装置可分为安瓿传送装置、瓶类包装物传送装置和软管类包装物传送装置；瓶子的升降机构可分为滑道式升降机构、压缩空气式升降机构、混合式升降机构。

4. 药品的计量装置可以分为粉状药品计量装置、粒状药品计量装置、液体药品计量装置以及稠性药品计量装置，这些是根据药品特点设计的计量装置。粉状药品计量装置可分为定容法计量和称重法计量两种，定容法计量分为容杯式计量部件、微量粉体计量部件、螺旋式计量部件、插管式计量部件、转鼓式计量部件；称重法计量装置可以分为自动秤和选别机。粒状药品的计数装置可分为机械数粒装置和光电数粒装置。液体药品计量方式有排气液位式、等分圆槽式、量杯式、柱塞式、转阀陶瓷泵式或金属泵式、蠕动泵式、时间-压力（液量）式、质量流量计式；稠性药品计量灌装可以分为齿轮泵式、活塞-旋塞式。

5. 组成自动控制系统的控制元件有可编程控制器（PLC）、伺服系统、传感器、机器视觉系统、工业机器人等。

6. 为减少环境对药品分装的污染，可在分装设备或联动线外采用隔离系统。

第六章

制剂工程设计概述

学习目标

1. 掌握制剂车间设计的基本流程、设计思路和主要的环节。
2. 熟悉工艺流程图的分类、三算的基本步骤和公共系统的组成。
3. 了解非工艺系统的组成和中试放大的要求。

制剂工程设计不是简单的设备选型、排布的过程，而是制药工程设计的一个重要分支，其设计过程应尊重我国关于药厂车间设计的有关规定和要求。首先，设计工作要有具有资质的相关专业单位来完成，通常是指经过资格认证并获得主管部门颁发的设计证书、从事医药专业设计的设计单位或技术人员，根据药厂建设单位的具体需求，所进行的一系列工程技术活动，其中心目的是为了保证高质、高效地建设制剂生产厂或生产车间，为后续的稳定生产服务。

制剂工程设计的质量关系重大，涉及项目投资、建设速度和经济效益等多个重要方面，是一项政策性极强的工作。可以说，制剂工程设计是以医药工程技术人员的技术素质、道德素养、责任意识为基础，从事药物制剂生产项目建设技术活动的一项系统工程。

第一节　设计原则及设计思路

一、设计原则

设计原则是设计过程中必须首先确定的重要选项。由于药品关乎生命，所以在设计之初必须做以明确规定。一般意义上讲，设计过程应该遵循以下原则。

① 严格执行药品生产质量管理规范（GMP）的相关规定。

② 严格执行我国其他有关规范的各项规定和要求。

③ 项目建设要统一规范、分期实施。

④ 环保、消防、安全卫生、节能、经济核算等，应与工程设计同步进行。

二、设计思路

制剂工程设计是一项比较繁杂的设计过程，其中包含众多的考虑因素，但是从大体上讲，也可以有比较概括性的设计思路。制剂工程设计要以工艺流程为基础，制剂工程设计始终是为药品的顺利生产服务的，所以保证工艺的严格执行，高质、高效地完成工艺是设计的最终目的。

随着技术的发展和进步，行业竞争越来越激烈以及国家对药品生产的严格、规范化管理，在设计中，质量、安全、经济等因素的影响更显重要。根据多方面的要求和考虑，按照各项要求的轻重缓急划分出合理的设计优先顺序，在设计过程中逐项达到要求，并在优化的基础上，做出优中选优的最终方案，是在设计中首先要明确的思路。如：满足工艺、设备精炼，洁净区集中、环保统一处理，人员操作方便，人流人性化，物流路径短等，就可以作为一种设计思路以供选择。

第二节 设计过程

制剂工程设计过程需要完成的工作比较多，可以有一个比较明确的设计过程，但是实际操作过程中往往有各个过程步骤相互交叉的情况出现，具体情况具体分析。一般的设计程序有以下几个步骤。

一、工艺流程

工艺流程是设计的前提和基础，制剂工程设计的所有工作，都围绕着工艺流程展开。一般把工艺流程用图解（框图）的形式表示出来，例如，由原、辅料到制得成品的过程中，物料和能量发生的变化及流向，采用哪些药剂加工方式和设备（主要指物理过程、物理化学过程、设备）。工艺流程的确定，为进一步进行中试放大、设备选型设计、车间布置、管道布置、电控系统设计等提供依据和参考。

图 6-1～图 6-6 所示为几种典型制剂工艺流程框图举例。

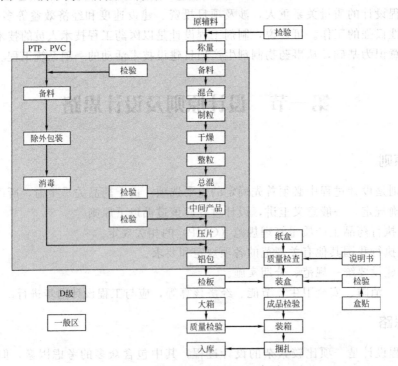

图 6-1 片剂生产工艺流程示意图

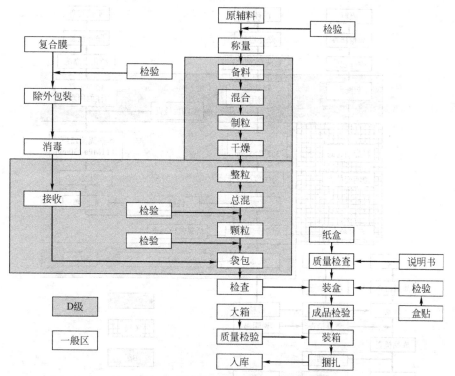

图 6-2 颗粒剂生产工艺流程示意图

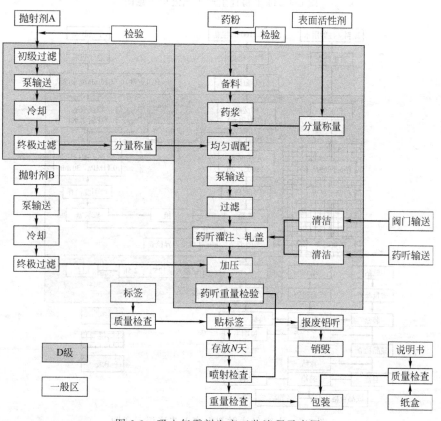

图 6-3 吸入气雾剂生产工艺流程示意图

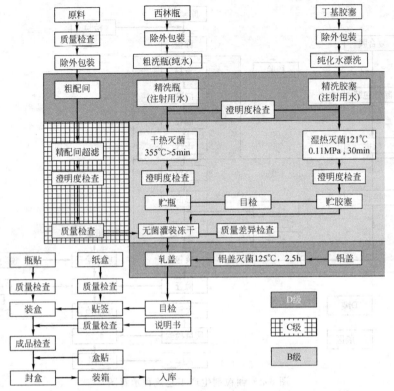

图 6-4 冻干粉针生产工艺流程示意图

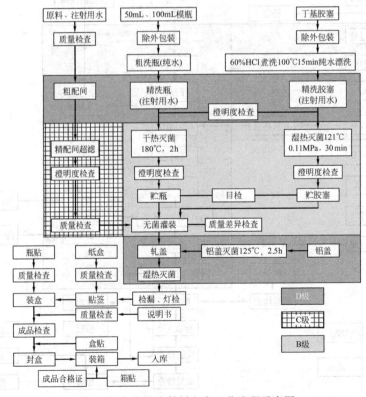

图 6-5 大容量注射剂生产工艺流程示意图

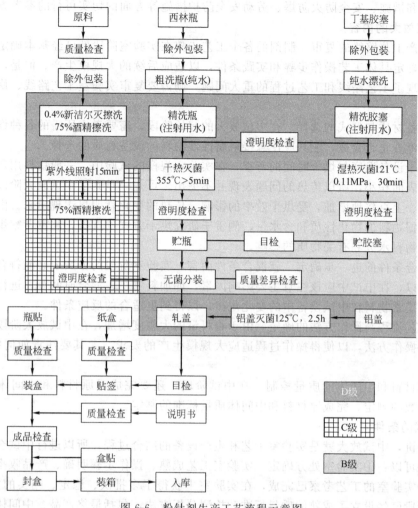

图 6-6　粉针剂生产工艺流程示意图

二、中试放大

中试放大就是小型生产模拟的试生产过程，是小试到生产的必经环节。当药品工艺路线确定以后，一般要将实验室规模放大 50～100 倍，以深入研究中等规模装置中各步工艺的变化规律，并解决实验室阶段未能解决或尚未发现的问题。虽然从根本上讲，制剂的生产工艺不会随实验或生产的规模不同而不同，但各步的最佳工艺条件却存在随着规模和设备等外部条件的不同而改变的可能性。所以说，中试放大是高效、可靠地过渡到工业化生产的必然阶段。

由此可见，一个完整的制剂开发过程，应该是：查阅文献、实验室探索、中试完善、工业化生产。

中试放大的目的可以简单归结为：首先，中试是在中等规模的实际生产设备上来完成工艺路线，可以确保未来生产的产品质量合格、生产操作规范；其次，中试设备的设计原理、选型与实际生产大体一致，可以为后续的车间设计提供依据；最后，中试放大可以完善实验室的工艺路线，为正式生产提供数据和最佳物料量和物料消耗。所以，中试放大可以为实际生产提供在工艺条件、操作过程、设备选型、质量指标、原材料单耗等经济技术指标、三废的处理方案和措施、安全防火防爆、劳动安全防护措施等方面的切实可行的参考方案。

1. 中试放大的内容

（1）生产工艺路线的复审　制剂的各个工艺步骤在实验室阶段就已经基本确定，在中试阶段，只是确定具体工艺操作步骤和实践条件，以适应后续的大规模生产。但是，如果在中试过程中发现了工艺路线和工艺过程的重大问题，则需要复审实验室工艺路线、修正其工艺过程。

（2）设备材质与型式的选择　在中试放大的起始阶段，需要考虑所需的各种设备的材质和型式，并考查是否合适，尤其应注意接触腐蚀性物料的设备材质的选择。

（3）烘干设备温度与烘干时间的考查　在实验室规模的试验中，一般物料用量少、体积小、物料比表面积小，所以传热的问题表现并不突出。可是一旦到了中试放大阶段，物料的用量几十倍、上百倍地增加，受烘干效率的影响，传热的变化就明显表现出来。由此，中试时有必要根据物料的物化性质和含水量，侧重于研究烘干方式的选择，注重考察烘干温度与烘干时间对物料水分和有关物质的影响。

（4）混合条件的进一步确定　就混合条件而言，实验室阶段的方案未必能符合中试放大的要求，所以，在中试中应该注意主要影响因素，如加料顺序、混合时间等，进行进一步的试验研究，摸索物料在中试设备中的变化规律，以得到更适合的反应条件。

（5）工艺流程与操作方法的确定　由于物料量的大幅度增加，在中试放大阶段有必要考虑各工序的操作方法，以使得操作过程适应大规模生产的要求，尤其要注意如何缩短工序、简化操作。

（6）原材料和中间体的质量控制　在中试阶段，还要完成对原材料和中间体的物化性质、性能参数的测定，完成原材料和中间体质量标准的制定。

2. 中试的条件

通俗来讲，中试放大就是实验室工艺和生产设备的结合过程，所以进行中试至少要具备下列条件才可以：①实验室处方确定、实验室工艺成熟、操作步骤明确、产品收率稳定且质量可靠；②实验室的工艺考察已完成，在实验室中获得了多批次、稳定、翔实的实验数据；③实验室阶段已经设立了成熟的质量标准和检测分析方法，包括最终产品、中间体和原材料的检测分析方法；④已经进行了部分实验设备、管道材质的耐腐蚀实验；⑤完成了物料衡算；⑥三废处理问题已经有了初步的方案；⑦实验室阶段已经提供了原材料的规格和单耗数量；⑧已经初步提出了保证安全生产的要求和方案。

3. 中试放大的方法

中试放大的主要方法一般有下面几种。

① 经验放大法　主要依靠研发和生产技术人员的实际经验，通过逐级放大来实现中试。这一方法是目前制剂工艺中采用的主要方法。

② 相似放大法　主要应用相似性原理，如结构相似等，进行放大试生产。这种方法有一定的局限性，一般只适用于物理过程的放大。

③ 数学模拟放大法　主要是应用现代计算机技术、先进的软件、恰当的数学模型等，对工艺过程进行仿真模拟的放大方法。这种方法在工业研究中比较常用，特别在军工的设计、生产中应用比较广泛，随着技术的进步，已经逐步地引入了制剂行业，未来有一定的发展潜力。

4. 中试放大的任务

中试是实验室研究与工业大生产之间的桥梁和纽带，是实验室规模的扩大版、是工业生产的缩小版。一般来说，中试放大的任务主要有以下几点。

（1）确定最终处方和工艺　在中试生产中，可以进一步考核和完善实验室工艺路线，对处方及每一工艺步骤，都应该力求获得基本稳定的数据。考核实验室阶段试提供的处方与工艺，在工艺条件、设备、原材料等方面是否有特殊要求，是否适合实际的大规模生产。特别当实验室处方及工艺，在中试放大中暴露出难以解决的重大问题时，应该及时选择其他处方及工艺，重新进行中试放大。

（2）确定设备选材和选型　对于接触强酸、强碱、高腐蚀性物料的设备，尤其要注意材质的选择。

（3）确定烘干设备的烘干温度与时间　如前所述，在实验室中因物料量小，所以传热问题不明显。但到了中试放大阶段，则必须根据物料的物化性质、参数以及反应特点，注重考查烘干设备、烘干温度与烘干时间对烘干效果的影响规律以及参数变化对有关物质的影响程度，以便正确地选择烘干设备和设定烘干条件。

（4）深入研究工艺参数　由于实验室研究阶段与中试放大阶段设备的变化明显，所以实验室中确定的最佳工艺参数不一定完全符合中试放大的要求。因此，应该对诸如加料顺序、烘干效果、压片速度和压力等重要的影响因素进行进一步的深入研究，以便掌握其在中试设备中的变化规律，得到更为优化的工艺参数。

（5）确定工艺流程和操作方法　在中试阶段，要提出整个制剂生产的工艺流程、各个单元操作的工艺规程、安全操作要求及制度。应该通过试生产，利用调整工艺条件等方法，使反应和后处理操作方法适用于后续大规模生产的要求。考虑的切入点应该是如何缩短工序、简化操作、提高生产率，以此来确定最终的生产工艺流程和操作方法。

（6）物料衡算、规划物料　物料衡算必须要保证参与反应的原、辅料的重量总和与投料前各种物料投入量的总和保持精确的一致性，杜绝大误差的出现。对于没有现成的分析方法的化学成分，要深入研究其分析方法。

（7）制订原材料、中间体的质量标准　中试研究的任务之一，是要根据中试放大的结果，制订或修订中间体和成品的质量标准以及其分析鉴定方法。实验室阶段的质量标准有欠完善的，要根据中试放大的试验结果进行修订和完善。

（8）确定消耗定额、原材料成本、操作工时、生产周期等　在中试放大中，要根据原材料、动力消耗和操作工时等，初步核算经济技术指标，概算出生产成本。后续要进行的车间基建设计、设备选型、设备选购计划等，都需要依据中试放大研究总结报告。如果选择非标设备，还需要考虑设备的设计与制造。

中试阶段以后，就可以进行后续的设计过程，如按照施工图进行生产车间的厂房建筑、设备安装、试产及短期试产，一旦生产稳定，即可制定工艺规程，交付大规模车间生产。

5. 中试放大的步骤

① 以实验室阶段的操作步骤为基础，进行中试的物料衡算和制定中试的工艺流程。物料衡算包括原材料消耗和生产成本估算。工艺流程应是操作步骤和设备结合的综合体现。

② 以工艺流程图为依据，确定中试工艺、安装中试工艺设备。这里涉及的比较重要的方面包括：a. 如果是在改装车间，就要从安全、通风、采暖、照明、配电等方面加以考虑；b. 根据设备布置的需要来设计布置操作平台；c. 安装和调试设备。

③ 在设备完备的情况下，以实验室的操作步骤和实验流程为基础，编制中试操作规程。

④ 配合车间工作人员，完成操作培训，进行试车。试车的过程一般是，先分步进行，考察每步操作和试车情况，然后再同时进行。

⑤ 开始正式试验生产。正式开始中试生产的过程中，需要考察的项目主要有：a. 验证

工艺、稳定收率；b. 验证实验室操作步骤；c. 验证大规模生产的特殊操作过程；d. 确定生产安全性措施；e. 积累数据、完善资料，生产中间体及成品的批次一般不少于 3～5 批。

⑥ 制定大规模生产的工艺方案、确定其工艺流程。这是中试的最终目的，后续的大规模生产需要以中试提供的数据为依据，以此来进行后续的工艺过程确认和设备选型，进而完成工业化设计、安装、试车、正式投入生产等。

中试放大过程所生产的原料药，可以供临床试验。中试生产的一切活动应该符合《药品生产质量管理规范》（GMP）的要求，产品的质量和纯度要达到相应的药用标准。比如美国美国食品药品监督管理局（FDA）就规定，在新药申请（NDA）时，需要提供中试生产（或今后大规模生产）的资料。

6. 中试产品的用途

中试放大过程所生产出来的产品，其用途一般可以概括为：①确认产品质量（溶出度、脆碎度、含量、均匀度等）；②进行必要的降解研究、稳定性研究及方法开发；③提供给客户进行初步剂型研究。

三、三算

这里的三算泛指制剂工程设计中的物料衡算、热量衡算和工艺设备计算。

1. 物料衡算

物料衡算是以质量守恒定律为基础，对物料平衡进行计算。物料平衡是指"在单位时间内进入系统（体系）的全部物料质量必定等于离开该系统（体系）的全部物料质量，再加上损失掉的和积累起来的物料质量"。

在制剂工程设计过程中，物料衡算是在工艺流程确定以后进行的，其目的是根据原料与产品之间的定量转化关系，计算原料的消耗量、各种中间产品、产品和副产品的产量、生产过程中各阶段的消耗量以及组成，进而为热量衡算、其他工艺计算及设备计算打基础。

物料衡算通用计算公式如式（6-1）所示：

$$\sum G_{投入} = \sum G_{产品} + \sum G_{回收} + \sum G_{流失} \tag{6-1}$$

式中，$\sum G_{投入}$——投入系统的物料总量；$\sum G_{产品}$——系统产出的产品和副产品总量；$\sum G_{流失}$——系统中流失的物料总量；$\sum G_{回收}$——系统中回收的物料总量。

其中产品量应包括产品和副产品量；流失量包括除产品、副产品及回收量以外各种形式的损失量，污染物排放量即包括在其中。

环境影响评价中的物料平衡计算法即是通过这个物料平衡的原理，在计算条件具备的情况下，估算出污染物的排放量。

物料平衡计算包括总物料平衡计算、有毒有害物料平衡计算及有毒有害元素物料平衡计算。进行有毒有害物料平衡计算时，当投入的物料在生产过程中发生化学反应时，可按下列总量法或定额工时进行衡算，如式（6-2）所示：

$$\sum G_{排放} = \sum G_{投入} - \sum G_{回收} - \sum G_{处理} - \sum G_{转化} - \sum G_{产品} \tag{6-2}$$

式中，$\sum G_{投入}$——投入物料中的某物质总量；$\sum G_{产品}$——进入产品结构中的某物质总量；$\sum G_{回收}$——进入回收产品中的某物质总量；$\sum G_{处理}$——经净化处理的某物质总量；$\sum G_{转化}$——生产过程中被分解、转化的某物质总量；$\sum G_{排放}$——某物质以污染物形式排放的总量。

采用物料平衡法计算污染物排放量时，必须对生产工艺、物理变化、化学反应及副反应和环境管理等情况进行全面了解，掌握原料、辅助材料、燃料的成分和消耗定额、产品的产收率等基本技术数据。

2. 热量衡算

热量衡算是指，当物料经过设备时，如果其动能、位能或对外界所做的功，对于总能量的变化影响比较小甚至可以忽略不计时，能量守恒定律可以简化为热量衡算。它是建立过程数学模型的一个重要手段，是化工计算的重要组成部分。通过热量衡算，可以确定为达到一定的物理或化学变化所需的传入设备中或从设备中传出的热量。根据热量衡算可确定加热剂或冷却剂的用量，以及设备的换热面积，也可以建立起进入和离开设备的物料的热状态（包括温度、压力、组成和相态）之间的关系，对于复杂过程，热量衡算往往需与物料衡算联立求解。

物质具有的热能是对照某一基准状态来计量的，相当于物质从基准状态加热到所处状态需要的热量。当物质发生相态变化时，需计入相变时的潜热，如汽化热（或冷凝热）、熔融热（或凝固热）等。不同液体混合时，需计入由于浓度变化而产生的混合热（或溶解热）。工程上常用热力学参数焓来表示单位质量物质所具有的热量，单位质量物料状态变化所需的热量，等于两种状态下焓值的差。热量衡算的步骤，与物料衡算大致相同。

3. 工艺设备计算

工艺设备计算主要指设备选型，通常情况下推荐使用已有的标准化设备，设计过程中设备以外购为主，设计单位要提供设备的各项具体参数，以便设备生产厂家按要求生产。设备选型应顺应生产工艺要求和市场供应情况，首先根据最佳的流量、压力、浓度、反应速率和反应率等进行设备参数的确定，然后按照技术上先进、经济上合理、生产上适用的原则，以及可行性、维修性、操作性和能源供应等要求，进行调查和分析比较，以确定设备的优化方案。

设备选型一般要达到以下几点要求：① 满足工艺要求；② 满足 GMP 中有关设备选型，选材的要求；③ 设备要成熟可靠；④ 满足设备结构上的要求；⑤ 要考虑技术经济指标。

除了选型设计之外，在必要的情况下，也可能会出现非标设备的选择。所谓非标设备也称非标准设备，是指不是按照国家颁布的统一的行业标准和规格制造的设备，是国家定型标准以外的不定型、不成系列的设备，是根据自己的用途需要，自行设计制造的设备，其外观或性能不包含在国家设备产品目录内。此类设备是需要首先进行单体设计，然后进行单台或小批量加工制造的设备。非标设备的特殊性，使得设备生产厂家不可能在工艺过程中采用批量生产，只能按一次订货，根据具体的设计图纸来进行制造。设计非标设备的基本原则是：结构合理简单、安全可靠、降低制造成本，符合国家的相关标准、规程及技术规范。

在实际的工艺设备设计过程中，尽量采用标准设备，避免使用非标设备。

四、车间布置

制剂生产车间与其他行业的生产车间有所不同，根据 GMP 的要求，依照原料种类以及车间生产药品剂型的不同，各车间都有不同洁净等级的要求，达到某一洁净等级的标准主要是参考车间环境中的细菌数和尘埃粒子数，车间中人员因素对洁净度的影响比较大，一般可以占到 1/3 左右。由此，GMP 车间设计的重点是，防止药品生产中产生交叉污染、混药和差错事故。

1. 洁净等级的划分

2010 版（新版）GMP 中，将洁净等级划分为 A、B、C、D 四个级别，2010 版 GMP 与 1998 版（旧版）GMP 中关于洁净度等级的规定有所不同，旧版 GMP 是按照百级、万级、十万级来划分的。A、B、C、D级在控制上有动、静态之分，而百级、万级、十万级则基本无动静态之分，两者之间有着明显的差异。

GMP参照 ISO 14644《洁净室及相关受控环境国际标准》中的规定，采用了欧盟（EV）和世界卫生组织（WHO）最新的 A、B、C、D 分级标准，并对无菌药品生产的洁净度级别提出了非常具体的要求。具体标准如下。

静态测量：指所有设备均已安装就绪，但未运行且没有操作人员在现场的状态。

动态测量：指生成设备均按预定的工艺模式运行且有规定数量的操作人员在现场操作的状态。

2010 版 GMP 关于无菌药品的生产的洁净区，划分为 4 个等级。

A 级：高风险操作区，如灌装区、放置胶塞桶和与无菌制剂直接接触的敞口包装容器的区域及无菌装配或连接操作的区域，应当用单向流操作台（罩）维持该区的环境状态。单向流系统在其工作区域必须均匀送风，风速为 0.36～0.54m/s（指导值）。应当有数据证明单向流的状态并经过验证。在密闭的隔离操作器或手套箱内，可使用较低的风速。

B 级：指无菌配制和灌装等高风险操作 A 级洁净区所处的背景区域。

C 级和 D 级：指无菌药品生产过程中重要程度较低的操作步骤的洁净区。

根据 2010 版 GMP 附录 1《无菌药品》中第三章第九条的规定，洁净区各级别空气悬浮粒子的标准规定如表 6-1 所示。

表 6-1　洁净区各级别空气悬浮粒子的标准

洁净度级别	空气悬浮粒子最大允许数/(颗/m³)				近似对应传统规格
	静态		动态		
	≥0.5μm	≥5μm	≥0.5μm	≥5μm	
A 级	3520(ISO 5)	20	3550(ISO 5)	20	100 级
B 级	3520(ISO 5)	29	352000(ISO 7)	2900	100 级
C 级	352000(ISO 7)	2900	3520000(ISO 8)	29000	10000 级
D 级	3520000(ISO 8)	29000	不作规定	不作规定	100000 级

2010 版 GMP 洁净度等级 A、B、C、D 级的具体参数有如下规定。

A 级洁净区：洁净操作区的空气温度应为 20～24℃；洁净操作区的空气相对湿度应为 45%～60%；操作区的风速，水平风速≥0.54m/s，垂直风速≥0.36m/s；高效过滤器的检漏＞99.97%；照度＞300～600lx；噪声≤75db（动态测试）。

B 级洁净区：洁净操作区的空气温度应为 20～24℃；洁净操作区的空气相对湿度应为 45%～60%；房间换气次数≥25 次/h；压差，B 级区相对室外≥10Pa，同一级别的不同区域按气流流向应保持一定的压差；高效过滤器的检漏＞99.97%；照度＞300～600lx；噪声≤75db（动态测试）。

C 级洁净区：洁净操作区的空气温度应为 20～24℃；洁净操作区的空气相对湿度应为 45%～60%；房间换气次数≥25 次/h；压差，C 级区相对室外≥10Pa，同一级别的不同区域按气流流向应保持一定的压差；高效过滤器的检漏＞99.97%；照度＞300～600lx；噪声≤75db（动态测试）。

D 级洁净区：洁净操作区的空气温度应为 18～26℃；洁净操作区的空气相对湿度应为 45%～60%；房间换气次数≥15 次/h；压差，100000 级区相对室外≥10Pa；高效过滤器的检漏＞99.97%；照度＞300～600lx；噪声≤75db（动态测试）。

无菌药品的生产操作环境可参照表 6-2 和表 6-3 中的示例进行选择。

表 6-2　最终灭菌产品生产操作环境级别参考

2010 版 GMP		1998 版 GMP	
最终灭菌产品			
洁净级别	生产工序	洁净级别	生产工序
A（C 级背景）	高污染风险的产品灌装或灌封	100	大容量注射剂的灌封
C	产品灌装（或灌封） 高污染风险产品的配制和过滤 限用制剂、无菌软膏剂、无菌混悬剂等的配制、灌装（或灌封） 直接接触药品的包装材料和器具最终清洗后的处理	10000	注射剂的稀配、滤过 小容量注射剂的灌封 直接接触药品的包装材料的最终处理
D	轧盖 灌装前的物料准备 产品配制和过滤（指浓配或采用密闭系统的稀配） 直接接触药品的包装材料和器具的最终清洗	100000	注射剂浓配或采用密闭系统的稀配

表 6-3　非最终灭菌产品的无菌生产及非无菌产品生产操作环境级别参考

2010 版 GMP		1998 版 GMP	
非最终灭菌产品的无菌生产			
洁净级别	生产工序	洁净级别	生产工序
A（B 级背景）	处于未完全密封状态下产品的操作和转运，如产品灌装（或灌封）、分装、压塞、轧盖等 灌装前无法除菌过滤的药液或产品的配制 直接接触药品的包装材料、器具灭菌后的装配以及处于未完全密封状态下的转运和存放	100	灌装前不需除菌滤过的药液配制 注射剂的灌封、分装和压塞 直接接触药品的包装材料最终处理后的暴露环境
B	处于未完全密封状态下的产品置于完全密封容器内的转运 直接接触药品的包装材料、器具灭菌后处于密闭容器内的转运和存放	—	—
C	灌装前可除菌过滤的药液或产品的配制 产品的过滤	10000	灌装前需除菌滤过的药液配制 供角膜创伤或手术用滴眼剂的配制和灌装
D	直接接触药品的包装材料、器具的最终清洗、装配或包装、灭菌	100000	轧盖 直接接触药品的包装材料最后一次精洗的最低要求
非无菌产品			
洁净级别	生产工序	洁净级别	生产工序
D	口服液体和固体制剂、腔道用药（含直肠用药）、表皮外用药等非无菌制剂生产的暴露工序区域及其直接接触药品的包装材料最终处理的暴露工序区域，应参照"无菌药品"附录中 D 级洁净区的要求设置，企业可根据产品的标准和特性对该区域采取适当的微生物监控措施	100000	非最终灭菌口服液体药品的暴露工序 深部组织创伤外用药品、眼用药品的暴露工序 除直肠用药外的腔道用药的暴露工序 直接接触药品的包装材料最终处理的暴露工序洁净度级别应与其药品生产环境相同
—	—	300000	最终灭菌口服液体药品的暴露工序 口服固体药品的暴露工序 表皮外用药品暴露工序；直肠用药的暴露工序 直接接触药品的包装材料最终处理的暴露工序洁净度级别应与其药品生产环境相同

2. 区域划分

根据 GMP 的要求，制剂车间中人员和物料必须分设各自独立的出入口，原、辅料和成品的出入口必须分开，人员和物料进入车间要有各自的净化专用室和相应设施，如人员更衣、洗手、手消毒、物料脱外包、清洁、灭菌等过程；洁净操作区只允许存放与操作有关的物料，设置必要的工艺设备，用于制造、储存的区域不得作为非该区域人员的通道；生产区要减少生产流程的迂回往返，尽量减少人员流动和动作；维修保养时，不宜安排在车间内；空气洁净度高的房间宜设在人员最少到达的地方，宜在最里面；空气洁净度相同的房间宜相对集中；不同空气洁净度房间之间相联系要有防止污染的措施，如气闸室、空气吹淋室、传递窗等；人、物电梯应分开，并尽量不要设在净化车间内，否则要给予保护。

3. 生产设施布置

生产设施布置是指如何采用科学的方法，排布和放置各种生产区域、设备、设施，使生产区域科学合理、设备设施与车间的整体生产运作系统有机结合，以达到企业高效生产、节省资金、节约能源的经营目的。

(1) 以产品为对象的布置　由于有些产品与其他剂型无法共用生产工段，因此这些产品的生产只能一个剂型一个车间，如大输液、粉针剂等的车间布置，这应该属于产品对象专业化布置，产品对象专业化的布置较简单，车间布置按产品的生产流程顺序从一个工作地流向下一个工作地，直到结束。

(2) 以工艺为对象的布置　因为某些制剂的部分工段可以共用，所以，一般将制剂厂的片剂、冲剂等固体制剂生产过程安排在一个车间内，或将口服液、糖浆剂等划分在一个车间内，就是对工艺对象的专业化布置。工艺对象专业化的车间布置较复杂，要考虑较多因素，如需要进行投资费用合算；设置布置要柔性，以便适应不同需要，并留有改扩建的余地；物料搬运次数要少，搬运时间要短，路程要短，搬运路线尽可能不要交叉，不要干扰其他岗位的生产，以免产生混药；劳动生产效率要高，设备操作和维修要方便，不能破坏洁净级别，工作环境噪声要小，振动要小，人员工作不能太压抑。

五、公共系统

制剂车间公共系统一般是指各种车间通常都会用到的如水、电、压缩空气、空调等，一般需要独立设计，并和车间其他设备按照工艺要求交叉地应用在一起。

1. 水

制剂生产中的水通常是通过管道连续流出的，可随时取用，这与其他原料、辅料、包装材料的按批检验和释放不太一样。为保证制剂用水质量的稳定性和一致性，即水系统生产出的水在任何时候都是合格的，2010 版 GMP 对水系统的设计和验证做了严格的要求，具体规定了以下四种制药用水：

① 饮用水　为天然水经净化处理所得的水，其质量必须符合现行中华人民共和国国家标准 GB 5749—2006《生活饮用水卫生标准》。

② 纯化水　为饮用水经蒸馏法、离子交换法、反渗透法或其他适宜的方法制得的制药用水。不含任何添加剂，其质量应符合纯化水项下的规定。

③ 注射用水　为纯化水经蒸馏所得的水。应符合细菌内毒素试验要求。注射用水必须在防止细菌内毒素产生的设计条件下生产、贮藏及分装。其质量应符合注射用水项下的规定。

④ 灭菌注射用水　为注射用水按照注射剂生产工艺制备所得。不含任何添加剂。

四种水的具体应用范围如表 6-4 所示。

表 6-4 制药用水类别及应用范围

类别	应用范围
饮用水	药品包装材料粗洗用水、中药材和中药饮片的清洗、浸润、提取等用水； 《中华人民共和国药典》(简称中国药典)同时说明，饮用水可作为药材净制时的漂洗、制药用具的粗洗用水。除另有规定外，也可作为药材的提取溶剂
纯化水	非无菌药品的配料、直接接触药品的设备、器具和包装材料最后一次洗涤用水、非无菌原料药精制工艺用水、制备注射用水的水源、直接接触非最终灭菌棉织品的包装材料粗洗用水等； 纯化水可作为配制普通药物制剂用的溶剂或试验用水；可作为中药注射剂、滴眼剂等灭菌制剂所用饮片的提取溶剂；口服、外用制剂配制用溶剂或稀释剂；非灭菌制剂用器具的精洗用水。也用作非灭菌制剂所用饮片的提取溶剂。纯化水不得用于注射剂的配制与稀释
注射用水	直接接触无菌药品的包装材料的最后一次精洗用水、无菌原料药精制工艺用水、直接接触无菌原料药的包装材料的最后洗涤用水、无菌制剂的配料用水等； 注射用水可作为配制注射剂、滴眼剂等的溶剂或稀释剂及容器的精洗用水
灭菌注射用水	灭菌注射用灭菌粉末的溶剂或注射剂的稀释剂。其质量应符合灭菌注射用水项下的规定

以纯化水为例，水系统设计的大体过程简述如下。

① 设计依据：原水水质和工艺用水水质要求。

② 原水水源及水质：用户提供的水质报告单确定原水水源，鉴于季节对水质的影响很大，应有一年四季的原水水质分析报告。

③ 设计规模：产水量根据客户提供的用水量统计或要求而定。

④ 工艺用水水质：满足相关药典质量要求的水。如采用 RO (Reverse Osmosis，反渗透) +EDI (Electrodeionization，电去离子) 的纯化水制备系统，最终纯化水质量符合最新版的欧洲药典、美国药典和中国药典的质量要求。

⑤ 公用系统要求：原水应满足或处理成饮用水标准，其供给能力大于纯化水设备的生产能力；如果系统中配置换热器进行消毒，一般需要 0.3MPa 以上的工业蒸汽；用于控制系统的压缩空气压力一般为 0.55~0.8MPa；用于预处理部分反洗的压缩空气压力一般为0.2MPa；不同生产能力的设备对电源功率要求不一样。

⑥ 控制系统：控制系统通常采用 PLC 自动控制和手动控制。如果设备正常运行时采用PLC 控制，如果遇到紧急情况或设备处于非正常工作时系统可采用手动控制。控制系统要监控操作参数如进水的 pH 值、进水电导率、进水温度和终端产品质量（如 pH、电导率和温度等），这些参数用可校验的并可追踪的仪表来测量，可以用手写的或电子记录，包括有纸的或无纸的记录系统来记录相关数据。

2. 电

主要指制剂车间的电气设计。如供电电压、负荷等级、人工照明等。

制剂车间供电工程设计一般包括：① 变配电所设计；② 配电线路设计；③ 电气照明设计。

设计主要步骤：

① 按照工艺、公用设计所提供的资料，确定全厂电力负荷分级、计算车间及全厂的计算负荷；

② 根据车间环境及计算负荷数值，选择车间变电所位置及变压器容量、数量；

③ 根据负荷等级、全厂计算负荷，选定供电电源、电压等级及供电方式；

④ 选择总降压变电所（配电所）位置，变压器台数及容量；

⑤ 确定总降压变电所（配电所）接线图和厂区内的高压配电方案；

⑥ 选择高低压电气设备及配电网线路载流导体的截面，必要时，需要进行短路条件下动稳定及热稳定的校验；

⑦ 选择继电保护及供电系统的自动化方式，进行参数的整定计算；

⑧ 提出变电所和工厂建筑物的防雷措施、接地方式及接地电阻的设计计算；

⑨ 确定提高功率因数的补偿措施；

⑩ 选定变电所的控制及调试方式；

⑪ 核算建设所需设备与总投资。

3. 压缩空气

压缩空气主要用于液体制剂中的灌装机，固体制剂中的制粒机、加浆机、填充机、包装机、印字机，提取工艺中的提取罐，此外，还有化验中试用气、物料输送、干燥、吹扫、气动仪表、自动控制用气等。

压缩空气的用途：

① 压缩空气用于提取罐的作用是为排渣提供动力，便于排渣；

② 用于中药粉碎机、旋转式压片机、胶囊抛光机等是起吹扫作用，能够及时将粉尘、杂质等清除；

③ 用于中药灭菌装置能够为灭菌过程提供密封的环境，使灭菌效果更佳；

④ 用于胶囊填充机是起动力作用，将填充好的胶囊及时出料，防止因排料不及时，导致填充过程中断；

⑤ 用于超声波洗瓶机是为彻底清除瓶内的杂质提供动力；

⑥ 用于泡罩包装机是为 PVC 材料吹塑成型提供动力；

⑦ 用于喷雾干燥制粒是为喷枪喷洒药液或者黏合剂提供动力以及为及时清除粉尘提供必要的动力；

⑧ 用于高速混合制粒是为此过程提供密封的环境和一定的动力，使物料混合均匀，以达到混合制粒的最佳效果，同时也为出料和进料提供了较大的动力。

药品作为一种特殊的物质，与人们的生命息息相关，因此国家食品药品监督管理总局对制药行业制订了严格的质量规范。其中压缩空气是制药行业的关键介质，因此：

① 对其过滤器和呼吸过滤器的完整性应定期检查，以避免混入微小的颗粒（如尘埃、铁锈等），微小颗粒极易损坏气动元件，堵塞节流孔，更加严重的是极易对物料造成严重的污染。

② 需严格控制混合在压缩空气中的油蒸气的含量，防止其超过一定程度而引起爆炸。

③ 需严格控制混合在压缩空气中的水分，因在一定的温度压力下混合于其中的水分就会饱和析出水滴，当压缩空气与物料接触时，极易对物料的质量造成严重的影响，甚至影响整批药物的质量，造成巨大的经济损失。

④ 压缩空气的温度应适宜，如温度过高会引起空压系统的密封件、软管材料、膜片等老化。

⑤ 应定期对压缩空气的管路系统进行检查，防止因管路漏气而达不到所需的动力，影响药物的生产过程以及产品的质量。

一般来说，药品生产用的气源质量等级应该满足 GB/T 13277.1—2008 和 GB/T 13277.2—2015 的要求。

4. 空调

室内空气计算参数包括温度、相对湿度、流速、洁净度、允许噪声标准和余压等空气状态参数。

工艺性空调的室内空气计算参数是按工艺过程的特殊要求提出的，同时又须考虑人体卫生（人体热平衡和舒适感）的要求。而对于舒适性空调（民用建筑和公共建筑空调）则主要从人体舒适感出发，确定室内空气计算参数。

六、非工艺因素

是指除了工艺专业人员可以自行完成的设计任务以外，需要其他专业人员配合完成设计任务的专业，以工艺专业提出的设计条件为基础依据。一般非工艺方面的因素，是指如设备设计、仪表及自动化、土建、公用工程、厂址选择和总平面图等。后续章节中会针对这些因素进行逐步的叙述。

· 本章小结 ·

在设计之初对设计工作有一个综合性的总体认识，对于提高设计效率和准确性有着至关重要的作用。在把握设计思路、设计原则的基础上，了解整个设计过程所涵盖的内容和步骤，分类认识设计步骤中的各个环节，对于从整体上把握后续的设计过程，合理安排设计阶段，科学分配设计时间，有着很好的辅助作用。所以，这部分内容需要认真掌握，以利于设计工作的顺利进行。

第七章

制剂车间设计基础

学习目标

1. 掌握制剂车间设计的环节和步骤、工艺流程图的种类和每种流程图的设计方法、物料衡算的基本方法和过程、能量衡算的基本方法和过程。

2. 熟悉车间设计的节能设计方法。

3. 了解前期准备文件的组成、中试放大的重要性。

制剂工程设计是针对药物制剂生产厂或生产车间的设计，根据制剂产品的特点合理进行，并要遵循下列基本要求：

① 严格执行国家有关规范和规定以及国家食品药品监督管理总局《药品生产质量管理规范》（GMP）的各项规范和要求，使制剂生产在环境、厂房与设施、设备、工艺布局等方面符合 GMP 要求。

② 环境保护、消防、职业安全卫生、节能设计与制剂工程设计同步，严格执行国家及地方有关的法规、法令。

③ 对工程实行统一规划的原则，为合理使用工程用地，并结合医药生产中制剂工程设计的特点，尽可能采用连片生产厂房一次设计，一期或分期建设。

④ 设备选型宜选用先进、成熟、自动化程度高的设备。

⑤ 公用工程的配套和辅助设施的配备，均以满足项目工程生产需要为原则，并考虑与预留设施或发展规划的衔接。

⑥ 为方便生产车间进行成本核算和生产管理，一般各车间的水、电、气、冷单独计量。仓库、公用工程设施、备料以及人员生活用室（更衣室）统一设置，按集中管理模式考虑。

总之，制剂工程设计是一项技术性很强的工作，其目的是要保证所建药物制剂生产厂（或车间）符合 GMP 规范及其他技术法规，技术上可行、经济上合理、安全有效、易于操作。

现将我国主要涉及医药工业规范设计的技术法规列举如下，供设计查询。

①《药品生产质量管理规范》（2010 版 GMP，中华人民共和国卫生部 第 79 号令）

②《药品生产质量管理规范实施指南》（2010 版 GMP 指南，中国医药科技出版社，2011 年）

③《医药工业洁净厂房设计规范》GB 50457—2008

④《洁净厂房设计规范》GB 50073—2013

⑤《建设项目环境保护管理条例》（2017 最新修订版）

⑥《工业企业噪声控制设计规范》GB/T 50087—2013

⑦《环境空气质量标准》GB 3095—2012

⑧《工业企业厂界环境噪声排放标准》GB 12348—2008

⑨《污水综合排放标准》GB 8978—2002

⑩《锅炉大气污染物排放标准》GB 13271—2014

⑪《恶臭污染物排放标准》GB 14554—1993

⑫《建筑设计防火规范》GB 50016—2014

⑬《建筑灭火器配置设计规范》GB 50140—2005

⑭《建筑防雷设计规范》GB 50057—2010

⑮《爆炸和火灾危险环境电力装置设计规范》GB 50058—2014

⑯《火灾自动报警系统设计规范》GB 50116—2013

⑰《建筑工程消防监督审核管理规定》（公安部第 106 号令 2009 年）

⑱《建筑内部装修设计防火规范》GB 50222—2015

⑲《自动喷水灭火系统设计规范》GB 50084—2017

⑳《工业建筑防腐蚀设计规范》GB 50046—2008

㉑《建筑结构荷载设计规范》GB 50009—2012

㉒《民用建筑设计通则规范》GB 50352—2005

㉓《建筑结构设计统一标准》GB 50068—2001

㉔《工程结构设计基本术语标准》GB/T 50083—2014

㉕《建筑给排水设计规范》GB 50015—2010

㉖《建筑结构制图标准》GB/T 50105—2010

㉗《建筑地面设计规范》GB 50037—2013

㉘《厂矿道路设计规范》GBJ22—87

㉙《工业企业设计卫生标准》GBZ1—2010

㉚《工业建筑采暖通风与空气调节设计规范》GB 50019—2015

㉛《通风与空调工程施工质量验收规范》GB 50243—2016

㉜《自动化仪表选型设计规范》HG/T 20507—2014

㉝《过程检测和控制系统用文字代号和图形符号》HG/T 20505—2000

㉞《建筑采光设计标准》GB 50033—2013

㉟《化工工厂初步设计内容深度的规定》HG/T 20688—2000

㊱《化工工艺设计施工图内容和深度统一规定》HG 20519—2009

㊲《关于出版医药建设项目可行性研究报告和初步设计内容及深度规定的通知》国药综
经字［1995］，第 397 号

㊳《化工装置设备布置设计规定》HG/T 20546—2009

㊴《医药工业仓储工程设计规范》GB 51073—2014

㊵《医药工业环境保护设计规范》GB 51133—2015

第一节　前期准备文件

对于新建或技术改造项目，根据工厂建设地区的长远规划，结合本地区的资源条件，现有生产能力的分布，市场对拟建产品的需求，社会效益和经济效益，在广泛调查、收集资料、踏勘厂址、基本弄清工程立项的可能性以后，编写项目建议书，向国家主管部门提荐项目。

一、项目建议书

对于新建或技术改造项目，由项目建设筹建单位或项目法人根据国民经济的发展、国家和地方中长期规划、产业政策、生产力布局、国内外市场、所在地的内外部条件提出的建议文件，也称项目立项建议书，是对拟建项目提出的框架性的总体设想。项目建议书一般包括以下内容。

（1）项目立项的意义、必要性、国内外发展现状及趋势

① 项目提出的背景及依据；② 同类技术国内外发展状况、开发水平、研究方向和重点，技术推广应用范围、技术需求、竞争情况调查及趋势预测分析以及项目技术水平、所处地位的介绍。

（2）项目主要内容及总体目标、规格、具体考核指标

① 项目主要内容；② 项目总体目标；③ 项目主要技术指标、经济指标。

（3）项目主要解决的技术关键及创新点

① 项目主要解决的技术要点；② 项目技术创新点。

（4）项目计划进度

（5）项目前期工作情况

（6）项目所需基本条件、现已具备条件和尚缺乏的条件

① 项目所需基本条件；② 项目已具备条件；③ 项目缺乏的条件。

（7）项目风险分析

（8）项目效益情况

（9）项目成果应用及应用前景

（10）经费预算及筹措

（11）项目立项建议书结论

为有效加强管理，国家规定所有利用外资进行基本建设的项目，技术引进和设备进口项目，都要事先编制项目建议书，经过批准后再进行可行性研究。可行性研究和设计任务书经过审查批准后才能据批准内容与外商正式签约，实施设计。现在，一般新建的工程项目已普遍把编写项目建议书作为工程设计的第一道程序。

二、可行性研究报告

可行性研究是设计前期工作中最重要的步骤，它要为项目的建设提供依据。其主要任务是论证新建或改扩建项目在技术上是否先进、成熟、适用，在经济上是否合理。项目建议书推荐的项目为国家和主管部门接受后，设计部门与有关建厂的单位配合起来，需进一步做好资源、工程地质、水文、气象等资料的收集、研究和实测工作，进一步落实产品市场、项目资金来源和经济效益评价，对项目产品生产技术的可行性和先进性进行分析、比较，对工程建设的风险进行预测。然后按国家规定的内容编写可行性研究报告。

可行性研究的内容涉及面广，一般来说，可行性研究报告主要包括下列内容。

① 总论：说明项目提出的背景，研究工作的依据，研究指导思想，研究范围，研究工作评价（可行性研究的结论、提要、存在的主要问题）等。

② 市场预测及原材料供应情况：阐述产品在国内外的近期和远期需求、销售方向、价

格分析，并对原材料来源、供应量等情况进行说明。

③ 产品方案和生产规模：扼要说明项目产品名称、规格、生产规模及其确定原则。

④ 建设条件：项目建设条件主要包括厂址选择，厂址地理位置、所在地区气象资料，地质地形条件，水文、地震等情形，生产和生活等方面的配合协作情况，水、电、气、冷和其他能源供应，交通运输、三废排放等。对于技改工程项目，则需结合原有的工厂条件阐明技改的有利因素。

⑤ 设计方案：阐明厂区地理位置以及各车间在厂区内的分布，项目产品工艺流程的选择，简要的工艺过程（以框图表示），主要制剂机械、设备及装置的选择原则、要求、生产能力和数量等，主要原材料来源及消耗，车间布置原则及方案、辅助设施如仓储与运输能力、生活设施、维修等。分析和评价项目工艺生产技术和设计方案的可行性、可靠性和先进性，技术来源和技术依托。

⑥ 职业安全卫生：阐述项目的防爆、防火、防噪、防腐蚀等保安技术及消防措施；说明为保证项目产品达到 GMP 要求所采取的人净措施和各制剂车间净化区域的洁净度级别及净化措施。

⑦ 环境保护：阐述项目建设地点，周围地域环境特征、厂区绿化规划、生产污染情况及污染的治理方案和可行性，环保投资，辖区主管环境保护部门对所建项目的环境评估。

⑧ 管理体制和人员：项目的全面质量管理机构和劳动定员、组成及来源。

⑨ 关于 GMP 实施要求：说明工程对管理人员、技术人员和生产工人的文化知识、GMP 概念等知识结构要求，有关 GMP 专门培训的培训对象、目标、主要内容和步骤，旨在软件方面建立一整套结合国情并能符合 GMP 要求的各项管理系统和制度，使项目无论是硬件还是软件，都能达到先进水平。

⑩ 项目实施计划：对项目立项、落实资金渠道、可行性研究及论证、初步设计、施工图设计、设备订购、施工、验收设备、竣工和试生产等各阶段提出时间进度安排计划。

⑪ 项目投资估算和资金筹措：对项目的建筑工程、设备购置、安装工程及其他（如配电增容、厂区绿化、勘察、咨询、工程设计、前期准备）投资费用进行估算，并说明建设资金筹措方式和资金逐年使用计划。项目资金若为（有）贷款，须明确贷款利率及偿还方式。

⑫ 财务评价：估算产品成本、依照项目投产后的生产负荷计算销售收入、利税和税后纯收入，然后按项目总投入进行分析，评价项目的静态效益（投资利润率、投资利税率、投资收益率、投资回收期）、动态效益（内部收益率、财务净现值）和资金借贷偿还期。进行盈亏平衡及敏感性分析，计算盈亏平衡点（BEP），评价影响内部收益率的变化因素。

⑬ 可行性研究结论：对建设项目的技术可靠性、先进性、经济效益、社会效益、产品市场销售做出结论，对项目的建设和经营风险做出结论，并列出项目建设存在的主要问题。

可行性研究报告编制完成后，按照分级管理权限，区分不同规模、不同性质的项目，分别报送有审批权的部门审查批准。

三、设计任务书

设计任务书，又称计划任务书，是工程建设中非常重要的指导性文件。它是根据可行性研究报告及批复文件编制的。编制设计任务书阶段，要对可行性研究报告优选的方案再深入研究，进一步分析其优缺点，落实各项建设条件和外部协作关系，审核各项技术经济指标的可靠性，比较、确定建设厂址方案，核实建设投资来源，为项目的最终决策和编制设计文件提供科学依据。可以说，设计任务书是指导和制约工程设计和工程建设的决定性文件，有了设计任务书，项目可以进行初步设计和建设前期的准备工作。

由于各类建设项目不尽相同，所以设计任务书的内容也有所不同。大中型工业项目的设计任务书，一般应包括以下内容：

①项目建设目的、必要性的依据；②市场预测；③建设规模、产品方案、生产方法或工业原则；④建设选址专题报告；⑤资源开采、利用条件的论证；⑥项目构成、建筑标准、工业技术和设备选型方案；⑦建设项目总图布置方案和土建工程量估算；⑧环境质量评价；⑨原料、辅助材料、燃料、动力、供水、运输等协作配合条件；⑩建设项目总投资估算；⑪建设工期；⑫劳动定员；⑬建设项目经济效益和社会效益。

改扩建的大中型项目设计任务书还应包括原有固定资产的利用程度和现有生产潜力发挥情况。自筹基建大中型项目的设计任务书，还可以注明资金、材料、设备来源。小型项目设计任务书的内容可以简化。

四、厂址选择

厂址选择是一项包括政治、经济、技术的综合性工作。GMP 中对厂房选址有明确规定。目前，我国药物制剂厂的选厂工作大多采取由建设业主提出，主管部门及政府审批，设计部门参加的组织形式。选厂工作组一般由工艺、土建、供排水、供电、总图运输和技术经济等专业人员组成。必须贯彻国家建设的各项方针政策，多方案比较论证，选出投资省、建设快、运营费低、具有最佳经济效益、环境效益和社会效益的厂址。

厂址选择的基本原则是：

① 符合所在地区、城市、乡镇总体规划布局，适合全国和地区工业布局以及产品供需安排的要求。

② 节约用地，不占用良田及经济效益高的土地，并符合国家现行土地管理、环境保护、水土保持等法规有关规定。

③ 企业生产所需的资源能够落实，原料、燃料及辅助材料的供应经济合理；有充足可靠的水源和电源；交通运输条件方便快捷、经济实惠；对拟建项目留有适当发展余地。

④ 地质条件较好、施工难度小、建设投资省；项目建成投产后，经济效益良好。

⑤ 有利于保护环境与景观，尽量远离风景游览区和自然保护区，不污染水源，不破坏文物古迹，不妨碍文化、旅游及其他精神文明建设；有利于三废处理，并符合现行环境保护法规规定。

厂址选择要求如表 7-1 所示。

表 7-1 厂址选择要求

项目	要求
原料、燃料及产品销售	1. 接近原料厂及产品销售地区，运输方便 2. 燃料质量符合要求，保证供应
面积	1. 厂区用地面积应满足生产工艺和运输要求，并预留扩建用地 2. 有废料、废渣的工厂，其堆存废料、废渣所需面积应满足工厂服务年限的要求 3. 居住用地应根据工厂规模及定员，按国家、省、市所规定的定额，计算所需面积 4. 施工用地应根据工厂建设规模、施工人数、临建安排等因素考虑
外形与地形	1. 外形应尽可能简单，如为矩形场地长宽比一般控制在 1∶1.5 之内，较经济合理 2. 地形应有利于车间布置、运输联系及场地排水；一般情况下，自然地形坡度不大于 5‰，丘陵坡地不大于 40‰，山区建厂不超过 60‰为宜
气象	1. 考虑高温、高湿、云雾、风沙和雷击地区对生产的不良影响 2. 考虑冰冻线对建筑物基础和地下管线敷设的影响
水文地质	1. 地下水位最好低于地下室和地下构筑物的深度；地下水对建筑基础最好无侵蚀性 2. 了解蓄水层水量

项目	要求
环境与保护	1. 设厂地区大气含尘浓度、微生物量等不宜过高,以免影响厂区内环境 2. 便于妥善地处理三废(废水、废气、废渣)和治理噪声等
工程地质	1. 应避开发震断层和基本烈度高于九度的地震区;泥石流、滑坡、流砂、溶洞等危害地段,以及较厚的三级自重湿陷性黄土、新近堆积黄土、一级膨胀土等地质恶劣区 2. 应避开具有开采价值的矿藏区、采空区以及古井、古墓、坑穴密集的地区 3. 场地地基承载力一般应不低于 0.1MPa
交通运输	1. 根据工厂运货量、物料性质、外部运输条件、运输距离等因素合理确定采用的运输方式(铁路、公路、水运、空运) 2. 运输路线应最短、方便、工程量小、经济合理
给水排水	1. 靠近水源,保证供水的可靠性,并符合生产对水质、水量、水温的要求 2. 污水便于排入附近江河或城市下水系统
协作	应有利于同相邻企业和依托城市(镇)在科技、信息、生产、修理、公用设施、交通运输、综合利用和生活福利等方面的协作
能源供应	1. 靠近热电供应地点,所需电力、蒸汽等应有可靠来源 2. 自备锅炉房和煤气站时,宜靠近燃料供应地;煤质应符合要求,并备有贮灰场地
居住区	1. 要有足够的用地面积和良好的卫生条件,有危害性的工厂应位于居住区夏季最小风向频率的下风侧并要有一定的防护地带 2. 配合城市建设,宜靠近现有城市,以便利用城市已有的公共设施 3. 靠近工厂,职工上下班步行不宜超过 30min,高原与高寒地区步行不宜超过 15～20min
施工条件	1. 了解当地及外来建筑材料的供应情况、产量、价格,尽可能利用当地的建筑材料 2. 了解施工期间的水、电、劳动力的供应条件以及当地施工技术力量、技术水平、建筑机械数量、最大起重能力等
安全防护	1. 工厂与工厂之间,工厂与居住区之间,必须满足现行安全、卫生、环保等各项有关规定 2. 必须满足人对水、电源的要求
其他	1. 厂址地下如有古墓遗址或地上有古代建筑物、文物时应征得有关部门的处理意见和同意建厂文件 2. 避免将厂址选择在建筑物密集、高压输电线路地工程管道通过地区,以减少拆迁 3. 在基本烈度高于七度地区建厂时,应选择对抗震有利的土壤分布区建厂 4. 厂址不应选择在不能确保安全的水库下游与防洪堤附近

从方案设计阶段开始,就应该全面考虑 GMP 对厂房选址的要求,以免给后续的认证工作造成不必要的麻烦。

五、总图设计

总图设计是指针对基地内建设项目的总体设计,依据建设项目的使用功能要求和规划设计条件,在基地内外的现状条件和有关法规、规范的基础上,人为地组织与安排场地中各构成要素之间关系的活动。有时总图设计还有其他的别称,如总体设计、场地设计、总图与运输设计、总平面设计、室外工程设计、小市政设计、景观设计等。

设计时,要遵循国家的方针政策,按照 GMP 要求,结合厂区的地理环境、卫生、防火技术、环境保护等进行综合分析,做到总体布置紧凑有序,工艺流程规范合理,以达到项目投资省,建设周期短,产品生产成本低,经济效益和社会效益高的效果。

(一)总图布置设计依据

建筑装饰工程施工平面图应在施工设计人员踏勘现场、取得现场第一手资料的基础上,根据施工方案和施工进度计划的要求进行设计。设计时依据的资料如下。

1. 建设地区的原始资料

① 自然条件调查资料。用来解决由于气候（冰冻、洪水、风、雹等）、运输等产生的相关问题；也用于布置地表水和地下水的排水沟；确定易燃、易爆及有碍人体健康的设施布置等。

② 建设地域的竖向设计资料和土方平衡图。用来解决水、电管线的布置和土方的填挖及弃土、取土位置。

③ 建设单位及工地附近可供租用的房屋、场地、加工设备及生活设施。用来决定临时建筑及设施所需面积及其空间位置。

2. 设计资料

① 总平面图。用来确定临时建筑及其他设施位置以及修建工地运输道路和解决排水等所需的资料。

② 一切已有和拟建的地下、地上管道位置。用来决定原有管道的利用或拆除以及新管线的敷设与其他工程的关系，并注意不能在拟建管道的位置上搭设临时建筑。

3. 施工组织设计资料

① 单位工程的施工方案、进度计划及劳动力、施工机械需要量计划等。用来了解各施工阶段的情况，以利分阶段布置现场。根据各阶段不同的施工方案决定各种施工机械的位置，吊装方案与构件预制、堆场的布置。

② 各种材料、半成品、构件等的需用量计划。用以决定仓库、材料堆放场地、数量的规划。

（二）总图设计成果

根据《建筑工程设计文件编制深度规定》要求，总图设计一般包括以下一些内容。

① 方案阶段：总平面设计说明及设计图纸。

② 初步设计阶段：总平面设计说明书、区域位置图（根据需要绘制）、总平面图、竖向布置图。

总平面图是指根据建设用地外部环境、工程内容的构成以及生产工艺要求，确定全厂建筑物、构筑物、运输网和地上、地下工程技术管网（上、下水管道，热力管道，煤气管道，动力管道，物料管道，空压管道，冷冻管道，消防栓高压供水管道，通信与照明电缆电线等）的坐标。

竖向布置图是指，根据厂区地形特点、总平面布置以及厂外道路的高程，确定目标物的标高并计算项目的土（石）方工程量。竖向布置和平面布置是不可分割的两部分内容。竖向布置的目的是在满足生产工艺流程对高程的要求的前提下，利用和改造自然地形，使项目建设的土（石）方工程量为最小，并保证运输、防洪安全（例如使厂区内雨水能顺利排除）。竖向布置有平坡式和台阶式两种。

③ 施工图阶段：总平面图、竖向布置图、土石方图、管道综合图、绿化及建筑小品布置图、详图（包括道路横断面、路面结构、挡土墙、护坡、排水沟、池壁、广场、运动场地、活动场地、停车场地面、围墙等详图）。

各阶段可能需要绘制的图纸还有：征地图、交通流线图、消防报批图、人防报批图、绿化报批图、地勘定位图、报建（报规）图、建筑定位放线图，配合单体施工图审查的总平面图及竖向图、场地初（粗）平面图，管线报装图、管线过路管预留图、树木移植图等配合图（注意母图永远是总平面图，任何修改和变化应及时修正总平面图，充分利用图层管理器)。

(三)总图设计的要求

制剂工厂的总图布置要满足生产、安全、发展规划等三个方面的要求。

1. 生产要求

（1）有合理的功能分区和避免污染的总体布局　建设场地按功能分区是总图布置中重要的一环，由此可确定各功能区间的相互位置关系和运输联系。如根据制剂生产企业对建（构）筑物的功能特点和布局的要求，一般可划分为厂前区、生产区（如制剂生产车间、原料药生产车间等）、辅助生产区（如机修、仪表等）、动力区（如锅炉房、压缩空气站、变电所、配电房等）、仓库区（如原料、辅料、包装材料、成品库等）、原料堆场区、给水处理区（如水塔、冷却塔、泵房、消防设施等）、废水处理区、管理辅助区（如厂部办公楼、中心化验室、药物研究所、计量站、动物房）、居住区（如食堂、医院等）、道路设施（如车库、道路）等若干个功能区。

总之，进行功能分区时，要从实际出发，既要满足工艺技术需要，又要有利于扬长避短、合理布局，发挥整体最佳效益。工艺流程是生产的指挥棒，各级产品以及废物排放等在厂区内的位置分布，能源、动力以及其他公用设施的安排，都要从属于生产总工艺流程。根据上述各组成的管理系统和生产功能，按照主次将厂区划分为行政、生活区、生产区和辅助区四个最主要的区域来进行布置，具体应考虑以下原则和要求。

① 一般在厂区中心布置主要生产区，而将辅助车间布置在它的附近；

② 生产性质相类似或工艺流程相联系的车间要靠近或集中布置；

③ 生产厂房应考虑工艺特点和生产时的交叉污染。例如，兼有原料药物和制剂生产的药厂，原料药生产区布置在制剂生产区的下风侧；青霉素类生产厂房的设置应考虑防止与其他产品的交叉污染；

④ 办公、质检、食堂、仓库等行政、生活辅助区布置在厂前区，并处于全年主导风向的上风侧或全年最小频率风向的下风侧。所谓风向频率是在一定时间内，各种风向出现的次数占所有观察次数的百分比，用下式表示：

$$风向频率 = \frac{该风向出现次数}{各种风向的出现次数} \times 100\%$$

⑤ 车库、仓库、堆场等布置在邻近生产区的货运出入口及主干道附近，应避免人、物流交叉，并使厂区内、外运输短捷顺直；

⑥ 锅炉房、冷冻站、机修、水站、配电等严重空气噪声及电污染源布置在厂区主导风向的下风侧；

⑦ 动物房的设置应符合《实验动物管理条例》等有关规定，布置在僻静处，并有专用的排污和空调设施；

⑧ 危险品库应设于厂区安全位置，并有防冻、降温、消防等措施，麻醉产品、剧毒药品应设专用仓库，并有防盗措施；

⑨ 考虑工厂建筑群体的空间处理及绿化环境布置，符合当地城镇规划要求；

⑩ 考虑企业发展需要，设定发展预留生产区，使近期建设与远期的发展相结合，以近期为主。

工厂布置设计的合理性很重要，在一定程度上给生产及生产管理、产品质量、质量检验工作带来方便和保证。目前国内不少中小药物制剂厂都采用大块式组合式布置，这种布局方式能满足生产并缩短生产工序的路线，方便管理和提高工效，节约用地并能将零星的间隙地合并成较大面积的绿化区。

（2）有适当的建筑物及构筑物布置　制剂工厂的建筑物及构筑物系指其车间、辅助生产设施及行政、生活用房等。总图布置的各部分之间，包括各功能区之间，设备、建筑物和土建工程之间、厂房与厂房之间等，无论是自身特点、功能要求，还是相互联系或布局和建筑风格等，都必须通盘考虑，协调一致。功能分区系统分明，布置整齐，在适用、经济的前提下注意美观。进行建筑物及构筑物布置时，应考虑以下两个方面：

① 提高建筑系数、土地利用系数及容积率，节约建设用地　为满足卫生及防火要求，制剂厂的建筑系数及土地利用系数都较低。

厂房集中布置或车间合并是提高建筑系数及土地利用系数的有效措施之一。例如，生产性质相近的水针车间及大输液车间，对洁净、卫生、防火要求相近，可合并在一座楼房内分层（区）生产；片剂、胶囊剂、散剂等固体制剂加工有相近的过程，可按中药、西药类别合并在一层楼层（区）生产。总之，只要符合 GMP 规范要求并且技术经济合理，尽可能将建筑物、构筑物加以合并。

设置多层建筑厂房是提高容积率的主要途径。一般可以根据药品生产性质和使用功能，将生产车间组成综合制剂厂房，并按产品特性进行合理分区。在占地面积已经规定的条件下，需要根据生产规模考虑厂房的层数。现代化制剂厂以单层厂房较为理想。

② 确定药厂各部分建筑的分配比例，按照 GMP 对厂房设计的常规要求进行分配。

（3）有协调的人流、物流途径　掌握人、货（物）分流原则，在厂区设置人流入口和物流入口。人流与货流的方向最好进行相反布置，并将货运出入口与工厂主要出入口分开，以消除彼此的交叉。货运量较大的仓库，堆场应布置在靠近货运大门。车间货物出入口与门厅分开，以免与人流交叉。在防止污染的前提下，应使人流和物流的交通路线尽可能径直、短捷、通畅，避免交叉和重叠。生产负荷中心靠近水、电、气、冷供应源；有流顺和短捷的生产作业线，使各种物料的输送距离小，减少介质输送距离和耗损；原材料、半成品存放区与生产区的距离要尽量缩短，以减少途中污染。

（4）有周密的工程管线综合布置　制剂车间涉及的工程管线，主要有生产和生活用的上下水管道、热力管道、压缩空气管道、冷冻管道及生产用的动力管道、物料管道等，另外还有通信、广播、照明、动力等各种电线电缆。进行总图布置时要综合考虑。一般要求管线之间，管线与建筑物、构筑物之间尽量相互协调，方便施工，安全生产，便于检修。

在符合安全的条件下，要求各种管线的走向和运输路线的走向距离最短，生产系统、辅助生产系统和运输系统的布置科学合理。物流和人流合理，线路短捷，方便作业，同时尽量避免物流与人流相互交叉、往复、迂回。动力设施要靠近用户或负荷中心，尽量采用多管、多线共架、共沟，堆场、仓库尽量做到堆储合一。遵循距离最短原则，不仅可以少占土地，也可减少运输时间，而且可以提高整个工厂的运转速度。

车间管线的铺设，有技术夹层、技术夹道或技术竖井布置法，地下埋入法，地下综合管沟法和架空法等几种方式。

（5）有较好的绿化布置　按照生产区、行政区、生活区和辅助区的功能要求，规划一定面积的绿化带，在各建筑构物四周空地及预留场地布置绿化，使绿化面积最好达 50% 以上。不能绿化的道路应铺成不起尘的水泥地面。

2. 安全要求

药厂生产使用的有机溶剂、液化石油气等易燃易爆危险品，厂区布置应充分考虑安全布局，严格遵守防火、卫生等安全规范和标准的有关规定，重点是防止火灾和爆炸事故的发生。

① 根据生产使用物质的火灾危险性、建筑物耐火等级面积、建筑层数等因素确定建筑物的防火间距；

② 主要的生产车间和建筑物，应考虑有良好的自然通风和采光条件，避免因朝向问题使操作条件恶化；

③ 油罐区、危险品库应布置在厂区的安全地带，生产车间污染及使用液化气、氮气、氧气和回收有机溶剂（如乙醇蒸馏）时，则将它们布置在邻近生产区域的单层防火、防爆厂房内；

④ 散发粉尘、水雾、酸雾、有害气体的厂房、仓库、储罐或堆场，应布置在常年主导风向的下风向；厂房与厂房之间、厂房与其他建筑之间、联合厂房或多层厂房内部等可能产生噪声、振动的相互干扰，都必须在总图布置时予以高度重视，采取积极的措施确保安全和环保的要求。

3. 发展规划要求

厂区布置要能较好地适应工厂的近、远期规划，留有一定的发展余地。在设计上既要适当考虑工厂的发展远景和标准提高的可能，又要注意今后扩建时不致影响生产以及扩大生产规模的灵活性。

综上所述，药厂总图布置设计一是遵照项目规划要求，充分考虑厂址周边环境，做到功能分区明确，人、物分流，合理用地，尽量增大绿化面积；二是满足工艺生产要求，做到分区明确，人、物分流，交通快捷、便利。平面布置符合《建筑设计防火规范》GB 50016—2014 和 GMP 的要求。建筑立面设计简洁、明快、大方，充分体现医药行业卫生、洁净的特点和现代化制剂厂房的建筑风格。

图 7-1 所示为无菌灌装车间平面图，图 7-2 所示为某制药企业的总平面布置图。

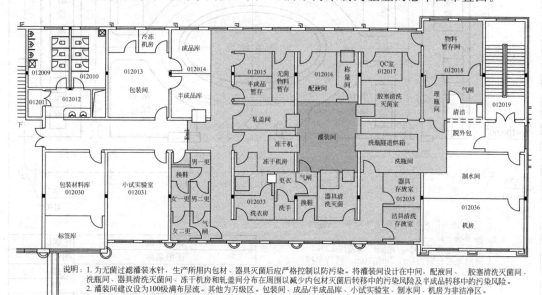

图 7-1 某无菌灌装车间平面图

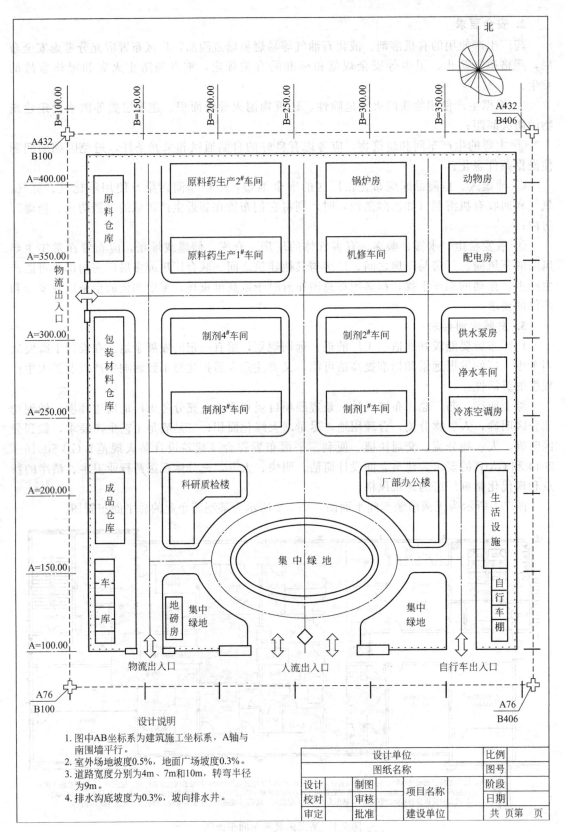

图 7-2 某制药厂建设项目总平面布置图

（四）总图设计的成果

总图设计的成果可以归纳为以下内容。

1. 总平面图

大体包含以下内容：

① 保留的地形和地物；

② 测量坐标网、坐标值，又称大地坐标网、城市坐标网、绝对坐标网；

③ 场地范围的测量坐标（或定位尺寸）、道路红线、建筑控制线、用地红线等的位置；

④ 场地四邻原有及规划的道路、绿化带等的位置（主要坐标或定位尺寸）以及主要建筑物和构筑物及地下建筑物等的位置、名称、层数；

⑤ 建筑物、构筑物（人防工程、地下车库、油库、贮水池等隐蔽工程以虚线表示）的名称或编号、层数、定位（坐标或相互关系尺寸）、高度，建筑物、构筑物的轮廓及功能；

⑥ 广场、停车场、运动场地、道路、围墙、无障碍设施、排水沟、挡土墙、护坡等的定位（坐标或相互关系尺寸），如有消防车道和扑救场地，需注明；

⑦ 指北针或风玫瑰图；

⑧ 建筑物、构筑物使用编号时，应列出"建筑物和构筑物名称编号表"；

⑨ 注明尺寸单位、比例、坐标及高程系统（如为场地建筑坐标网时，应注明与测量坐标网的相互关系）、补充图例等，无单独说明书时，应列出主要技术经济指标表。

如上所列，总平面图全面表达基地内的所有建、构筑物，表达和相邻基地及其建构物、城市公共用地的各种平面关系（地面、空间和地下），基准关系系统采用坐标系统，尺寸标注一般以米为单位，比例常用 1∶500 或 1∶1000，总平面图是总图设计中最基本的工作成果。

总平面图的用途：①当地各主管部门重点审查的主要图纸（城市规划条件的落实和城市道路及现状的关系等，规划、土地、交通、消防、人防、园林、文物、教育、环保、卫生、房产、市政、水利等）；②平面控制其他专业和专业内的工作，是其他工作的基础，其他工作和平面有关系时，必须在总平面图上反映（如建筑物出入口的确定，地下车库的范围、地勘布点等）。

2. 竖向布置图

大体包含以下一些内容：

① 场地测量坐标网、坐标值；

② 场地四邻的道路、水面、地面的关键性标高；

③ 建筑物和构筑物名称或编号、室内外地面设计标高、地下建筑的顶板面标高及覆土高度限制；

④ 广场、停车场、运动场地的设计标高，以及景观设计中水景，地形、台地、院落的控制性标高；

⑤ 道路、坡道、排水沟的起点、变坡点、转折点和终点的设计标高（路面中心和排水沟顶及沟底）、纵坡度、纵坡距、关键性坐标，道路标明双面坡或单面坡、立道牙或平道牙，必要时标明道路平曲线及竖曲线要素；

⑥ 挡土墙、护坡或土坎顶部和底部的主要设计标高及护坡坡度；

⑦ 用坡向箭头标明地面坡向；当对场地平整要求严格或地形起伏较大时，可用设计等

高线表示，地形复杂时宜表示场地剖面图；

    ⑧ 指北针或风玫瑰图；

    ⑨ 注明尺寸单位、比例、补充图例等。

    竖向布置图的用途：①表达基地与现状地形、城市、相邻基地、基地内各要素之间的竖向关系；②是道路设计、管线设计、场地汇水排水、台阶挡土墙设计、土方量计算的依据之一。

3. 土石方图

    其主要用途是：①计算投资造价；②指导施工，确定土方外购或外运的数量；③影响总平面布置和竖向布置，促使平面和竖向调整。

4. 管道综合图

    大体包含以下内容：①总平面布置；②场地范围的测量坐标（或定位尺寸）、道路红线、建筑控制线、用地红线等的位置；③保留或新建的各管线（管沟）、检查井、化粪池、储罐等的平面位置，注明各管线、化粪池、储罐等与建筑物、构筑物的距离和管线间距；④场外管线接入点的位置；⑤管线密集的地段宜适当增加断面图，表明管线与建筑物、构筑物，绿化之间及管线之间的距离，并注明主要交叉点上下管线的标高或间距；⑥指北针；⑦注明尺寸单位、比例、图例、施工要求。

5. 绿化及建筑小品布置图

    大体包含以下一些内容：①平面布置；②绿地（含水面）、人行步道及硬质铺地的定位；③建筑小品的位置（坐标或定位尺寸）、设计标高、详图索引；④指北针；⑤注明尺寸单位、比例、图例、施工要求等。

6. 详图

    主要包括道路横断面、路面结构、挡土墙、护坡、排水沟、池壁、广场、运动场地、活动场地、停车场地面、围墙等详图。

第二节　工艺流程设计

    工艺流程设计一般包括试验工艺流程设计和生产工艺流程设计。生产工艺流程设计的目的是通过图解的形式，表示出在生产过程中，由原、辅料制得成品过程中物料和能量发生的变化及流向，以及表示出生产中采用哪些药物制剂加工过程及设备（主要是物理过程、物理化学过程及设备），为进一步进行车间布置、管道设计和计量控制设计等提供依据。

一、重要意义

    工艺流程设计是在确定的原、辅料种类和药剂生产技术路线及生产规模基础上进行的，它与车间布置设计是决定整个车间基本面貌的关键步骤。

    工艺流程设计是制剂车间工艺设计的核心，是车间设计最重要、最基础的设计步骤。因为车间建设的目的在于生产产品，而产品质量的优劣，经济效益的高低，取决于工艺流程的可靠性、合理性及先进性。而且车间工艺设计的其他项目，如工艺设备设计、车间布置设计和管道布置设计等，均受工艺流程约束，必须满足工艺流程的要求而不能违背。

    工艺流程设计应着眼于最经济地使用资金、原辅材料、公用工程和人力。为达到这一目的，必须进行全流程的优化和参数优化工作。因为流程中的各工序是相互关联的，只有个别工序的优化不能保证全流程的优化；而某一工序的优化往往是在另一工序不优化的基础上形成的，所以牺牲局部（不优化）而保证总体的优化、最优化也是常见的。

二、任务及成果

1. 工艺流程设计的任务

工艺流程设计是工程设计所有设计项目中最先进行的一项设计，但随着车间布置设计及其他专业设计的进展，还要不断地做一些修改和完善，结果几乎是最后完成。在通常的二段式设计即初步设计和施工图设计中，工艺流程设计的任务主要是在初步设计阶段完成。施工图设计阶段只是对初步设计中间审查意见进行修改和完善。因此，工艺流程设计的任务一般包括以下几个方面。

（1）确定全流程的组成　全流程包括由药物原料、制剂辅料（包括赋形剂、黏合剂、栓剂基质、软膏及硬膏基质、乳化剂、助悬剂、抑菌剂、防腐剂、抗氧剂、稳定剂）、溶剂及包装材料制得合格产品所需的加工工序和单元操作以及它们之间的顺序和相互联系。流程的形成通过工艺流程图表示，其中加工工序和单元操作表示为制剂设备型式、大小；顺序表示为设备毗邻关系和竖向布置；相互联系表示为物料流向。

（2）确定工艺流程中工序划分及其对环境的卫生要求（如洁净度等级）。

（3）确定载能介质的技术规格和流向　制剂工艺常用的载能介质有水、电、汽、冷、气（真空或压缩）等。

（4）确定生产控制方法　流程设计要确定各加工工序和单元操作的空气洁净度、温度、压力、物料流量、分装、包装量等检测点，显示计（器）和仪表以及各操作单元之间的控制方法（手动、机械化或自动化）。以保证按产品方案规定的操作条件和参数生产符合质量标准的产品。

（5）确定安全技术措施　根据生产的开车、停车、正常运转及检修中可能存在的安全问题，制定预防、制止事故的安全技术措施，如报警装置、防毒、防爆、防火、防尘、防噪等措施。

（6）编写工艺操作规程　根据生产工艺流程图编写生产工艺操作说明书，阐述从原、辅料到产品的每一个过程和步骤的具体操作方法。

（7）绘制工艺流程图　工艺流程图是用来表达生产工艺流程的设计图纸文件，它通过图解和必要的文字说明，将原料变成产品（包括污染物治理）的全过程表示出来的图纸得到工艺流程草图、工艺物料流程图、带控制点工艺流程图、管道仪表流程图。

2. 工艺流程设计的成果

在初步设计阶段，制剂工程的工艺流程设计成果有：工艺流程示意图、物料流程图、带控制点的工艺流程图。

施工图设计阶段的设计成果主要是管道及仪表流程图（PID），它包括工艺管道及仪表流程图和辅助系统管道及仪表流程图。前者是以工艺管道及仪表为主体的流程图，后者的辅助系统包括仪表、空气、惰性气、加热用燃气或燃油，给排水、空气净化等。一般按介质类型分别绘制。对流程简单、设备不多的工程项目可并入工艺管道及仪表流程图中。

工艺流程设计成果，是由工艺流程设计者和其他专业设计人员共同完成，而由工艺流程设计者表述在工艺流程设计成果中。例如工艺管道及仪表流程图中的制剂设备型式、大小、材料和计量控制仪表等是制药机械设备专业人员和仪表自控专业等设计人员完成设计，而经工艺流程设计者表达到工艺流程图中。

三、设计原则

工艺流程一般按照以下原则进行设计：

① 满足 GMP 的要求，按 GMP 要求对不同的药物剂型进行分类的工艺流程设计。如口服固体制剂、栓剂等按常规工艺路线进行设计；外洗液、口服液、注射剂（大输液、小针剂）等按灭菌工艺路线进行设计；粉针剂按无菌工艺路线进行设计等。

② β-内酰胺类药品（包括青霉素类、头孢菌素类）按单独分开的建筑厂房进行工艺流程设计。中药制剂和生化药物制剂涉及中药材的前处理、提取、浓缩（蒸发）以及动物脏器、组织的洗涤或处理等生产操作，按单独设立的前处理车间进行前处理工艺流程设计，不得与其制剂生产工艺流程设计混杂。

③ 其他如避孕药、激素、抗肿瘤药、生产用毒菌种、非生产用毒菌种、生产用细胞与非生产用细胞、强毒与弱毒、死毒与活毒、脱毒前与脱毒后的制品的活疫苗与灭活疫苗、人血液制品、预防制品的剂型及制剂生产按各自的特殊要求进行工艺流程设计。

④ 保证产品质量符合规定的标准，尽量采用成熟、先进的技术和设备，使用尽可能少的能耗，减少"三废"排放。

⑤ 安全可控。保证开、停车易于控制，具备柔韧性，即在不同条件下（如进料组成和产品要求的改变）能够正常操作的能力，具有良好的经济效益，确保安全生产，以保证人身和设备安全。

⑥ 遵循"三协调"原则，即人流物流协调、工艺流程协调、洁净级别协调，正确划分生产工艺流程中生产区域的洁净级别，按工艺流程合理布置，避免生产流程的迂回、往返和人、物流交叉等。

四、设计程序

工艺流程设计涉及内容很多，最先开始而最后完成，是经历一个由浅入深、由定性到定量的过程，逐步分段进行的。

工艺流程设计的基本程序如下。

（1）对选定的生产方法、工艺过程进行工程分析及处理。

在确定产品、产品方案（品种、规格、包装方式）、设计规模（年工作日、日工作班次、班生产量）及生产方法的条件下，将产品的生产工艺过程按剂型类别和制剂品种要求划分为若干个工序，确定每一步加工单元操作的生产环境、洁净级别、人净物净措施要求、制剂加工、包装等主要生产工艺设备的工艺技术参数（如单位生产能力、运行温度与压力、能耗、型式、数量）和载能介质的规格条件。

（2）确定工艺流程的组成和顺序。

（3）绘制工艺流程框图。框图是在工艺路线选定后，工艺流程进行概念性设计时完成的一种流程图，用方框和圆框（或椭圆框）分别表示单元过程及物料，以箭头表示物料和载能介质流向，并辅以文字说明来表示制剂生产工艺过程的一种示意图，不编入设计文件。如图 7-3 所示。

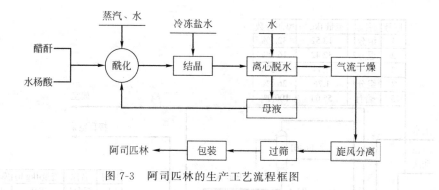

图 7-3　阿司匹林的生产工艺流程框图

（4）绘制工艺流程示意图。工艺流程示意图又称方案流程图、流程示意图、流程简图等，是一个半图解式的工艺流程图。它实际上是方框流程图的一种变体或深入，在生产路线确定后，物料计算前给出。主要内容有：物料由原材料转变为产品的全部过程、原料及中间体的名称及流向、采用的单元操作过程及设备名称等。只是示意出工艺流程中各装置间的相互关系，定性标出物料从原料转化为产品的过程。主要用于物料衡算、能量衡算以及部分设备的工艺计算，也不编入设计文件。如图 7-4 所示。

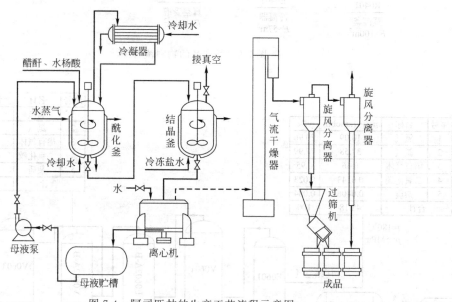

图 7-4　阿司匹林的生产工艺流程示意图

（5）绘制物料流程图。在物料计算完成时，以图形与表格相结合的形式来反映物料衡算结果，并绘制工艺物料流程图，用图说明车间内物料组成和物料量的变化，单位以批（日）计（对间歇式操作）或以小时计（对连续式操作）。物料流程图为设计审查提供资料，并作为进一步进行定量设计（如设备计算选型）的重要依据，同时为日后生产操作提供参考信息。从工艺流程示意图到物料流程图，工艺流程就由定性转为定量。物料流程图是初步设计的成果，需编入初步设计说明书中。

物料流程图有两种表示方法：①以方框流程表示单元操作及物料成分和数量；②在工艺流程简图上方列表表示物料组成和量的变化，图中应有设备位号、操作名称、物料成分和数量。对总体工程设计应附总物料平衡图。图 7-5～图 7-8 所示为物料流程图示例。

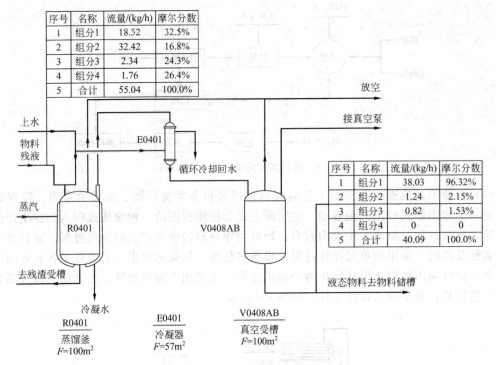

序号	名称	流量/(kg/h)	摩尔分数
1	组分1	18.52	32.5%
2	组分2	32.42	16.8%
3	组分3	2.34	24.3%
4	组分4	1.76	26.4%
5	合计	55.04	100.0%

序号	名称	流量/(kg/h)	摩尔分数
1	组分1	38.03	96.32%
2	组分2	1.24	2.15%
3	组分3	0.82	1.53%
4	组分4	0	0
5	合计	40.09	100.0%

R0401
蒸馏釜
$F=100m^2$

E0401
冷凝器
$F=57m^2$

V0408AB
真空受槽
$F=100m^2$

图 7-5 某产品的物料流程图

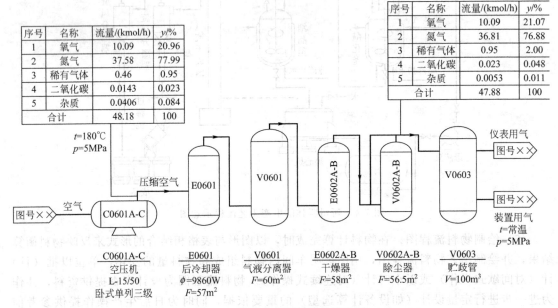

序号	名称	流量/(kmol/h)	y/%
1	氧气	10.09	20.96
2	氮气	37.58	77.99
3	稀有气体	0.46	0.95
4	二氧化碳	0.0143	0.023
5	杂质	0.0406	0.084
	合计	48.18	100

$t=180℃$
$p=5MPa$

序号	名称	流量/(kmol/h)	y/%
1	氧气	10.09	21.07
2	氮气	36.81	76.88
3	稀有气体	0.95	2.00
4	二氧化碳	0.023	0.048
5	杂质	0.0053	0.011
	合计	47.88	100

C0601A-C
空压机
L-15/50
卧式单列三级

E0601
后冷却器
$\phi=9860W$
$F=57m^2$

V0601
气液分离器
$F=60m^2$

E0602A-B
干燥器
$F=58m^2$

V0602A-B
除尘器
$F=56.5m^2$

V0603
贮歧管
$V=100m^3$

装置用气
$t=常温$
$p=5MPa$

图 7-6 某产品空气站物料流程图

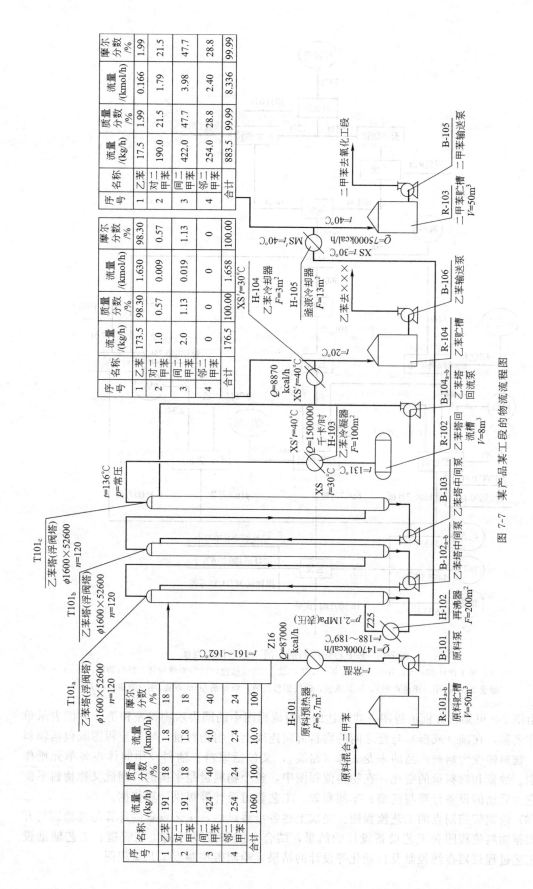

图 7-7 某产品某工段的物流流程图

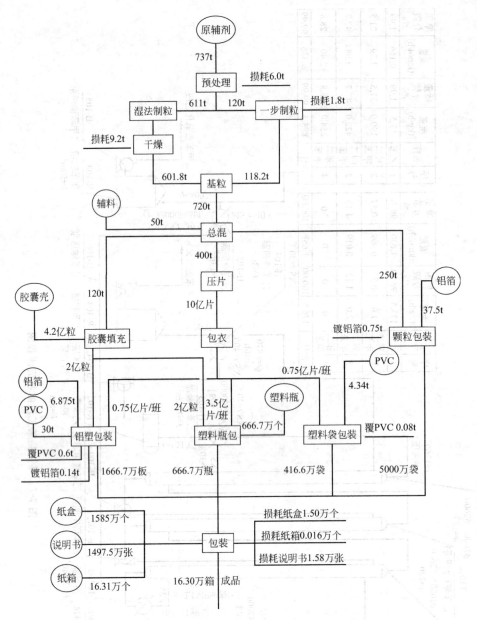

图 7-8　某中药固体制剂车间工艺方框流程图

注：年工作日 250 天；片剂 5 亿片/年（单班产量），70%瓶包，15%铝塑包装，15%袋装；

胶囊 2 亿粒/年（单班产量），50%瓶包，50%铝塑包装，颗粒剂 5000 万袋/年（双班产量）

　　由图 7-8 可知，方框流程图方式表达的物料流程图中的圆表示物料及种类，方框表示单元操作名称，在圆（或框）与框之间的物料流向连线上注明物料量。物料流程图既包括物料由原、辅料转变为制剂产品的来龙去脉（路线），又包括原料、辅料及中间体在各单元操作的类别、数量和物料量的变化。在物料流程图中，整个物料量是平衡的，因此又称物料平衡图，它为后期的设备计算与选型、车间布置、工艺管道设计等提供计算依据。

　　（6）绘制带控制点的工艺流程图。完成上述各步骤以后，工艺设备的计算与选型即行开始，根据物料流程图和工艺设备设计的结果，结合车间布置设计的工艺管道、工艺辅助设施、工艺过程仪器在线控制及自动化等设计的结果，绘制带控制点工艺流程图。

上述工艺流程设计基本程序可以用图7-9表示。

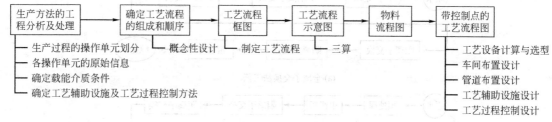

图7-9 工艺流程设计的程序框图

由此可见，工艺流程设计在工艺设计中最先开始，随着制剂工艺及其他相关专业设计工作的深入，不断补充完善，直到施工图设计阶段完成。工艺流程设计是施工图设计阶段的主要设计产品之一，它反映的是工艺设计流程、设备设计、管道布置设计、自控仪表设计的综合成果。应该遵循科学严谨的程序，由浅入深、由定性到定量、循序渐进、逐步完善。

五、设计技术

(一) 方案的比较

(1) 方案比较的意义　在制剂工业生产中，即使是获得最终相同的剂型，也可能有不同的工艺流程。因为在原料路线的选择、采用的反应与加工体系、采用的过程工序、过程设备及控制技术等方面，都有可能采用不同的选择方案。

在众多的选择可能性中，如何选出最合适的工艺路线。就需要工艺设计人员根据药物的理化性质和加工要求，对上述各工艺过程方案进行全面的比较和分析，由此得出合理的制备工艺流程设计方案。

对于新产品的工艺流程设计，应在中试放大获得有关数据的基础上，进行分析、对比，以便确定符合生产与质量要求的工艺流程。对于技改项目，则应以原有工艺为基础，根据生产工艺水平的发展、装备技术的提高，选择先进的生产工艺与优良的设备。

(2) 方案比较的判据　进行方案比较，首先要明确判断依据。制剂工程上常用的判据有药物制剂产品的质量、产品收率、原辅料及包装材料消耗、能量消耗、产品成本、工程投资、环境保护、安全等。制剂工艺流程设计应以采用新技术、提高效率、减少设备、降低投资和设备运行费用等为原则，同时也应综合考虑工艺要求、工厂 (车间) 所在的地理位置、气候环境、设备条件和投资能力等因素。

(3) 方案比较的前提　进行方案比较的前提是保持药物制剂工艺的原始信息不变。例如，制剂工艺过程的操作参数如单位生产能力、工艺操作温度、压力、生产环境 (洁净等级、湿度) 等原始信息不能变更，设计者只能采用各种工程手段和方法，保证实现工艺规定的操作参数。

图7-10所示为两种纯化水的制备工艺流程，对比之后确定方案的选择。用原水制备纯化水的原始数据为：原水含盐量310mg/L；纯化水质量应符合中国药典关于纯化水的质量标准要求，流量为$2.5m^3/h$。

首先在保证纯化水质量和生产能力的前提下，选定原水单耗、酸和碱的单耗、装置总投资作为方案比较的判据来选取最适宜的工艺流程。图7-10(a) 所示为第一方案，全离子交换法工艺；图7-10(b) 所示为第二方案，电渗析与离子交换法工艺。

上述两种方案的技术经济指标见表7-2。

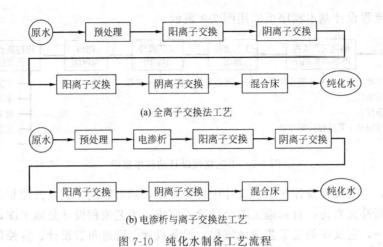

(a) 全离子交换法工艺

(b) 电渗析与离子交换法工艺

图 7-10　纯化水制备工艺流程

表 7-2　两种纯化水制备工艺流程的技术数据

项目	全离子交换法	电渗析＋离子交换法
供纯化水流量/(m³/h)	2.5	2.5
进水流量/(m³/h)	3.42	6.53(为进电渗析器水流量)
水单耗/(m³/m³纯化水)	1.37	2.61
酸单耗(30%HCl)/(kg/m³纯化水)	1.58	0.5
碱单耗(30%NaOH)/(kg/m³纯化水)	1.75	0.55
操作周期	短	为全离子交换法的4～8倍
三废污染	较大	少
对进水预处理要求	较低	较高
纯化水水质	①电阻率1～2MΩ·cm	①电阻率≥8～100MΩ·cm
	②SiO₂等中性离子去除率低	②SiO₂等中性离子去除率低
	③有机物去除率低	③有机物去除率低

由表 7-2 可以看出，进料含盐量为 300mg/L 的原水时，采用第一方案全离子交换法制备纯化水在技术上较为合理。与第二方案相比较，第一方案具有设备投资额小，制水成本较低，操作周期短等优点。尽管第一方案酸碱单耗量及废酸碱排放量为第二方案的 2～3 倍，但综合其他指标考虑，应选择第一方案工艺流程。

（二）工艺流程设计的技术处理

生产方法明确以后，还要对工艺流程进行技术处理，以保证生产的可行、可靠、先进为前提，综合考虑多种因素，使流程满足质量、经济、安全等要求，实现优质、高产、低耗、安全、低成本等综合目标。为此，还要注意以下几方面的问题。

1. 选择操作方式

制剂工业操作过程有三种方式：连续操作、间歇操作和联合操作。

① 连续操作：具有设备紧凑、生产能力大、操作稳定可靠、易于自动控制、成品质量高、符合 GMP 要求、操作运行费用低等优点。因此，生产量大的产品，只要技术上可能，一般都宜采用连续操作方式。

很多厂家在水针剂生产中，除了灭菌工序外，从洗瓶到灌封以及异物检查到印包，都实施了连续化生产操作，大大提高了水针剂生产的技术水平。成套粉针剂生产联动线及单元设备已经普及，实现了连续自动化生产，避免了间歇操作时人体接触、空瓶待灌封等对产品带来的污染，保证了产品的生产质量。

② 间歇操作：也是我国制剂企业目前采用的操作方式之一。采用的情况是，制剂产品的产

量相当小、连续操作设备尚未成熟、原辅料质量不稳定、技术工艺条件及产品质量要求严格等。

③ 联合操作：这种方式比较灵活，在整个生产过程中，连续操作与间歇操作的所占比重，可以根据具体工艺生产情况进行合理选择。如片剂的制备工艺过程主要有制粒、压片、包衣和包装四个工序，选择操作方式时，可以选择制粒为间歇式操作，而压片、包衣和包装采取连续操作方式。

2. 确定制剂过程及机械设备

生产操作方法确定以后，工艺设计人员面临的问题是，如何以现代化、工业化、自动化的先进生产理念来实现制剂过程，并选择合适的工艺设备。如以间歇式浓配法配制水针剂药液，在实验室中操作很简单，只需玻璃烧杯、玻璃棒和垂溶漏斗，将原料加入部分溶剂中，加热过滤后再加入剩余溶剂混匀、精滤即可。

但是这个简单的过程，在实际生产中就变得很复杂，可能会面临很多实验室没有遇到过的选择。例如，要有带搅拌装置的配料罐；配制过程是间歇操作，要配置溶剂计量罐；由车间外供应的原料和溶剂不是连续的，应考虑输送方式和贮存设备；如用泵输送溶剂进入溶剂计量罐中，则需配置进料泵；固体原料的加入方法；根据药液的性质及生产规模选择滤器；确定过滤方式是静压、加压还是减压。由此可见，工业化生产中，药液的配制工序至少应确定备有配料罐、溶剂计量罐、溶剂贮槽、进料泵、过滤装置等主要设备。

3. 保持主要设备能力平衡，提高设备的利用率

制剂工业生产中，剂型加工过程是工艺的主体，制剂加工设备及机械是主要设备。在设计时，应保持主要设备的能力平衡，提高设备的利用率。若引进成套生产线，则应根据使用药厂的制剂品种、生产规模、生产能力来选定生产联动线的组成形式和由什么型号的单元设备配套组成，以充分发挥各单元设备的生产能力和保证联动线最佳生产效能。

4. 确定辅助过程及设备

制剂加工和包装的各单元操作（如粉碎、混合、干燥、压片、包衣、充填、配制、灌封、灭菌、贴签、包装等作业），是制剂生产工艺流程的主体，设计中应以单元操作为中心，确定配合完成这些操作所需的辅助设备、公用工程及设施如厂房、设备、介质（水、压缩空气、惰性气体）及检验方法等，从而建立起完整的生产过程。

5. 其他

还应考虑如物料的回收、套用；节能；安全；合理地选择质量检测和生产控制方法等问题。

六、带控制点的工艺流程图

带控制点的工艺流程图也称施工流程图，是指各种物料在一系列设备（及机械）内进行反应（或操作）最后变成所需要产品的流程图。它是在物料流程图给出后进行设备设计、车间布置、生产工艺控制方案等确定的基础上绘制的内容较为详尽的一种工艺流程图，生产中涉及的所有设备、管道、阀门以及各种仪表控制点等都画出。作为设计的正式成果编入初步设计阶段的设计文件中。

从内容上讲，带控制点的工艺流程图应该包含以下一些内容。

① 设备示意图：带接管口的设备示意图，注写设备位号及名称；

② 管道流程线：带阀门等管件和仪表控制点（测温、测压、测流量及分析点等）的管道流程线，注写管道代号；

③ 图例：对阀门等管件和仪表控制点的图例符号的说明；

④ 标题栏：绘制带控制点的工艺流程图时，应该遵循国家有关标准，按照要求进行绘制。如 HG/T 20519—2009《化工工艺设计施工图内容和深度统一规定》、GB/T 6567—2008《技术制图　管路系统的图形符号　系列标准》、GB/T 7653—2002《全国主要产品分

类代码》、GB/T 15692—2008《制药机械 术语》等的规定。其中 GB/T 6567—2008 系列标准中包括以下五部分：GB/T 6567.1—2008《技术制图 管路系统的图形符号 基本原则》、GB/T 6567.2—2008《技术制图 管路系统的图形符号 管路》、GB/T 6567.3—2008《技术制图 管路系统的图形符号 管件》、GB/T 6567.4—2008《技术制图 管路系统的图形符号 阀门和控制元件》、GB/T 6567.5—2008《技术制图 管路系统的图形符号 管路、管件和阀门等图形符号的轴测图画法》等。

工艺流程设计图纸由图形、文字、表格三部分组成，如表 7-3 所示。

表 7-3　图纸成品文件组成

序号	名　称	提交业主	内部文件	备注	序号	名　称	提交业主	内部文件	备注
1	图纸目录	√		总则	19	管段材料表索引及管段材料表	√		管道布置
2	设计说明(包括工艺、布置、管道、绝热及防腐设计说明)	√			20	管架表	√		
3	工艺及系统设计规定		√		21	设备管口方位图	√		
4	首页图	√		工艺系统	22	管道机械设计规定		√	管道机械
5	管道及仪表流程图	√			23	管道应力计算报告		√	
6	管道特性表	√			24	管架图索引及特殊管架图	√		
7	设备一览表	√			25	波纹膨胀节数据表	√		
8	特殊阀门和管道附件数据表	√			26	弹簧汇总表	√		
9	设备布置设计规定		√	设备布置	27	管道材料控制设计规定		√	管道材料
10	分区索引图	√			28	管道材料等级索引表及等级表①	√		
11	设备布置图	√			29	阀门技术条件表	√		
12	设备安装材料一览表	√			30	绝热工程规定		√	
13	管道布置设计规定		√	管道布置	31	防腐工程规定		√	
14	管道布置图	√			32	特殊管件图	√		
15	软管站布置图	√			33	绝热材料表	√		
16	伴热站布置图和伴热表	√			34	防腐材料表	√		
17	伴热系统图	√			35	综合材料表	√		
18	管道轴侧图索引及管道轴侧图	√							

① 管道材料等级索引表提交业主。

图线：所有图线都应该光洁、均匀，宽度符合要求。平行线间至少 1.5mm 以上间距。图线宽度有三种：粗线 0.6～0.9mm，中粗线 0.3～0.5mm，细线 0.15～0.25mm。图线的一般规定如表 7-4 所示。

表 7-4　图线用法及宽度

类别	图线宽度/mm			备注
	0.6～0.9	0.3～0.5	0.15～0.25	
工艺管道及仪表流程图	主物料管道	其他物料管道	其他	设备、机器轮廓线 0.25mm
辅助管道及仪表流程图公用系统管道及仪表流程图	辅助管道总管、公用系统管道总管	支管	其他	
设备布置图	设备轮廓	设备支架设备基础	其他	动设备(机泵等)如只绘出设备基础，图线宽度用 0.6～0.9mm
设备管口方位图	管口	设备轮廓设备支架设备基础	其他	

类别		图线宽度/mm			备注
		0.6~0.9	0.3~0.5	0.15~0.25	
管道布置图	单线 （实线或虚线）	管道		法兰、阀门 及其他	
	双线 （实线或虚线）		管道		
管道轴侧图		管道	法兰、阀门、承插 焊螺纹连接的 管件的表示线	其他	
设备支架图、管道支架图		设备支架及管架	虚线部分	其他	
特殊管件图		管件	虚线部分	其他	

注：凡界区线、区域分界线、图形接线分界线的图线采用双点画线，宽度均用0.5mm。

关于带控制点的工艺流程图的绘制规则，下面只简单举例说明，具体详细内容请查阅相关标准。

1. 物料流程

（1）物料流程包括的内容　厂房各层地平线及标高和制剂厂房技术夹层高度；设备示意图（其外形尺寸须严格按比例画出，同时标出设备各管口等）；设备流程号（位号）；物料及辅助管路（水、汽、真空、压缩空气、惰性气体、冷冻盐水、燃气等）管线及流向；管线上主要的阀门及管件（如阻火器、安全阀、管道过滤器、疏水器、喷射器、防爆膜等）；计量控制仪表（转子流量计、玻璃计量管、压力表、真空表、液面计等）及其测量-控制点和控制方案；必要的文字注释（如半成品的去向，废水、废气及废物的排放量、组分及排放途径等）。

常用物料代号如表7-5所示。

表7-5　常用物料代号

代号	物料名称	代号	物料名称	代号	物料名称	代号	物料名称
PA	工艺空气	HUS	高压过热蒸汽	HWR	热水回水	H	氢
PG	工艺气体	LS	低压蒸汽	HWS	热水上水	IG	惰性气体
PGL	气液两相流工艺物料	LUS	低压过热蒸汽	RW	原水、新鲜水	N	氮
PGS	气固两相流工艺物料	MUS	中压过热蒸汽	SW	软水	SL	泥浆
PL	工艺液体	SC	蒸汽冷凝水	WW	生产废水	VE	真空排放气
PLS	液固两相流工艺物料	TS	伴热蒸汽	ERG	气体乙烯或乙烷	FSL	熔盐
PS	工艺固体	BW	锅炉给水	FS	固体燃料	DR	排液、导淋
PW	工艺水	CSW	化学污水	NG	天然气	VT	放空
AR	空气	CWR	循环冷却水回水	AG	气氨	AW	氨水
CA	压缩空气	CWS	循环冷却水上水	AL	液氨	CG	转化气
LA	仪表空气	DNW	脱盐水	FL	液体燃料	SG	合成气
HS	高压蒸汽	DW	饮用水、生活用水	ERL	液体乙烯或乙烷	TW	消防水

（2）物料流程的画法　物料流程一般采用1：100比例绘制，如设备过小或过大，则比例尺相应采用1：50或1：200。物料流程的画法采用由左至右展开式，步骤如下。

① 先将各层地平线用细双线画出，要注意一般制剂厂房应超出室外地坪0.5~1.5m；生产车间层高2.8~3.5m，技术夹层净高1.2~2.2m；库房高4.5~6m（采用高货架）；办公室、值班室高度2.6~3.2m。

② 将设备示意图按厂房中布置的高低位置用细线条画上，而平面位置采用自左至右展开式，设备之间留有一定的间隔距离。

③ 用粗线条画出物料流程管线并标注物料流向箭头。

④ 将动力管线（水、汽、真空、压缩空气管线）用细线条画出，标明流向箭头。

⑤ 画上设备和管道上必要附件、计量-控制仪表以及管道上的主要阀门等。

⑥ 标上设备流程号及辅助线。

⑦ 最后加上必要的文字注解。

表 7-6 为工艺流程图中隔热、保温、防火和隔声代号。

表 7-6　工艺流程图中隔热、保温、防火和隔声代号

代号	功能类别	备注	代号	功能类别	备注
H	保温	采用保温材料	S	蒸汽伴热	采用蒸汽伴管和保温材料
C	保冷	采用保冷材料	W	热水伴热	采用热水伴管和保温材料
P	人体防护	采用保温材料	O	热油伴热	采用热油伴管和保温材料
D	防结露	采用保冷材料	J	夹套伴热	采用夹管套和保温材料
E	电伴热	采用电热带和保温材料	N	隔声	采用隔声材料

2. 图例

图例是将物料流程中画出的有关管线、阀门、设备附件、计量-控制仪表等图形用文字予以对照表示。

在工艺管道流程图上应尽可能地应用相应的图例、代号及符号表示有关的制药机械设备、管线、阀门、计量件及仪表等，这些符号必须与同一设计中的其他部分（如布置图、说明书等）相一致。为方便绘图使用，现将制药机械设备分类、代码、型号、外形、数量及大小的表示方法，阀门、管件、管道和制剂设备常见控制表示等分叙如下。

（1）制药机械编码　根据 GB/T 7635.1—2002《全国主要产品分类代码　第1部分：可运输产品》的规定，制药机械设备的编码要符合国家产品分类规则，并在国标中进行了具体划分。

制药机械编码采用层次码，代码分六个层次，各层分别命名为大部类、部类、大类、中类、小类、细类，代码结构如图 7-11 所示。

代码用 8 位阿拉伯数字表示。第一至第五层各用 1 位数字表示，第一层代码为 0～4，第二、五层代码为 1～9，第三、四层代码为 0～9，第六层代码用 3 位数字表示，

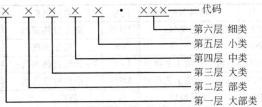

图 7-11　制药机械编码的代码结构

代码为 010～999，采用了顺序码和系列顺序码，第五层和第六层代码之间用圆点"·"隔开，信息处理时应省略圆点符号。第二至第五层代码，仅在 1 大部类、2 大部类和 4 大部类的第三至第四层中，有 6 条类目的代码个位数为"0"，如：代码 110、120、130、250、4150、4740（为 CPC 的码），其余以备用。第六层的顺序代码为 011～999，系列顺序码（即分段码）其个位数是 0（或 9）的 3 位数字代码，如：代码 0111·010— ·099 或 48412·309— ·309 等。第六层的代码 001～009 为特殊区域，其所列产品类目按不同的特征属性再分类或按不同的要求列类，以满足管理上的特殊需要。信息统计时，对所列产品，同一类目下位类的数据可以汇总，类目之间的数据不能汇总，也不能与代码表示其余相关类目的数据汇总。对分类终止于中间某一层级的类目名称的代码，信息处理时补"0"至设计的总码长，标准文本不补"0"。

（2）制药机械分类　制剂生产所用机械设备属于制药机械设备，简称制药机械。制药机械的分类，按 GB/T 15692—2008《制药机械　术语》的规定，分为 8 类，见表 7-7。

表 7-7　制药机械的分类

序号	类　别	完成的制药工艺
1	原料药设备及机械	实现生物、化学物质转化、利用动、植、矿物制取医药原料
2	制剂机械	将原料药加工成各种剂型和制剂
3	药用粉碎机械	用于药物粉碎(含研磨)并符合药物生产要求的机械
4	饮片机械	对天然药用动、植物进行选、洗、润、切、烘等方法制取中药饮片的机械
5	水、气(汽)设备	药用气(汽)设备,纯化水、注射用水、离子交换设备
6	药品包装机械	完成药品包装过程以及与包装相关的机械与设备
7	药物检测设备	检测各种药物制品或半制品的机械与设备
8	其他制药机械设备	输送机械及装置,辅助机械

其中第 2 大类的制剂机械按照所要完成的剂型工艺,又分为 14 类,见表 7-8。

表 7-8　制剂机械的分类

序号	类　别	完成的剂型工艺
1	片剂机械	将中西原料药与辅料经混合、制粒、压片、包衣等工序制成各种形状片剂的机械与设备
2	水针剂机械	将灭菌或无菌药液灌封于安瓿等容器内,制成小容量注射剂的机械与设备
3	西林瓶粉、水针剂机械	将无菌生物制剂粉末或药液灌封于西林瓶内制成注射针剂的机械与设备
4	大输液剂机械	将无菌药液灌封于输液容器内,制成大剂量注射剂的机械与设备
5	硬胶囊剂机械	将药物充填于空心胶囊内的制剂机械设备
6	软胶囊剂机械	将药液包封于球形或椭圆形软质囊材内的制剂机械与设备
7	丸剂机械	将药物细粉或浸膏与赋形剂混合,制成丸剂的机械与设备
8	软膏剂机械	将药物与基质混匀,配成软膏定量灌注于软管内的制剂机械与设备
9	栓剂机械	将药物与基质混合,制成栓剂的机械与设备
10	口服液机械	将药液灌封于口服液瓶内的制剂机械与设备
11	药膜剂机械	将药物溶解或分散于多聚物薄膜内的制剂机械与设备
12	气雾剂机械	将药物、抛射剂灌注于耐压容器内,使药物以雾状喷出的制剂机械与设备
13	滴眼剂机械	将无菌药液灌封于滴眼液容器制成滴眼剂的机械与设备
14	糖浆剂机械	将药物与糖浆混合后制成口服糖浆剂的机械与设备

按照 YY/T 0216—1995《制药机械产品型号及编制方法》的规定,制药机械产品型号由主型号和辅助型号组成。主型号依次按制药机械的分类名称、产品型式、功能及特征代号(非前述代码)组成,辅助型号包括主要参数、改进设计顺序号,其格式如图 7-12 所示。

制药机械分类按国家标准分为八大类,产品型式分类以各大类中机器工作原理、用途或结构型式又分为若干项。制药机械产品分类名称代号及产品型式代号可查阅相关资料。

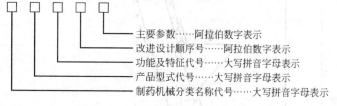

图 7-12　制药机械产品的型号(一)

产品的主要参数有生产能力、面积、容积、机械规格、包装尺寸、适应规格等。一般以阿拉伯数字表示。当需表示两组及以上参数时,用斜线隔开。改进设计顺序号以 A、B、C……表示,第一次设计的产品不编顺序号。举例如图 7-13 所示。

(3) 制药设备外形、位号、数量、大小表示

① 设备外形表示　设备外形应与设备实际外形或制造图的主视图相似,按设计规定绘制。未规定的图形可根据实际外形和内部结构特征按象形法用细线条绘制。设备上管道接头、支脚、支架一律不表示。

表 7-9 为工艺流程图中设备与机器图例。

② 设备位号和名称 在工艺流程图中，每台机械设备可以按其所在的车间、工段及工段中的先后顺序标注其序号，这种序号即为设备位号。

一般应该在两个地方标注设备位号：第一是在图的上方或下方，要求排列整齐，并尽量正对设备，在位号线的下方标注设备名称；第二是在设备内或近旁，此处仅注位号，不注名称。当几个设备或机器为垂直排列时，它们的位号和名称可以由上而下按顺序标注，也可以水平标注。设备（机器）的位号和名称标注如图 7-14 所示。

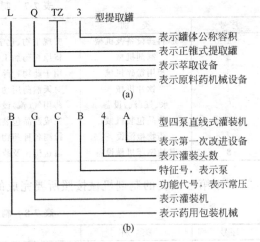

图 7-13 制药机械产品的型号（二）

对于需要绝热的设备和机器，应在其相应部位画出一段绝热层图例，必要时注出其绝热厚度，有伴热者也应在相应部位画出一段伴热管，必要时可以注出伴热类型和介质代号，如图 7-15 所示。

地下或半地下设备、机器在图上应表示出相关的地面，地面以 //// 表示。

设备、机器的支承和底（裙）座可不表示。

复用的原有设备、机器及其包含的管道可以用框图注出其范围，并加必要的文字标注和说明。

设备、机器自身的附属部件与工艺流程有关者，例如柱塞泵所带的缓冲罐、安全阀，列管换热器管板上的排气口，设备上的液位计等，它们不一定需要外部接管，但对生产操作和

表 7-9　工艺流程图的设备、机器图例（摘录①）

设备类别	代号	图　例
制药辅助设备	Q	倾斜提升机构　　　垂直输瓶机（出瓶、导轨、进瓶） 理瓶机 1—理瓶盘；2—裙板；3—拨瓶簧片；4—翻瓶机构　　挡瓶器

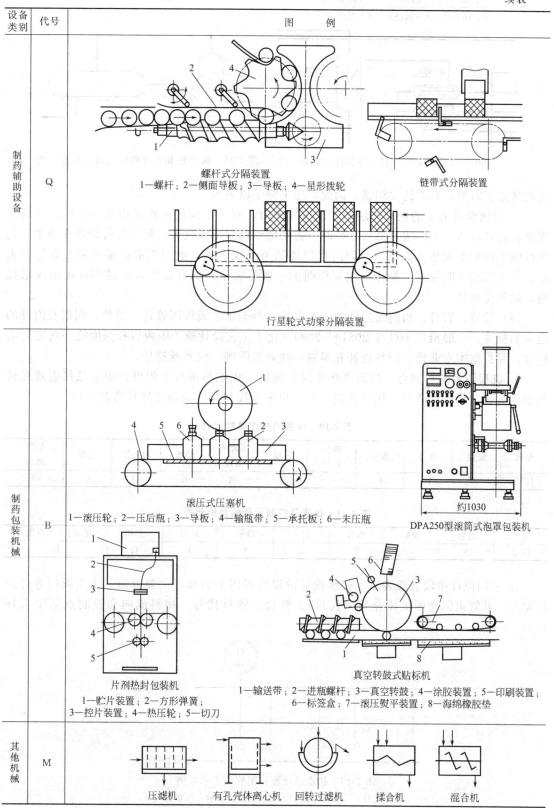

设备类别	代号	图例

制药辅助设备　Q

螺杆式分隔装置
1—螺杆；2—侧面导板；3—导板；4—星形拨轮

链带式分隔装置

行星轮式动梁分隔装置

制药包装机械　B

滚压式压塞机
1—滚压轮；2—压后瓶；3—导板；4—输瓶带；5—承托板；6—未压瓶

约1030
DPA250型滚筒式泡罩包装机

片剂热封包装机
1—贮片装置；2—方形弹簧；3—控片装置；4—热压轮；5—切刀

真空转鼓式贴标机
1—输送带；2—进瓶螺杆；3—真空转鼓；4—涂胶装置；5—印刷装置；6—标签盒；7—滚压熨平装置；8—海绵橡胶垫

其他机械　M

压滤机　　有孔壳体离心机　　回转过滤机　　揉合机　　混合机

① 摘自标准（HG/T 20519—2009）及相关制药机械手册。

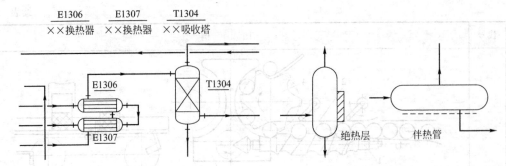

E1306	E1307	T1304
××换热器	××换热器	××吸收塔

图 7-14　设备位号和名称标注示例　　　　图 7-15　需绝热和有伴热管的设备标注示例

监测都是必需的，有的还要调试，因此，图上应予以表示。

③ 机械设备大小的表示　绘制工艺流程图时，同一车间的流程采用统一比例。当遇个别机械设备过高（大）或过低（小）时，需酌情予以缩小或放大，但应保持设备在整个工艺流程图中的相对大小及高低。车间内楼层用两条细线表示，地面用单根细线和断面符号表示，并于右端注明标高。操作台在流程图上一般不表示，如有必要表示时亦可用细线来说明，但不注标高。

（4）管道、管件、阀门及附件的表示方法　制剂工艺流程图管道、管件、阀门及附件的绘制和标注，一般沿用 HG/T 20519—2009《化工工艺设计施工图内容和深度统一规定》的标准，并根据本专业设计的特点补充编制一些新的图例、代号或符号。

① 流程图上的控制点、控制回路及仪表图例　化工与医药工程设计中常见仪表及元件的操作参数（即被测变量）代号见表 7-10，仪表及控制元件的功能代号见表 7-11。

表 7-10　仪表的操作参数代号

参数	温度	压力	流量	液位（料位）	重量	水分或湿度	厚度	热量	电压	氢离子浓度
代号	T	P	F	L	G	M	E	Q	V	PH

表 7-11　仪表及控制元件的功能代号

功能	报警	控制	调节	信号	指示	记录	累积	手动(人工触发)
代号	A	C	T	X	I	J	Q	H

② 不同设计阶段管线表示　初步设计阶段流程图上需画出主要管道、主要阀门管件及控制点。其管道需注明流体介质（代号）、管径、管材代号、物料流向和控制点如图 7-16 所示。

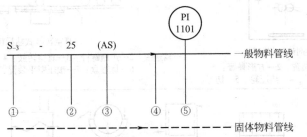

图 7-16　初步设计流程图管线表示举例
①流体代号；②管径（mm），用公称直径表示；③管材代号；
④物料流向；⑤（控制点）仪表符号（PI 即压力指示）

施工图阶段的管道及仪表流程图应包括全部的管道、管件、阀门及控制点。除另有规定外，应对每一根工艺管道标注管道组合号、物料流向和控制点。管道的组合号由下列六个单元组成，如图7-17所示。

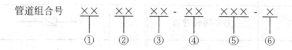

图7-17　管道组合号组成单元示意图

①物料代号；②主项编号，按工程规定的主项编号填写；③管道顺序号；

①、②、③三个单位组成管道号（管段号）；④管径，以毫米（mm）为单位，只注数字，不注单位，也可直接填写管子的外径×壁厚；⑤管道等级，包括公称压力和管材；⑥隔热或隔声代号，可缺项或省略

管道组合号的标注有两种方式。一般是标注在管道的上方，也可将管道号、管径、管道等级和隔热（声）分别标注在管道的上下方。

施工流程图管线表示举例如图7-18所示。

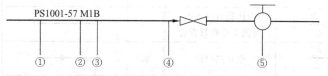

图7-18　施工流程图管线表示（①～⑤编号同图7-16）

③ 图例　制剂工艺流程图中的管道及附件图例如表7-12所示。流程图中常用阀门图例如表7-13所示。

3. 设备一览表

设备一览表的作用是表示出工艺流程图中所有工艺设备及与工艺有关的辅助设备的序号、位号、名称、技术、规格、操作条件、材质、容积或面积、附件、数量、重量、价格、来源、保温或隔热（声）等。

设备一览表的表示方法有以下两种：

① 将设备一览表直接列置在工艺流程图图签的上方，由下往上写；

② 单独编制设备一览表文件，其内容包括文件扉页和一览表，现列出某医药设计院设备一览表文件的编制格式供参考（见表7-14）。

4. 管道特性表

管道特性表的格式和内容见表7-15。表中的管段号栏和管道等级栏按管道等级代号的规定填写。在压力管道类别级别栏依照管道分类条件（温度、压力、种类等）按《压力容器管道设计许可规范》的规定填写。表中介质栏内起点和终点应填写相关的设备位号、管段号、装置或主项的中文名称，若排放可注明大气或接地（沟）。绝热及厚度栏内代号一项，按绝热代号规定填写。试压介质栏可按工程要求填写水、空气或其他介质。

5. 制剂设备自动控制

制剂设备发展的特点是向着密闭、高效、多功能、连续化、自动化方向发展。除可以提高生产效率、节省能源、节约资金外，更主要的是符合GMP的要求。

很多制剂设备已经研制成自动化生产线，可以实现实时在线监控，自动检测、自动剔除不合格产品等，使制剂生产过程越来越稳定、高效。

随着科技的发展，国内外已经研发出很多多功能一体机，将原来需要几个工艺步骤、用不同设备分阶段完成的工艺环节，在一台设备上自动、有序地完成，使生产环节缩短，人为

表 7-12　流程图中管道及附件图例

序号	图例	名称	序号	图例	名称
1		喷淋管	24	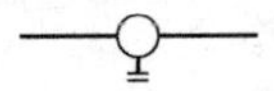	T 型过滤器
2		主要物料管道	25	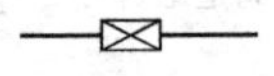	阻火器
3		辅助物料管道	26	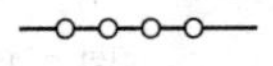	多孔管
4		设备管道附件阀门及尺寸线	27		焊接管帽
5	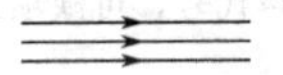	物料流向箭头	28	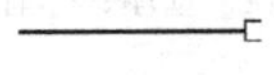	软管活接头
6		蒸汽伴热管道	29		管端平管接头
7	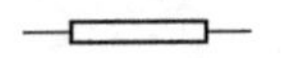	套管	30		管端活接头
8		固体物料线或不可见主要物料管道	31		管堵
9	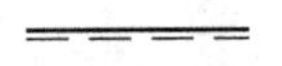	电伴热管道	32	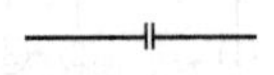	管道法兰
10		螺纹焊接式连接	33		盲板
11		法兰式连接	34	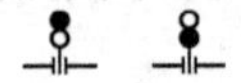	盲通两用板
12		不可见辅助物料管道	35	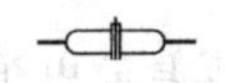	扩大管段节流装置
13	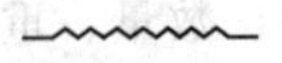	软管	36		消声器
14		翅片管	37		疏水器
15	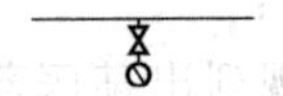	取样口	38		爆破板
16		原有管道	39		敞口排水斗
17		波浪线	40	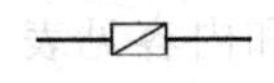	水表
18	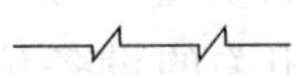	断裂线	41	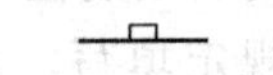	管座
19	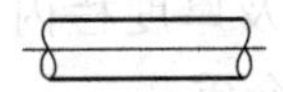	双线管道	42	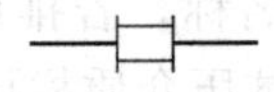	视镜
20		引出线	43	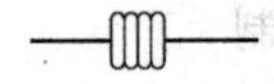	膨胀节
21	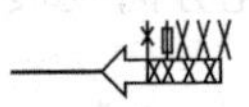	连接符号	44	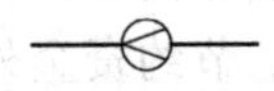	锥形过滤器
22		同心异径管	45	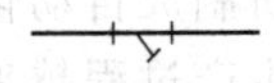	Y 型过滤器
23	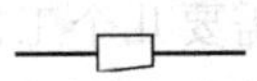	偏心异径管	46	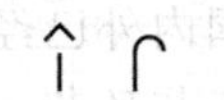	放空管

表 7-13 流程图常用阀门图例

序号	图例	名称	序号	图例	名称
1		闸阀	16		插板阀
2		截止阀	17		弹簧式安全阀
3		止回阀	18		重锤式安全阀
4		直通旋塞	19		高压截止阀
5		三通旋塞	20		高压节流阀
6		四通旋塞	21		高压止回阀
7		隔膜阀	22		阀门带法兰盖
8		蝶阀	23		阀门带堵头
9		角式截止阀	24		集中安装阀门
10		角式节流阀	25		集中安装阀门
11		球阀	26		底阀
12		节流阀	27		平面阀
13		减压阀	28		浮球阀
14		放料阀	29		高压球阀
15		柱塞阀	30		针型阀

表 7-14 设备一览表

序号	设备位号	设备名称	设备技术规格及其材料	标准型号或图纸号	材料	单位	数量	净重 单重	净重 总重	绝热及隔声 型式代号	绝热及隔声 主要层厚度	设备来源或图纸来源	管口方位图图号	备注
1	2	3	4	5	6	7	8	9	10	11	12	13	14	15

（单位名称）	设计		设备一览表（例表）	工程名称		图号	
	校核			设计项目			
	审核			设计阶段			第　张　共　张

表 7-15 管道特性表

管道号	管径厚度	管道等级	压力管道类别级别	介质 名称	介质 状态	介质 起点	介质 终点	工作参数 温度	工作参数 表压	设计参数 温度	设计参数 表压	绝热及厚度 代号	绝热及厚度 厚度	试压要求 是否外购	试压要求 试压介质	试压要求 试验压力	焊缝检测要求	渗漏试验要求	清洗介质	PID尾号	备注

		设计		管道特性	工程名称		图号	
		校核						
		审核			设计项目			
20　　年		审定			设计阶段		版次	第　张　共　张

因素影响减少，自动控制性能提高，很好地保证了生产的顺利进行。

制剂车间的设备自动化程度都比较高，车间工艺设计时，可以根据工艺的需要提出对设备控制性能的要求，比如对压力、温度、体积、流量、流速等的监测、监控，进而再通过设备选型来实现控制要求。但是，在其他一些细节环节，比如物料的输送方式的选择以及对输送设备的工作程序及性质的实时掌控等，还是需要有自控方面的要求，这可能是需要车间设计时重点考虑的地方。

(1) 流体输送设备控制　物料输送设备一般有输送固体物料的输送带、斗提机；输送流体物料的离心泵、容积泵、真空泵、压缩机等。流体输送时，输送设备的控制变量是流量、真空度或压力三项指标。所以，控制方式的设计就围绕着这几项展开。

① 离心泵　离心泵流程设计的一般要求是：泵的入口和出口都有切断阀；出口应安装止回阀、压力表；出口管线的管径一般与泵的管口一致或放大一档；泵体与泵的切断阀前后的管线都应设置放净阀。

一般情况下，离心泵的控制方式有三种：直接节流、旁路调节、调速。

直接节流如图 7-19 所示。在泵的出口管线上安装了调节阀，用阀的开度调节流量。其优点是设备简单、控制容易；缺点是不适用于正常流量比额定流量低 30% 以下的情况，调节阀的直径也比较大。

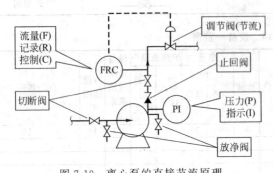

图 7-19　离心泵的直接节流原理

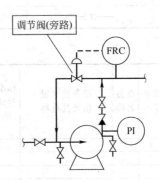

图 7-20　离心泵的旁路调节原理

旁路调节如图 7-20 所示。在泵的进出口旁路管道上都安装了调节阀，使一部分液体从出口返回到进口管线。优点是调节阀直径小，可以用在介质流量偏低的情况下。缺点是泵总效率降低。

调速法有电磁调速、变频调速、多分支调速几种。电磁调速和变频调速如图 7-21 所示。用电磁吸合原理调节驱动力矩调节泵的转速。优点是节能、驱动机和调速设备投资小；缺点是驱动机的总效率降低。如果用调节频率的方法来改变电机转速，也可以达到调节泵的转速。优点是泵总效率提高；缺点是驱动机和调速设备要贵一些。

多分支调节法如图 7-22 所示。

② 容积泵　容积泵一般包括往复泵、齿轮泵、螺杆泵、漩涡泵等，其特点是当流量减小时，泵的压力急剧上升。所以在设计的时候，不能在泵的出口管道上直接安装节流装置。其控制方法一般有旁路调节、转速调节、冲程调节等。如图 7-23 所示。

③ 真空泵　真空泵的吸入支管调节如图 7-24(a) 所示，吸入管阻力调节如图 7-24(b) 所示。

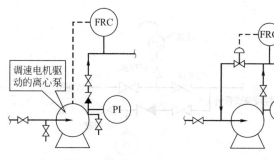

图 7-21　离心泵的调速调节原理　　图 7-22　设有多分支路的调节法原理　　

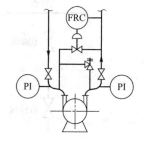

图 7-23　容积泵旁路调节原理

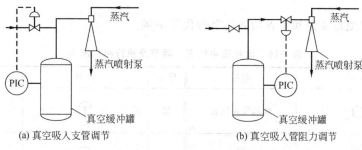

(a) 真空吸入支管调节　　　　　　　　　　(b) 真空吸入管阻力调节

图 7-24　真空泵调节原理

④ 离心压缩机　离心压缩机常用的流量调节方法有：入口流量调节旁路法、进口导向叶片角度调节法、压缩机转速调节法等。进口压力调节是指在压缩机进口前安装缓冲罐，从出口引出一部分介质返回缓冲罐以调节缓冲罐的压力，如图 7-25 所示。

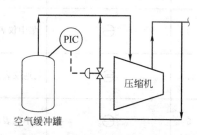

图 7-25　压缩机进口压力调节原理

(2) 控制方法举例　对于容器中的固体物料，可以有如图 7-26 所示的控制方式。

在设备控制过程中，不仅要考虑正常生产过程的顺

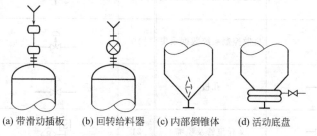

(a) 带滑动插板　　(b) 回转给料器　　(c) 内部倒锥体　　(d) 活动底盘

图 7-26　容器中固体物料控制装置

利进行，还要考虑到非稳定状态出现时，设备是否需要进行控制调节，比如紧急停车、事故状态等，还要有安全阀、爆破片等的设置以增加安全系数，对于高压管路也要有额外的控制考虑。所以，设备控制方面的考虑比较细，也比较多，是需要工艺人员积极配合专业设计人员来联合解决的问题。图 7-27 所示的几种取样状态，表示了在不同取样环境下，对于控制仪器、仪表所进行的方案选择。

(3) 控制设备图例　在工艺流程图中，控制仪器、仪表以及控制机构的表达，很多都是有其专用表达符号的，所以，表 7-16 给出了流程图中仪表、调节及执行机构的图例，表 7-

(a) 直接取样　　　　　　　　(b) 含有固体粉尘的气体取样

图 7-27　取样控制举例

17 给出了表示被测量变量和仪表功能的字母代号举例。

表 7-16　流程图中仪表、调节及执行机构图例

序号	图例	名称	序号	图例	名称
1	○	就地安装仪表	13		带弹簧的气动薄膜执行机构
2	─○─	嵌在管道中	14		无弹簧的气动薄膜执行机构
3	⊖	集中仪表盘安装仪表	15	Ⓜ	电动机执行机构
4	⊖	就地仪表盘面安装仪表	16	S	电磁执行机构
5	⊖	集中仪表盘后安装仪表	17		活塞执行机构
6	⊖	就地仪表盘后安装仪表	18	F	带气动阀门定位器的气动薄膜执行机构
7	▣	集散控制系统数据采集	19		能源中断时直通阀开启
8	─╫─	孔板	20		能源中断时直通阀关闭
9	─▷◁─	文丘里管及喷嘴	21	S R	带人工复位的执行机构
10	◇	转子流量计	22	S R	带远程复位装置的执行机构
11	──	过程连接或机构连接线	23	A C	能源中断时：三通阀流体流动方向 A—C
12	─╫╫─	气动信号线 电动信号线	24	A D C B	能源中断时：四通阀流体流动方向 D—A 和 C—B

表 7-17　表示被测量变量和仪表功能的字母代号

| 字母 | 第一字母 | | 后续字母 | 字母 | 第一字母 | | 后续字母 |
	被测变量或初始变量	修饰词	功能		被测变量或初始变量	修饰词	功能
A	分析		报警	N	供选用		供选用
B	喷嘴火焰		供选用	O	供选用		节流孔
C	电导率		控制	P	压力或真空		试验点
D	密度	差		Q	数量或件数	积分、积算	积分、积算
E	电压		检出元件	R	放射性		记录或打印
F	流量	比（分数）		S	速度或频率	安全	开关或联锁
G	尺度		玻璃	T	温度		传达（变送）
H	手动			U	多变量		多功能
I	电流		指示	V	黏度		阀、挡板
J	功率	扫描		W	重量或力		套管
K	时间或时间程序		自动、手动操作器	X	未分类		未分类
L	物位		指示灯	Y	供选用		计算器
M	水分或湿度			Z	位置		驱动、执行的执行器

第三节　物料衡算

　　在生产工艺流程设计确定并绘出流程示意图以后，就可进行车间物料衡算。通过物料衡算，使设计由定性转向定量。物料衡算是车间工艺设计中最先完成的一个计算项目，其结果是后续的车间热量衡算、设备工艺设计与选型、确定原材料消耗定额、进行管路设计、非工艺条件设计等各种设计项目的依据。因此，物料衡算结果的正确与否将直接关系到工艺设计的可靠程度。为使物料衡算能客观地反映出生产实际状况，除对实际生产过程要作全面而深入的了解外，还必须要有一套系统而严密的分析、求解方法。

　　在进行车间物料衡算前，首先要确定生产工艺流程示意图，这种图限定了车间的物料衡算范围，指导我们的计算既不遗漏，也不重复。其次要收集必需的数据、资料，如各种物料的名称、组成及含量，各种物料之间的配比等。具备了以上这些条件，就可以着手进行车间物料衡算。

　　物料衡算的计算基准：药物制剂车间通常以一批或一日产量为基准，年生产日视具体情况而定，通常有 250 天、300 天、330 天等，以此为基准进行物料衡算。

　　物料衡算就是计算原料与产品的定量转变关系，并计算各种原料的消耗量、各种车间产品及副产品量、损耗量，它是质量守恒定律的具体表现形式，其表达式为

$$\Sigma G_1 = \Sigma G_2 + \Sigma G_3$$

式中，G_1——输入的物料量；G_2——输出的物料量；G_3——物料的损失量。

　　通过物料衡算可得出：①各设备的加入和离去的物料各组分的名称；②各组分的工业品量；③各组分的成分；④各组分纯组分的量＝②×③；⑤各组分物料的体积。

【例 7-1】 以头孢类固体制剂为例，设计规模如下：片剂 2.5 亿片/a、胶囊 2.5 亿粒/a、颗粒剂 5000 万袋/a（1g/袋），请进行物料衡算。

已知计算基础数据：年工作日 250 天；生产班别 2 班生产；每班 8h；班有效工时 6～7h；生产方式为间歇式生产。

解： 假设片剂平均片重为 0.3g/片，胶囊的平均粒重为 0.3g/粒，则

片剂的年制粒量为：$2.5 \times 10^8 \times 0.3 \times 10^{-6} = 75t/a$

　　　日制粒量为：$75t \div 250d = 300kg/d$

　　　班制粒量为：$300 \div 2 = 150(kg/班)$

胶囊的年制粒量为：$2.5 \times 10^8 \times 0.3 \times 10^{-6} = 75t/a$

　　　日制粒量为：$75t \div 250d = 300kg/d$

　　　班制粒量为：$300 \div 2 = 150(kg/班)$

颗粒剂的年制粒量为：$5000 \times 10^4 \times 1 \times 10^{-6} = 50t/a$

　　　日制粒量为：$50t \div 250d = 200kg/d$

　　　班制粒量为：$200 \div 2 = 100(kg/班)$

故班总制粒量为：$150 + 150 + 100 = 400(kg/班)$

假设原辅料损耗为 2%，则年原辅料总耗量为

$$(75 + 75 + 50) \div 0.98 \approx 204t/a$$

第四节　能量衡算

一、概述

在制药生产过程中，物料在不同单元间发生质量传递的同时，也伴随着能量的消耗、释放和转化。其中能量变化可以通过能量衡算确定。能量衡算是以热力学第一定律为依据，对生产过程或设备的能量平衡进行定量的计算，计算过程中要供给或移走的能量。能量是热能、电能、化学能、动能、辐射能的总称。制药生产中最常用的能量形式为热能，所以设计中经常把能量计算称为热量计算。

当物料衡算完成后，可进行车间的能量衡算。能量衡算的主要目的是为了确定设备的热负荷。根据设备热负荷的大小、所处理物料的性质及工艺要求再选择传热面的型式，计算传热面积，确定设备的主要工艺尺寸。传热所需的加热剂或冷却剂的用量也是以热负荷的大小为依据而进行计算的。对已投产的生产车间，进行能量衡算是为了更加合理地用能。通过对一台设备能量平衡测定与计算可以获得设备用能的各种信息，如热利用效率、余热分布情况、余热回收利用等，进而从技术上、管理上制定出节能措施，以最大限度降低单位产品的能耗。

二、制剂车间的节能

随着环保问题的日益突出，节能已经成为我国一项重要的能源政策，体现在制剂生产上就是要对生产车间所有用能设备进行能量平衡的测定与计算。

1. 洁净室高能耗的具体表现

药厂洁净室是能量消耗大户，影响能耗的因素很多。

（1）制冷负荷　洁净室的各类制冷负荷主要有：新风、风机、工艺设备、风机温升、围护结构、照明、人等。制冷负荷中最重要的是新风、风机温升和工艺设备三项，一般来说，尤以新风最大。新风负荷占制冷总负荷可达20%～70%，风机温升可达8%～30%，甚至60%以上，工艺设备可达16%～50%。

① 洁净室新风　洁净室新风的构成为满足：人的卫生要求，由于洁净室人员密度小，故总量不会太大；维持正压条件下的缝隙漏风量，此量一般占到2～6次换气量（这是一般空调所没有的）；弥补排风量，这比缝隙漏风量大得多；弥补系统漏风量。按照设计规范，新风总量相当于一般空调总风量的1～1.5倍，其能耗不容忽视。

② 洁净室风机温升负荷，药厂洁净室风机温升负荷主要是静压箱中风机和电机把热都散到送风气流之中，导致空调器能耗增加。这是很容易忽略掉的问题。

③ 工艺设备负荷是重要制冷负荷。

（2）运行负荷　洁净室的风量比一般空调大几倍至几十倍，风压又高出50～70mmH$_2$O（1mmH$_2$O＝9.80665Pa），约占系统压头一半，所以洁净室运行的风机动力负荷比一般空调大3～30倍。

2. 节能措施

在药厂洁净室设计中，应采用先进的节能技术和措施，降低能耗，以满足药品生产降低成本的需求。

（1）设计合理的建筑布局

① 设计合适的车间型式　现代药厂洁净厂房以建造单层大框架正方形大面积厂房最佳，其显著优点之一是外墙面积最小、能耗少，可节约建筑、冷热负荷的投资和设备运转费用。其次是控制和减少窗墙比，加强门窗构造的气密性要求。此外，在有高温差的洁净室设置隔热层，围护结构应采取隔热性能和气密性好的材料及构造，建筑外墙内侧设置保温或夹芯保温复合墙板，在湿度控制房间要有良好防潮的密封室，所有这些均能达到节能的目的。

② 减少洁净空间体积　减少洁净空间体积，特别是减少高级别洁净室体积，是实现节能的快捷有效的重要途径。净化系统的风量取决于房间体积和换气次数，而换气次数大多由洁净级别所确定，因此要降低洁净系统的风量可从减少洁净空间入手，意味着降低风量比，因为低风量比即合理地选定换气次数可降低换气次数以减少送风动力消耗。洁净室是普通空调办公楼每平方米耗能的10～30倍。若减少洁净体积30%可节能25%。应按不同的空气洁净度等级要求分别集中布置，尽最大努力减少洁净室的面积。同时，对洁净度要求高的洁净室尽量靠近空调机房布置，以减少管线长度，减少能量损耗。

③ 采用洁净隧道等节能技术　建立洁净隧道或隧道式洁净室，可以达到满足生产对高洁净度环境要求和节能的双重目的，它根据生产要求把洁净空间划分为洁净级别不同的工艺区、操作区、维修区和通道区。洁净工艺区空间缩小到最低限度，保持一般单向流的截面风速，大约0.3～0.4m/s，而操作区风速已降到0.1～0.2m/s，风量大大减少。减少体积30%可达到节能25%的目的。还可采用洁净隧道层流罩装置抵抗洁净度低的操作区对洁净度高的工艺区可能存在的干扰与污染。还有通过洁净小室、洁净工作台、自净器、微环境等方式实行局部气流保护来维持该区域的高洁净级别要求，如带层流装置的称量工作台以及带层流装置的灌封机等都可以减少洁净空间体积。

④ 降低洁净室的污染值　洁净室空气品质的主要污染源是新型建筑装饰材料、清洁剂、黏结剂、现代办公用品等。因此，有前途的节能方法是使用低污染值的绿色环保材料，设计

出低污染的系统，采用降低污染值的手段，并制订严格维护计划以保持药厂洁净室在使用期内具有很低的污染状态，这也是降低能耗的方法之一。

（2）设计合理的工艺条件

① 适宜的空气洁净等级标准设计　空气洁净等级标准的确定，应在生产合格产品的前提下，综合考虑工艺生产能力情况、设备的大小、操作方式和前后生产工序的连接方式、操作人员的多少、设备自动化程度、设备检修空间、设备清洗方式等因素，以保证投资最省、运行费用最少、最为节能的总要求，采取就低不就高的原则，决定最小生产空间。比如按生产要求确定净化等级；对洁净要求高、操作岗位相对固定的场所允许使用局部净化措施；生产条件变化下允许对生产环境洁净要求调整；降低某些药品生产环境的洁净级别等。

② 适宜的温、湿度的设计　在满足生产工艺的前提下，从节能的角度出发，确定合适的洁净度等级、温度、相对湿度等参数。按照 GMP 规定的药厂洁净室生产条件、根据制剂生产实际，只有少数工艺（如胶囊剂）对温度或相对湿度有一定要求，其他均着眼于操作人员的舒适感。从我国人的习惯和体质看，夏天温度应从 24℃升高到 26℃，相对湿度比较合适。冬天应该在 20℃以上。相对湿度从 45%降到自然状态，如 20%则节能是明显的。根据我国实际，冬夏温、湿度要求都应降低，而非无菌制剂的要求还可比无菌制剂再低些，这样就能节省大量能量。因此，这是降低洁净车间热（冷）负荷的有效途径和技术措施。

③ 适宜的照明设计　药厂洁净室照明应以能满足工人生理、心理上的要求为依据，对于高照度操作点可以采用局部照明，而不宜提高整个车间的最低照度标准。同时，非生产房间照明应低于生产房间，但以不低于 100lx 为宜。根据日本工业标准照度级别，中精密度操作定为 200lx，而药厂操作不会超过中精密操作。因此，把最低照度从≥300lx 降到 150lx 是合适的，可节约一半能量。

④ 适宜的洁净气流综合利用设计　洁净气流综合利用将工艺过程和空调系统的热回收，是可以直接获益的节能措施。因此应充分利用这部分热量，使之达到物尽其用的目的。

对于无尘粒影响的药厂洁净室，实行洁净气流串联，将洁净室按洁净度高低水平串联起来，然后由一个机组贯通送风，最初的送风经过高级别至低级别的房间后再回到空调机组，可节省若干高效过滤器。对于以消除余热为主，净化要求不太高的房间，可交叉利用洁净气流，并采用下送上回流向，因为下送可减少送风速度，提高送风温度，减少温差，上回则提高回风温度，有利于热回收，因此在不影响洁净要求的前提下，可节能 30%～40%。工艺生产中应利用所有排风对新风预热、预冷，采用热回收也是减少工艺负荷的积极而有效的节能手段。

（3）设计合理的工艺装备　药厂洁净室工艺装备的设计和选型，在满足机械化、自动化、程控化和智能化的同时，必须实现工艺设备的节能化。采取必要技术措施，减少生产设备的排热量，降低排风量。如将可能采用水冷方式的生产设备尽可能地选用水冷设备，加强洁净室内生产设备和管道的隔热保温措施，尽量减少排热量，降低能耗。

（4）设计合理的空气净化系统　空气净化系统是药厂洁净室中主要耗能部分。必须精心设计，达到节能的目的。

三、能量衡算的依据

能量衡算的主要依据是能量守恒定律。它是以车间物料衡算的结果为基准而进行的。对于车间工艺设计中的能量衡算，许多项目可以忽略，其主要目的是要确定设备的热负荷，所以能量衡算可简化为热量衡算。其热量衡算表达式为：

$$Q_1 + Q_2 + Q_3 = Q_4 + Q_5 + Q_6$$

式中，Q_1——物料带到设备中的热量；Q_2——由加热剂（冷却剂）传给设备和物料的热量（加热时取正值，冷却时取负值）；Q_3——过程的热效应，它分为两类，即化学反应热效应和状态变化热效应；Q_4——物料从设备离开所带走的热量；Q_5——消耗于加热（冷却）设备和各个部件上的热量；Q_6——设备向四周散失的热量。

通过上式可计算 Q_2，由 Q_2 进而可计算加热剂或冷却剂的消耗量。

四、能量衡算的方法和步骤

与物料衡算相似，能量衡算按照生产工艺流程的要求，根据多少个操作单元，可以将能量衡算分为几个段落来进行。下面举例说明能量衡算的具体步骤。

【例 7-2】 纯化水系统采用纯蒸汽灭菌所需的纯蒸汽用量计算。

纯化水系统由 $10m^3$ 的立式 304 不锈钢贮罐及长 $100m$ 管径为 $DN50$ 的 304 不锈钢管道及输送泵组成，采用 0.3MPa（表压）的纯蒸汽灭菌，灭菌时用卡箍连接的同材质短管代替泵连接管路系统。

已知条件：不锈钢材料的比热容 $C_p = 0.12kcal/(kg \cdot ℃)$，$10m^3$ 不锈钢纯化水贮罐质量 $m = 1900kg$，直径 $D = 2400mm$，高 $H = 2000mm$，立式椭圆形封头；管路系统不保温，灭菌温度 121℃，维持 30min。

求：需消耗的 0.3MPa 的纯蒸汽的量。

解： 先分析管路系统从 20℃（环境温度）升温至 121℃后的传热情况。

① 传入热量：系统内持续通入 0.3MPa 的饱和纯蒸汽，温度 143℃，其焓值 $H_1 = 654.9kcal/kg$，121℃水的焓值 $H_2 = 121.3kcal/kg$，143℃饱和纯蒸汽转化为 121℃的水的焓变为 533.6kcal/kg，设通入纯蒸汽量为 G_1。

② 传出热量：管路系统通过热传导的散热量 Q_1

$Q_1 = KA\Delta t$，查《化工工艺设计手册》取 $K = 30kcal/(m^2 \cdot h \cdot ℃)$，$A$ 为 $10m^3$ 贮罐及 $100m$ 管道的外表面积之和，$\Delta t = 121 - 20 = 101℃$。

贮罐表面积：$A_1 = \pi DH + 2 \times$（封头表面积）$\approx 3.14 \times 2.4 \times 2 + 2 \times 6.60 \approx 28.3m^2$

管道表面积：$A_2 = \pi dL = 3.14 \times 0.05 \times 100 = 15.7m^2$

$$Q_1 = 30 \times (28.3 + 15.7) \times 101 = 133320kcal/h$$

管路系统内表面温度为 121℃时，假设外表面温度近似为 121℃，其辐射热为 Q_2。将管路系统近似看成黑体，其最大辐射热为

$$Q_2 = C_0 \left(\frac{T}{100}\right)^4 A = 5.67 \times \left(\frac{121+273}{100}\right)^4 \times (28.3 + 15.7)$$
$$= 60120.2W = 60120.2J/s \approx 51943.9kcal/h$$

③ 排放活蒸汽的量 G_2

采用纯蒸汽灭菌时，各使用点及贮罐需分别打开阀门排气以达到纯蒸汽灭菌的目的，假设每次同时排气点为 2 个，排气管内径 $DN10$，蒸汽流速 20m/s，蒸汽密度 2.12kg/m^3，蒸汽排放量：

$$G_2 = 2 \times \frac{\pi}{4} d^2 \rho u = 2 \times 0.785 \times 0.01^2 \times 20 \times 2.12 \times 3600 \approx 24kg/h$$

根据能量守恒定律，达到灭菌稳态时通入蒸汽量 G_1 用于克服热损失，则

$$G_1 \Delta H = Q_1 + Q_2$$

$$G_1 = \frac{Q_1 + Q_2}{\Delta H} = \frac{133320 + 51943.9}{533.6} = 347.2\text{kg}$$

因此灭菌达到稳态时纯蒸汽耗量为 347.2+24＝371.2kg/h

再来分析纯化水系统从20℃升温至121℃时的传热情况，这是一个非稳态过程，由于升温时间可以调节，可以通过适当延长通入纯蒸汽的时间来达到。整个管路系统从20℃升温至121℃所需吸收的总能量 $Q = Cm\Delta t$，贮罐质量 $m_1 = 1900\text{kg}$，假设管道壁厚为2.0mm，其单量为3.5kg/m，则管路系统质量

$$m_2 = 100 \times 3.5 = 350\text{kg}$$

$$Q = 0.12 \times (1900 + 350) \times (121 - 20) = 27270\text{kcal}$$

其热量相当于 $\frac{27270}{533.6} = 51.1\text{kg}$ 的蒸汽量。

该数值与维持稳态灭菌时蒸汽消耗量 371.2kg/h 相比相对较小，因此保证蒸汽流量为371.2kg/h 时可满足该管路系统灭菌要求。

此例目的仅作为介绍计算方法，实际生产中，纯化水系统一般采用80℃热水循环的巴氏消毒法，仅注射水系统考虑采用纯蒸汽消毒，而注射水系统均为保温系统，灭菌时热损失较小，所消耗的纯蒸汽量也较小。

第五节　中试放大

中试放大一般是指生产规模介于实验室工艺与实际大批量生产之间的生产过程，是将实验室工艺应用到实际生产时，需要经历的一个生产数量比实验室规模有所放大而比实际生产规模要小的小批量生产过程，一般定义为在批量增加生产中所使用的工艺。也可以认为是把相同的工艺应用到不同产量中的过程。

在混合过程中，放大是将实验室的小规模实验，以线性维数增大的方式扩大到车间实际生产的规模；而在某些过程（如压片）中所提到的"放大"，只是指通过简单的速度的增加来提高产量；还需指出的是，在某些特殊步骤（特别是生物科技领域）的放大对生产效率的提高是有害的，而"缩小规模"才是提高产品质量所必需的。

中试放大是用和实验室相同的生产工艺，按照实际生产的工业规模来小规模生产的工艺生产过程，从生产数量上看，是从研发到生产的转化过程中，需要的一个处于中间位置的生产批量。这个规模下所生产的产品，足够用于临床试验并为销售提供样品。需要说明的是，在研发和工业规模之间设置的这个中试放大的生产，其规模本身并不能保证从实验室生产规模到实际车间生产规模的平稳过渡，一个设计合理的工艺可能在实验室和中试放大时生产出合格的产品，而在工业规模下却未必能够保证质量。

通过实验生产找出对工艺条件非常稳定的处方，是中试放大过程中所要面临的一个问题。为此，可能需要建立一个资料库，其中包括所有生产过程中所涉及的物料的各种物化性质等参数，也包括反应过程中混合物料的一些物化性质。但是，在实际生产过程中，由于受到测试手段技术发展水平的限制，放大过程中的一些问题可能还是没办法完全解决。由于初始阶段生产的制剂总量很少，所以可能在中试放大过程中，需要在小规模的基础上进行一些模拟计算。

中试放大因为实际情况的需要，可能会带来工艺上的一些修改，如处方的组成、场地的

变换、生产工艺或设备的改变等，在典型制剂的研发过程中，一旦完成了一系列的临床实验，或新药申请获得批准，再对包括批量大小的改变和生产设备或工艺的改变等在内的生产工艺进行修改，就会变得比较麻烦。所以，中试放大生产对于制剂的实际生产是比较重要的一个环节，对于在新药批准后进行的工艺改变，一定要严格控制。

对于不同的制剂类型，中试放大有着不同的要求，也会遇到不同的问题。比如，在压片的过程中，过程的放大涉及相同单位体积内的不同生产速度，单位体积相同就成为了必要参数；在研发和放大过程中，试生产片剂时所实际面临的最大问题是：一个特定处方制造的片剂，能否在生产压力下保持所需的高速压片力，而不发生裂片和顶裂。一般在未经实际生产证实的情况下，这一问题很难有确切答案，尤其是在只有少量的物料时，在放大过程中任何不恰当的方法，都可能带来严重的质量问题。在小规模的产品制备和工艺研发过程中，可以运用实验设计和在线或线上工艺分析器实时采集数据，来评估反应动力学和其他过程，如结晶和粉末混合。

深入了解中试放大方面的知识，可以参阅有关专业书籍进行研究。这里仅以注射剂为例，简单介绍一下注射剂中试放大中的分析方法。

注射剂是指经单层或多层皮肤组织注射给药的制剂。从可注射给药的定义来理解，需要绕过皮肤和黏膜等屏障，而且极性的纯度要达到特定的质量标准。一般情况下，这一要求可以通过应用药品生产质量管理规范来实现。制备注射剂产品过程中应用的基本原理，与其他无菌和非无菌液体制剂的制备原理基本一致。只是要求计算方法准确精密。因此，注射剂的放大问题，基本上可看作是要求较高精密度的液体放大任务。

对液体制剂系统中试放大过程的分析，可以用下面的方法。该方法以搅拌法的规模为基础。对于单相液体制剂系统而言，将最初的实验生产组与大规模生产组相比较，液体的移动是其中最主要的放大规律。

(1) 几何相似准则　首先通过几种方法混合放大。第一种方法设计利用了几何相似准则，即容器几何参数的成比例放大原则。放大参数包括：D/T 比（D 为搅拌叶轮的直径，T 为搅拌槽的直径）。Z/T 比（Z 为容器中液体的高度）等几何比值。比较小规模设备（D_1/T_1）和大规模的设备（D_2/T_2）得到相似比值。例如：

$$R = D_1/T_1 = D_2/T_2$$

式中，R 为几何比例因子。

在确定 R 值以后，大设备旋转的速度等其他所需的参数可以通过功率定律关系式计算得到。在上述例子中，所需的旋转速度 N 可以通过以下公式计算：

$$N_2 = N_1(1/R)n(Hz)$$

旋转速度可以用每分钟转数（r/min）和赫兹（Hz）两种形式表示。功率定律指出 n 具有明确的物理意义。n 值与其相对应的物理意义要么取决于经验，要么通过理论方法得到。

由此可见，小规模的搅拌操作可以通过叶轮直径和搅拌速度来描述，然而对于大规模制造的设备而言，用功率和液体流速来进行说明，可能会更加方便。对于大多数标准结构的蜗轮机，可以将叶轮直径和搅拌速度转化成给定流体性质的功率值，从而得到相关能量数。多数实验搅拌设备被设计成可以提供转矩测定法，此方法可以很容易地直接将小批量的条件转化为功率。

(2) 无量纲参数法　第二种方法是利用无量纲参数法，预测放大生产中的各参数。使用无量纲数，可以减少需要的变量数量，从而使计算简化。无量纲参数法已经成功应用于热传递的计算中，以及因搅拌器放大引起的某种程度的气体分散（质量传递）。通常，雷诺数是无量纲参数中最主要的独立变量。

以上涉及的两种方法属于传统流体力学的范畴，可以看作是量纲分析。有些遗憾的是，在不同的中试放大环境中，这些方法并不是总能达到预期的目的。于是，又有人研究出了将前两种方法综合起来的，可以应用在不同研究和生产环境中的第三种方法，即流量型搅拌强度法。

（3）流量型搅拌强度法　流量型搅拌强度法的基础是几何放大，这种方法设立的假设前提是，大规模的设备和小规模设备具有相同的液体速率，假设搅拌槽体为垂直圆柱体，而且可以利用无量纲组，建立起液体性质与所能考虑到的物理性质之间的联系，特别是对系统中多数叶片周围的大量液体流速，可以进行相应的比较。这种方法适用于湍流搅拌。

据此法分析，如果生产中分析得到的搅拌强度等级对应的速度，与计算得到的用于生产容器的本体循环流速相差±1个单位，那么可以判定混合过程是类似的。使用速度可调的设备，通过简单地调整每分钟的转速，可以很容易地达到与不同搅拌强度相匹配的要求。因此，一个给定的容器附带可变速的搅拌器，能够达到不同的搅拌等级。

以上有关注射液的中试放大方法，提供了从一个调配混合的设备环境到中试生产规模的精确模拟方法。在注射液制剂的制备过程中，合适的搅拌速度是非常重要的生产条件，是中试放大研究的重点。注射液中试放大中所要应用的其他设备，例如灭菌设备、过滤系统、各种泵和包装设备等，都是呈几何比例放大的，可以很容易地从市场中选购到符合条件的设备。

本章小结

1. 制剂车间设计是一个系统工程，做好基础工作是后续设计任务能够顺利展开的必备条件。前期准备文件（有关项目的立项研究报告、设计任务、厂址选择、设计总图等）对于接下来的工艺设计、三算、中试等有着至关重要的作用。

2. 工艺设计是车间设计的一个重要环节，按照设计成果的要求，严谨、详实地进行设计，得到带控制点的工艺流程图，能够为三算打下坚实的基础，所以，此部分需要重点掌握。

3. 物料衡算和能量衡算是工艺设备选型的基础条件，衡算数据准确、详细，将使设计工作得以完善和高效完成，同时也需要数量掌握。

4. 中试放大是实验室到实际生产必不可少的一步，起到良好的纽带作用，但是需要一定的实践经验和工程条件，所以在学习过程中需要尽量创造机会，予以补充和完善。

第八章

设备选型及车间设计

学习目标

1. 掌握设备选型的依据和基本过程、车间布置的依据和原则、车间总体布置的步骤。

2. 熟悉管道布置的方法、管道部件的选择过程。

3. 了解自动控制系统的要求、各类常用仪器仪表的使用范围。

制剂工艺设备的设计、选型、安装是工艺设计计算的重要内容，所有的生产设备都是根据生产工艺要求而选择确定的，是在生产工艺确定以后，以物料衡算和能量衡算为基础进行的。在设备选型时，由于国外生产的制剂设备相对来说价格昂贵，有很多设备国内厂家的产品也可以满足生产要求，所以不必崇洋媚外。在设备选型上应坚持按照 GMP 的要求，在保证技术先进、质量可靠、运行平稳、符合国情、量力而行的基础上，进行综合平衡选择。

第一节　设备设计依据

2010 版 GMP 中第七十一条，陈述了设备选型的要求：设备的设计、选型、安装、改造和维护必须符合预定用途，应当尽可能降低产生污染、交叉污染、混淆和差错的风险，便于操作、清洁、维护，以及必要时进行的消毒或灭菌。在 2010 版 GMP 中对设备的要求还有其他几条。第七十二条：应当建立设备使用、清洁、维护和维修的操作规程，并保存相应的操作记录。第七十三条：应当建立并保存设备采购、安装、确认的文件和记录。第七十四条：生产设备不得对药品质量产生任何不利影响。与药品直接接触的生产设备表面应当平整、光洁、易清洗或消毒、耐腐蚀，不得与药品发生化学反应、吸附药品或向药品中释放物质。第八十五条：已清洁的生产设备应当在清洁、干燥的条件下存放。

1. 设备设计选型主要依据

① 该设备符合国家有关政策法规，可满足药品生产的要求，保证药品生产的质量，安全可靠，易操作、维修及清洁。

② 该设备的性能参数符合国家、行业或企业标准，与国际先进制药设备相比具有可比性，与国内同类产品相比具有明显的技术优势。

③ 具有完整的、符合标准的技术文件。

设备设计其实就是设备的选型。制剂生产是以单元操作为中心的，所以，相对于每一种单元操作，都有相应的设备作为辅助。因此，设备选型也就是从多种可以满足相同生产工艺需要的设备中，经过技术经济的分析评价，选择出与生产工艺及产量需求等相适应的型号、规格的设备，并在众多的设备厂家中，选择最佳购买方案。合理选择设备，可以使资金发挥出最大的经济效益。

2. 设计原则

一般来讲，制剂设备选型应遵循以下几条原则。

（1）适应生产　所选购的设备应与企业所生产的产品相适应，在满足现有设计生产的同时，为未来扩大生产规模等需求保留相适应余量。

（2）技术先进　在满足生产工艺需求、保证产品质量的基础上，还要使选择的设备的性能指标保持在先进水平，以利于持续保持产品质量、延长产品绿色生产周期。

（3）经济合算　即物美价廉、性价比高，要求选择的设备物有所值，在使用过程中能耗、维护费用较低，并且回收期尽量短。

在设备选型的诸多要求中，首先应保证的是生产上适用，最后把适应生产、技术先进与经济合算统一起来。

3. 设计要求

（1）生产率　设备的生产率一般用设备单位时间（分、时、班、年）的产品产量来表示。比如，锅炉以每小时蒸发蒸汽质量（t）、空压机以每小时输出压缩空气的体积、制冷设备以每小时的制冷量、发动机以功率、流水线以先后两产品之间的生产间隔期长短、水泵以扬程和流量等来表示设备生产率。

（2）工艺性　选择制剂设备的首要的目标，就是要符合产品生产工艺的要求，由此把设备满足生产工艺要求的能力称为工艺性。比如，加热设备要满足产品工艺的最高和最低温度要求、温度均匀性和温度控制精度等。此外，选择的制剂设备对于操控性的要求也很重要，一般要求设备操作轻便、控制灵活，产量大的设备自动化程度应高。

（3）可靠性　可靠性是保持设备稳定持续生产的基本条件。企业购置设备必然希望设备能无故障地稳定工作，才能达到预期的生产目的和经济效益，这就称作设备的可靠性。

选择设备可靠性时要求使其主要零部件平均故障间隔期越长越好，具体的可以从设备设计选择的安全系数、冗余性设计、环境设计、元器件稳定性设计、安全性设计和人-机工程学设计等方面进行分析。

（4）维修性　维修性是指产品在规定的条件下和规定的维修时间内，按规定的程序和方法进行维修时，保持或恢复其规定状态的能力。是由产品设计决定的使其维修简便、迅速、经济的质量特性。维修性中的"维修"包含修复性维修、预防性维修等内容。维修性是产品的重要性能，对系统效能和使用维修费用有直接的影响。

4. GMP 设备设计的具体内容

制药设备在 GMP 这一特定条件下的产品设计、制造、技术性能等方面，应以设备GMP 设计通则为纲，以推进制药设备 GMP 的建立和完善，其具体内容如下。

① 设备的设计应符合药品生产及工艺的要求，安全、稳定、可靠，易于清洗、消毒或灭菌，便于生产操作和维修保养，并能防止差错和交叉污染。

② 设备的材质选择应严格控制。与药品直接接触的零部件均应选用无毒、耐腐蚀，不与药品发生化学变化，不释出微粒或吸附药品的材质。

③ 凡与药品直接接触的设备内表面及工作零件表面，尽可能不设计有台、沟及外露的螺栓连接。设备内外表面应平整、光滑、无棱角、无死角，无凹槽、易清洗与消毒。

④ 设备应不对装置之外的环境构成污染，鉴于每类设备所产生污染的情况不同，应采取防尘、防漏、隔热、防噪声等措施。

⑤ 在易燃易爆环境中的设备，应采用防爆电器并设有消除静电及安全保险装置。

⑥ 对注射制剂的灌装设备除应处于相应的洁净室内运行外，要按 GMP 要求，局部采用 A 级或 B 级层流洁净空气和在正压保护下完成各个工序。

⑦ 药液、注射用水及净化压缩空气管道的设计应避免死角、盲管，材料应无毒，耐腐蚀。内表面应经电化抛光，易清洗。管道应标明管内物料流向，其制备、贮存和分配设备结构上应防止微生物的滋生和传染。管路的连接应采用快卸式连接，终端设过滤器。

⑧ 当驱动摩擦而产生的微量异物及润滑剂无法避免时，应对其机件部位实施封闭并与工作室隔离，所用的润滑剂不得对药品、包装容器等造成污染。对于必须进入工作室的机件也应采取隔离保护措施。

⑨ 无菌设备的清洗，尤其是直接接触药品的部位和部件必须灭菌，并标明灭菌日期，必要时要进行微生物学的验证。经灭菌的设备应在三天内使用，同一设备连续加工同一无菌产品时，每批之间要清洗灭菌；同一设备加工同一非灭菌产品时，至少每周或每生产三批后进行全面清洗。设备清洗除采用一般方法外，最好配备就地清洗（CIP）、就地灭菌（SIP）的洁净、灭菌系统。同时，设备设计还应满足 GMP 对制剂设备在安装、维修、保养、管理和验证等方面的一系列要求。

⑩ 设备设计应标准化、通用化、系列化和机电一体化。实现生产过程的连续密闭、自动检测，是全面实施设备 GMP 的要求的保证。

⑪ 涉及压力容器，除符合上述要求外，还应符合 GB 150—2011《压力容器》有关规定。

第二节　设备设计选型

制药设备可分为机械设备和化工设备两大类，一般说来，药物制剂生产以机械设备为主（大部分为专用设备），化工设备为辅。目前制剂生产剂型有片剂、针剂、粉针、胶囊、冲剂、口服液、栓剂、膜剂、软膏、糖浆等多种剂型，每生产一种剂型都需要一套专用生产设备。

制剂专用设备按生产形式分为两种：一种是单机生产，由操作者衔接和运送物料，使整个生产完成，如片剂、冲剂等基本上是这种生产形式；其生产规模可大可小，比较灵活，容易掌握，但受人的影响因素较大，效率较低。另一种是联动生产线（或自动化生产线），基本上是将原料和包装材料加入，通过机械加工、传送和控制，完成生产，如输液、粉针等，其生产规模较大，效率高，但操作、维修技术要求较高，对原材料、包装材料质量要求高，一处出故障就会影响整个生产。

1. 设备设计与选型的步骤

工艺设备设计与选型分两个阶段。第一阶段包括以下内容：①定型机械设备和制药机械设备的选型；②计量贮存容器的计算；③定型化工设备的选型；④确定非定型设备的型式、工艺要求、台数、主要尺寸。第二阶段是解决工艺过程中的技术问题，例如过滤面积、传热面积、干燥面积以及各种设备的主要尺寸等。

设备选型应按以下步骤：首先了解所需设备的大致情况，国产还是引进、使用厂家的使用情况、生产厂家的技术水平等。其次是搜集所需资料，目前国内外生产制剂设备的厂家很多，技术水平和先进程度也各不一样，一定要做全面比较。其次，要核实和设计要求是否一致。最后，到设备制造厂家了解他们的生产条件和技术水平及售后服务等。

总之，首先要考虑设备的适用性，使用能达到药品生产质量的预期要求，设备能够保证所加工的药品具有最佳的纯度、一致性。根据上述调查研究的情况和物料衡算结果，确定所需设备的名称、型号、规格、生产能力、生产厂家等，并造表登记。在选择设备时，必须充分考虑设计的要求和各种定型设备和标准设备的规格、性能、技术特征、技术参数、使用条件、设备特点、动力消耗、配套的辅助设施、防噪声和减振等有关数据以及设备的价格，此外还要考虑工厂的经济能力和技术素质。一般先确定设备的类型，然后确定其规格。每台新设备正式用于生产以前，必须要做适用性分析（论证）和设备的验证工作。

在制剂设计与选型中应注意用于制剂生产的配料、混合、灭菌等主要设备和用于原料药精制、干燥、包装的设备，其容量应与生产批量相适应；对生产中发尘量大的设备如粉碎、过筛、混合、制粒、干燥、压片、包衣等设备应附带防尘围帘和捕尘、吸粉装置，经除尘后排入大气的尾气应符合国家有关规定；干燥设备进风口应有过滤装置，出风口应有防止空气倒流装置；洁净室（区）内应尽量避免使用敞口设备，若无法避免时，应有避免污染措施；设备的自动化或程控设备的性能及准确度应符合生产要求，并有安全报警装置；应设计或选用轻便、灵巧的物料传送工具（如传送带、小车等）；不同洁净级别区域传递工具不得混用，高级别洁净室（区）使用的传输设备不得穿越其他较低级别区域；不得选用可能释出纤维的药液过滤装置，否则须另加非纤维释出性过滤装置，禁止使用含石棉的过滤装置；设备外表不得采用易脱落的涂层；生产、加工、包装青霉素等强致敏性、某些甾体药物、高活性、有毒害药物的生产设备必须专用等。

2. 设备机械化、自动化、程控化、智能化

制药工业的发展取决于制药工艺与制药工程的进步。制剂设备与制剂工艺、制剂工程有密切关系。制剂工程包含了制剂设备、制剂工艺，也体现在制剂设备上。由于制剂工业GMP达标是个复杂的系统工程，因此我国制剂设备的设计与制造应该沿着标准化、通用化、系列化和机电仪一体化方向发展，以实现生产过程的连续密闭、自动检测，这是全面实施设备GMP的要求和保证。同时，随着科学技术发展所提供的技术可能性和人类对健康水平的不断追求，GMP对制剂工业的要求也将不断提高。因此，制剂设备的设计应开发新型制剂生产联动线装置、全封闭装置及全自动装置，制剂设备的设计应实现机械化、自动化、程控化和智能化的更高要求。

以制剂工业中无菌制药产品工艺条件最为苛刻的水针生产联动线中的安瓿灌装封口机为例：首先安瓿灌装封口机的材质，要求与药液接触的零部件均应采用无毒、耐腐蚀，不与药品发生化学变化或吸附药液组分和释放异物的材质；封口方法采用燃气＋氧助燃，淘汰落后的熔封式封口，采用直立或倾斜旋转拉丝式封口（钳口位置于软、硬处均可）；灌液泵选用机械泵（金属或非金属）、蠕动泵均可。在保证灌装精度的前提下，选用蠕动泵，其清洗优于机械泵；燃气系统，以适应多种燃气使用为佳。系统的气路分配要求均匀，控制调节有效可靠，系统中必须设置防回火装置；从结构看，灌装、封口必须在B级净化层流保护罩下完成，层流装置中，过滤原件上下要有足够的静压分配区，出风要有分布板。缺瓶止灌机构的止灌动作要求准确可靠，基本无故障，若无此机构则不符合GMP要求。装量调节机构，若用机械泵应设粗调和细调两功能，蠕动泵则由"电控"完成，二者装量误差必须符合有关标准。复合回转伺服机构及回转往复跟随机构是国际同类产品常用机构，其运行性能良好。设备部件应通用化和系列化，即更换少量零部件，适应多规格使用。排废气装置的吸头位置应安排在操作者位置的对侧。控制功能应具有：联锁功能，即非层流不启动，不能进行灌装和封口操作；显示功能，即产量自动计数，层流箱风压调节功能即主轴转速及层流风速能无级调速；监视功能，即发生燃气熄火自动切断气源，主机每次停机钳口自动停高位；联动匹配功能，即进瓶网带储瓶拥堵，指令停网带及洗瓶机，当疏松至一定程序后指令解除。少瓶时指令个别传送机构暂停，但已送出瓶子仍能继续进行灌装和封口，直至送入出瓶斗，状态正常后自动恢复正常操作。

综上所述，只有在制剂设备的设计过程中，以系统功能优化的观念对待每个环节与部位，应用现代技术和计算机手段全面实施控制功能就能全面符合 GMP 要求，实现制剂设备的全面 GMP 达标。因此，"智能化"时间-压力灌装系统应运而生，它由灌装软管与分流管相连接，通过软管挤压阀即可进行灌装操作，无摩擦磨损零部件。在分流管的末端装有压力传感器，操作过程由计算机控制。生产过程中控制软件是满足灌装工艺质量控制的关键，配有实际灌装参数显示装置。"智能化"时间-压力灌装系统具有更高的灌装精度，降低产品损失，保证无磨损异物存在，结构简单更适合 GIP/SIP 操作和智能化工艺控制等，它将更能满足制药工业生产 GMP 规范的要求。

【例 8-1】 米屈肼薄膜衣片的设备选型。

已知产品设计规格如下。

　　产品名称：米屈肼薄膜衣片

　　规格：0.5g/片

　　包装规格：7片/板（2板/盒）

　　产量：12亿片/a

根据以上条件，进行设备选型，过程如下。

① 设计基准：工作日：300d/a；工作时间：8h/班；班次：3班/d。

② 设备设计与选型步骤　首先进行行情调研，了解所需设备的市场行情，比较买国产还是进口，如果有实际设备的使用客户，可以了解设备的实际生产使用情况，了解生产厂家的技术水平；然后是查阅文献资料，对国内外制剂设备厂家的产品进行全面比较；核实资料，考察拟选定设备与本设计的要求是否相适应；最后实地考察，到设备生产厂家了解其生产条件、技术水平及售后服务等。

③ 主要设备选型与计算　按照 GMP 的要求，制剂车间选用的设备，要符合 GMP 要求的相关标准。应该比照实际生产任务和设备的生产能力来进行最后的设备选定。一般情况下，所选设备的生产能力应适当大于生产任务，为安全生产或者扩大再生产留有余地。本例设计所选主要设备如下。

（1）粉碎设备　常用的典型粉碎机有球磨机、冲击式粉碎机、流能磨。其中，冲击式粉碎机对物料的作用力以冲击力为主，适用于脆性、韧性物料以及中碎、细碎、超细碎物料等，操作应用广泛，所以本例设计选用冲击式粉碎机。

根据物料衡算的结果，每班次需粉碎的原输料为 629.76kg，综合考虑生产能力、功率消耗，参考设备价格及主要材质，选用江阴市华晶药化机械制造有限公司的 GFSJ-18 型高效粉碎机，简单介绍如下。

主要用途：本机采用混合喷粉法原理设计而成，整机结构简单，粉碎室及加料机构拆装清洗方便，凡与物料相接触部分，全部采用不锈钢材料制造，能耐酸、耐蚀，该机具有运转平稳、噪声低、粉碎效果好、耗电低等优点。

工作原理：本机属高速运转机械，采用两面快口刀刃，使物料经高速刀片剪切粉碎，该机还可根据不同的物料选用各种形状及尺寸不同的刀片，粒度大小可通过更换网板或调整速度获得，技术参数见表 8-1。

表 8-1　GFSJ-18 型高效粉碎机技术参数

项目	参数
型号	GFSJ-18
生产能力/(kg/h)	60～400
电机功率/kW	7.5
可调转速/(r/min)	1000～2400～4400
成品细度/目	12～120
外形尺寸(长×宽×高)/mm	1000×1300×1600
质量/kg	约20

每班次需粉碎的量为 629.76kg，则每小时需粉碎的量为 105kg 该机器的生产能力取为 200kg/h，则一台机器需工作的时间为：105/200＝0.525h，所以选择一台。

（2）筛分设备　选用上海天祥健台制药机械有限公司的 XZS-400 旋振机，具有分离效率高、单位筛面处理能力大、维修费用低、占地面积小、重量轻的优点，应用广泛。设备技术参数见表 8-2。

表 8-2　XZS-400 旋振机技术参数

项目	参数
型号	XZS-400
生产能力/(kg/h)	50～200
过筛目数	12～200
筛网直径/mm	$\phi 400$
电机功率/kW	0.55
外形尺寸(ϕ 直径×长)/mm	$\phi 560 \times 1100$
净重/kg	100
各种型号均有双三出口	
振幅调节范围　1～6mm	

每班次筛分的量为 629.76kg，则每小时筛分的量为 105kg。该设备生产能力取为 150kg/h，则一台机器需工作上的时间为：105/150＝0.7h。选用数量为一台。

（3）总混　总混是将整粒后的药物粉末与对湿热敏感的药物辅料混合均匀的操作过程。总混均匀度，决定着各种药物在片剂中的分布，总混的均匀度好，有利于用药的安全性和提高药品质量。本例设计中选用江阴市奔达药化机械设备厂生产的 GHJ-V500 型高效混合机。该设备对较细的粉粒、凝块后或两种以上的粉状体、含有一定水分的物料均能混合。如对添加量很少的配料混合，也可达到混合效果。设备技术参数如表 8-3 所示。

表 8-3　GHJ-V500 型高效混合机技术参数

型号	容量/L	生产能力/(kg/h)	转速/(r/min)	电机总功率/kW	外形尺寸(长×宽×高)/mm	总质量/kg
GHJ-V500	0.5	200	12	2.2	2500×1220×2420	550

每班次需总混的量为 629.76kg，则每小时需总混的量为 105kg，该设备的生产能力取 200kg/h，一台设备的工作时间为：105/200＝0.525h。选择一台。

（4）压片　选用常州市旺群药化机械有限公司生产的 GZPT-40 高速旋转式压片机，该设备的加料电机采用变频调速，产量连续可调，并带有上下控制功能，上下冲头过紧保护功能，压片室采用全密封有机玻璃门，具有开启保护功能。与药片接触部位采用的材料完全符合 GMP 要求，具有超载保护、紧急停车、故障报警等功能。主要优点有：电气控制柜主要元件采用国外先进元件，PLC 采用欧姆龙公司 CJIM 系列，人机界面采用台湾 WENVIEW 系列彩色触摸屏；液压系统主要采用德国 HAVE 公司产品；甘油润滑和稀油润滑系统全部采用贝奇尔公司产品；变频器采用台湾台达公司产品；蜗轮箱采用先进技术生产的高精度产品。批产量是 111.2 万片，该机器生产能力是 20 万片/h，一天工作 5.56h 能完成一批，所以选用一台设备。设备技术参数如表 8-4 所示。

表 8-4　GZPT-40 高速旋转式压片机技术参数

冲模数/套	最大主压力/kN	最大压片直径/mm	最大充填深度/mm	最大预压力/kN	转台转速/(r/min)	最大生产能力/(pc/h)	电机/kW	外形尺寸（长×宽×高）/mm	主机质量/kg
40	80	13	18	20	14～36	260000	7.5	1120×930×1900	1650

（5）包衣　本例包薄膜衣左卡尼汀，选用浙江江南制药机械有限公司生产的 BG 系列高效智能有孔包衣机。工作原理是：片芯在包衣机洁净密闭的旋转滚筒内不停地作复杂轨迹运动，翻转流畅、交换频繁，由恒温搅拌桶搅拌的包衣介质，经过计量泵的作用，从进口喷枪喷洒到片芯，同时在排风和负压作用下，由热风柜供给的 10 万级洁净热风穿过片芯从底部筛孔、再从风门排出，使包衣介质在片芯表面快速干燥，形成坚固、致密、光滑的表面薄膜、整个过程在 PLC 控制下自动完成。技术参数如表 8-5 所示。日工作时间为：$105×3/150=2.1h$。

表 8-5　BG 系列高效智能有孔包衣机技术参数

药载/(kg/h)	滚筒转速/(r/min)	主机功率/kW	排风柜电机功率/kW	排风机流量/(m³/h)	热风柜电机功率/kW	热风机流量/(m³/h)	压力/MPa	耗电量/(m³/min)
150	2.0～14.0	2.2	5.5	7419	1.5	2356	≥0.4	0.5

（6）包装　作为最后一道工序，包装是非常重要的，分成以下几部分来选择设备。

① 内包装　选用瑞安市圣泰制药机械有限公司生产的 DPB-250E 平板式自动泡罩包装机。适用于制药、食品、保健品、医疗器械等行业的胶囊、片剂、蜜丸、糖果、一次性注射剂及异性物的铝塑、纸塑、铝铝复合密封包装，该设备采用微电脑可编程控制器，触摸面板操作，变频调速，自动化程度高，操作方便。

特点：成型、热封、打批号、压痕、冲裁等装置采用心轴定位，装有标尺和紧固螺母、校正方便、定位准确。机械手牵引，行程可调、自动送料、对版加热，正压成形，上下网纹，气缸热封，自动压痕打批号。可配置机械冲头加正压空气成型装置，能适应安瓿、针剂、注射器、西林瓶、中药大蜜丸的包装，确保成型泡罩壁厚均匀挺括，并且可配置安瓿、针剂、西林瓶自动加料器，适应范围广，可一机多用。主传动部分采用平行轴斜齿轮减速箱，成型、热封、压痕等磨具采用销钉定位、压板固紧，定位准确、触摸方便、节省包材。组合式机构，拆装方便、便于维修，可配光标跟踪对版封合装置，可按用户要求增配喷墨打码（字）装置。

根据设计任务，该设备最大年生产能力是 23 万片/h，设备大约工作 4.83h 可完成一批产品的包装，所以选用一台。设备技术参数见表 8-6。

表 8-6 DPB-250E 平板式自动泡罩包装机技术参数

生产能力 /(万片/h)	行程可调范围/mm	最大成型深度/mm	最大成型面积/mm	电机功率/kW	外形尺寸（长×宽×高）/mm	整机质量/kg
3.5～23	40～160	26	150×240	6.2	3000×730×1600	1600

② 包装纸盒的印字机械 选用北京美同达公司生产的 MD-300 型全自动高速打码机，打码内容可以是生产日期、有效期、生产批号、保质期、重量、数量、价格、尺寸等，可以打印各种塑料袋、塑料膜、商标、纸盒等。MD-300 型全自动高速打码机为单独使用机型，主要用于纸袋、纸标签、塑料袋、塑料标签及薄纸盒上印制生产日期、批号等标识。具有自动分张、自动定位及高速的特点。采用固体墨轮，具有瞬印瞬干、不易抠除的性能，特别适用于塑料薄膜、金属箔等非吸收性材料及纸质包装的押印。悬臂式结构，体积轻巧、制造精密。纵向押印位置由电子控制，可任意调整。押印动作及计数采用光电开关控制，并可设定押印张数，特制离合器，动作灵敏、精确、平稳。根据设计任务，批需求量是7.9 万个，该设备最大生产能力是 9000 个/h，设备约工作 8.8h 完成一批，选用 2 台，每天每台工作 13.2h 可完成一天定额。设备技术参数见表 8-7。

表 8-7 MD-300 型全自动高速打喷机技术参数

印刷能力 /(个/h)	墨轮直径/mm	字体大小/mm	打印行数	每行字数	外形尺寸（长×宽×高）/mm	整机质量/kg
9000	35	2～3.5	5	10	440×345×260	600

③ 外包装 本例设计选用了江南包装机械有限公司生产的 ZH-90 型自动装盒机。ZH-90 型自动装盒机用于将药品（泡罩包装）板块或塑料瓶（玻璃瓶）自动装入纸盒，包括说明书的折叠传送、纸盒成型与传送。打印批号及纸盒两端纸舌封装等全过程均属自动完成。并可与该公司生产的泡罩包装机联动形成包装流水线。特点：机械传动，变频调速，过载自动装订，实现程序控制，对药板和说明书的漏装自动进行检测，无药板自动等待。

根据设计任务，批量是 7.9 万盒，该设备最大生产能力是 90 盒/min，5400 盒/h，大约要机器运作 14.6h 可完成一批。所以选用 3 台。设备技术参数见表 8-8。

表 8-8 ZH-90 型自动装盒机技术参数

装盒速度 /(盒/min)	主机功率/kW	纸盒尺寸范围（长×宽×高）/mm	外形尺寸（长×宽×高）/mm	整机质量/kg
30～90	0.75	>65×35×12 <125×78×65	1300×1400×1500	900

④ 封箱机 本例设计选用 UP6050 封箱机，该设备可依纸箱大小调整，一次完成上下封箱动作，具有自动升降功能，箱体高度误差 10mm 以内均可适用。采用进口橡胶带，传动可靠，封箱平整、省工、费用低、操作简单。可与大字符喷墨编码机配合使用。根据设计任务，批量是 198 箱，该设备最大生产能力是 20 箱/min，约工作 10min 可完成一批，一天工作 30min。设备技术参数见表 8-9。

表 8-9 UP6050 封箱机技术参数

封箱能力 /(箱/min)	胶带宽度/mm	最大封箱尺寸/mm	最小封箱尺寸（长×宽×高）/mm	外形尺寸（长×宽×高）/mm	整机质量/kg
20	36,48.60	500×600	180×100×90	1500×740×1425	120

（7）设备一览表 如表 8-10 所示。

表 8-10 设备一览表

序号	设备名称	规格型号	生产能力	数量/台	外形尺寸 （长×宽×高）/mm	备注
1	磅秤		0～200kg	1		
2	粉碎机	ZS-350 型吸尘微粉碎机	100～300kg/h	1	1100×60×1600	江阴市宏达机械制造有限公司
3	振动筛	ZS-350 型振动筛	40～500kg/h	1	540×540×1060	常州市佳业药化设备有限公司
4	混合机	DBH-300 型三维摆动混合机	150kg/h	1	1175×2260×165	江阴市翔飞粉体工程机械有限公司
5	方形压片机	GZPK132 型高速压片机	197000kg/h	1	970×1225	上海天祥健台制药机械有限公司
6	泡罩机	DPP-250 型平板全自动铝塑泡罩包装机	4.8～25万粒/h	1	1950×600×1400	浙江瑞安市向阳包装机械厂
7	打码机	MY-380 型固体墨轮打码机	300 张/min 以下	2	440×345×260	南京宁日包装机械有限公司
8	装盒机	ZH90 型自动装盒机	30～90 盒/min	3	1300×1400×1500	江南包装机械有限公司
9	封箱机	PCF-05H 型封箱机	700～1200 箱/h	1	1075×830×（1040～1380）	上海创派包装机械有限公司
10	加料机	PCF-05H 型封箱机	1800 箱/h	1	1655×750×1950	海门市风龙不锈钢制药设备有限公司
11	崩解时限测定仪	LB 系列		1		上海黄海药检仪器有限公司
12	物料桶			50 个	φ500×1000	自制
13	洗衣机	XQB50-K 型全自动离心式洗衣机	5kg/批	3	537×520×868	海尔洗衣机销售有限公司
14	无菌衣消毒机			1	1620×780×1830	吉林吉东医疗器械厂
15	分析天平	TG528A		1		上海黄海药检仪器有限公司
16	饮水机	RT-A-2 型饮水机		1	310×280×330	杭州东皇食品化工设备厂
17	手推车			20	1800×600×1000	自制

3. 工艺设备的安装

GMP 对设备有如下要求：应当配备有适当量程和精度的衡器、量具、仪器和仪表。应当选择适当的清洗、清洁设备，并防止这类设备成为污染源。设备所用的润滑剂、冷却剂等不得对药品或容器造成污染，应当尽可能使用食用级或级别相当的润滑剂。第七十八条：生产用模具的采购、验收、保管、维护、发放及报废应当制定相应的操作规程，设专人专柜保管，并有相应记录。

制剂车间要达到 GMP 的要求，工艺设备达标是一个重要方面，设备安装是一个重要内容。首先设备布局要合理，其安装不得影响产品的质量；安装间距要便于生产操作、拆装、清洁和维修保养，并避免发生差错和交叉污染。同时，设备穿越不同洁净室（区）时，除考虑固定外，还应采用可靠的密封隔断装置，以防止污染。不同的洁净等级房间之间，如采用传送带传递物料时，为防止交叉污染，传送带不宜穿越隔墙，而应在隔墙两边分段传送，对送至无菌区的传动装置必须分段传送。应设计或选用轻便、灵巧的传送工具，如传送带、小车、溜槽、软接管、封闭料斗等，以辅助设备之间的连接。对洁净室（区）内的设备，除特殊要求外，一般不宜设地脚螺栓。对产生噪声、振动的设备，应分别采用消声、隔振装置，改善操作环境，动态操作时，洁净室内噪声不得超过 70dB。设备保温层表面必须平整、光洁，不得有颗粒性物质脱落，表面不得用石棉水泥抹面，宜采用金属外壳保护。设备布局上要考虑设备的控制部分与安置的设备之间有一定的距离，控制部分（工作台）的设计应符合人机工程学原理。

第三节　自动控制及仪表

针对制剂车间，特别是洁净厂房，控制系统的应用越来越多；随着技术的进步，可供选择的控制方式和控制仪器仪表的型式也越来越多样。但是控制的最终目的，还是为了保证稳定的产品质量、顺利的生产过程、达标的安全环保以及尽可能的操作舒适性。

一、控制系统的要求

洁净厂房的控制系统要紧紧围绕工艺展开，是为生产工艺服务的。一般有如下一些需要注意的地方。

① 洁净厂房设置一套较完整的自动监控装置，对确保洁净厂房的正常生产和提高运行管理水平十分有利，但建设投资增加。各类洁净厂房内包括洁净室空气洁净度、温度和湿度的监控，洁净室的压差监控，高纯气体、纯化水的监控，气体纯度、纯化水水质的监测等的要求是不同的，并且各行各业的洁净室（区）的规模、面积也是不同的，所以自动监控装置的功能应视工程具体情况确定，宜设计成各种类型的监测、控制系统，只有相当规模的洁净厂房宜设计成集散式计算机控制和管理系统。

② 净化空调系统的空气过滤器随运行时间的增加，阻力逐渐增大。当采用空气过滤器前后压力差的变化控制送风机的变频调速装置后，送风量的调节变得十分容易，送风压力稳定。同时洁净室净化空调系统的送风机采用变频调速后节能十分显著。

③ 为避免净化空调系统因风机停转无风或超温时，电加热器继续送电加热会造成设备损坏甚至发生火灾，本条强制性规定应设置无风、超温断电等保护装置。

二、控制选项

下面以水系统和高压蒸馏系统为例，说明控制项目选择的方法。

1. 水系统的控制系统

水的控制系统通常采用 PLC 自动控制和手动控制。如果设备正常运行时采用 PLC 控制，如果遇到紧急情况或设备处于非正常工作时系统可采用手动控制。控制系统要监控操作参数如进水的 pH 值、进水电导率、进水温度和终端产品质量（如 pH、电导率和温度等），这些参数用可校验的并可追踪的仪表来测量，可以用手写的或电子记录，包括有纸的或无纸的记录系统来记录相关数据。

通常情况下，控制要求如下：符合或接近欧盟 CE 要求，保证电器安全和仪表的可靠。自控系统的建立体系可参考优秀自动化制造规范（good automated manufacturing practices，GAMP）要有过程参数的显示、检测、记录及报警；通常的检测及报警项目如表 8-11～表 8-14 所示。

表 8-11 水温度控制项目表

项目	报警情况
原料水的温度	按工艺要求
换热器进水温度高(如果有)	高低报警提示,不停机
换热器出水温度高(如果有)	高低报警提示,不停机
纯化水产水温度	按工艺要求

表 8-12 水压力控制项目表

项目	报警情况
压缩空气压力	压力低报警停机,停机字幕留屏
一级 RO 泵前压力	压力低下限报警停机,停机字幕留屏
软化器进水压力	高低报警提示,不停机
一级 RO 进水压力	压力高超上限报警停机,停机字幕留屏
二级 RO 泵进水压力	压力低下限报警停机,停机字幕留屏
二级 RO 进水压力	压力高超上限报警停机,停机字幕留屏
EDI 进水压力	压力高超上限报警停机,停机字幕留屏

表 8-13 水液位控制项目表

项目	报警情况
NaOH 加药罐液位低	液位低报警不停机,停止加药泵运行
原水罐液位低	液位低报警不停机,停止原水泵或者反洗泵
原水罐液位高	液位高报警不停机,关闭原水罐进水阀
中间水罐液位低	液位低报警停机,停机字幕留屏
中间水罐液位高	液位高报警提示,不停机
再生盐箱液位低	液位低报警提示,再生阶段停机
纯化水罐液位低	液位低报警提示,不停机
纯化水罐液位高	液位高报警提示,不停机,进行低压循环

表 8-14 水其他控制项目表

项目	报警情况
原水泵变频报警(如果采用变频)	变频器故障报警停机,停机字幕留屏
反洗水泵软启动器报警	软启动故障报警停机,停机字幕留屏
一级 RO 泵变频报警(如果采用变频)	变频器故障报警停机,停机字幕留屏
增压泵变频报警(如果采用变频)	变频器故障报警停机,停机字幕留屏
二级泵变频报警(如果采用变频)	变频器故障报警停机,停机字幕留屏
EDI 模块报警	EDI 模块报警停机,停机字幕留屏
EDI 模块浓水流量开关	流量下限报警停机,停机字幕留屏
二级 RO 进水 pH	pH 高、低报警提示,不停机
一级 RO 产水电导率高	高于上限报警提示不停机,不合格回流,延时(HMI 可设时间)之后停机,停机字幕留屏
二级 RO 产水电导率高	高于上限报警提示不停机,不合格回流,延时(HMI 可设时间)之后停机,停机字幕留屏
EDI 产水电导率高	高于上限报警不停机,不合格回流,延时(HMI 可设时间)之后停机,停机字幕留屏

2. 高压蒸馏控制要求

符合或接近 CE 要求,保证电器安全和仪表的可靠。自控系统的建立体系可参考 GAMP;要有过程参数的显示、检测、记录及报警;通常的检测及报警项目见表 8-15～表 8-18。

表 8-15 高压蒸馏温度控制项目表

项目	报警情况
各个蒸发器的温度检测	设置温度显示、超高低警报提示
原料水的温度检测	高低警报提示，不停机
原料水预热终端的温度检测	超设定值报警提示，停机字幕留屏
注射用水的温度检测	高低报警提示，不停机
一效蒸发器凝结水温度的检测	超设定值报警提示，停机字幕留屏

表 8-16 高压蒸馏压力控制项目表

项目	报警情况
工业蒸汽的压力检测	压力低报警提示，不停机
冷却水压力的检测	冷压力低报警提示，不停机
压缩空气的压力检测	压力低报警停机，停机字幕留屏

表 8-17 高压蒸馏液位控制项目表

项目	报警情况
原料水进机液位的检测	液位低报警停机提示，停机字幕留屏
一效蒸发器的液位检测	液位升高报警提示，不停机，延时后如不回落立即下排
末效蒸发器的液位检测	液位升高报警提示，不停机，延时后如不回落立即下排
注射用水储罐的液位检测	上限报警停机提示，停机字幕留屏

表 8-18 高压蒸馏其他控制项目表

项目	报警情况
进机原料水电导率检测	超设定值报警提示，停机字幕留屏
注射用水电导率检测	超设定值报警提示，停机字幕留屏
注射用水 pH 检测(投资允许)	超设定值报警提示，停机字幕留屏
注射用水 TOC 检测(投资允许)	超设定值报警提示，停机字幕留屏

三、洁净车间控制仪表

　　洁净车间的设计建造、测试检测以及运行，是洁净车间三大技术组成，每一组成又包含着自动化仪表控制与监测技术。由于洁净车间的要求高，需要在控制仪表和检测仪表方面具有更高的可靠性和稳定性。以空调系统为例，仪器仪表的检测和自动化程度的高低决定着系统是否能够满足空气净化级别和生产工艺所要求的各项指标或参数。

　　微差压控制：差压控制在净化空调系统中是一个非常重要的环节。只有通过对净化区域的压差进行控制，保证合理的气流组织，才能达到净化和工艺的要求。表 8-19 为微差压监测和控制典型产品。

表 8-19 微差压监测和控制典型产品

产品名称	特点	用途
微差压表	医药行业 GMP 认证的专用仪表；用于制药厂、电子厂洁净室的微差压指示，量程范围包括：－30～＋30Pa、0～60Pa、－60～＋60Pa、0～125Pa、－125～＋125Pa、0～250Pa、－250～＋250Pa、0～500Pa、0～750Pa 等 400 多种规格	用于洁净室内外微差压指示、过滤器清洁状态指示、风管压力指示、风机两端差压指示、风速指示(配合皮托管)
微差压变送器	将微差压变送成 4～20mA 信号输出，可现场更换量程，可现场更改成带液晶数码显示或不带显示，可选英制或公制工程单位。最小量程 0～25Pa，误差小于 0.5Pa	洁净室内外微差压指示，信号远传过滤器清洁状态指示，信号远传风管风速(配合皮托管)指示，信号远传风管风压指示，信号远传

产品名称	特点	用途
带模拟显示的 微差压变送器	将微差压变送成 4～20mA 信号输出,并且现场 指示。 量程范围：－10～＋50Pa,0～60Pa,－60～ ＋60Pa,等二十种不同量程,最高到 0～1.5kPa	洁净室内外微差压指示,信号远传 过滤器清洁状态指示,信号远传 风管风速(配合皮托管)指示,信号远传 风管风压指示,信号远传
经济型微差 压变送器	将微差压变送成 4～20mA 信号输出,量程范围 从 0～250Pa 到 0～2500Pa	过滤器清洁状态指示,信号远传 风管风速(配合皮托管)指示,信号远传 风管风压指示,信号远传
微差压变 送控制器	将微差压变送器,微差压开关,微差压表组合 一体	过滤器状态指示控制,信号远传 风管风速(配合皮托管)指示,信号远传 风管风压指示,信号远传 风机正常运行监测

　　风量控制：送风量是由洁净度等级决定的,但送风量不可避免地会受到产尘量、压差等因素的影响而发生变化,造成设备能耗加大,运行费用增加,如果系统采用变频装置,再根据生产工艺特点现场设置检测、控制装置来调节排风量,相继改变送风量,就可以避免因个别工序不生产时仍需开启排风机造成电能的消耗。由于采用了变频装置,根据系统所需送风量值来改变风机转速,可以大大降低电能消耗。

　　表 8-20 所列为风速测量、风机控制仪表典型产品。

表 8-20　风速测量、风机控制仪表典型产品

仪表名称	特点	用途
风速/温度变送器	可选五种风速量程：0～5m/s,0～10m/s,0～15m/s,0～20m/s,0～30m/s。带 LCD 液晶显示	监测风管风速和温度
电流强度开关	多种量程选择,可现场调整设定点值,有闭口式或开启式	风机故障联锁报警
风门执行机构	各种范围的转矩选择,带过载保护、强制手动、阀位反馈等功能	
风速变送器	三种量程：0～4m/s,0～8m/s,0～16m/s。可选 4～20mA 或 0～10VDC 输出	用于送风和排风控制
靶式风速开关	在 2～8m/s 的范围内可调整设定点值	用于风机运行状态联锁报警、送排风系统的连锁报警

　　热、冷水循环系统控制：对于一个中央空调系统,还会有配备热水、冷水的管路系统以及设备,这些都需要配备必需的自动化控制仪器仪表。表 8-21 所列为热、冷水循环系统控制仪表典型产品。

表 8-21　热、冷水循环系统控制仪表典型产品

仪表名称	特点	用途
电动两通阀	带强制手动	用于热、冷循环水的控制
靶式流量开关	可安装于管径 25～200mm	循环水系统状态连锁报警
电动三通球阀	可选择气动或电动执行机构	循环水系统回水和供水混合

　　以上是仪表构成净化空调的基本自控系统。当然,还有其他一些仪器仪表,在不同的需求场合还要用到。比如便携式温湿度检测、照度检测、噪声检测、微生物的检测等,都有一些相应的仪器仪表可以选用。

四、控制的联锁

　　设备联锁控制是保证药品生产过程中的环境温度、湿度、洁净度、风速及正压的必要条件。常用的送风系统与排风系统联锁控制如下：先启动送风，后启动排风；先停止排风，后停止送风；送、排风系统启动时，新风及排风管上的电动阀自动开启；送、排风停止时，电动阀自动关闭。设计中通常采用PLC来实现空调系统的联锁。电气设计中，手自动切换装置也必不可少。自动状态设置PLE接入节点，调试和维修设置在手动状态；生产运行过程中，设置自动运行状态，通过PLC控制运行。配电二次线路要与防火阀装置联锁，一旦防火阀启动，立即切断净化空调系统。同时，净化空调系统还应该和火警系统联锁，通过输入模块和控制模块监控净化空调系统的运行，一旦发生火警，可通过控制模块自动切断空调系统运行。

通常进入净化区的气闸的两个门应该互锁，以保证隔离开洁净厂房与一般区。互锁门的电源可以由一般电源的照明箱单独回路提供，停电时，门互锁装置自动解锁。

第四节　车间布置概述

在新版GMP中，对于各种物料的分配位置有着如下说明：中间产品和待包装产品应当在适当的条件下贮存；印刷包装材料应当设置专门区域妥善存放，未经批准人员不得进入。切割式标签或其他散装印刷包装材料应当分别置于密闭容器内储运，以防混淆；成品放行前应当待验贮存；不合格的物料、中间产品、待包装产品和成品的每个包装容器上均应当有清晰醒目的标志，并在隔离区内妥善保存。

在新版GMP中，对于厂址选择有着如下说明：厂房的选址、设计、布局、建造、改造和维护必须符合药品生产要求，应当能够最大限度地避免污染、交叉污染、混淆和差错，便于清洁、操作和维护。

所以，制药工厂应选择在大气环境良好、空气污染少、周围无污染源、水质符合生产要求、水电充足、通信方便、交通运输便利的地区。最好选在气候适宜、空气清新、绿化多的城市郊区，避开化工区、风沙区、热闹市区、铁路和公路等污染较多的区域；从制药工厂整体布局来看，还应有发展的余地；从综合方面应考虑地理位置、地质状况、常年主导风向和少占耕地等因素。

在新版GMP中，对于厂区划分有着如下说明。第四十条：企业应当有整洁的生产环境；厂区的地面、路面及运输等不应当对药品的生产造成污染；生产、行政、生活和辅助区的总体布局应当合理，不得互相妨碍；厂区和厂房内的人、物流走向应当合理。兼有原料和制剂的，原料药生产厂区位于主导风向下风侧。三废处理设施、锅炉房以及高致敏、高活、高毒药物车间位于下风侧。洁净厂房宜设环形消防通道，或长边直通道。洁净厂房周围应有绿化带，减少露土面积，不种扬花散粉的植物。

所以，对于厂址、厂房的选择以及厂区的划分，应该遵照GMP的要求来进行选择和规划。

在新版GMP中，对于生产区管理要求有着如下说明。第四十六条：为降低污染和交叉污染的风险，厂房、生产设施和设备应当根据所生产药品的特性、工艺流程及相应洁净度级别要求合理设计、布局和使用，并符合下列要求：

① 应当综合考虑药品的特性、工艺和预定用途等因素，确定厂房、生产设施和设备多产品共用的可行性，并有相应评估报告；

② 生产特殊性质的药品，如高致敏性药品（如青霉素类）或生物制品（如卡介苗或其他用活性微生物制备而成的药品），必须采用专用和独立的厂房、生产设施和设备。青霉素

类药品产尘量大的操作区域应当保持相对负压，排至室外的废气应当经过净化处理并符合要求，排风口应当远离其他空气净化系统的进风口；

③ 生产 β-内酰胺结构类药品、性激素类避孕药品必须使用专用设施（如独立的空气净化系统）和设备，并与其他药品生产区严格分开；

④ 生产某些激素类、细胞毒性类、高活性化学药品应当使用专用设施（如独立的空气净化系统）和设备；特殊情况下，如采取特别防护措施并经过必要的验证，上述药品制剂则可通过阶段性生产方式共用同一生产设施和设备；

⑤ 用于上述第②、③、④项的空气净化系统，其排风应当经过净化处理；

⑥ 药品生产厂房不得用于生产对药品质量有不利影响的非药用产品。

此外，GMP 中对于贮存区管理、生产区管理、质量控制区、辅助生产区等都有相应的要求。

车间布置的目的是对厂房的配置和设备的排列做出合理的安排，是车间工艺设计的重要环节，是工艺设计部分向其他非工艺设计部分，提供车间设计的基础依据资料。车间布置设计时应遵守设计程序，按照布置的基本原则，进行细致而周密的考虑。

车间布置设计的任务：第一是确定车间的火灾危险类别，爆炸与火灾危险性场所等级及卫生标准；第二是确定车间建筑（构筑）物和露天场所的主要尺寸，并对车间的生产、辅助生产和行政生活区域位置做出安排；第三是确定全部工艺设备的空间位置。

一、车间布置的依据

洁净车间设计除需遵照《药品生产质量管理规范》、《药品生产质量管理规范实施指南》等进行之外，还应该遵循一般车间常用的设计规范和规定，下面列出了一些制剂车间布置设计时可能用到的文件依据。

《医药工业洁净厂房设计规范》GB 50457—2008

《洁净厂房设计规范》GB 50073—2013

《建筑设计防火规范》GB 50016—2014

《压缩机厂房建筑设计规定》HG/T 20673—2005

《储罐区防火堤设计规范》GB 50351—2014

《石油化工企业设计防火规范》GB 50160—2008

《化工装置设备布置设计规定》HG/T 20546—2009

《石油化工工艺装置布置设计通则》SH 3011—2011

《爆炸和火灾危险环境电力装置设计规范》GB 50058—2014

二、设备布置的原则

设备选型后，应该同时进行设备定位和辅助车间的布置。区域划分应满足设备安装与检修的要求，并且设备间隔距离要与操作工的操作相适应。工段内物流及向下一操作工段的输送必须符合要求。无论在什么地方，都要有充分的预留缓冲区域。由于建筑成本较高，要充分考虑利用建筑物的地面和空间，必须考虑车间布置对非工艺设计的影响，如电线、管道、电缆等过长会增加成本，延长施工时间等。

1. 设备布置的一般原则

设备布置的一般原则有如下几点。

① 车间布置设计要适应总图布置要求，与其他车间、公用系统、运输系统组成有机体，并考虑运输、消防及它们之间的关系。各工序的设备布置要与主要流程顺序相一致，使生产

线路成链状排列而无交叉迂回现象，并尽可能自流输送，力求管线最短。

② 要符合有关的布置规范和国家有关的法规，妥善处理防火、防爆、防毒、防腐等问题，保证生产安全，还要符合建筑规范和要求。便于生产管理，安装、操作、检修方便。

③ 考虑地区的气象、地质、水文等条件，最大限度地满足工艺生产包括设备维修要求。

④ 经济效果要好；有效地利用车间建筑面积和土地；要为车间技术经济先进指标创造条件。

⑤ 充分考虑本装置（车间）与其他部门在总平面布置图上的位置，力求紧凑、联系方便、缩短输送管线，节省管材费及运行费用。

⑥ 要考虑车间的发展和厂房的扩建，设备的安装位置不应在建筑物的伸缩缝或沉降缝上。

⑦ 相互联系的设备在保证正常运行、操作、维修、交通方便和安全条件下，尽可能靠近。

2. 车间平面布置的一般原则

车间平面布置的基本要求是：

① 在保证现行有关规定、安全生产和工业卫生的情况下，所有工艺设备和其他设施的占地面积应当最小；

② 在完成生产工序的前提下，工艺设备的数量应当最少，因此需要选择最佳的生产工艺流程，正确地安排生产线内和线外的加工工序；

③ 车间内部的金属货流合理，避免回运和交叉运输，或者将其减少到最低限度；

④ 具有扩大和革新生产的可能性；

⑤ 具有通风和向主要部位提供能源的必要条件；

⑥ 工艺设备、其他设施及其管路系统的维修应方便，安全；

⑦ 有害物质要限制在产生它的地方，防止其扩散和污染周围环境，或者污染程度不超过标准规范；

⑧ 厂房要保持现行建筑标准，采用统一构件，保证工业化施工。

上述各种因素互有影响，其中每一种因素都要从技术、动力、运输和其他方面加以综合考虑。

因此，车间的平面布置和各种设施的配置需要由工艺、机械、动力、工业卫生、建筑、经济分析等各方面的专家进行综合研究。

从工艺装备的相互关系考虑，车间平面布置通常分为连续作业线、半连续作业线和线外单独机组，在后两种情况下，非连续部分设有中间仓库用以周转半成品。

3. 设备立面布置的一般原则

① 斗式提升机地坑应有足够的空间，以便于清料和检修；

② 工艺管道应尽量集中布置，力求管线最短、转弯最少且布置整齐；

③ 溜管和溜槽的倾角、圆锥形包壁倾角以及角锥形包壁交线倾角，一般应大于物料自然休止角，通常设计为 $5°\sim15°$；

④ 设备沿墙布置时，应注意不要影响门窗的开启，不妨碍厂房的采光和通风；

⑤ 为了安装与检修时吊运设备或部件，或在日常生产中吊运其他物件，通常在楼板上设置吊物孔，各层楼板的吊物孔一般上下对正，可贯通吊运；

⑥ 在设备上方不设置永久性起重设施时，应预留足够的空间和面积，以架设临时起重装置；

⑦ 当设备、管道或溜槽穿越楼板时，必须注意预留孔的大小要留有余地，更不能切断

梁柱的结构,否则将造成安装困难或使用不合理等不良后果。

三、设备布置的要求

1. 车间的总体要求

① 车间应按一般生产区、洁净区的要求设计;

② 为保证空气洁净度要求,应避免不必要的人员和物料流动,为此,平面布置时应考虑人流、物流严格分开,无关人员和物料不得通过生产区;

③ 车间的厂房、设备、管线的布置和设备的安放,要从防止产品污染方面考虑,设备间应留有适当的便于清扫的间距;

④ 厂房必须能够防尘、防昆虫、防鼠类等的污染;

⑤ 不允许在同一房间内同时进行不同品种或同一品种、不同规格的操作;

⑥ 车间内应设置更换品种及日常清洗设备、管道、容器等必要的水池、上下水道等设施,这些设施的设置不能影响车间内洁净度的要求。

2. 生产区的隔断

为满足产品的卫生要求,车间要进行隔断,原则是既能防止产品、原材料、半成品和包装材料的混杂和污染,又应留有足够的面积进行操作。

① 必须进行隔断的地点包括:一般生产区和洁净区之间;通道与各生产区域之间;原料库、包装材料库、成品库、标签库等;原材料称量室;各工序及包装间等;易燃物存放场所;设备清洗场所;其他。

② 进行分隔的地点应留有足够的面积,以注射剂生产为例,其中应包括:包装生产线间如进行非同一品种或非同一批号产品的包装,应用挡板进行必要的分隔;包装线附近的地板上划线作为限制进入区;半成品、成品的不同批号间的存放地点应进行分隔或标以不同的颜色以示区别,并应堆放整齐、留有间隙,以防混料;合格品、不合格品及待检品之间,其中不合格品应及时从成品库移到其他场所;已灭菌产品和未灭菌产品间要隔离;其他。

3. 隔离操作技术

高污染风险的操作宜在隔离操作器中完成。

① 隔离操作器及其所处环境的设计,应当能够保证相应区域空气的质量达到设定标准。传输装置可设计成单门或双门,也可是同灭菌设备相连的全密封系统。物品进出隔离操作器应当特别注意防止污染。

② 隔离操作器所处环境取决于其设计及应用,无菌生产的隔离操作器所处环境至少应为 D 级洁净区。

③ 隔离操作器只有经过适当的确认后方可投入使用。确认时应当考虑隔离技术的所有关键因素,如隔离系统内部和外部所处环境的空气质量、隔离操作器的消毒、传递操作以及隔离系统的完整性。

④ 隔离操作器和隔离用袖管或手套系统应当进行常规监测,包括经常进行必要的检漏试验。

4. 吹灌封技术

① 用于生产非最终灭菌产品的吹灌封设备自身应装有 A 级空气风淋装置,人员着装应当符合 A/B 级洁净区的式样,该设备至少应当安装在 C 级洁净区环境中。在静态条件下,此环境的悬浮粒子和微生物均应当达到标准,在动态条件下,此环境的微生物应当达到标准。

用于生产最终灭菌产品的吹灌封设备至少应当安装在 D 级洁净区环境中。

② 因吹灌封技术的特殊性，应当特别注意设备的设计和确认、在线清洁和在线灭菌的验证及结果的重现性、设备所处的洁净区环境、操作人员的培训和着装以及设备关键区域内的操作，包括灌装开始前设备的无菌装配。

5. 设备布置安全距离

在车间布置设计中，设备之间的距离是安全生产的基本保证，所在实际设计过程中，有一些设备间的安全距离是有明确的规定可供参考的，从而可以简化设备布置的设计过程。设备布置的安全距离大致有表 8-22 中的一些要求。

表 8-22　设备安全间距

项目	净安全距离/m	项目	净安全距离/m
泵与泵的间距	≥0.7	起吊物与设备最高点距离	≥0.4
泵与墙的间距	>1.2	可燃气体与变配电室、自控仪表室、分析化验室的间距	≥15
泵列与泵列的间距	≥2.0	操作台梯子坡度	≥45°
塔与塔的间距	>1.0	操作台梯子的斜度(特殊情况)	60°
反应器底部与人行道距离	≥1.8~2.0	储罐与储罐的距离	>1.5
计量罐与计量罐间距	0.4~0.6	储槽与储槽(没有阀门及仪表)间距	≥0.75
离心机周围通道	≥1.5	储槽与储槽(有阀门及仪表)间距	≥1.0
过滤机周围通道	1.0~1.8	换热器间距,换热器与其他设备水平距离	>1.0
回转机械离墙距离	≥0.8~1.0	反应罐盖上传动装置离天花板距离	≥0.8
回转机械相间距离	≥0.8~1.2	反应罐卸料口至离心机的距离	≥1.0~1.5
工业设备和道路之间距离	≥1.0	往复运动机械的运动部件离墙距离	≥1.5
反应釜离墙距离(操作通道)	≥1.2	通廊、操作台通行部分的最小净空高度	≥2.0~2.5
不常通行处的净高	≥1.9	产生可燃性气体的设备与炉子之间的距离	≥8.0

四、车间组成

车间一般由生产、辅助生产和行政-生活等区域组成。

生产部分包括一般生产区、洁净区及洁净室。

辅助生产部分包括物料净化用室、原辅料外包装清洁室，包装材料清洁室，灭菌室，称量室、配料室、设备容器具清洁室、清洁工具洗涤存放室、洁净工作服洗涤干燥室，动力室(真空泵和压缩机室)、配电室、分析化验室、维修保养室、通风空调室、冷冻机室、原料、辅料和成品仓库等。

行政-生活部分包括人员净化用室，如雨具存放间、管理间、换鞋室、存外衣室、盥洗室、洁净工作服室、空气吹淋室等；生活用室，包括办公室、会议室、厕所、淋浴室、休息室与女工保健室等。

制剂车间从功能上分，由仓储区、称量、前处理区和备料室、中贮区、辅助区、生产区、质检区、包装区、公用工程及空调区及人/物流净化通道等几个部分所组成。

1. 仓储区

仓库位置的安排大致有两种，一种是集中式，即原辅材料、包装材料、成品均在同一仓库区，这种形式管理方便，但要求分隔明确、存取货物方便。另一种是原辅材料与成品库（附包装材料）分开设置，分别设在车间的两侧。这种形式在生产过程进行路线上较流畅，减少往返路线，但在车间扩建上要特殊安排。

仓储的布置现一般采用多层装配式货架，物料均采用托板分别贮存在规定的货架位置上，用全自动堆垛机、手动堆垛机及电瓶叉车装载。仓储区内应分别采用严格的隔离措施，互不干扰。仓库只能设一个管理出入口，若将进货与出货分设两个缓冲间，可以只由一个管理室管理。仓库的设计要求室内环境清洁、干燥，并维持在认可的温度限度之内。仓库的地面要求耐磨、不起灰、有较高的地面承载力、防潮。

2. 称量、前处理区和备料室

称量及前处理区的设置较灵活，可设在仓库附近，也可设在仓库内。设在仓库内，使全车间使用的原辅料集中加工、称量，然后按批号分别堆放待领用。也可将称量间设在车间内，此时要划分出原料存放区，使称量多余的物料不用返回仓库而贮存在此区内。

备料室要靠近仓储区和生产区。根据生产工艺要求，备料室内应设有原辅料存放间、称量配料间、称量后原辅料分批存放间、生产过程中剩余物料存放间等。如原辅料需经粉碎处理后才能使用时，还需设置粉碎间、过筛间及筛后原辅料存放间。对于可能产生污染的物料，要设置专用称量间及存放间，还要根据物料的性质正确地选用粉碎机，必要时可以设置多个粉碎间。

对于原辅料的加工、处理工段和易产尘设备，包括称量岗位都是粉尘散发较严重的场所，应设置有效的捕尘吸粉设施。并尽可能采用多间独立小空间，空调保持负压状态。当考虑利用回风时，产尘设备还需远离送风口、靠近回风口设置。备料室洁净等级应与生产工艺要求一致，备料室不宜用水冲洗。当备料室设在仓库附近时，应在其区域内设置相应的容器和工具的清洗及存放间；当备料室设在生产区附近时，可以就近利用生产区的容器和工具为备料室服务。所有设计中要特别注意减少积尘，设计中宜在操作岗位后侧设技术夹墙，以便管道暗敷。

3. 中贮区

设置中贮区是降低人为差错、防止混药、保证产品质量的最可靠措施之一，符合GMP有关厂房内应有足够的空间和场地安置物料的要求。不管是上、下工序间的暂存，还是中间体的待检，都需有空间有序地暂存。可将贮存、待检场地在生产过程中分散设置，也可将中贮区相对集中。

分散式是指在生产过程中各自设立颗粒中贮区、素片中贮区和包衣片中贮区。其优点是各个独立的中贮区邻近生产操作室，互相联系较为方便，不易引起混药，中小企业采用较多；缺点是不便管理，目前也比较普遍。

集中式是指生产过程中只设一个大中贮区，专人负责、划区管理，负责对各工序半成品入站、验收、移交，并按品种、规格、批号加以区别存放、明显标志。其优点是便于管理，能有效地防止混淆和交叉污染；缺点是对管理者的要求很高。目前已在制剂企业中普遍采用。因此，设计时采用哪种形式的中贮区，应根据生产企业的管理水平来确定。设计人员应考虑使工艺过程衔接合理，重要的是进出中贮区或中贮间生产区域的路线与布局要顺应工艺流程，不迂回、不往返、不交叉，更不要存放在操作室内，并尽量使物料传输的距离缩短。

4. 辅助区

按照GMP要求，必须在洁净厂房内设置设备和容器清洗室、工具清洗室和工作服洗涤室及其配套的存放室。

（1）清洗间　清洗对象有设备、容器、工器具，国内更主要的是指容器和工器具。为了避免经清洗的容器再污染，要求清洗间的洁净度与使用此容器的场地洁净度相协调。A、B、C级洁净区的设备及容器宜在本区域外清洗。工器具的清洗室的空气洁净度不应低于D级，有的是在清洗间中设层流罩，高洁净度区域用的容器在层流罩下清洗、消毒并加盖密闭后运出。工器具清洗后可通过消毒柜消毒后使用。与容器清洗相配套的要设置清洁容器贮存室，工器具也需有专用贮存柜存放。

清洗用水要根据被洗物品是否直接接触药物来选择。不接触者可使用饮用水清洗，接触者还要依据生产工艺要求使用纯化水或注射用水清洗。凡进入无菌区的工器具、容器等均需灭菌。

洁净工作服需在与生产相同洁净等级的区域清洗、干燥并完成封装，存放在洁净工作服存衣柜中，而后取出拆封，然而穿衣时又必然暴露在洁净工作服室的空气中，可见洁净工作服室的净化级别应与穿着工作服后的生产操作环境的洁净级别相同。此外，洁净工作服的衣柜不应采用木质材料，以免滋生霉菌或变形，应采用不起尘、不腐蚀、易清洗、耐消毒的材料，衣柜的选用应该与GMP对设备选型的要求一致。

（2）清洁工具间　此岗位专门负责车间的清洁消毒工作，故房间要设有清洗、消毒用的设备。凡用于清洗揩抹用的拖把及抹布要进行消毒工作。此房间还要贮存清洁用的工具、器件，包括清洁车。并负责清洁用消毒液的配制，清洁工具间可一个车间设置一间，一般设在洁净区附近，也可设在洁净区内。

五、车间布置的条件、内容和成果

车间布置设计是在工艺流程设计、物料衡算、热量衡算和工艺设备设计之后进行的，一般按照二段设计方式进行讨论，首先是在初步设计阶段，有如下内容要求。

1. 车间布置设计需要的条件和资料

（1）直接资料　包括车间外部资料和车间内部资料。

① 车间外部资料包括：a. 设计任务书；b. 设计基础资料，如气象、水文和地质资料；c. 本车间与其他生产车间和辅助车间等之间的关系；d. 工厂总平面图和厂内交通运输。

② 车间内部资料包括：a. 生产工艺流程图；b. 物料计算资料，包括原料、半成品、成品的数量和性质，废水、废物的数量和性质等资料；c. 设备设计资料，包括设备简图（形状和尺寸）及其操作条件，设备一览表（包括设备编号、名称、规格型式、材料、数量、设备空重和装料总重，配用电机大小、支撑要求等），物料流程图和动力（水、电、汽等）消耗等资料；d. 工艺设计部分的说明书和工艺操作规程；e. 土建资料，主要是厂房技术设计图（平面图和剖面图）、地耐力和地下水等资料；f. 劳动保护、安全技术和防火防爆等资料；g. 车间人员表（包括行政管理人员、技术人员、车间分析人员、岗位操作工人和辅助工人的人数，最大班人数和男女的比例）；h. 其他资料。

（2）设计规范和规定　车间布置设计应遵守国家有关劳动保护、安全和卫生等规定，否则设计者应负技术责任，甚至被追究法律责任。

2. 设计内容

（1）根据生产过程中使用、产生和贮存物质的火灾危险性按《建筑设计防火规范》和《石油化工企业设计防火规范》确定车间的火灾危险性类别，看属甲、乙、丙、丁、戊中哪一类；按照生产类别、层数和防火分区内的占地面积确定厂房的耐火等级。

（2）按《药品生产质量管理规范》确定车间各工序的洁净等级。

（3）在满足生产工艺、厂房建筑、设备安装和检修、安全和卫生等要求的原则的指导下，确定生产、辅助生产、行政和生活部分的布局；决定车间场地与建筑（构筑）物的平面尺寸和高度；确定工艺设备的平、立面布置；决定人流和管理通道、物流和设备运输通道；安排管道电力照明线路、自控电缆廊道等。

3. 设计成果

车间布置设计的最终成果是车间布置图和布置说明。车间布置图作为初步设计说明书的附图，包括下列各项：①各层平面布置图；②各部分立面图；③附加的文字说明；④图框；⑤图签。

布置图的比例尺一般为1∶100。布置说明作为初步设计说明书正文的一章（或一节）。

车间布置图和设备一览表还要提供给土建、设备安装，采暖通风、上下水道、电力照明、自控和工艺管道等设计工种作为设计条件。

审查通过后，需对初步设计进行修改和深化，进行施工图设计，进入施工图设计阶段。

施工图设计的车间布置图表示方法更深，不仅要表示设备的空间位置，还要表示出设备的管口以及操作台和支架。

施工图设计的车间布置图只作为条件图纸提供给设备安装及其他设计工种，不编入设计正式文件。由设备安装工种完成的安装设计，才编入正式设计文件。设备安装设计包括：①设备安装平、立面图；②局部安装详图；③设备支架和操作台施工详图；④设备一览表；⑤地脚螺钉表；⑥设备保温及刷漆说明；⑦综合材料表；⑧施工说明书。

车间布置设计涉及面广，它是以工艺专业为主导，在非工艺专业如总图、土建、设备安装、设备、电力照明、采暖通风、自控仪表和外管等密切配合下由工艺人员完成的。因此，在进行车间布置设计时，工艺设计人员要集中各方面的意见，采取多方案比较，经过认真分析，选取最佳方案。

第五节　车间布置过程

车间布置设计既要考虑车间内部的生产、辅助生产、管理和生活的协调，又要考虑车间与厂区供水、供电、供热和管理部分的呼应，使之成为一个有机整体。

一、车间的总体布置

1. 厂房组成形式

根据生产规模和生产特点，厂区面积、厂区地形和地质等条件考虑厂房的整体布置，厂房组成形式有集中式和单体式。集中式是指组成车间的生产、辅助生产和行政-生活部分集中安排在一栋厂房中；单体式是指组成车间的一部分或几部分相互分离并分散布置在几栋厂房中。生产规模较小，车间中各工段联系紧密，生产特点（主要指防火、防爆等级和生产毒害程度等）无显著差异，厂区面积小，地势平坦，在符合建筑设计防火规范和工业企业设计卫生标准的前提下，可采用集中式。生产规模较大，车间各工段生产特点差异显著，厂区平坦地形面积较小，可采用单体式。制剂车间多采用集中式布置。

2. 厂房的层数

工业厂房有单层、双层或单层和多层结合的形式。

洁净厂房的平面和空间设计，应满足生产工艺和空气洁净度等级要求。洁净区、人员净化、物料净化和其他辅助用房应分区布置。同时应考虑生产操作、工艺设备安装和维修，管线布置、气流流型以及净化空调系统各种技术设施的综合协调。在满足生产工艺和空气洁净度等级要求的条件下，洁净厂房各种固定技术设施（如送风口、照明器、回风口、各种管线等）的布置，应优先考虑净化空调系统的要求。

厂房的高度，主要决定于工艺、安装和检修要求，同时也要考虑通风、采光和安全要求。制剂车间不论是多层或单层，车间底层的室内标高应高出室外地坪 0.5～1.5m。如有地下室，可充分利用，将冷热管、动力设备、冷库等优先布置在地下室内。生产车间的层高为 2.8～3.5m，技术类层高为 1.2～2.2m，库房层高为 4.5～6m（采用高货架），一般办公室、值班室高度为 2.6～3.2m。

生产在不同标高的楼层里进行，各层间除水平方向的联系外，还可进行竖向间的生产联系，可较多地利用自然采光及辅助，生活间的自然通风，屋顶面积较小，屋面构造简单，利于排除雨雪并有利于隔热和保温处理，此外，厂房占地面积较少，可提高土地利用率，降低基础工程量，缩短厂区道路、管线、围墙等长度，提高绿化覆盖率。平面布局时应根据生产工艺流程、工序组合、人/物流路线、自然采光和通风的利用来考虑，柱网的选择应考虑除满足生产要求外，还应具有最大限度的灵活性和尽可能满足建筑模数（跨度、柱距、宽度、层数、荷载及其他技术参数）要求。结构型式（钢筋混凝土）框架结构按受力方向的不同，一般有横向、纵向及纵横向受力框架。按施工方式分有全现浇、半现浇、全装配及装配整体式四种，制剂洁净厂房以现浇框架居多。新建工程中，以两层、三层为多。

3. 厂房平面和建筑模数制

厂房的平面形状和长宽尺寸，既要满足工艺的要求，又要考虑土建施工的可能性和合理性。简单的平面外形容易实现工艺和建筑要求的统一。因此，车间的体型通常采用长方形、L 形、T 形、M 形和 Ⅱ 形，尤以长方形为多。这些形状，从工艺要求上看，有利于设备布置，能缩短管线，便于安装，有较多可供自然采光和通风的墙面；从土建上看，占地较节省，有利于建筑构件的定型化和机械化施工。

除非特殊要求，厂房的宽度、长宽和柱距等应尽可能符合 GB/T 50006—2010《厂房建筑模数协调标准》的要求。建筑模数是指在建筑设计中，为了实现建筑工业化大规模生产，使不同材料、不同形式和不同制造方法的建筑构配件、组合件具有一定的通用性和互换性，统一选定的协调建筑尺度的增值单位。建筑模数是指选定的尺寸单位，作为尺度协调中的增值单位，也是建筑设计、建筑施工、建筑材料与制品、建筑设备、建筑组合件等各部门进行尺度协调的基础，其目的是使构配件安装吻合，并有互换性。工业建筑模数制的基本内容是：①基本模数为 100mm；②门、窗和墙板的尺寸，在墙的水平和垂直方面均为 300mm 的倍数；③一般多层厂房采用 6m×6m 的柱网（或 6m 柱距），若柱网的跨度因生产及设备要求必须加大时，一般不应超过 12m；④多层厂房的层高为 0.3 的倍数。

厂房常用的宽度为 12m、15m、18m，柱网常按 6+6、6+3+6、6+6+6 布置。例如 6+3+6，表示宽度为三跨，分别为 6m、3m、6m，中间的 3m 是内廊的宽度，而制剂厂房用单层、全空调、人工照明时则不受限制。

根据投资省、上马快、能耗少、工艺路线紧凑等要求，参考实践 GMP 厂房设计案例，制剂车间以建造单层大框架大面积的厂房最为合算；同时可设计成以大块玻璃为固定窗的无开启窗的厂房。

条形厂房是制剂多层厂房的主要形式。其具有占地少、自然通风和采光好、生产线布置比较容易、对剂型较多的车间可减少相互干扰、物料利用位差较易输送、车间运行费用低等优点，在老厂改造、扩建时可能只能采用此种形式。

目前制剂厂这两种厂房都有建设和使用的，也有将两种形式结合起来建设成大跨度多层厂房的。

制剂车间在确定跨距、柱距时，单层大跨度厂房是采用组合式布局方式，一般此类厂房是框架结构，布局灵活。跨距、柱距大多是 6m，也有 7.5m 跨距，6m 柱距，有些厂房宽度已突破过去 18m 或 24m 界限，宽度达 50m 以上，长度超 80m 的大型单层厂房也不少见。常见的跨度、柱距一般为 6m、7.5m、9m 或大横向跨度与纵向 6m 柱距相结合，其形式应以生产工艺的具体要求而确定。由于大跨度、大柱距造价高，梁底以上的空间难以利用，又需增加技术隔层的高度，所以限制其推广。但如果能在梁上预埋不同管径，不同高度的套管，使除风管之外的多数硬管利用其空间来安装，则可以大大提高空间的利用率，也可以有效地降低技术隔层的高度。

制剂车间关于有窗厂房和无窗厂房的考虑是，无窗厂房是一种理想的型式，其能耗少，受污染也少，但无窗厂房与外界完全隔绝，厂房内的工作人员感觉不良。有窗洁净厂房有两种形式：一种是装双层窗，这种形式节约面积，但空调能耗高；另一种是在厂房外设一道环形封闭走廊，起环境缓冲作用，不仅为洁净区的温湿度有一个缓冲地带，而且对防止外界污染也是非常有利，同时也相对节能，但增加了建筑面积，提高了造价。究竟采用何种形式，要根据实际情况，统筹兼顾、综合考虑。

制剂车间楼层地面承重是：生产车间 $\geqslant 1000\text{kgf/m}^2$（$1\text{kgf} = 9.80665\text{N}$），库房 $\geqslant 1500\text{kgf/m}^2$，实验室 $\geqslant 800\text{kgf/m}^2$，办公室等 $\geqslant 300\text{kgf/m}^2$。

二、车间布置的步骤

1. 车间布置的方法和步骤

车间布置一般是根据已经确定的工艺流程和设备、车间在总平面图中的位置、车间防火防爆等级和建筑结构类型、非工艺专业的设计要求等，绘制车间平面布置草图，提交给土建专业，再根据土建专业提出的土建图绘制正式的车间布置图。其具体步骤为：

① 将工艺设备按其最大的平面投影尺寸，以 1：100 的比例（特殊情况可用 1：200 或 1：50）用硬纸制成平面图，并标注设备编号；

② 把小方格坐标纸订在图板上，初步框定厂房的宽度、长度和柱网尺寸，划分生产、辅助生产和行政-生活区，并以 1：100 的比例将其绘在坐标纸上；

③ 在生产区将制作好的设备硬纸片按布置设计原则精心安排，同时，考虑通道、门窗、楼梯、吊物孔和非工艺专业的要求，将设备描在坐标纸上，标注设备编号、主要尺寸和非生产用室的名称。这样就产生了一个布置方案，一般至少需考虑两个方案；

④ 将完成的布置方案提交到有关专业征求意见，从各方面进行比较，选择一个最优的方案，再经修正、调整和完善后，绘成布置图，提交土建专业设计建筑图；

⑤ 工艺设计人员从土建专业取得建筑图后，再绘制成正式的车间布置图。

2. 车间布置图

车间布置图是表示车间的生产和辅助设备以及非生产部分在厂房建筑内外布置的图样，它是车间布置设计的主要成果。车间布置图比例一般用 1：100，内容包括车间平面布置图和剖面图。初步设计和施工图设计都要绘制车间布置图，但它们的作用不同，设计深度和表达要求也不完全相同。

（1）车间平面布置图　车间平面布置图一般每层厂房绘制一张。它表示厂房建筑占地大小、内部分隔情况以及与设备定位有关的建筑物、构筑物的结构形状和相对位置。具体内容有：厂房建筑平面图，注有厂房边墙及隔墙轮廓线，门及开向，窗和楼梯的位置，柱网间距、编号和尺寸以及各层相对高度；安装孔洞、地坑、地沟、管沟的位置和尺寸，地坑、地沟的相对标高；操作台平面示意图，操作台主要尺寸与台面相对标高；设备外形平面图，设备编号、设备定位尺寸和管口方位；辅助室和行政-生活用室的位置、尺寸及室内设备器具等的示意图和尺寸。

（2）车间剖面图　剖面图是在厂房建筑的适当位置上，垂直剖切后绘出的立面剖视图，表达高度方向设备布置情况。剖视图内容有：厂房建筑立面图，包括厂房边墙轮廓线，门及楼梯位置（设备后面的门及楼梯不画），柱间距离和编号以及各层相对标高，主梁高度等；设备外形尺寸及设备编号；设备高度定位尺寸；设备支撑形式；操作台立面示意图和标高；地坑、地沟的位置及深度。

图纸的表达深度因设计阶段不同而有差别。初步设计的平面、剖面图表示设备的定位尺寸，不表示管口方位，对厂房建筑一般只表示基本结构的要求，对设备安装孔洞、操作台仅作简单表示。而施工设计的平、剖面图，对设备的主要管口方位、操作台安装孔洞均要作详细表示，同时，还应附设备一览表、地脚螺柱表、设备局部安装详图、设备保温及刷漆说明、综合材料表等。

三、技术要求

1. 车间布置对工艺的要求

（1）工艺布置的基本要求　工艺布置时对洁净室的洁净度级别应提出适当的要求，高级别洁净度（如 A、B 级）的面积要严格加以控制。工艺布置时洁净要求高的工序应置于上风侧，对于水平层流洁净室则应布置在第一工作区，对于产生污染多的工艺应布置在下风侧或靠近排风口。洁净室仅布置必要的工艺设备，以在求紧凑，减少面积的同时，能够有一定间隙，以利于空气流通，减少涡流。易产生粉尘和烟气的设备应尽量布置在洁净室的外部，如必须设在室内时，应设排气装置，并尽量减少排风量。

（2）提高洁净度的措施　为提高净化效果，有空气洁净度要求的房间宜按下列要求布置。

① 空气洁净度高的房间或区域　空气洁净度高的房间或区域宜布置在人最少到达的地方，并靠近空调机房，布置在上风侧。空气洁净度相同的房间或区域宜相对集中，以利通风布置合理化。不同洁净级别的房间或区域宜按空气洁净度的高低由里及外布置。同时，相互联系之间要有防止污染措施，如气闸室、空气吹淋室、缓冲间、传递窗等。在有窗厂房时，一般应将洁净级别较高的房间布置在内侧或中心部位；在窗户密闭性较差的情况下布置又需将无菌洁净室安排在外侧时，可设一封闭式外走廊，作为缓冲区，在无窗厂房中无此要求。

② 原材料、半成品和成品　洁净区内应设置与生产规模相适应的原材料、半成品、成品存放区，并应分别设置待验区、合格品区和不合格区，防止不同药品、中间体之间发生混杂和交叉污染的危险。仓库的安排、洁净厂房使用的原辅料、包装材料及成品待检仓库与洁净厂房的布置应在一起，根据工艺流程，在仓库和车间之间设一输送原辅料的入口和一送出成品的出口，并使运输距离最短。多层厂房一般将仓库设在底层，或紧贴多层建筑物的单层裙房内。

③ 合理安排生产辅助用室　称量室宜靠近原料库，其洁净级别同配料室。对设备及容器具清洗室，D 级区的清洗室可放在本区域内，B 级和 C 级区的设备及容器具清洗室宜设在本区域外，其洁净级别可低于生产区一个级别。清洁工具洗涤、存放室，宜放在洁净区外。洁净工作服的洗涤、干燥室，其洁净级别可低于生产区一个级别，无菌服的整理、灭菌室，洁净级别宜与生产区相同。维护保养室不宜设在洁净生产区内。

④ 卫生通道　卫生通道可与洁净室分层设置。通常将换鞋、存外衣、淋浴、更内衣室置于底层，通过洁净楼梯至有关各层，再经二次更衣（即穿无菌衣、鞋和手消毒室），最后

通过风淋进洁净区。卫生通道也可与洁净室设在同一楼层布置，它适用于洁净区面积小或严格要求分隔的洁净室。卫生通道入口应尽量接近洁净区中心。

⑤ 物流路线　由车间外来的原辅料等的外包装不宜进入洁净区，只能将拆除外包装后的物料容器经过处理后进入。进入 D 级区域的容器及工具，外表面需进行擦洗。进入 C 级区需在缓冲间内用消毒水擦洗，然后通过传递窗或气闸，并用紫外线照射杀菌。灌装用的瓶子，经过洗涤后，通过双门烘箱或隧道烘箱经消毒后进入洁净区。

⑥ 空调间的安排　空调间的安排应紧靠洁净区，使通风管路线最短，多层厂房的技术夹层更显重要，因技术夹层不可能很高，而各专业管道较多，作为体积最大、线路最长的风道若不安排好，将直接影响其他管道的布置。

⑦ 气流组织形式　洁净室气流组织形式宜按表 8-23 选用。送风口应靠近洁净室内洁净度要求高的工序；回风口宜均匀布置在洁净室下部，易产生污染的工艺设备附近应有回风口；余压阀宜设在洁净室气流的下风侧，不宜设在洁净工作面高度范围内；非单向流洁净室内设置洁净工作台时，其位置应远离回风口；洁净室内有局部排风装置时，其位置应设在工作区气流的下风侧。

表 8-23　气流组织形式

空气洁净度 气流组织形式	A、B 级		C 级	D 级
气流流型	垂直单向流	水平单向流	非单向流	非单向流
主要送风方式	1. 顶送高效过滤器占顶棚面积≥60% 2. 侧布高效过滤器顶棚阻尼层送风	1. 侧送（送风墙满布高效过滤器） 2. 侧送（高效过滤器占送风墙面积≥40%）	1. 顶送 2. 上侧墙送风	1. 顶送 2. 上侧墙送风
主要回风方式	1. 格栅地面回风 2. 相对两侧墙下部均布回风口	1. 回风墙满布回风口 2. 回风墙局部布置回风口	1. 双侧墙下均布回风口 2. 单侧墙下均布回风口	1. 双侧墙回风 2. 单侧墙回风

⑧ 洁净室的正压控制　为防室外含尘空气渗入，洁净室内必须维持一定的正压，相邻两个不同洁净度级别的房间之间、洁净室与非洁净室之间须维持≥10Pa 的压差，且洁净级别高的房间一般呈相对正压；洁净区与室外的静压差≥10Pa。然而，对于青霉素类等特殊药物，既需维持房间的正压以防止室外空气的污染，同时又要防止其污染其他房间，故该室相对于邻室又需维持相对负压。此情况也适用于室内粉尘大的洁净室。

要实现室内正压，必须使送风量大于室内回风量、排风量、漏风量的总和。其正压值可通过调节送风量、回风量、排风量来加以控制，采用微机控制系统可以实现这一目的。

⑨ 局部净化　为降低造价和运转费，在满足工艺条件下，应尽量采用局部净化。局部净化仅指使室内工作区域特定的局部空间的空气含尘浓度达到所要求的洁净度级别的净化方式。局部净化比较经济，可采用全室空气净化与局部空气净化相结合的方法。如 B+A 局部净化方案中，A 级（高风险操作区）要达到静态百级、动态百级，而背景区域的 B 级，要达到静态百级、动态万级。

隧道洁净室是在单向流洁净室中，为进一步提高工作区的洁净度，将生产区和通道分割开而建造的由洁净工作台组成的超级洁净室。隧道洁净室是一段一段拼装的，每一段是一个净化区域单元，其主体是所谓"层流罩"的结构。如果将其连续设置，就构成了能够提供接生产线自由配置的循环式的洁净隧道或隧道洁净室。国外常用的隧道式洁净室有以下三种：

a. 双侧维修型：在洁净工作台的前后都有进风口，所以可针对生产线的发热量，通过调节吸入前后的风量比，来控制工作区中的温度。这种型式不仅可以从前面，更便于从背面隔断用的透明面板所形成的通道中进行净化单元和生产设备的维护。

　　b. 前侧维修型：因平面布置关系，需将装置的背面紧贴墙壁，所以只能在前面维修。单元的进风口也只设在前面，因为只从前面进风，所以适用于发热量小于双面维修型。这种型式只在前面安装 2 支日光灯。

　　c. 顶棚布置型：是将净化区域单元设置于全部顶棚上。这样做减少了空调器数量（上述两种型式基本是一个单元一台空调器）送风动力也大大减少。安装单元的框架不要了，只需简单地从整个装置下面固定 4 个部位。

2. 人员净化用室、生活用室布置要求

　　人员净化用室和生活用室的布置应避免往复交叉，一般按下列程序进行布置。

　　① 非无菌产品、可灭菌产品，其生产区人员净化程序如图 8-1 所示。

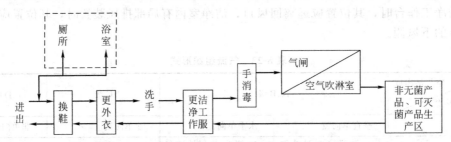

图 8-1　非无菌产品、可灭菌产品生产区人员净化程序
（虚线框内的设施可根据需要设置）

　　② 不可灭菌产品生产区人员净化程序如图 8-2 所示。

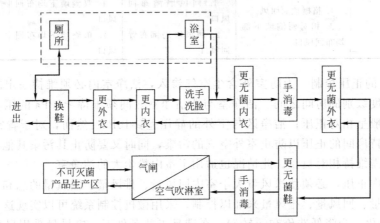

图 8-2　不可灭菌产品生产区人员净化程序
（虚线框内的设施可根据需要设置）

　　人员净化用室宜包括雨具存放室、换鞋室、存外衣室、盥洗室、洁净工作室和气闸室或空气吹淋室等。人员净化用室要求应从外到内逐步提高。对于要求严格分隔的洁净区，人员净化用室和生活用室布置在同一层。

　　人员净化用室的入口应有净鞋设施。在 B 级、C 级洁净区的人员净化用室中，存外衣和洁净工作服室应分别设置，按最大班人数每人各设一外衣存衣柜和洁净工作服柜。盥洗室应设洗手和消毒设施，宜装烘干器，水龙头按最大班人数每 10 人设一个，龙头开启方式以不直接用手为宜。有空气洁净度要求的生产区内不得设卫生间，卫生间宜设在人员净化室外。淋浴室可以不作为人员净化的必要措施，特殊需要设置时，可靠近盥洗室。为保持洁净区域的空气洁净和正压，洁净区域的入口处应设气闸室或空气吹淋室。气闸室的出入门应予联锁，使用时不得同时打开。设置单人空气吹淋室时，宜按最大班人数每 30 人一台，洁净区域工作人员超过 5 人时，空气吹淋室一侧应设旁通门。人员净化用室和生活用室的建筑面积应合理确定。一般可按洁净区设计人数平均每人 $4 \sim 6 m^2$ 计算。

3. 物料净化用室布置要求

物料净化用室应包括物料外包装清洁处理室、气闸室或传递窗、柜。气闸室或传递窗的出入门应有防止同时打开的互锁措施。

原辅料外包装清洁室，设在洁净区外，经处理后由气闸室或传递窗（柜）送入贮藏室、称量室。包装材料清洁室，设在洁净室外，处理后送入贮藏室。凡进入无菌区的物料及内包装材料除设清洁室外，还应设置灭菌室。清洁室与灭菌室设于 D 级区域内，并通过气闸室或传递窗（柜）送入 C 级区。生产过程中产生的废弃物出口不应与物料进口合用一个气闸室或传递窗（柜），应单独设置专用传递设施。

4. 生产洁净区布置要求

不同生产品种和剂型，其生产洁净区的级别划分也不一样。

洁净车间的净高在工艺条件许可下尽可能地降低洁净室的净高，一般洁净车间的净高可控制在 2.6m 以下。但精制、调配设备一般都带有搅拌器，房间的高度也要考虑搅拌轴的检修高度。对有振动的设备，如带搅拌装置的设备、输送泵、压缩机等，宜选用易拆洗、型号小的，并组合成机组，装在型钢支架上以减少与地面固定的地脚螺栓。减少地面积尘的死角。

洁净室内设备布置间距同化工装置设备布置相似。片剂类生产，固体物料输送较多，应考虑输送通道及中间品储存量（即临时堆放场地）。片剂生产时粉碎、粗筛、精筛、制粒、整粒、总混、压片等工序，其粉尘大、噪声杂，应隔成独立小室，并采用消声隔声装置，以改善操作环境。干燥灭菌烘箱、灭菌隧道烘箱、物料烘箱等布置宜采用跨墙布置，即主要设备布置在低洁净区（如 D 级区），将准备烘的瓶或物料送入，以墙为分隔线，墙的另一面为洁净区（如 C 级区）。烘干后的瓶或物料从洁净区（C 级区）取出。所选设备应为双面开门，但不允许同时开启。设备既起到消毒烘干作用，又起到传递窗（柜）的作用。墙与烘箱需采用可靠密封隔断材料，以保证达到不同等级的洁净度要求。图 8-3 所示为非最终灭菌产品的洁净等级分布示例。

5. 人员与物料净化通道和设施

人员是细菌传播主要途径之一，人体由外界带入尘粒的方式有四种：通过头发、衣服和鞋；通过人员化妆品；通过服装本身质地造成纤维脱落；人体带入的微生物。

（1）人员净化通道 净化通道分为缓冲区通道和洁净区通道。下述通道可列入缓冲区通道，主要是清除外界带入的尘埃。

① 门厅与换鞋处：进入门厅前首先应将鞋上泥土除去，并在门厅设换鞋区，将外用鞋在该区换掉。通过换鞋平台，穿上车间供应的拖鞋，再将外出鞋存入鞋柜；也可采用鞋套方式。

② 更衣室：在更衣区，布局和人员流动要逐步改进，由低级洁净区经中级洁净区过渡到高级洁净区。

工人的鞋、外衣及生活用品（如手提包等）必须存放在指定地点，然后换上白大衣（一般生产区则为工作服），进入洁净区的工人需再换洁净工作服。外衣存放室的衣柜数量按车

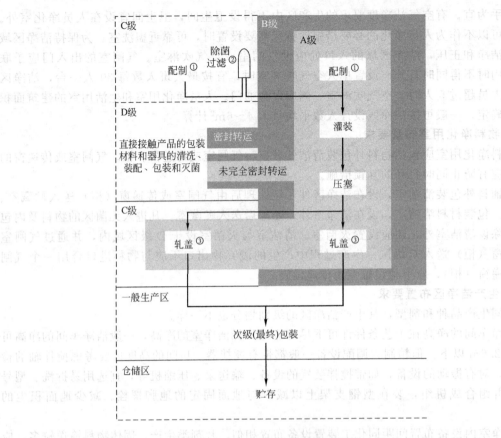

图 8-3　非最终灭菌产品的洁净等级分布示例

　　① 配制工序放在 C 级的前提是配制后药液须经过除菌过滤，否则，配制工序应放在 B 级背景下的 A 级。

　　② 除菌过滤。一般情况下，除菌过滤宜安装第二只已灭菌的除菌过滤器再过滤一次药液。最终的除菌过滤器应尽可能接近灌装点。

　　③ 因为轧盖前产品被视为处于未完全密封状态，所以，一般轧盖工序放在 B 级背景下的 A 级；另外，新版 GMP 还规定 "轧盖也可在 C 级背景下的 A 级送风环境中操作。A 级送风环境应至少符合 A 级区的静态要求"。"由于轧盖会产生大量的微粒，应设置单独的轧盖区域并设置适当的抽风装置"。但抽风装置不应改变气流流向。

　　注：欧盟 GMP 关于无菌产品轧盖的要求为：

　　1. 压塞后的产品应尽快轧盖；

　　2. 轧盖可以以无菌操作的方式完成，也可以在无菌区外以洁净的方式完成。采取后一种方式时，压塞后产品要在 A 级环境保护下远离无菌操作区，此后的轧盖也应有单向流送风进行保护。

间定员数每人一个。面积指标单层的约 $0.8m^2$/人，双层的约 $0.45m^2$/人。较理想存衣柜最好分三层，上部存放提包，中间挂衣服，下部存鞋；挂衣服处分左右两格，将外出衣和工作衣分开挂存，以减少污染。

　　③ 风淋室、气闸室和缓冲室：风淋室通用性较强，安装于洁净室与非洁净室之间。当人与物料要进入洁净区时需经风淋室吹淋，其吹出的洁净空气可去除人与货物所携带的尘埃，能有效地阻断或减少尘源进入洁净区。风淋室/货淋室的前后两道门为电子互锁，可起到气闸的作用，阻止未净化的空气进入洁净区域。其发展趋势是智能语音风淋室，在吹淋时由自动语音系统提示让人有次序地完成整个吹淋除尘过程，达到有效的净化效果。经高效过

滤器过滤后的洁净气流由可旋转喷嘴从各个方向喷射至全身，有效而迅速清除尘埃粒子，清除后的尘埃粒子再由初、高效过滤器过滤后重新循环到风淋区域内。

气闸室通常设置在洁净度不同的两个相同的洁净区，或洁净区与非洁净区之间，为保持洁净室内的空气洁净度和正压控制而设置的缓冲室。气闸室具有两扇不能同时开启的门，其目的是隔断两个不同洁净环境的空气，防止污染空气进入洁净区，还可以防止交叉污染。气闸室有送风和不送风之分。要求严格的生物洁净室的气闸室，都有净化空调送风。

缓冲室：缓冲室结构和风淋室大致相同，主要体现在内外箱体的构成，在尺寸空间方面，主要区别在于，风淋室带有净化过滤吹淋功能。缓冲室原理类似于普通标准传递窗，传递窗主要用于过物，而缓冲室则主要用于过人，两者原理相同。

(2) 人员净化程序　进入洁净区的人员不允许戴饰物和手表、化妆、留指甲。进出不同洁净区的程序如图8-4～图8-6所示。

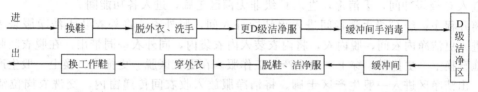

图 8-4　D 级洁净区人员净化程序

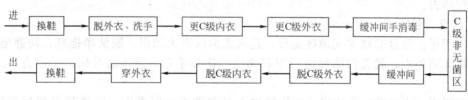

图 8-5　C 级非无菌区人员净化程序

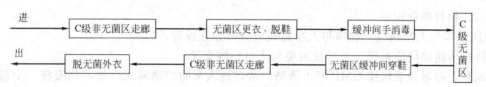

图 8-6　C 级无菌区人员净化程序

更衣操作程序如下。

① D 级区

进入程序：进更鞋区坐在隔离凳上，脱下鞋子，放在鞋柜外侧，转身从隔离凳内侧取出一更拖鞋换上；进入一更（脱外衣间），脱去一般生产区工作服，挂好或折叠整齐，放入衣柜内；洗手，洗手时应用液体皂少许，两手对搓，洗净手掌、手背和手腕，然后将手在干手器下烘干；进入 D 级更衣室。从洁净服存放桶（或洁净服存放柜）内取出连体防静电工作服，先穿上衣，戴上帽子，后穿裤子，将上衣掖入裤子松紧带中，戴上口罩。要求帽子必须覆盖所有头发，口罩须覆盖整个鼻部和嘴巴。进入缓冲间，手消毒后进入 D 级洁净区走廊，进入各功能间。

离开程序：在 D 级更衣室脱去洁净工作服，工作服放在各自的衣袋中，带出。在脱衣间脱下洁净区鞋换上一更鞋，穿上一般生产区工作服。在更鞋区脱一更鞋，换上一般生产区工作鞋，出洁净区进入一般生产区走廊。将洁净工作服放入收衣间传递窗内，交洗衣岗位清洗灭菌。在一般区更衣间换下一般区工作鞋穿上自己的鞋离去。

② C 级区

进入程序：进更鞋区坐在隔离凳上，脱下鞋子，放在鞋柜外侧，转身从隔离凳内侧取出一更拖鞋换上；进入一更脱外衣间，脱去一般生产区工作服，挂好或折叠整齐，放入衣柜内；洗手，洗手时应用液体皂少许，两手对搓，洗净手掌、手背和手腕，然后将手在干手器下烘干，进入 C 级更衣室。

开门坐在隔离凳上，脱下一更拖鞋，放在鞋柜外侧，转身从隔离凳内侧取出洁净拖鞋换上，进入 C 级更内衣间，用消毒剂洗手。

从不锈钢密封桶中取出四连体洁净内衣穿上，遮盖所有头发，戴上真丝口罩，进入 C 级更外衣间。

从不锈钢密封桶中取出四连体洁净外衣套在洁净内衣外，遮盖所有头发，戴上防静电口罩，进入 C 级缓冲间，手消毒，进入 C 级非无菌区走廊，进入各功能间。

离开程序：经 C 级手消毒间进入更洁净外衣间，脱外衣，将外衣装入洁净服袋中，带出，进入更洁净内衣间，脱内衣，将内衣装入内衣袋内，同外衣一同带出。在脱衣间脱下洁将区拖鞋换上一更拖鞋，穿上一般生产区工作服。在更鞋区脱一更拖鞋，换上一般生产区工作鞋，出洁净区进入一般生产区走廊。将洁净服放入收衣间传递窗内，交洗衣岗位清洗灭菌。在一般区更衣间脱去一般区工作服，换上生活服，坐在隔离凳上换下一般区工作鞋穿上自己的鞋离去。

③ C 级无菌区

进入程序：经过 C 级非无菌区走廊，进入无菌区更无菌服，脱洁净拖鞋、防静电口罩，穿四连体无菌外衣，戴无菌防静电口罩和无菌一次性手套，进入缓冲间，手消毒，进入无菌区。

离开程序：出无菌区缓冲间，穿拖鞋进入 C 级非无菌区走廊，同离开 C 级区程序出洁净区。

（3）物料净化程序

① 物净与人净路线　物净与人净路线应分开独立设置。

物料传递路线应短捷，并尽量避免与人员路线交叉。

原料及容器包装应按 GMP 要求清洁，故在进入车间的物料入口处，均安排一个清扫外包装的场所，其目的和人员的净鞋、换鞋相同。

凡进入一般区、D 级洁净区的物料容器及工具，均需在缓冲室内对外表面进行处理或剥去污染的外皮，换生产区内使用的周转容器及托板。凡进入 C、B 级洁净区的物料容器及工具，均需在缓冲室内用消毒水擦洗，然后通过传递窗或气闸室用紫外线灯照射杀菌后传入。

多层厂房的电梯尽量不设在洁净室内。如果生产工艺要求在洁净区内装电梯，电梯间和机房要经特殊处理，如电梯出入口均应增加一缓冲间，此室应对洁净区保持负压状态，保证洁净区的洁净度，并且装入电梯内的物料、容器均应预先进行清洁处理。

② 物料的传递技术　原料必须在清洁的地方进行生产和包装。聚乙烯或类似的包装材料比纸好。物料进入洁净车间前，物品要彻底消毒。

物料通过气闸运送，尽可能使用专用工具或手推车。当使用托架时，应该使用塑料质地的托架。

小批量物料通过气闸入口运送，如果需要，可使用专用的托盘。使用运输系统时，在洁净车间入口处，需要具有固定板传送的独立运送方式，以避免从中级洁净区到高级洁净区的传送污染。

流体物料在使用前需过滤，以保证在加工过程中不会出现固体颗粒。

第六节　管道布置

一、管道设计的内容和方法

在初步设计阶段，设计带控制点流程图时，须要选择和确定管道、管件及阀件的规格和材料，并估算管道设计的投资；在施工图设计阶段，还须确定管沟的断面尺寸和位置，管道的支承间距和方式，管道的热补偿与保温，管道的平、立面位置及施工、安装、验收的基本要求。

管道设计的具体内容、深度和方法如下：

① 管径的计算和选择　由物料衡算和热量衡算，选择各种介质管道的材料；计算管径和管壁厚度，然后根据管子现有的生产情况和供应情况作出决定。

② 地沟断面的决定　地沟断面的大小及坡度应按管子的数量、规格和排列方法来决定。

③ 管道的配置　根据施工流程图，结合设备布置图及设备施工图进行管道的配置，应注明如下内容：a. 各种管道内介质的名称、管子材料和规格、介质流动方向以及标高和坡度，标高以地平面为基准面，或以楼板为基准面；b. 同一水平面或同一垂直面上有数种管道，安装时应予注明；c. 介质名称、管子材料和规格、介质流向以及管件、阀件等用代号或符号表示；d. 绘出地沟的轮廓线。

④ 提出资料应包括：a. 将各种断面的地沟长度提给土建；b. 将车间上水、下水、冷冻盐水、压缩空气和蒸汽等管道管径及要求（如温度、压力等条件）提给公用系统；c. 各种介质管道（包括管子、管件、阀件等）的材料、规格和数量；d. 补偿器及管架等材料制作与安装费用；e. 做出管道投资概算。

⑤ 编写施工说明书　包括施工中应注意的问题，各种介质的管子及附件的材料，各种管道的坡度，保温刷漆等要求及安装时采用的不同种类的管件、管架的一般指示等问题。

二、管道、阀门和管件的选择

（一）管径的计算和确定

管径越大，原始投资费用越大，但动力消耗费用可降低；相反，如果管径减小，则投资费用可减少，但动力消耗费用就增加。

（1）最经济管道的求取　制药厂输送的物料种类多，但一般输送量不大，可采用图 8-7 所示算图，

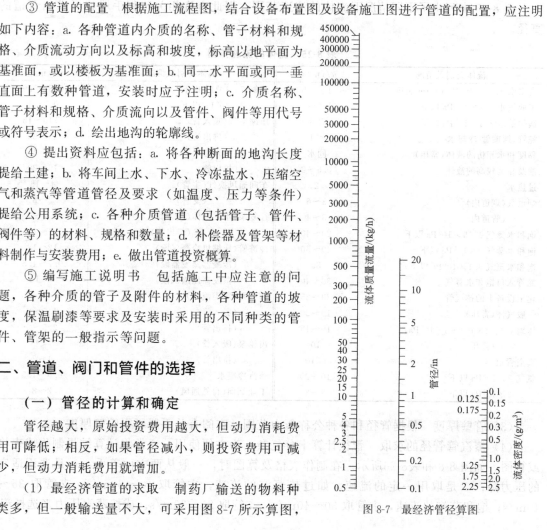

图 8-7　最经济管径算图

用以求取最经济管径，由此求得的管径能使流体处于最经济的流速下运行。见表 8-24。

表 8-24　不同管径时的最经济流速　　　　　　　　　单位：m/s

管道的公称直径/in	层流状态黏度/mPa·s					湍流状态密度/(g/cm³)					
	0.01	0.1	10	100	1000	0.016	0.16	0.65	0.8	1	1.1
1	11.6	3	0.95	0.3	0.092	3	1.46	1.03	0.95	0.89	0.83
2	12.7	6.4	—	0.46	0.15	3.4	1.53	1.04	0.98	0.92	0.89
3	13.8	7.3	—	0.76	0.25	4	1.8	1.25	1.2	1.1	1.1
4	16.5	8.6	—	1.25	0.4	4.6	2.1	1.37	1.3	1.3	1.2

注：1in=0.0254m。

（2）利用流体速度计算管径　根据流体在管内的常用速度，可用式(8-1)求取管径：

$$d=\sqrt{\frac{V_s}{(\pi/4)u}}\tag{8-1}$$

式中，d——管道直径，m；V_s——通过管道的流量，m³/s；u——流体的流速，m/s。

表 8-25 中列出了不同情况下流体的流速范围，据此查询相关工程手册就可求出管道的直径。

表 8-25　流体的流速范围

流体类别及情况	$u/(m/s)$	流体类别及情况	$u/(m/s)$
自来水 4.05×10⁵Pa (3atm 表压)	1~1.5	液氨 7×10⁵Pa 以下	0.3~0.5
工业供水 8.1×10⁵Pa 以下	1.5~3	2×10⁶Pa 以下	0.5~1
锅炉给水 8.1×10⁵Pa 以下	＞3	压缩空气(吸入管)	＜10~15
蛇管、螺旋管-冷却水	＜1	(排出管)	20~25
黏度和水相仿的液体(常压)	同水	送风机(吸入管)	10~15
油及黏度较高的液体	0.5~2	(排出管)	15~20
过热水	2	车间通风换气(主管)	4~15
烟道气(烟道内)	3~6	(支管)	2~8
(管道内)	3~4	往复泵、水类液体(吸入管)	0.7~1
饱和水蒸气 4.05×10⁵Pa 以下	20~40	(排出管)	1~2
饱和水蒸气 9×10⁵Pa 以下	40~60	冷冻管(压缩机冷凝气段)	12~18
饱和水蒸气 3.1×10⁶Pa 以下	80	(冷凝器蒸发器段)	0.7~1.5
蛇管入口饱和水蒸气	30~40	(蒸发器压缩机段)	6~12
化工设备上的排气管	20~25	离心泵(水类液体)	
一般气体(常压)	10~20	(吸入管)	1.5~2
压缩空气(2×10⁵~3×10⁵Pa)	10~15	(排出管)	2.5~3
(高压)	10	齿轮泵(吸入管)	＜1
真空管道	＜10	(排出管)	1~2
氨气 7×10⁵Pa 以下	10~20	蒸汽冷凝水	0.5~1.5
2×10⁶Pa 以下	3~8	工业烟囱(自然通风)	2~8

（3）管壁厚度　根据管径和各种公称压力范围，查阅有关手册可得管壁厚度。

（4）蒸汽管管径的求取　管径计算十分复杂，为方便使用，通常将计算结果制作成表格或算图，如图 8-8 和表8-26所示。在制作表格及算图时，一般从两方面着手：一是选用适宜的压力降；二是取用一定的流速。如过热蒸汽的流速，主管取 40~60m/s，支管取 35~40m/s；饱和蒸汽的流速，主管取 30~40m/s，支管取 20~30m/s。或按蒸汽压力来选择流

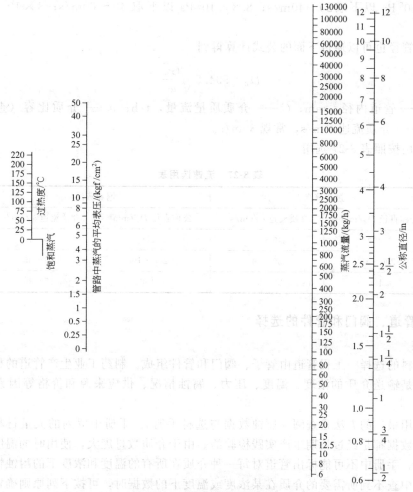

图 8-8　蒸汽管管径算图

表 8-26　蒸汽管管径与流量表

质量流量 /(kg/h)	压力 /bar							
	1.0135	1.084	1.165	1.419	4.56	8.1	11.15	15.2
45.4	2½″	2″	2″	1½″	1″	1″	1″	1″
68	3″	2½″	2½″	2″	1¼″	1″	1″	1″
90	3″	3″	2½″	2″	1¼″	1¼″	1″	1″
136	3½″	3″	3″	2½″	1½″	1¼″	1¼″	1¼″
180	4″	3½″	3″	3″	2″	1½″	1¼″	1¼″
225	5″	4″	3½″	3″	2″	1½″	1½″	1¼″
340	5″	5″	4″	3½″	2½″	2″	2″	1½″
454	6″	5″	5″	3½″	2½″	2″	2″	2″
570	6″	6″	5″	4″	3″	2½″	2″	2″
680	8″	6″	5″	5″	3″	2½″	2½″	2″
900	8″	8″	6″	5″	3½″	3″	2½″	2½″
1360	10″	8″	8″	6″	4″	3″	3″	3″
1800	10″	10″	8″	6″	4″	3½″	3½″	3″
2250	12″	10″	8″	8″	5″	4″	3½″	3½″
2750	12″	10″	10″	8″	5″	4″	4″	3½″
3750	—	12″	10″	8″	6″	5″	4″	4″
4540	—	12″	10″	10″	8″	5″	5″	4″

注：1bar＝10⁵Pa；1″＝1in＝0.0254m。

速，如 4×10^5 Pa 以下取 $20 \sim 40$ m/s；8.8×10^5 Pa 以下取 $40 \sim 60$ m/s；3×10^6 Pa 以下取 80 m/s。

蒸汽管管径也可以通过下面的公式计算得到

$$D_n = 594.5 \sqrt{\frac{Gv}{\omega}} \tag{8-2}$$

式中，D_n——管道内径，mm；G——介质质量流量，t/h；v——介质比容（查蒸汽表），m^3/kg；ω——介质流速，m/s，常规 30m/s。

流速选用按照表 8-27 选用。

表 8-27　流速选用表

过热蒸汽		饱和蒸汽	
公称直径 D_g/mm	介质流速 ω/(m/s)	公称直径 D_g/mm	介质流速 ω/(m/s)
>200	40~60	>200	30~40
>200~100	30~50	>200~100	25~35
<100	20~30	<100	15~30

(二) 管道、阀门和管件的选择

1. 管道

（1）材料的选择　工程管道由管子、阀门和管件组成。制药工业生产管道的材料选择原则主要依据是输送介质的浓度、温度、压力、腐蚀情况、供应来源和价格等因素综合考虑决定。

选材应用最广的方法是查阅《腐蚀数据与选材手册》。手册中罗列的大量材料——环境体系的腐蚀数据都是经过长期生产实践检验的。由于介质数量庞大，使用时的温度、浓度情况各不相同，手册中不可能标出管道对每一种介质在所有的温度和浓度下的耐蚀情况。

当手册中查不到所需要的介质在某浓度或温度下的数据时，可按下列原则确定：

① 浓度：如果缺乏某一特定浓度的数据，可参阅临近浓度，对于腐蚀性不强的介质，各种浓度的溶液往往腐蚀性是相似的。不论介质强弱，如果相邻的上下两个浓度的耐蚀性相同，那么中间浓度的耐蚀性一般也相同。如果上下两个浓度的耐蚀性不同，则中间浓度的耐蚀性常常介于两者之间。一般情况下，腐蚀性是随浓度的增加而增强。

② 温度：一般情况下，温度越高，腐蚀性越大。在较低温度标明了不耐蚀时，较高温度也不耐蚀。当上下两个相邻温度的耐蚀性相同时，中间温度的耐蚀性也相同。但若上下两个温度耐蚀性不同，低温耐蚀，高温不耐蚀，温度越高，腐蚀速度越快。

凡是处在温度或浓度的边缘条件下，即处于由耐蚀接近或转入不耐蚀的边缘条件下时，宁可不使用这类材料，而选择更优良的材料。因为在实际使用过程中，很可能由于生产条件的波动，或由于贮运过程中季节或地区的温度、湿度的变化以及蒸发、吸水、放空或液面的升降等，引起局部地区浓度、温度的变化，以致很容易达到不耐蚀的浓度或温度极限。

③ 腐蚀介质：当手册中缺乏要查找的介质时，可参阅同类介质的数据。例如缺乏硫酸钾的数据，可查阅硫酸钠、磷酸钾等。有机化合物中各类物质的腐蚀性更为接近。只要对各类物质的成分、结构、性能具备一定的知识，对选材有一些经验，即使表内缺乏某些数据，也能够大致判断它的腐蚀性。

两种以上物质组成的混合物，其腐蚀性一般为各组成物腐蚀性的和（假如没有起化学反应），只要查管道对各组成物的耐蚀性就可以（基准为混合物中稀释后的浓度）。但是有些混合物改变了性质，应先了解各组成物是否已起了变化。

（2）常用管子　制药工业常用管子有金属管和非金属管。常用的金属管有铸铁管、硅铁管、水煤气管、无缝钢管（包括热辗和冷拉无缝钢管）、有色金属管（如铜管、黄铜管、铝管、铅管）、有衬里钢管。常用的非金属管有耐酸陶瓷管、玻璃管、硬聚氯乙烯管、软聚氯乙烯管、聚乙烯管、玻璃钢管、有机玻璃管、酚醛塑料管、石棉-酚醛塑料管、橡胶管和衬里管（如衬橡胶、搪玻璃管等）。常用金属管的规格、材料及适用范围需查阅有关标准，如表 8-28 所示。

表 8-28　金属管常用标准

序号	管子名称	标准号
1	高压锅炉用无缝钢管	GB 5310—2008
2	石油裂化用无缝钢管	GB 9948—2013
3	低中压锅炉用无缝钢管	GB 3087—2008
4	流体输送用不锈钢无缝钢管	GB/T 14976—2002
5	低压流体输送用焊接钢管	GB 3091—2015
6	低压流体输送用直缝焊接钢管	GB 3092—2008
7	通流体输送管道用螺旋缝埋弧焊钢管	SY/T 5037—2000
8	铜及铜合金拉制管	GB/T 1527—2006
9	铝及铝合金管材外形尺寸及允许偏差	GB/T 4436—2012
10	换热器及冷凝器用钛及钛合金管	GB/T 3625—2007

2. 阀门和管件

阀门的作用是控制流体在管内的流动，其功能有启闭、调节、节流、自控和保证安全等。

（1）阀门选用原则　各种阀门因结构型式与材质的不同，有不同的使用特性、适用场合和安装要求。选用的原则是：①流体特性，如是否有腐蚀性、是否含有固体、黏度大小和流动时是否会产生相态的变化；②功能要求，按工艺要求，明确是切断还是调节流量等；③阀门尺寸，其由流体流量和允许压力降决定；④阻力损失，按工艺允许的压力损失和功能要求选择；温度、压力，由介质的温度和压力决定阀门的温度和压力等级；⑤材质，决定于阀门的温度和压力等级与流体特性。

（2）阀门的分类

阀门大致可以分为两大类：

① 自动阀门　靠介质本身状态而动作的阀门，如止回阀、减压阀、疏水器等。

② 驱动阀门　靠人力、电力、液力和气力来驱动的阀门，如手动截止阀、电动闸阀等。

阀门还有一些其他的分类方法，如：

① 按结构特征分类　闸门型，截至门型，旋启型。

② 按用途分类　切断用，止回用，调节用等。

③ 按操纵方法分类　用手轮或者用手柄直接传动；通过齿轮或者蜗轮传动；通过链轮或者万向节远距离传动；由电动机通过减速器传动和电磁传动等；液动和气动。

④ 按介质压力分类　真空阀，绝对压力低于 0.1MPa 的阀门；低压阀，压力低于 1.6MPa 的阀门；中压阀，压力在 2.5～3.6MPa 的阀门；高压阀，压力高于 9.8MPa 的阀门。

⑤ 按介质温度分类　普通阀门、高温阀门和超高温阀门。

⑥ 按公称通径分类　小口径阀门、中口径阀门、大口径阀门及特大口径阀门。

（3）常用阀门类型及其主要特点

常用阀门型式及其应用范围见表8-29。

表 8-29　常用阀门型式及其应用范围

阀门名称	基本结构与原理	优点	缺点	应用范围
闸阀	阀体内有一平板与介质流动方向垂直,平板升起阀即开启	阻力小,易调节流量,用作大管道的切断阀	价格贵,制造和修理较困难,不易用非金属抗腐蚀材料制造	低于120℃低压气体管道,压缩空气、自来水和不含沉淀物介质的管道干线,大直径真空管等。不宜用于带纤维状或固体沉淀物的流体。公称压力低于$100×10^5$Pa
截止阀（节流阀）	采用装在阀杆下面的阀盘和阀体内的阀座相配合,以控制阀的启闭	比闸阀便宜,操作可靠易密封,能较精确调节装置,制造和维修方便	比旋塞贵。阻力大,不宜用于高黏度流体和悬浮液以及结晶性液体。结晶沉积在阀座磨损阀盘与阀座接触面,易泄漏	在自来水、蒸汽、压缩空气、真空及各种物料管道中普遍使用。最高工作温度300℃,公称压力为 $325×10^5$Pa
旋塞	利用中间开孔柱锥体作阀芯,靠旋转锥体控制阀启闭	结构简单,启闭迅速,阻力小,用于含晶体和悬浮液的液体	不适于调节流量,旋转旋塞费力,高温时会由于膨胀而旋转不动	120℃以下输送压缩空气,废蒸汽-空气混合物及在120℃,公称压力为 $10×10^5$Pa或$(3～5)×10^5$Pa下输送包括含结晶及悬浮物的液体,不得用于蒸汽或高热流体
球阀	利用中心开孔的球体作阀芯,靠旋转球体控制阀的启闭	比闸阀便宜,操作可靠易密封,可调节流量。公称压力大于 $16×10^{-5}$Pa,公称直径大于76mm。已取代旋塞	比旋塞贵。流体阻力大,不得用于输送含结晶和悬浮液的液体	在自来水、蒸汽、压缩空气、真空及各种物料管道中普遍使用。最高工作温度300℃,公称压力为 $325×10^5$Pa
隔膜阀	利用弹性薄膜(橡皮、聚四氟乙烯)作阀的启闭机构	阀杆不与流体接触,不用填料箱,结构简单,便于维修,密封性能好,流体阻力小	不适用于有机溶剂和强氧化剂的介质	用于输送悬浮液或腐蚀性液体
止回阀（单向阀）	用来使介质只作单一方面的流动,但不能防止渗漏	升降式比旋启式密闭性能好,旋启式阻力小,只要保证摇板旋转轴线的水平,可以任意形式安装	升降式阻力较大,卧式宜装在水平管上,立式应装在垂直管线上。本阀不宜用于含固体颗粒和黏度较大的介质	适用于清净介质
蝶阀	阀的关阀件是一圆盘形	结构简单,尺寸小,重量轻,开闭迅速可调节		用于气体、液体及低压蒸汽管道,尤其适合用于较大管径的管路上
减压阀	用以降低介质压力,获得较稳定的较低压力		常用的活塞式减压阀不能用于液体的减压,且流体中不能含有固体颗粒	
安全阀	压力超过指定值时即自动开启,使流体外泄,压力回复后即自动关闭	杠杆式使用可靠,在高温时只能用杠杆式。弹簧式结构精巧,可装于任何位置	杠杆式,体积大,占地大,弹簧式在长期缓热作用下弹性会逐渐减少。安全阀须定时鉴定检查	直接排放到大气的可选开启式,易燃易爆和有毒介质选用封闭式,将介质排放到排放总管中去。主要地方要安装双阀

管件的作用是连接管道与管道、管道与设备，改变流向等，如弯头、活接头、三通、四通、异径管、丝堵、管接口、螺纹短节、视镜、阻火器、漏斗、过滤器、防雨帽等，可参考《化工工艺设计手册》（化学工业出版社，2009）选用。

三、管道的连接

管道连接的基本方法有螺纹连接、法兰连接、承插连接和焊接，如图 8-9 所示。

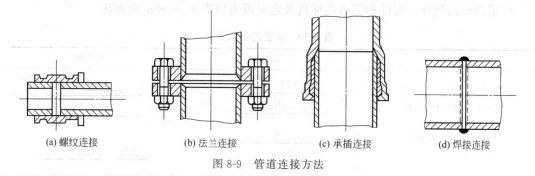

(a) 螺纹连接　　　　(b) 法兰连接　　　　(c) 承插连接　　　　(d) 焊接连接

图 8-9　管道连接方法

四、管道布置图的绘制

管道布置图又称配管图，其图幅尽量采用 A0，也可采用 A1 和 A2。同区的图应采用同一种图幅，图幅不宜加长或加宽。

常用比例为 1∶30，也可采用 1∶20、1∶25 或 1∶50，但同区的或各分层的平面图应采用同一比例。

图中标高的坐标以 m 为单位，小数点后取三位数；其余尺寸以 mm 为单位，只注数字，不注单位。地面设计标高为 EL100.000m 或 ±0.000m。

1. 分区索引图

若装置或主项在管道布置图不能在一张图纸上完成时，需将装置分区，并绘制分区索引图。

小区数不得超过 9 个。若超过 9 个，应将装置先分成总数不超过 9 个的大区，每个大区再分为不超过 9 个的小区。只有小区的分区按 1 区、2 区……9 区进行编号。大区与小区结合的分区，大区用一位数，如 1、2……9 编号；小区用两位数编号，其中大区号为十位数，小区号为个位数，如 11、12……19 或 21、22……29。

只有小区的分区索引图，分区界线用粗双点划线表示。大区与小区结合的，大区分界线用粗双点划线，小区分界线以中粗双点划线表示。分区号应写在分区界限的右下角矩形框内。

2. 图面表示

管道布置图应以小区为基本单位绘制。区域分界线用粗双点划线表示，在线的外侧标注分界线的代号、坐标和与其相邻部分的图号。分界线的代号采用：B.L（装置边界）、M.L（接续线）、COD（接续图）。

管道布置图一般只绘平面图。当平面图中局部表示不清楚时，可绘制剖视图或轴测图，此二图可画在平面图边界线以外的空白处，或绘在单独的图纸上。当几套设备的管道布置完全相同时，允许只绘一套设备的管道，其余用方框表示，但在总管上应绘出每套支管的接头位置。

在管道布置图上，设备外形用细线表示，接口只画有关部分，按比例画出管道及阀门、管件、管道附件、特殊管件等，无关的附件（如液位计、手孔等）不必画出。管径小于或等于 $\phi150mm$ 的管道用单粗线表示，管径大于 $\phi150mm$ 的管道用双细线表示。一般情况每一层楼只画一张平面图。图上设备编号应与施工流程图、设备布置图一致。管道定位尺寸以建筑物的轴线、设备中心线、设备管口中心线、区域界限等作为基准进行标注。图上不标注管段长度，只标注管子、阀门、过滤器等的中心定位尺寸或以一端法兰面定位。

3. 管道的表示方法

管道图中的管件、阀件和管道的标高及走向可采用表 8-30 所示的方法。

表 8-30　管道的表示方法

管道类型	立面图	平面图
上下不重合的平行管线	+2.40 / +2.20	+2.40 / +2.20
上下重合的平行管线	+2.40 / +2.20	+2.40　+2.20
弯头向上（法兰连接）		
弯头向下（法兰连接）		
三通向上（螺纹连接）		
三通向下（螺纹连接）		

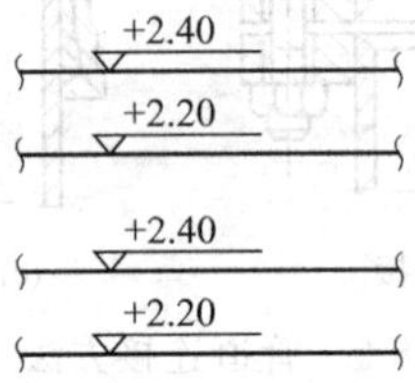

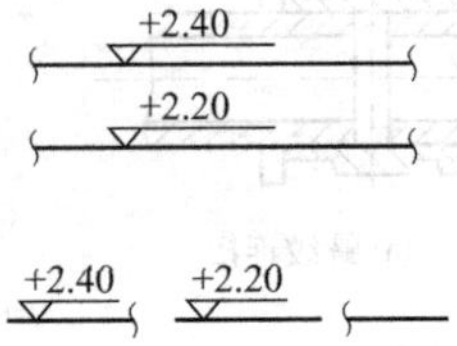

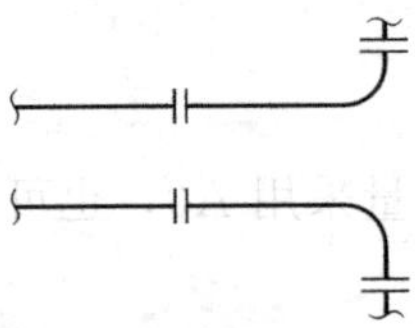

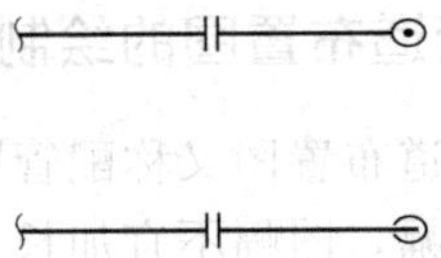

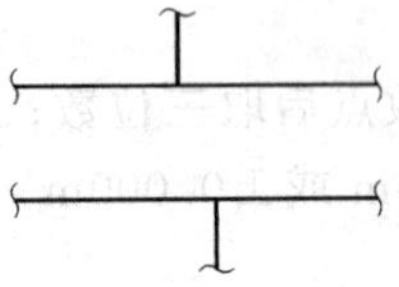

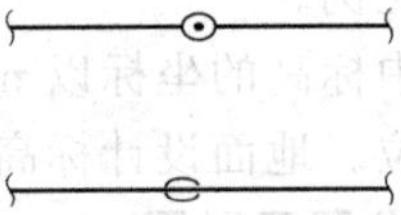

管道标注为四个部分，即管道号（管段号）（由三个单元组成）、管径、管道等级和隔热或隔声，总称为管道组合号。管道号和管径为一组，用一短横线隔开；管道等级和隔热为另一级，用一短横线隔开，两组间留有适当的空隙。一般标注在管道的上方，如图 8-10（a）所示。

```
PG    13 10  -  300    A1A  -  H
第    第 第     第      第     第
1     2  3      4       5      6
单    单 单     单      单     单
元    元 元     元      元     元
```

(a)

PG1310 - 300
A1A - H

(b)

图 8-10　管道标注

（1）管道的表示方法（见带控制点的工艺流程图）　管道号（管段号）也可标注在管道的上下方，如图 8-10(b) 所示：第 1 单元为物料代号；第 2 单元为主项编号，按工程规定的主项编号填写，采用两位数字，从 01 开始至 99 为止；第 3 单元为管道顺序号，相同类别的物料在同一主项内以流向先后为序，顺序编号，采用两位数字，从 01 开始，至 99 为止。以上三个单元组成管道号（管段号）。第 4 单元为管道尺寸，第 5 单元为管道等级；第 6 单元为隔热或隔声代号。对于工艺流程简单、管道品种规格不多时，则管道组合号中的第5、6两单元可省略。

物料在两条投影相重合的平行管道中流动时，可表示为：

PG1309 - 300 A1A - H

PG1310 - 300 A1A - H

管道平面图上两根以上管道相重时，可表示为：

SC1304 - 300 A1A - H

PW1305 - 300 A1A - H

PL1306 - 300 A1A - H

SC　PW　PL　PW　SC

（2）主要物料代号　主要物料代号表示方法见表8-31。

表8-31　物料代号表示方法

物料	代号	物料	代号
工艺空气	PA	低压蒸汽	LS
工艺气体	PG	低压过热蒸汽	LUS
气液两相流工艺物料	PGL	中压蒸汽	MS
气固两相流工艺物料	PGS	中压过热蒸汽	MUS
工艺液体	PL	蒸汽冷凝水	SC
液固两相流工艺物料	PLS	伴热蒸汽	TS
工艺固体	PS	锅炉给水	BW
工艺水	PW	化学污水	CSW
空气	AR	循环冷却水回水	CWR
压缩空气	CA	循环冷却水上水	CWS
仪表空气	IA	脱盐水	DNW
高压蒸汽	HS	饮用水、生活用水	DW
高压过热蒸汽	HUS	消防水	FW
热水回水	HWR	燃料气	FG
热水上水	HWS	气氨	AG
原水、新鲜水	RW	液氨	AL
软水	SW	氟利昂气体	FRG
生产废水	WW	氟利昂液体	FRL
冷冻盐水回水	RWR	蒸馏水	DI
冷冻盐水上水	RWS	蒸馏水回水	DIR
排液、导淋	DR	真空排放气	VE
惰性气体	IG	真空	VAC
		空气	VT

（3）管道顺序号　管道顺序号的编制，以从前一主要设备来而进入本设备的管子为第一号，其次按流程图进入本设备的前后顺序编制。编制原则是先进后出，先物料管线后公用管线，本设备上的最后一根工艺出料管线应作为下一设备的第一号管线。

（4）管径的表示　管道尺寸一般标注公称通径，以 mm 为单位，只注数字，不注单位。黑管、镀锌钢管、焊接钢管用英寸表示，如 2″、1″，前面不加 ϕ；其他管材亦可用 ϕ 外径×壁厚表示，如 $\phi 57 \times 3.5$。

（5）管道等级　管道等级号由下列三个单元组成：

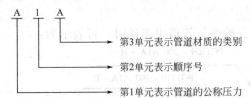

A1A
→ 第3单元表示管道材质的类别
→ 第2单元表示顺序号
→ 第1单元表示管道的公称压力

管道的公称压力（MPa）等级代号，用大写英文字母表示，用于 ANSI 标准压力等级代号为 A～K（其中 I，J 不用），L～Z 用于国内标准的压力等级代号（其中 O、X 不用）见表8-32。管道材质类别代号用大写英文字母表示，见表 8-33。

表 8-32　用于国内标准的压力等级代号

压力等级/MPa	1.0	1.6	2.5	4.0	6.4	10.0	16.0	20.0	22.0	25.0	32.0
代号	L	M	N	P	Q	R	S	T	U	V	W

表 8-33　管材代号

管材	普通不锈钢管	普通无缝钢管	焊接钢管	硬聚氯乙烯管	聚乙烯管	玻璃管	316L不锈钢管	镀锌焊接钢管	铸铁管	ABS塑料管	聚丙烯管	铝管
代号	SS	AS	CS	PVC	PE	GP	316L	SI	G	ASB	PP	AP

（6）管子及其连接的一般代号　管子及其连接的一般代号如图 8-11 所示。

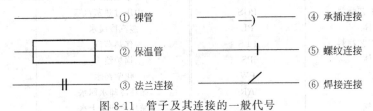

① 裸管　　　　④ 承插连接
② 保温管　　　⑤ 螺纹连接
③ 法兰连接　　⑥ 焊接连接

图 8-11　管子及其连接的一般代号

（7）管件、阀件及常用仪表的表示方法　管件、阀件及常用仪表的表示方法见表 8-34。

表 8-34　管件、阀件及常用仪表的表示方法

序号	名称	代号	图例	序号	名称	代号	图例
1	闸阀	Z_x		9	疏水器	S	
2	截止阀	J_x		10	安全阀（弹簧式）	A_x	
3	节流阀	L_x			（杠杆式）		
4	隔膜阀	G_x		11	消火栓		
5	球阀	Q_x		12	一般管线 $D_g \leqslant 100$		
6	旋塞	X_x			$D_g > 100$		
7	止回阀	H_x		13	蒸汽伴管保温管线		
8	蝶阀	D_x		14	蒸汽夹套保温管线		

序号	名称	代号	图例	序号	名称	代号	图例
15	软管			27	肘管（正视）		
16	减压阀	Y_x			（上弯）		
17	管端盲板				（下弯）		
18	中间盲板			28	三通（正视）		
19	孔板				（上弯）		
20	大小头				（下弯）		
21	阻火器			29	固体物料线		
22	视盅			30	绝热材料保温管线		
23	视镜			31	气动式隔膜调节阀		
24	转子流量计			32	压力表		
25	玻璃温度计			33	温度计		
26	水表						

注：下角符号 x 表示1，2，3…。

五、管道布置的一般原则及洁净厂房内的管道设计

1. 管道布置的一般原则

管道布置设计时，首先要统一协调工艺和非工艺管的布置，然后按工艺流程并结合设备布置、土建情况等布置管道。在满足工艺、安装检修、安全、整齐、美观等要求的前提下，使投资最省、经费支出最小。

① 为便于安装、检修及操作，一般管道多用明线敷设，且价格较暗线便宜。

② 管道应成列平行敷设，尽量走直线，少拐弯，少交叉。明线敷设管子尽量沿墙或柱安装，应避开门、窗、梁和设备，避免通过电动机、仪表盘、配电盘上方。

③ 操作阀高度一般为 $0.8 \sim 1.5 m$，取样阀为 $1 m$ 左右，压力表、温度计为 $1.6 m$ 左右，安全阀为 $2.2 m$。并列管路上的阀门、管件应错开安装。

④ 管道上应适当配置一些活接头或法兰，以便于安装、检修。管道成直角拐弯时，可用一端堵塞的三通代替，以便清理或添设支管。

⑤ 按所输送物料性质安排管道。管道应集中敷设，冷热管要隔开布置，在垂直排列时，热介质管在上，冷介质管在下；无腐蚀性介质管在上，有腐蚀性介质管在下；气体管在上，液体管在下；不经常检修管在上，检修频繁管在下；高温管在上，低温管在下；保温管在上，不保温管在下；金属管在上，非金属管在下。水平排列时，粗管靠墙，细管在外；低温管靠墙，热管在外，不耐热管应与热管避开；无支管的管在内，支管多的管在外；不经常检

修的管在内，经常检修的管在外；高压管在内，低压管在外。输送有毒或有腐蚀性介质的管道，不得在人行通道上方设置阀件、法兰等，以免渗漏伤人。输送易燃、易爆和剧毒介质的管道，不得敷设在生活间、楼梯间和走廊等处。管道通过防爆区时，墙壁应采取措施封固。蒸汽或气体管道应从主管上部引出支管。

⑥ 根据物料性质的不同，管道应有一定坡度。其坡度方向一般为顺介质流动方向（蒸汽管相反），坡度大小与介质有关，一般为：蒸汽 0.005，水 0.003、冷冻盐水 0.003，生产废水 0.001、蒸汽冷凝水 0.003，压缩空气 0.004，清净下水 0.005、一般气体与易流动液体 0.005，含固体结晶或黏度较大的物料 0.01。

⑦ 管道通过人行道时，离地面高度不少于 2m；通过公路时不小 4.5m；通过工厂主要交通干道时一般应为 5m。长距离输送蒸汽的管道，在一定距离处应安装冷凝水排除装置，长距离输送液化气体的管道，在一定距离处应安装垂直向上的膨胀器。输送易燃液体或气体时，应可靠接地，防止产生静电。

⑧ 管道尽可能沿厂房墙壁安装，管与管间及管与墙间的距离以能容纳活接头或法兰，便于检修为准。一般管路的最突出部分距墙不少于 100mm；两管道的最突出部分间距离，对中压管道约 40~60mm，对高压管道约 70~90mm。由于法兰易泄漏，故除与设备或阀门采用法兰连接外，其他应采用对焊连接。但镀锌钢管不允许用焊接，$D_g \leqslant 50$ 可用螺纹连接。

2. 洁净厂房内的管道设计

① 在有空气洁净度要求的厂房内，系统的主管应布置在技术夹层、技术夹道或技术竖井中。

公用工程管线气体管道中除煤气管道明装外，一般上水、下水、动力、空气、照明、通信、自控、气体等管道均可将水平管道布置在技术夹层中。洁净车间内的电气线路一般宜采用电源桥架敷线方式，这样有利于检修，有利于洁净车间布置的调整。

② 暗敷管道的常见方式有技术夹层、管道竖井以及技术走廊。

③ 管道材料应根据所输送物料的理化性质和使用工况选用。

④ 洁净室（区）内各种管道，在设计和安装时应考虑使用中避免出现不易清洗的部位。

⑤ 阀门选用也应考虑不积液的原则，不宜使用普通截止阀、闸阀，宜使用清洗消毒方便的球阀、隔膜阀、卫生蝶阀、卫生截止阀等。

B 级的洁净室内不得设置地漏，C 级和 D 级洁净室也应少设地漏。设在洁净室的地漏应采用带水封、带格栅和塞子的全不锈钢内抛光的洁净室地漏，能开启方便、防止废气倒灌。必要时可消毒灭菌。

洁净区的排水总管顶部设置排气罩，设备排水口应设水封，地漏均需带水封。

⑥ 洁净室管道应视其温度及环境条件确定绝热条件。冷保温管道的保温层外壁温度不得低于环境的露点温度。

管道保温层表面必须选择平整、光洁，整体性能好，不易脱落，不散发颗粒，绝热性能好，易施工的材料，并宜用金属外壳保护。

⑦ 洁净室（区）内的配电设备的管线应暗敷，进入室内的管线口应严格密封，电源插座宜采用嵌入式。

⑧ 洁净室及其技术夹层，技术夹道内应设置灭火设施和消防给水系统。

1. 设备选型是对工艺流程图设计的落实，是车间设计中的重要步骤，能否在生产中顺利完成工艺任务，很大程度取决于设备的选择是否合理，所以，工艺设备设计是需要重点掌握的内容。

2. 随着生产自动化水平的不断提高，设备对于仪表的依赖性逐渐增强，控制及仪表的选择和设计，需要在了解本章内容的同时，多补充一些其他相关专业知识，以利于更好地完成设计任务。

3. 车间设备的布置、管道的排布合理，对于充分发挥设备的利用率、提高生产效率，有着很大的影响作用，所以，该部分内容需要仔细学习，并适当利用其他参考资料扩充知识，以达到对车间设计的整体推动作用。

第九章

公共系统

学习目标

1. 掌握空调系统的设计过程、空调净化的标准、通风的分类及实现装置、空气调节系统的组成及实现设备、空气净化的设计方法、洁净室的计算方法。

2. 熟悉水系统的设计方法、纯蒸汽的制备方法、制药用水的储存分配系统。

3. 了解空气过滤器的分类、构造和性能、排水系统的具体要求、车间配电系统的设计过程。

第一节　空调系统

制药工业生产中可能会散发各种粉尘、气体等有害物质，为保证产品质量和人员健康，对此需加以控制。

为了使洁净室内保持所需要的温度、湿度、风速、压力和洁净度等参数，而向室内不断送入一定量经过处理的空气，以消除洁净室内外各种热湿干扰及尘埃污染的方法称为空气调节，简称空调。为获得达标状态的空气，需要一整套设备对空气进行处理，将其不断送入室内，又不断从室内排出一部分来，这一整套设备就构成了洁净空调系统。

通风的任务是控制生产过程中产生的粉尘、有害气体、高温、高湿，以创造良好的生产环境和保护大气环境。空气调节的任务是采用人工方法，创造和保持一定的空气环境，使特定空间的空气温度、湿度、清洁度和流速能满足工艺上的要求。空气的净化指以创造洁净空气为主要目的的空气调节。

一、室内空气净化标准

依据 GMP 附录一的规定，各级别洁净区空气悬浮粒子数要符合车间洁净等级标准的要求，同时，洁净区微生物监测的动态标准也要达到要求，如表 9-1 所示。

《洁净厂房设计规范》GB 50073—2013 中，对洁净车间室内空气的净化标准做了相应规定。

（1）洁净厂房内各洁净室的空气洁净度等级应满足生产工艺对生产环境的洁净要求。

（2）应根据空气洁净度等级的不同要求，选用不同的气流流型。

（3）下列情况之一者，其净化空调系统宜分开设置：

① 运行班次或使用时间不同。

② 生产工艺中某工序散发的物质或气体对其他工序的产品质量有影响。

③ 对温、湿度控制要求差别大。

④ 净化空调系统与一般空调系统。

表 9-1　洁净区微生物监测标准

洁净度级别	浮游菌/(cfu/m²)	沉降菌(φ90mm)/(cfu/4h)	表面微生物	
			接触(φ55mm)/(cfu/碟)	五指手套/(cfu/手套)
A 级	<1	<1	<1	<1
B 级	10	5	5	5
C 级	100	50	25	—
D 级	200	100	50	—

（4）洁净室的温、湿度范围应符合表 9-2 的规定。

表 9-2　洁净室的温、湿度范围

房间性质	温度/℃		湿度/%	
	冬季	夏季	冬季	夏季
生产工艺有温、湿度要求的洁净室	按生产工艺要求确定			
生产工艺无温、湿度要求的洁净室	20～22	24～26	30～50	50～70
人员净化及生活用室	16～20	26～30	—	—

（5）洁净室内的新鲜空气量应取下列两项中的最大值：①补偿室内排风量和保持室内正压值所需新鲜空气量之和。②保证供给洁净室内每人每小时的新鲜空气量不小于 $40m^3$。

（6）洁净区的清扫宜采用移动式高效真空吸尘器，但空气洁净度等级为 1～5 级的单向流洁净室宜设置集中式真空吸尘系统。洁净室内的吸尘系统管道应暗敷，吸尘口应加盖封堵。

二、设计的依据

1. 符合标准

空调系统设计要以相关标准为依据，下面列出了部分参考文件和标准。

《药品生产质量管理规范》2010 修订版

《制药设备与车间工艺设计管理手册》2003 修订版

《通风与空调工程施工质量验收规范》GB 50234—2016

《工业建筑供暖通风与空气调节设计规范》GB 50019—2015

《供暖通风与空气调节术语标准》GB 50155—2015

《建筑设计防火规范》GB 50016—2014

《环境空气质量标准》GB 3095—2012

2. 洁净室压差控制

（1）洁净室（区）与周围的空间必须维持一定的压差，并应按工艺要求决定维持正压差或负压差。

（2）不同等级的洁净室之间的压差不宜小于 5Pa 或 10Pa。

（3）洁净室维持不同的压差值所需的压差风量，根据洁净室特点，宜采用缝隙法或换气次数法确定。

（4）送风、回风和排风系统的启闭宜联锁。正压洁净室联锁程序应先启动送风机，再启动回风机和排风机；关闭时联锁程序应相反。负压洁净室联锁程序应与上述正压洁净室相反。

（5）非连续运行的洁净室，可根据生产工艺要求设置值班送风并应进行净化空调处理。

3. 气流流型和送风量

（1）气流流型的设计应符合下列规定。

① 洁净室（区）的气流流型和送风量应符合表9-3的要求。空气洁净度等级要求严于4级时，应采用单向流；空气洁净度等级为4～5级时，应采用单向流；空气洁净度等级为6～9级时，应采用非单向流。

表 9-3　气流流型和送风量

空气洁净度等级	气流流型	平均风速/(m/s)	换气次数/h⁻¹
1～3	单向流	0.3～0.5	—
4、5	单向流	0.2～0.4	—
6	非单向流	—	50～60
7	非单向流	—	15～25
8、9	非单向流	—	10～15

注：1. 换气次数适用于层高小于4.0m的洁净室。

2. 应根据室内人员、工艺设备的布置以及物料传输等情况采用上、下限值。

② 洁净室工作区的气流分布应均匀。

③ 洁净室工作区的气流流速应符合生产工艺要求。

（2）洁净室的送风量应取下列三项中的最大值。

① 满足空气洁净度等级要求的送风量；

② 根据热、湿负荷计算确定的送风量；

③ 按要求向洁净室内供给的新鲜空气量。

（3）为保证空气洁净度等级的送风量，应按表9-3中的有关数据进行计算或按室内发尘量进行计算。

（4）洁净室内各种设施的布置应考虑对气流流型和空气洁净度的影响，并应符合下列规定。

① 单向流洁净室内不宜布置洁净工作台，非单向流洁净室的回风口宜远离洁净工作台；

② 需排风的工艺设备宜布置在洁净室下风侧；

③ 有发热设备时，应采取措施减少热气流对气流分布的影响；

④ 余压阀宜布置在洁净气流的下风侧。

4. 重要参数

（1）温湿度　温湿度主要影响产品工艺条件和细菌的繁殖条件，由操作舒适度和存贮温湿度条件带来的对产品质量的影响。所以在实际设计中洁净室的温度和湿度取决于以下三方面：药品的生产工艺要求、人体的舒适感觉和室外环境条件。洁净室内的相对湿度主要根据工艺生产的过程要求决定。

（2）压差　洁净室内一般保持正压，但当洁净室内工艺生产或空气中还有高危险物质时，洁净室压差需保持相对负压。不同级别相邻房间之间应该设置压差表或压差传感器，记录压差值，并设置报警系统。

（3）换气次数　按照GMP要求，洁净度高于或等于D级时，换气次数不少于15次/h。

（4）送风量　为维持洁净室的正压所需要的通风量，即为排风量、回风量和渗透风量的总和。通过控制送风量大于排风量与回风量之和的方法，可以维持洁净室的正压状态（洁净室保持负压的状态除外）。

按照《洁净厂房设计规范》中规定，洁净区新鲜空气量要占到送风量的一定比例，所以要注意保持室内正压和补偿室内排风所需的新鲜空气量。

5. 风管和附件

在《洁净厂房设计规范》中对风管和附件做了如下规定。

（1）净化空调系统的新风管段应设置电动密闭阀、调节阀，送、回风管段应设置调节阀，洁净室内的排风系统应设置调节阀、止回阀或电动密闭阀。

（2）下列情况之一的通风、净化空调系统的风管应设防火阀。

① 风管穿越防火分区的隔墙处，穿越变形缝的防火隔墙的两侧；

② 风管穿越通风、空气调节机房的隔墙和楼板处；

③ 垂直风管与每层水平风管交接的水平管段上。

（3）净化空调系统的风管和调节风阀、高效空气过滤器的保护网、孔板、扩散孔板等附件的制作材料和涂料，应符合输送空气的洁净度要求及其所处的空气环境条件的要求。

洁净室内排风系统的风管和调节阀、止回阀、电动密闭阀等的制作材料和涂料，应符合排除气体的性质及其所处的空气环境条件的要求。

（4）净化空调系统的送、回风总管及排风系统的吸风总管段上宜采取消声措施，满足洁净室内噪声要求。

净化空调系统的排风管或局部排风系统的排风管段上，宜采取消声措施，满足室外环境区域噪声标准的要求。

（5）在空气过滤器的前、后应设置测压孔或压差计。在新风管、送风、回风总管段上，宜设置风量测定孔。

（6）风管、附件及辅助材料的耐火性能应符合下列规定。

① 净化空调系统、排风系统的风管应采用不燃材料；

② 排除有腐蚀性气体的风管应采用耐腐蚀的难燃材料；

③ 排烟系统的风管应采用不燃材料，其耐火极限应大于 0.5h；

④ 附件、保温材料、消声材料和黏结剂等均采用不燃材料或难燃材料。

三、通风

1. 规范规定

在《洁净厂房设计规范》中对采暖通风、排烟做了如下规定。

（1）空气洁净度等级要求严于 8 级的洁净室不得采用散热器采暖。

（2）洁净室内产生粉尘和有害气体的工艺设备，应设置局部排风装置。

（3）在下列情况下，局部排风系统应单独设置。

① 排风介质混合后能产生或加剧腐蚀性、毒性、燃烧爆炸危险性和发生交叉污染；

② 排风介质中含有毒性的气体；

③ 排风介质中含有易燃、易爆气体。

（4）洁净室的排风系统设计应符合下列规定。

① 应防止室外气流倒灌；

② 含有易燃、易爆物质的局部排风系统应按物理化学性质采取相应的防火防爆措施；

③ 排风介质中有害物浓度及排放速率超过国家或地区有害物排放浓度及排放速率规定时，应进行无害化处理；

④ 对含有水蒸气和凝结性物质的排风系统，应设坡度及排放口。

（5）换鞋、存外衣、盥洗、厕所和淋浴等生产辅助房间应采取通风措施，其室内的静压值应低于洁净区。

（6）根据生产工艺要求应设置事故排风系统。事故排风系统应设自动和手动控制开关，手动控制开关应分别设在洁净室内、外便于操作处。

（7）洁净厂房排烟设施的设置应符合下列规定：

① 洁净厂房中的疏散走廊应设置机械排烟设施；

② 洁净厂房设置的排烟设施应符合现行国家标准《建筑设计防火规范》GB 50016 的有关规定。

2. 工业有害物

工业有害物主要指工业生产中散发的粉尘、有害气体、余热和余湿。

（1）粉尘　粉尘指能在空气中悬浮一定时间的固体颗粒。制药工业中粉尘产生的原因主要有以下几方面：①固体物料的机械粉碎和研磨（如片剂、中草药等车间的粉碎和研磨过程）；②粉状物料的混合、筛选、运输和包装；③物质的燃烧（如煤燃烧时产生的烟尘量，占燃煤量的 10％ 以上）。

任何粉尘都要经过一定的扩散过程，才能以空气为媒介侵入人的机体组织。粉尘从静止状态进入空气中悬浮的过程，称为尘化作用。尘化作用的成因如下：①剪切作用。如筛选物料的振动筛上下往复运动时，疏松的物料不断受到挤压，粒子间隙中的空气被猛烈地挤压出来。当气流向外高速运动时，对粉尘产生剪切作用，带动粉尘一起逸出。②诱导空气的作用。固体物料在空气中高速运动时，能带动周围空气随其运动，这部分空气被称为诱导空气。固体物料遭到快速冲击时，碎粒四处飞溅所产生的诱导空气能使被击碎的微粒随其扩散。此外，物料下落过程中，由于剪切和诱导空气的作用，高速气流也会使粉尘飞扬。③热气流上升的作用。加热设备（如煎煮、配料罐等）表面的空气因被加热而上升，会带着粉尘一起运动。

上述各种使尘粒由静止状态进入空气中悬浮的尘化作用称为一次尘化作用。引起一次尘化作用的气流被称为一次尘化气流。一次尘化的作用会造成局部空间的空气污染。由于冷、热气体的对流或通风所形成的室内气流为二次气流，可以带着粉尘在整个空间内流动，使粉尘散布其中。只要改善室内气体的流动，就可以控制粉尘在室内的扩散，因此必须合理组织室内的气流。此外，使一次尘化气流和二次气流隔离，即可避免粉尘扩散，因此应尽量采用密闭装置。

（2）有害气体　空气的流动会造成有害气体在室内的扩散，例如苯、氯化氢、石油醚、氯仿等。

（3）余热和余湿　生产中各种加热设备、被加热物料等散发出的热量以及煎煮、洗涤等散发的蒸汽是车间内余热和余湿的主要来源。余热和余湿直接影响到室内空气的温度和相对湿度。

3. 局部通风

所谓通风，即在局部区域把不符合卫生标准的污浊空气排至室外，把新鲜空气或经过处理的空气送入室内。前者称为局部排风，后者称为局部送风。局部排风所需的风量小、排风效果好，故应优先考虑。

通风系统按所需的动力可分为自然通风和机械通风系统。自然通风是靠室外风力所造成的风压、室内外空气温度差所造成的热压使空气流动的，机械通风是靠风机所造成的压力使空气产生强制性流动的。

（1）局部通风系统的组成

① 排风罩　排风罩是用来捕集有害物质的。由于生产设备结构和操作的不同，排风罩的形式多种多样。

② 风管　风管是通风系统中输送空气的管道，一般由薄钢板、塑料板制成。

③ 净化设备　为防止对大气的污染，当排气中有害物质的含量超过排放标准时，排放前需先经过除尘器、吸收器、洗涤器等的净化处理。

④ 风机　风机是空气流动的动力，一般置于净化设备之后，称作引风机。

对于车间面积很大，人数较少的生产车间，可利用局部送风系统向少数工作点送风，为该区域创造良好的空气环境。

（2）局部送风系统的型式

① 系统式　利用局部送风系统，将冷却或加热处理后的空气通过风管及喷头送到局部地点。送风应从操作人员的前上侧方通过，使人体上部处于新鲜空气之中，局部送风时不得将有害物质吹向人体。

② 分散式　采用风扇或喷雾风扇来增加风速，以帮助人体散热等，但在有粉尘散发的车间不宜采用，以免引起扬尘。

（3）通风设备

① 通风室与通风柜　片剂及中药的粉碎、过筛等操作会产生大量粉尘。对设备加防尘密闭罩可在一定程度上减轻粉尘的飞扬。由于罩内外的温差及物料下落的诱导空气等原因，有害物可从缝隙处外逸，故宜采用引风，以保持罩内处于负压（低于环境压力）状态。

如设备需经常检修维护，可采用密闭通风室将整个设备密闭。图 9-1（a）所示为糖衣机的通风室。间壁墙上设置上下两层操作窗，上窗作为加料、卸料等用，下窗作为调节加热温度等用。通风室的外墙装有引风机，空气经除尘后排出室外。

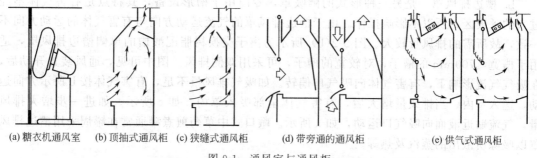

(a) 糖衣机通风室　(b) 顶抽式通风柜　(c) 狭缝式通风柜　(d) 带旁通的通风柜　(e) 供气式通风柜

图 9-1　通风室与通风柜

因除设备外还需留有操作空间，所以密闭通风室占地较大，不宜大量采用。

通风柜是密闭罩的另一种形式，可产生有害物的操作完全在柜内进行（如实验室的毒气柜等）。其形式大致可归纳为：

a. 顶抽式通风柜　一种常用的通风柜，见图 9-1（b）。用于需要加热或在实验过程产生大量热量的实验操作，效果较好。顶抽式通风柜的操作，气流速度不够均匀，当操作口大开时，上部吸入速度为平均流速的 1.5 倍，而下部吸入速度为平均流速的 60%，有害气体会从下部逸出，故不宜作为冷操作的通风柜。

b. 狭缝式通风柜　在其顶部和后侧设有排风狭缝，如图 9-1（c）所示。气流经过狭缝时有节流效应，变静压为动压，柜内会有一股较强的负压气流，使操作口处的风速较为均匀，对各种工况都能获得良好效果。

c. 带旁通的通风柜　当柜门关小时，一般通风柜的进气口风速都会增大，影响加热并使火焰晃动。带旁通的通风柜解决了这一矛盾，见图 9-1（d）。当柜门大开时，旁通口被阻挡，空气由操作口直接进入通风柜；当柜门关闭时，旁通口开启，一部分空气由旁通口进入柜内，使操作口风速保持稳定。

d. 供气式通风柜　这种通风柜在柜门前上方有一被净化或加热空气的进风口，如图 9-1（e）所示。当柜门开启时，气流从操作口前上方下来，形成幕封；关闭时，气流从上部内侧进入通风柜，带走柜内有害物质。由于排气很少，因此对有空气调节系统的房间或洁净室，采用这种形式，通风柜不会影响室内气流组织并节省能量。

② 排气罩　置于有害物散发点（即控制点）侧方或上方，将有害物排出室外的风罩叫排气罩。其形式有下面几种。

a. 侧吸罩　通过罩口的抽吸作用，在有害物散发点上造成空气流动，从而把有害物吸入罩内，见图 9-2（a）。吸气口四周的空气在流速近似相等的点组成了一个等速球面，故吸气口外某一点的空气流速与该点至吸气口距离的平方成反比。随距进气口距离的增加，空气流速会很快衰减。因此，在布置排风罩时应尽量靠近有害源。如旋转式压片机的吸气口一般都紧靠中盘处，以便将大部分粉尘吸出。

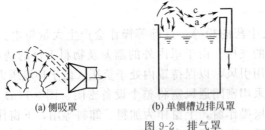

图 9-2　排气罩

（a）侧吸罩　　（b）单侧槽边排风罩　　（c）伞形排气罩

b. 槽边排风罩　是另一种形式的侧吸罩，专门用于槽形设备，其特点是有害气体不经过人的呼吸区，所以不影响操作。由于槽边排风罩的气流运动方向与有害气体的运动方向不一致，故所需的排风量较大。图 9-2（b）所示为离子交换树脂配酸槽的单侧槽边排风罩，适用于槽宽≤700mm 的槽子，对较宽的槽子，可采用双侧排风。图中可见，通风装置开动后，在吸气流影响下，有害气体向吸气口偏转。如吸气排风量不足，有害气体按 b 所示方向运动，逸入室内。当排风量增大后，有害气体全部吸入罩内，如 c 所示。如进一步增大排风量，气流贴近液面向吸气口运动，如 a 所示。敞口式中草药煎煮罐通常在罐周采用槽边排风罩以吸除所散出的蒸汽及热等。

c. 上吸式伞形排气罩　多置于设备的上方，如图 9-2（c）所示。

水针灌封机的封口火焰、安瓿切割后的圆口工序、片剂装瓶后的蘸腊工序、中药敞口浓缩等工序都属易产生大量热量及不良气体的场所，应根据需要设置适宜的排风型式。为提高排气效果及避免横向气流对排风的干扰，在罩四周设活动挡板及围幕等可起到一定作用。

③ 大门空气幕　在洁净度要求较高的车间建筑或在寒冷地区需要经常开启的大门，为了避免外界空气的大量进入，可在大门上设置空气幕，减少或隔绝室外的空气侵入。

a. 侧面送风空气幕　对门洞不太宽，物体通

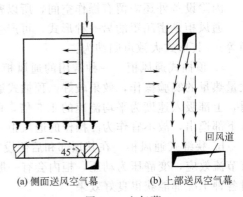

（a）侧面送风空气幕　　（b）上部送风空气幕

图 9-3　空气幕

过时间短的大门，可用单侧送风空气幕，图 9-3（a）所示。门洞较宽、物体通过时间较长的，可采用双侧送风空气幕。双侧送风空气幕效果不如单侧好。

b. 上部送风空气幕　如图 9-3（b）所示。气流由门的上部倾斜吹下，气幕由一层具有一定厚度且缓慢流动的气流组成，用以抵抗室外横向冷气流。为节省能量，在下部多设回风道，空气加热后循环使用。

4. 机械通风

建筑设计时要考虑工艺特点和排尘需要，利用风压差、热压差，合理组织气流，充分发挥自然通风改善作业环境的作用。当自然通风不能满足要求时，应设置全面或局部机械通风排尘装置。

（1）全面机械通风　对整个厂房进行通风、换气。把清洁的新鲜空气不断地送入车间，将车间中的有害物质浓度稀释并将污染的空气排到室外，使室内空气中有害物质的浓度。

（2）局部机械通风　对厂房内某些局部地点进行通风换气，使局部作业环境条件得到改善。局部机械通风包括局部送风和局部排风。局部送风是把清洁、新鲜空气送至局部工作地点，使局部工作环境质量达到标准规定的要求。局部排风是在生产有害物质的地点设置局部排风罩，利用局部排风气流捕集有害物质并排至室外，使有害物质不致扩散到作业人员的工作地点。局部排风是目前工业生产中通风控制粉尘扩散、消除粉尘危害最有效的一种方法。一般应使清洁、新鲜通风气流首先经过工作地带，再流向有害物质产生部位，最后通过排风口排出；含有害物质的气流不应通过工作人员的呼吸带。

5. 全面通风和事故通风

采用全面通风时，要不断向室内供给新鲜空气，同时从室内排除污染空气，使空气中有害物浓度降低到允许浓度以下。

全面通风所需的风量是根据室内所散发的有害物质量（如有毒物质、易燃易爆物质、余热、余湿等）计算而定。

对在生产中发生事故时有可能突然散发大量有毒有害或易燃易爆气体的车间，应设置事故排风。事故排风所必需的换气量应由事故排风系统和经常使用的排风系统共同保证。发生事故时，排风所排出的有毒有害物质通常来不及进行净化或其他处理，应将它们排到 10m 以上的大气中，排气口也须设在相应的高度上。事故排风需设在可能发散有害物质的地点，排风的开关应同时设在室内和室外便于开启的地点。

6. 自然通风

无洁净度要求的一般生产车间及辅助车间均利用有组织的自然通风来改善工作区的劳动条件。只有当自然通风不能满足要求时，才考虑设置其他通风装置。

（1）自然通风基本原理　自然通风的主要成因，是由室内外温差所形成的热压和室外四周风速差所造成的风压。

如建筑物外墙窗孔的内、外侧存在压差 Δp，空气就会流入窗孔，由流体力学知识可知：

$$\Delta p = \zeta \frac{u^2}{2} \rho \tag{9-1}$$

式中，Δp——窗孔两侧的压力差，Pa；u——空气流过窗孔时的流速，m/s；ρ——空气的密度，kg/m³；ζ——窗孔的局部阻力系数，其值与窗孔构造有关。

上式可改写为

$$u = \sqrt{\frac{2\Delta p}{\zeta \rho}} \tag{9-2}$$

则通过窗孔的空气量为

$$V_s = uA = A\sqrt{\frac{2\Delta p}{\zeta \rho}} \tag{9-3}$$

或

$$W_s = V_s\rho = A\sqrt{\frac{2\Delta p\rho}{\zeta}} \tag{9-4}$$

式中，A——窗孔的面积，m^2；V_s——空气流过窗孔时的体积流量，m^3/s；W_s——空气流过窗孔时的质量流量 kg/s。

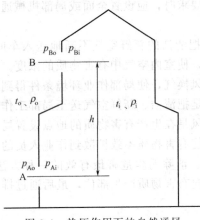

图 9-4　热压作用下的自然通风

① 热压作用下的自然通风　如图 9-4 所示，一建筑物在不同高度处有窗孔 A 和 B，两者高度差为 h。下窗内、外压力分别为 p_{Ai} 及 p_{Ao}，上窗内、外压力分别为 p_{Bi} 及 p_{Bo}，室内外空气温度和密度分别为 t_i、ρ_i 及 t_o、ρ_o。如只开窗孔 A，空气向室内流动，到 $p_{Ai} = p_{Ao}$ 流动停止。此时窗孔 B 的内、外侧压差为：

$$\Delta p_B = p_{Bi} - p_{Bo} = (p_{Ai} - gh\rho_i) - (p_{Ao} - gh\rho_o)$$
$$= (p_{Ai} - p_{Ao}) + gh(\rho_o - \rho_i)$$

或

$$\Delta p_B = \Delta p_A + gh(\rho_o - \rho_i) \tag{9-5}$$

式中，Δp_A，Δp_B——窗孔 A 和 B 的内外压差，Pa；g——重力加速度，m/s^2。

由式(9-5)可见，在 $\Delta p_A = 0$ 时，只要 $t_i > t_o$，即 $\rho_o > \rho_i$，则 $\Delta p_B > 0$。

如窗孔 A 和 B 同时开启，则空气由窗孔 B 流出，则室内静压降低，Δp_A 由等于零变为小于零。

此时，室外空气由窗孔 A 流入室内，直到窗孔 A 的进风量和窗孔 B 排风量相等时，室内静压才能保持稳定。根据式(9-5)有：

$$|\Delta p_A| + |\Delta p_B| = gh(\rho_o - \rho_i) \tag{9-6}$$

由式(9-6)可见，进风窗孔两侧压差的绝对值之和与两窗孔的高度差及室内外空气的密度差有关，把 $gh(\rho_o - \rho_i)$ 称为热压。如果室内外没有空气温度差或窗孔之间没有高度差，就不会产生热压作用下的自然通风。

② 风压作用下的自然通风　室外气流与建筑物相遇时，将发生绕流，建筑物四周气流的压力分布将发生变化。迎风面气流受阻，动压降低，静压增高；侧面和背面由于产生局部涡流，静压降低，如图 9-5 所示。与远处未受干扰的气流相比，这种静压的升高或降低统称为风压。静压升高，风压为正，称正压；静压下降，风压为负，称负压。风压为负值的区域还被称为空气动力阴影。

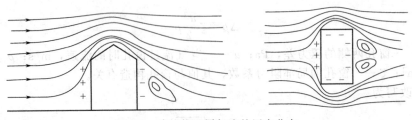

图 9-5　建筑物四周气流的压力分布

建筑物周围的风压分布与其几何形状及室外风向有关。如图 9-6 所示，建筑物的外围结构若有两个风压值不同的窗孔 A 和 B，如同时打开两窗，由于 $p_A > p_B$，所以空气会不断由窗孔 A 进入，由窗孔 B 排出。

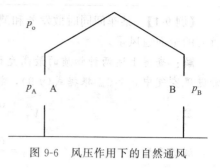

图 9-6　风压作用下的自然通风

由于室外的风速和风向是经常变化的，为保证通风设计的效果，应定性考虑风压对自然通风的影响，而对热压的作用，在设计中则应定量考虑。

(2) 自然通风所需风量的计算　自然通风所需的风量和窗孔面积是根据车间的余热、余湿、粉尘及有害气体的发生量来计算的。

① 消除余热的换气量　换气量计算公式如下：

$$W_s = \frac{Q}{(t_p - t_j)c_g} \tag{9-7}$$

式中，W_s——全面换气量，kg/s；Q——室内余热量，W；c_g——空气比热容，1.01kJ/(kg·℃)；t_p——排出空气的温度，℃；t_j——进入空气的温度，℃。

式中，余热量 Q 为车间得、失热量之差，故需通过热平衡求得，即

$$Q = \Sigma Q_d - \Sigma Q_s \tag{9-8}$$

式中，ΣQ_d——车间所得总热量，W；ΣQ_s——车间所失总热量，W。

ΣQ_d 指由外界进入和在房间内部产生的热量的总和。车间得热大致分为两类，一类是通过围护结构得热，如太阳通过玻璃窗屋顶、外墙的辐射热，另一类是生产车间内各种热源的散热量，其中包括人体、电动设备、工艺设备及管道、照明设备等散发的热量。

车间的失热量 ΣQ_s 包括加热由外部运入车间的冷物料和运输工具的耗热量，水分蒸发的耗热量、循环空气耗热量，冬季由围护结构和由门、窗缝等进入室内的冷空气的耗热量等。

② 消除余湿的换气量　换气量计算公式如下：

$$W_s = \frac{W'}{H_p - H_j} \tag{9-9}$$

式中，W'——散入室内的余湿量，g/s；H_p——排出空气的湿含量，g/kg干空气；H_j——进入空气的湿含量，g/kg干空气。

③ 消除有害气体的换气量　换气量计算公式如下：

$$V_s = \frac{W}{c_p - c_j} \tag{9-10}$$

式中，W——散入室内的有害气体量，g/s；c_p——排出空气中有害气体的最高允许浓度，g/m³；c_j——进入空气的有害气体浓度，g/m³。

当车间同时散发多种有害物质时，应分别计算，然后取最大值作为车间的全面换气量。当车间内同时散发数种溶剂（苯及其同系物、醇、醋酸之类）的蒸气，或数种刺激性气体（三氧化二硫、二氧化硫、氯化氢、氟化氢、氮氧化物、一氧化碳）时，因上述每类有害物对人类健康的危害在性质上是相同的，计算全面换气量时，应把它们看成是一种有害物质。因此实际所需的全面换气量应是分别清除每一种有害气体所需换气量的代数和。

【**例9-1**】 某车间同时散发苯和醋酸乙酯蒸气，散发量分别为0.06g/s及0.05g/s。求所需的全面通风量。

解： 查得上述两种物质的最高允许浓度值为：苯40mg/m³、醋酸乙酯300mg/m³。通常进风空气中$c_j=0$。根据式(9-9)，将两种蒸气冲淡到最高允许浓度所需的通风量分别为

苯：
$$V_{s1}=\frac{0.06\times1000}{40-0}=1.5\mathrm{m^3/s}$$

醋酸乙酯：
$$V_{s2}=\frac{0.05\times1000}{300-0}=0.17\mathrm{m^3/s}$$

由于苯、醋酸乙酯都属于溶剂，全面通风量应取两者之和，即
$$V_s=1.5+0.17=1.67\mathrm{m^3/s}$$

④ 按换气次数计算换气量 当散入室内的有害物无法量化计算时，全面通风所需的换气量，可按类似房间的换气次数进行计算。

所谓换气次数就是通风量与房间的体积之比：

$$n=\frac{V_s}{V} \tag{9-11}$$

式中，n——换气次数；次/h；V_s——通风量，m³/h；V——通风房间的体积；m³。

（3）自然通风对车间的要求

① 厂房的位置 为了保证厂房自然通风效果，厂房主要进风面一般与当地夏季主导风向（向气象部门咨询）呈60°～90°夹角，同时应避免大面积外墙和玻璃窗受到西晒。为了保证厂房有足够的进风窗孔，厂房四周（特别是厂房的迎风面）不宜布置过多的附属建筑物。

当风吹过建筑物时，正压区和负压区都会延伸一定的距离。距离的大小与厂房的高度和形状有关。为保证各建筑物能正常进风和排风，各建筑物之间应保持一定距离。

② 工艺布置 为使操作人员能直接接受到新鲜空气，操作区应尽可能布置在靠近墙壁的一侧，而热源则应布置在靠近中央的一侧，如图9-7所示，以便高温污染空气能顺利排出室外。

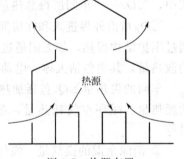

图9-7 热源布置

如果迎风面和背风面外墙上的窗孔占总面积的25%以上，厂房内部阻挡较少时，气流会形成横贯整个车间的穿堂风，有利于人体散热。利用穿堂风时应将主要热源布置在夏季主导风向的下风侧。

为提高自然通风效果，应尽量降低进风侧窗孔的离地高度，一般不超过1.2m，南方炎热地区可取0.6～0.8m。冬季的进风窗则应设在4m以上，以便室外气流到达工作区前能和室内空气充分混合，如图9-8所示。

在多层建筑内，只要工艺允许，应将散发大量热量的设备布置在建筑物的最上层。如必须设在其他各层时，应防止热空气影响以上各层。

四、空气调节

（一）环境对人体的影响

在正常体温与中等强度的劳动情况下，人体每昼夜向外界放出约10500kJ（2500kcal）

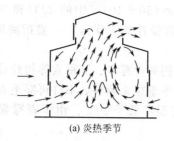

(a) 炎热季节　　　　　　　　　　(b) 寒冷季节

图 9-8　自然通风

的热量。

1. 人体散热的途径

对从事不紧张的体力劳动人员，在室温 12～16℃时，测得各种散热途径所占的比例为：对流散热，将热量传给附近的空气，约占 31%；辐射，将热量辐射到周围温度较低的物体，约占 45%；蒸发，汗液蒸发的水蒸气所带走的热量，约占 24%。

2. 外界环境（气象）条件对身体的影响

环境条件对人身有很大影响，这些条件包括：温度；相对湿度；气流速度；围护结构内表面及其他物体表面温度。

人在工作中感到不适，不但有损健康，且精神不易集中，劳动生产率下降，易引发工作事故。

（二）室内空气计算参数的确定

室内空气计算参数包括温度、相对湿度、气流流速、洁净度、允许噪声标准和余压等空气状态参数。

工艺性空调的室内空气计算参数是按工艺过程的特殊要求提出的，同时又须考虑人体卫生（人体热平衡和舒适感）的要求。而对于舒适性空调（民用建筑和公共建筑空调）则主要从人体舒适感出发，确定室内空气计算参数。

对民用建筑和公共建筑，可参考如下的室内空气计算参数。

室内温度：27～29℃（夏季）；16～20℃（冬季）。

室内相对湿度：40%～60%。

生产工艺有特殊要求，空气计算参数按要求选取。在公用建筑以及只为满足卫生及劳动条件的要求时，应根据室内外空气计算参数、冷源情况以及经济指标等条件综合考虑，参考表 9-4 选用。

表 9-4　空气调节房间的室内空气计算参数

建筑类别	冬季、过渡季节			夏季		
	温度/℃	相对湿度/%	平均气流速度/(m/s)	温度/℃	相对湿度/%	平均气流速度/(m/s)
公用建筑	18～22	60～40	0.15	24～30	65～40	0.3
工业建筑	20～23	≤75	0.2～0.5	21～23	≤75	0.5～0.75
	22～25	70～65	0.2～0.5	23～25	75～65	0.5～0.75
	24～27	60～55	0.2～0.5	25～27	65～55	0.5～0.75
				27～30	≤55	

通常用两种指标来规定室内空气状态计算参数，即空调参数基数和空调参数精度。所谓空调参数基数是指在空调区域内需保持的空气温度基数与相对湿度（或湿球温度）基数；空调参数精度（或称室内温度、湿度的允许波动范围）是指在空调区域内，空气的温度和相对

湿度的允许波动幅度，如 $t=(22\pm1)$℃ 和 $\phi=(50\pm10)\%$ 中的 22℃ 和 50％ 为参数基数、±1℃ 和 ±10％ 为参数精度。所谓空调区（或称受控的工作区）一般指离地面 2m、距外墙 0.5m 以内的空间。

工艺性空调应适合各种不同的工艺要求。例如青霉素、链霉素等粉针分装时，由于无菌操作的要求，夏季工人需穿两套无菌衣操作，冬季穿无菌衣后不许再穿毛衣等。在无菌分装车间内，夏季室温一般采用 22～25℃，冬季室温不低于 20℃。由于青霉素的工艺要求，全年的相对湿度不宜大于 55％。

（三）空调房间的气流组织

气流组织直接影响室内空调效果，涉及工作区域的温湿度基数和精度、区域温差、工作区的气流速度及人们的舒适感觉等因素。

室内空气分布与送风口的形式和位置、回风口位置、房间几何形状以及热源位置等有关。

1. 送、回风口的型式及空气运动规律

（1）送、回风口空气运动的规律　空气经喷嘴向周围气体的外流射动被称为射流。空气自喷嘴射出到比射流体积大得多的房间中，射流可不受限度地扩大，此射流为自由射流。图 9-9 所示为具有一定出口速度 u_0 的圆断面自由射流。由于湍流的横向脉动和涡流的作用，其射流边界与周围空气不断发生横向动量交换，卷吸周围空气，因而射流流量逐渐增加，断面不断扩大，整个射流呈圆锥状。随着动量交换的进行，射流速度不断减小，以致完全消失。

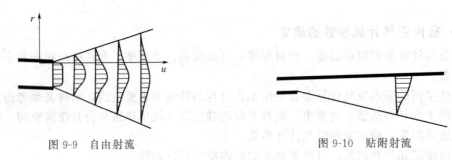

图 9-9　自由射流　　　　　　　　　　图 9-10　贴附射流

在空调中经常遇到送风气流受到壁面限制情况。如送风口贴近天花板时，射流在天花板处不能卷吸空气，因而流速大、静压小，而射流下部流速小、静压大，使得气流贴附于天花板面流动，这样的射流称为贴附射流，如图 9-10 所示。由于贴附射流只有一侧卷吸室内空气，故衰减较慢，射程较自由射流长。

通常，空调房间的送风射流不仅受天花板的限制，而且受四周壁面的限制，这种射流称为受限射流。回风口的空气流动规律与送风口的完全不同。回风气流从四面八方流向回风口，流线向回风口集中，等速面近似于球面。在吸风气流作用区内，任意两点间的流速变化与到吸风口距离的平方成反比。这就使吸风气流所影响的区域范围很小。

由于送风射流比回风气流的作用范围大得多，因而在空调房间中，气流流型主要取决于送风射流。

（2）风口的形式　送风口的形式：根据空调精度的差异、送风口位置的不同以及建筑装修艺术的配合等要求，风口的形式大体可归纳为四类。

① 侧送风口：此类风口安装在送风管或墙上，常向房间横向送出气流，故称侧送风口。图 9-11 所示为常用侧送风口形式，（a）格栅送风口，用于一般空调工程；（b）单层百叶送风口，用于一般空调工程；（c）双层百叶送风口，用于较高精度空调工程；（d）三层百叶送风口，用于高精度空调工程。

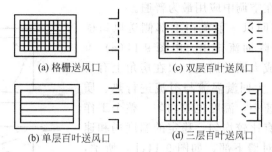

(a) 格栅送风口　　　　(c) 双层百叶送风口

(b) 单层百叶送风口　　　(d) 三层百叶送风口

图 9-11　侧送风口

水平百叶主要用于调节射流的出口倾角。当夏季送冷风时，叶片向上可加强贴附作用；当冬季送热风时，由于热射流的浮升，不易下达工作区，故常调整叶片倾角向下。

② 散流器：散流器是一种装设于房间顶部的送风口。其特点是气源从风口向四周辐射状射出。依气流出口方向，散流器可分为平送流型和下送流型。平送流指气体贴附于顶棚向四周扩散的流动；下送流指气流向下扩散的流动。散流器送出的气流能与室内空气充分混合。图 9-12 所示为常见的散流器，按图中顺序：

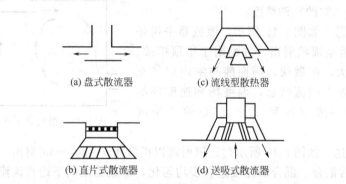

(a) 盘式散流器　　　　(c) 流线型散热器

(b) 直片式散流器　　　(d) 送吸式散流器

图 9-12　散流器

（a）盘式散流器（平流型）；

（b）直片式散流器（图示为下送流型，若降低扩散圈在散流器中的相对位置，可得平送流型）；

（c）流线型散流器（下送流型，适用于净化空调工程）；

（d）送吸式散流器（平送流型，可将送、回风口结合在一起）。

③ 喷射式送风口：对于大型生产、包装车间或公用建筑常采用喷射式送风口，其喷口收缩角度小，且无叶片遮挡物，因此射程较长，如图 9-13 所示。

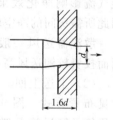

图 9-13　喷射式送风口

回风口的形式，一般情况下，回风口对室内气流织组影响不大，加之回风气流无诱导性和方向性问题，因此一般安装于墙上或风管上，表面装有金属网格、百叶或各种形状的格栅，以防杂物被吸入和调节回风量。回风口的形状和位置根据气流组织要求而定。若设于房间下部时，风口下缘距地面至少为 0.15m，以防灰尘等被吸入。

2. 空调房间的气流组织形式

影响气流组织的主要因素是送、回风口的位置、形式等。常用的气流组织形式按其进、回风口位置主要有上送下回、上送上回和集中送风等。

（1）上送下回　送风口设于侧墙上部或顶棚上，向室内横向或垂直向下送风，回风口设于房间下部。此种方式在空调中应用最为普遍。

① 上侧送风、下侧回风　射流由上部侧送风口横
向送出，到达对墙后下降回流排出。由图 9-14（a）可
见，室内气流在室内形成大回漩涡流，只在房角上有小
的层流区（气流死角）。大回漩涡流与射流进行热、质
交换，流速较射流的流速小，温度也较均匀。整个工作
地带为回流状态，因此有比较均匀、稳定的温度场和速
度场。如果回风口设在对墙下部，如图 9-14（b）所示，
气流流型变化不大，只是大回漩涡流较小，送风口的下
端为工作区的死角，效果比前一种差。

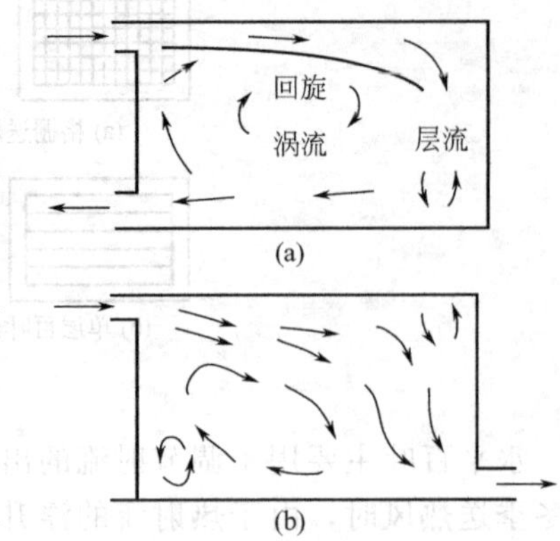

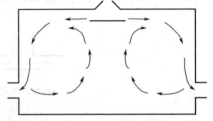

图 9-14　侧送气流流型

工程中常采用侧送贴附方式，使射流充分衰减后进
入工作区，以利于送风温差的衰减和提高空调精度。为
了加强贴附作用，避免射流中途下落，送风口应尽量接
近平顶或设置向上倾斜 15°～20°角的导流片，顶棚也不应有凸出的横梁阻挡。

侧送方式管道布置简单，施工方便，只要设计
正确，可达到 ±0.5℃ 的空调精度。

② 散流器平送　如图 9-15 所示，散流器平送是
使空气经散流器后呈辐状射出，并贴附于平顶扩散。
由于其作用范围大，扩散快，因而能与室内空气充
分混合。工作区处于回流状态，温度场和速度场都
很均匀。可用于一般空调和 ≤±0.5℃ 的高精度
空调。

图 9-15　散流器平送下部回风流型

③ 散流器下送　如图 9-16 所示，送风射流以扩散角 $\theta=20°～30°$ 射出，形成混合层，在
离风口一段距离后汇合。混合后速度进一步均匀化，形成稳定的下送直流流型。

散流器下送主要用于有较高净化要求的车间。为保
证下送直流，散流器常密集布置，又为防止混合层的回
旋气流影响净化效果，混合层应尽量位于工作区之上，
因此所需房间的净空较高，一般大于 3～4m。

散流器送风一般均需设置吊顶，管道的暗装量大，
因而投资较侧送风高。

（2）上送上回　图 9-17 所示为上送上回气流流型的
常见布置方式。图 9-17（a）所示为单侧上送上回型式，
送风管及回风管叠置在一起，明装在室内，气流从上部
送下，经过工作区后回流向上进入回风管。送回风管也

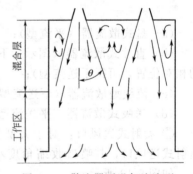

图 9-16　散流器下送气流流型

可暗装于吊顶，如图 9-17（b）所示，或采用图 9-17（c）所示的吸送式散流器，这种布置比
较适用于有一定美观要求的建筑。

上送上回布置方式的工作地带为回流区，适用于一般及较高精度空调。

（3）集中送风　集中送风又称喷口送风，它是将送、回风口布置在同侧，空气以较高的
速度，较大的风量在少数风口射出，射流行至一定路程后折回，工作区常为回流。

集中送风的送风速度高，射程长，沿途诱引大量室内空气，致使射流流量增至送风量的
3～5 倍，并带动室内空气强烈混合，大面积保证了工作区中新鲜空气、温度场和速度场的
均匀。同时由于工作区为回流，因而能满足一般舒适要求。该方式送风口数量少、系统简

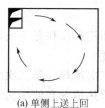
(a) 单侧上送上回

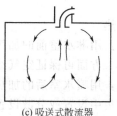
(b) 送回风管

(c) 吸送式散流器

图 9-17 上送上回气流流型

单、投资较省，较适于高大建筑的一般空调工程，例如大型包装车间等。

（四）空气的热湿处理

为将一定状态参数的空气送入空调房间，需要对空气进行热湿处理。

根据处理设备的工作特点，可将其分为两大类，即直接接触式和表面式空气处理。

1. 直接接触式空气处理

直接接触式空气处理设备的特点是使热湿交换介质直接与被处理的空气接触（通常是将其直接喷淋到被处理空气之中）。

空调工程中广泛使用喷水室。其主要的优点是能够实现多种处理过程、具有一定的净化空气能力、消耗金属少和容易加工等。缺点是对水质的卫生要求高、占地面积大、水系统复杂和消耗电能较多等，因此多用于大面积空调。

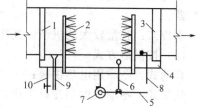

图 9-18 为卧式单级喷水室。空气进入喷水室后先经过前挡水板，使空气均匀地流过整个断面，再进入喷淋区与从喷嘴喷出的水滴相接触进行湿热交换，最后经后挡水板流出。后挡水板使夹在空气中的水滴分离出来，以减少空气带走的水分。

图 9-18 卧式单级喷水室
1—前挡水板；2—喷嘴与排管；3—后挡水板；4—底池；5—冷水管；6—循环水管；7—水泵；8—补水管；9—溢水管；10—泄水管

喷嘴安在排管上，通常为一至三排。根据空气的流动方向，喷水可分为顺喷、逆喷和侧对喷。喷嘴喷出的水滴最后落入底池中。

2. 表面式空气处理

加热剂或冷却剂通过翅片散热器与空气进行冷热交换的方法被称为表面式空气处理。用这种方法来冷却空气的设备被称为表面冷却器。这种装置与淋水式空气处理装置比较，设备小、供水系统简单，在小型空调中已被广泛采用。

五、空调系统的组成及建筑要求

1. 空调系统的组成

（1）空气再循环　实际生产中，除产生大量有害气体和粉尘的空调房间之外，均采用部分旧空气回风再循环系统。循环使用的回风，称循环风。根据新风、回风混合过程的不同，分为一次回风式和二次回风式。前者，回风与新风在喷水室前混合，后者，新风先与一部分回风在喷水室前混合，然后再与另一部分回风在喷水室后混合。

一次回风是指由于夏季的循环风较新风热焓低，采用循环风可降低空气减焓处理前的热焓，节省能量。冬季则相反，可节省第一次加热的热量。

二次回风是指除一部分回风在喷水室前混合（如前述）外，另一部分回风在喷水处理后再次混合。对散湿量+变化较大的房间，二次回风可能增加房间内湿度的波动，故不宜采用。

（2）空气加热

第一次加热：用淋水室前的加热器加热空气为第一次加热，仅在冬季使用。一方面可防喷水器冻结；另一方面可保证空气经喷水处理后的相对湿度。

第二次加热：用喷水室后的加热器加热处理空气为第二次加热。第二次加热是用来保证送风温度的，可集中设置或分散设置。如几个空调房间的散热情况和使用情况相差不多或在空调精度较高的房间另设有精加热器时，第二次加热亦可集中设置。

2. 局部空调机组

用于局部场合的空调机组实际上是一个小型的空调系统，结构紧凑、安装方便、使用灵活。这种机组种类很多，大致可以按以下分类。

（1）按容量大小

窗台式：容量小，制冷量在 7kW 以下，风量在 1200m³/h 以下。

立柜式：容量较大，制冷量在 70kW 以下，风量在 20000m³/h 以下。

（2）按制冷设备冷凝器的冷却方式

风冷式：容量较小的机组，如窗台式，其冷凝器部分在墙外，借助风机用室外空气冷却冷凝器。

水冷式：容量较大的机组，其冷凝器一般用水进行冷却。

（3）按供热方式

普通式：冬季用电热供暖；

热泵式：冬季仍由制冷机工作，借四通电磁阀的转换，使制冷剂逆向循环，把原蒸发器当冷凝器、原冷凝器当蒸发器，空气流过制冷剂的冷凝部分而被加热。

3. 空调室的建筑要求

空调房间应避免靠近室外的围护结构。房间有外墙或外窗时，应尽量在北向。房间应避免布置在顶层及朝西或朝东方向，空调房间应尽可能集中布置。将参数要求相同、空调使用班次一致的房间相邻。避免空调房间邻室的工艺生产影响空调效果。

高精度的空调房间（精度±0.1～0.2℃），四周应与精度要求较低的空调房间相邻，或布置在精度要求较低的空调房间内。如不可能，则应在空调房间的四周设置回风夹层等。在空调精度＞±0.5℃时，空调房间可设双层外窗；精度在±0.1～0.2℃时，不允许有外窗；精度＜±0.5℃时可有双层内窗。对一般精度要求的空调房间，应设部分能开启的外窗，但需加密封措施。在室内管道较多而又有较高洁净要求时，可设技术夹层。技术夹层内应有自然或机械通风措施。

空调房间的面积应尽量压缩。在不影响生产的条件下，宜采取局部的工艺措施或局部区域的空调，以代替全室性空调。

室温允许波动范围＜±1℃的系统或整体式空调机组的振动和噪声影响生产时，机组不应设在空调房间内。在无严格的防振和防噪声要求时，空调机房应尽量靠近空调房间。小型自动控制盘宜直接放在机房内，自动控制盘较多时，可设单独的控制室。

空气调节房间内的局部热源，应置于要求保持一定温湿度的设备或工作区的下风侧，并尽量采取隔热或排热措施。

六、空气净化

净化就是除去空气中悬浮的尘埃。为创造洁净的空气环境，某些场合还需除臭、增加空气离子等。这种对洁净度有较高要求的房间称为工业洁净室。此外，要求无菌无尘的洁净房间又被称为生物洁净室（如制药工业、生物学实验、医院手术室等）。

1. 相应规定

在《洁净厂房设计规范》中对空气净化处理做了如下规定。

① 空气过滤器的选用、布置和安装方式应符合下列规定：

a. 应根据空气洁净度等级合理选用空气过滤器；

b. 空气过滤器的处理风量应小于或等于额定风量；

c. 高效或高中效空气过滤器宜集中设置在空调箱的正压段；

d. 亚高效过滤器和高效过滤器作为末端过滤器时宜设置在净化空调系统的末端，超高效过滤器应设置在净化空调系统的末端；

e. 设置在同一洁净室内的高效（亚高效、超高效）空气过滤器的阻力、效率应相近；

f. 高效（亚高效、超高效）空气过滤器安装方式应严密、简便、可靠，易于检漏和更换。

② 对较大型的洁净厂房的净化空调系统的新风宜集中进行空气净化处理。

③ 净化空调系统设计应合理利用回风。

④ 净化空调系统的风机宜采取变频措施。

⑤ 严寒及寒冷地区的新风系统应设置防冻保护措施。

2. 净化标准

一般的室内空气允许含尘量标准以质量浓度表示，即 mg/m^3；但洁净室的洁净标准都用计数浓度来表示，即单位体积空气中灰尘的颗粒数（指大于等于某一粒径的灰尘总数）。参照表 9-1。净化的类别包括：

① 一般净化　以温湿度要求为主的空调，通常不提具体要求，采取一级粗效过滤即可。大多数空调属于这种情况。

② 中等净化　对室内空气含尘量有一定指标要求，如规定室内含尘浓度为 $0.15\sim 0.25mg/m^3$，并应滤掉 $\geq 10\mu m$ 的尘粒等。对这类空调可采用粗、中效二级过滤。

③ 超净净化　对室内空气含尘量提出严格要求（以颗粒计数为标准）的空调。本节即以超净净化为重点进行讨论。

3. 洁净室的分类

(1) 乱流式　即空气由空调箱经风管与洁净室内的空气过滤器（HEPA）进入洁净室，并由洁净室两侧隔间墙板或高架地板回风。适用于 B～D 级洁净室。其优点是：构造简单、成本低，扩充比较容易，在某些特殊用途场所，可并用无尘工作台，提高洁净室等级。缺点是：乱流造成的微尘粒子于室内空间飘浮不易排出，易污染制程产品。另外若系统停止运转再激活，欲达到要求的洁净度，往往耗时较长。

(2) 层流式　空气气流运动成一均匀的直线形，空气完全由过滤器进入室内，并由高架地板或两侧隔墙板回风，适用于洁净室等级较高的环境。其形式可分为两种。

① 水平层流式　空气从过滤器单方向吹出，由对面墙壁的回风系统回风，尘埃随风向排出室外，一般在下流侧污染较严重。优点：构造简单，运转短时间即可稳定。缺点费用高，室内空间不易扩充。

② 垂直层流式　房间天花板完全用超高效空气过滤器覆盖，空气由上往下吹，可得较高的洁净度，尘埃可快速排出室外而不影响其他工作区域。优点：管理容易，运转短时间即可达到稳定。缺点：构造费用较高，弹性运用空间小，天花板的吊架占空间较大，维修更换过滤器较麻烦。

(3) 复合式　是将乱流式和层流式加以复合并用，可提供局部超洁净空气。

① 洁净隧道　以海帕过滤器或超高效空气过滤器全覆盖车间区域，使洁净度等级提高至较高级别，节省安装运转费用。这种洁净室要将操作人员的工作区和产品、机器的维修加以隔离，避免机器维修时影响工作及质量。它的优点是：弹性扩充容易，维修设备时可在维修区轻易执行。

② 洁净管道　将产品流程经过的自动生产线包围并净化处理，将洁净度等级提至 B 级以上。因产品和操作人员与发尘环境隔离，少量送风即可达到高的洁净度等级，节省能源，适合于自动化生产线。

③ 并装局部洁净室　在 C、D 级乱流洁净室中，将产品的生产区域的洁净等级提高到A、B 级以上，洁净工作台、洁净工作棚、洁净风柜都属于这种类型。

4. 大气尘的尘粒特性和分布

(1) 大气中存在尘粒的种类

① 粉尘　物质因机械或自然作用而造成破坏所形成的固体颗粒；

② 烟尘　物质的不完全燃烧所生成的固体颗粒；

③ 烟气　由升华、蒸馏等化学反应过程产生的蒸气凝结所生成的固体粒子；

④ 雾　由蒸汽凝结而成的液体分散相；

⑤ 细菌、花粉等　自然形成的固体颗粒。

(2) 大气尘的尘粒特性　为了了解大气中各种污染物质的大小和粒子的沉降特性，可利用大气污染标尺图，它有助于人们选用过滤装置，如图 9-19 所示。

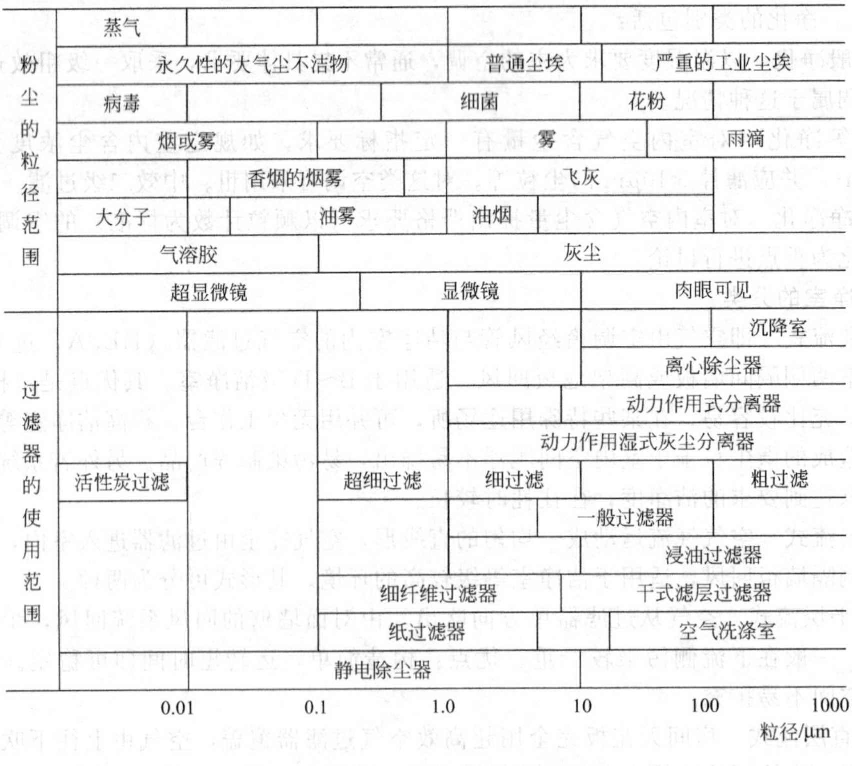

图 9-19　尘粒尺寸与过滤器形式

(3) 大气尘的分布　自然界中大气尘的分布规律如表 9-5 所示。由表中可知：大气尘埃中，$\leqslant 1.0\mu m$ 的尘粒计数百分比很高（达 98.46%），而所占的质量分数却很低（约 3%），这就是在空气净化中以计数浓度表示的原因之一。

表 9-5　大气尘的分布

粒径范围/μm	30～10	10～5	5～3	3～1	1～0.5	<0.5
按质量浓度计 /(mg/m³)	28	52	11	6	2	1
按计数浓度计 /(粒/m³)	50	170	250	1070	6780	91680

洁净技术所涉及的大气含尘浓度，是指大气中浮游尘埃的浓度，其尘粒尺寸一般在 $10\mu m$ 以下。

大气中的尘埃浓度随地区不同有很大差异，此外，还与气候、时间、风速等有关。表 9-6 表示大气中尘埃的质量浓度和计数浓度的平均数值。

表 9-6　大气中含尘浓度

地点	农村或市郊	城市中心	轻工业厂区	重工业厂区
质量浓度/(mg/m³)	0.2～0.8	0.8～1.8	1.0～1.5	1.5～3.0
地点	农村地区	大城市内	工业中心	
计数浓度(≥0.5μm)/(粒/m³)	(0.3～1)×10⁸	(1.2～2)×10⁸	(2.5～3)×10⁸	

5. 空气过滤原理及影响因素

（1）过滤的原理　空气净化多采用纤维过滤器，其滤材有玻璃纤维、合成纤维、石棉纤维以及由这些纤维制成的滤纸或滤布等。空气过滤器主要有五种过滤方式：扩散、拦截、惯性、重力、静电、分子间力（范德华力），其中最主要的是拦截。

（2）影响过滤效果的因素

① 尘粒的粒径　尘粒的粒径越大，撞击作用越大，过滤效果越好；反之，粒径越小，则由布朗运动产生的过滤效果越明显。对采用非常小的滤速（$0.01m/s$）和非常细的纤维（直径几微米）的高效过滤器来说，对捕集 $0.2\sim0.4\mu m$ 的尘粒，惯性、扩散等作用的综合效果最差，成为这种滤材最难捕集的粒子，故通常用 $0.3\mu m$ 左右的尘粒来检测高效过滤器的效果。

② 纤维的直径和密实性　在相同的密实条件下，纤维越细则接触面积越大，从而使过滤效率提高。所以高效过滤器纤维的直径仅有零点几到几微米。此外，纤维越密实，过滤效率越高，但其阻力也越大。

③ 过滤风速　风速较高时，惯性作用增大，但阻力也随之增高，风速过大时，可将附着的灰尘吹出。对高效过滤器，一方面为了减少阻力；另一方面为了充分利用扩散作用滤尘，所以滤速用得极小。

④ 附尘影响　长久使用后的过滤器，灰尘越积越多，使气流阻力增大，既不经济又降低风量，有可能因阻力过高使气流冲破滤材，所以过滤器必须经常定期清洗。

6. 空气过滤器的分类及结构

空气过滤器的分类见表 9-7。

7. 过滤器的一般特性

（1）过滤效率　在额定风量下，过滤前后空气含尘浓度之差与过滤前空气含尘浓度之比为过滤效率，用 η 表示：

$$\eta = \frac{c_1 - c_2}{c_1} = \left(1 - \frac{c_2}{c_1}\right) \qquad (9\text{-}12)$$

式中，c_1——过滤前空气中含尘浓度；c_2——过滤后空气中含尘浓度。

表 9-7　空气过滤器的分类

项目 ＼ 类型	粗效过滤器	中效过滤器	高效过滤器(HEPA)
滤材	泡沫塑料、玻璃丝	无纺布、泡沫塑料、玻璃纤维	超细玻璃纤维、超细石棉纤维
结构	平型	抽屉式、袋式	折叠式
滤速	1.2～0.4m/s	0.4～0.2m/s	0.03～0.01m/s
计数效率≥0.3μm	≤20%	20%～90%	90%～99.9%

当含尘浓度以质量浓度（mg/m³）表示时，为质量效率；含尘浓度以计数浓度（粒/m³）表示时，为计数效率；含尘浓度以单位体积所含某一粒径范围的颗粒数（粒/m³）表示时，为分组计数效率。

对于空气净化系统，不同级别的过滤器往往串联使用。如有两个过滤器串联，其效率分为 η_1 及 η_2，浓度分别为 c_1、c_2、c_3，则两个过滤器的总效率为

$$\eta = \frac{c_1 - c_3}{c_1} \qquad (9\text{-}13)$$

由于 $c_2 = c_1(1-\eta_1)$，$c_3 = c_2(1-\eta_2)$，故

$$\eta = \frac{c_1 - c_1(1-\eta_1)(1-\eta_2)}{c_1} \qquad (9\text{-}14)$$

$$\eta = 1 - (1-\eta_1)(1-\eta_2)$$

如果有 n 个过滤器串联，则总效率为

$$\eta = 1 - (1-\eta_1)(1-\eta_2)\cdots(1-\eta_n) \qquad (9\text{-}15)$$

必须指出，当两个滤材相同的过滤器串联时，特别是高效过滤器，在经过第一级过滤后，空气中尘粒的分散度有了改变，所以对第二级来说，效率必然有所下降，这是由于滤材对尘粒的选择性所引起的。但一般认为这一影响很小。

（2）过滤器的穿透率　穿透率指过滤后空气含尘浓度与过滤前空气含尘浓度之比，即

$$K = \frac{c_2}{c_1} \qquad (9\text{-}16)$$

可见

$$K = 1 - \eta \qquad (9\text{-}17)$$

引入穿透率的意义在于它能明确表示过滤后的空气含尘量。

例如两台过滤器，其过滤效率分别为 99.99% 和 99.98%，初看其过滤性能很接近，但用穿透率来看，一个是 0.01%，另一个是 0.02%，两者相差一倍。对高效过滤器，常用穿透率来评价其性能。

（3）过滤器阻力　对于未粘尘的新纤维材料过滤器，实验得出的空气阻力值可近为

$$\Delta p = Au + Bu^2 \qquad (9\text{-}18)$$

式中，Δp——阻力（或压降），N/m²；u——面风速（过滤器断面上通过气流的速度），m/s；A，B——实验所得系数。

公式中第一部分表示滤材阻力，第二部分则为过滤器结构（框架等）阻力。对于中效及高效过滤器，阻力主要由滤材造成。

当过滤器沾尘后，阻力增加，其数值由制造厂通过试验得到并提供。

（4）容尘量　容尘量指过滤器上允许沾尘量的最大值，超过此值后，会使过滤器阻力过大，过滤效率下降。因此，容尘量就是在一定风量下，因积尘而使阻力达到规定值（一般为初阻力的 2～4 倍）时的积尘量。

过滤器沉积灰尘后阻力的增加程度与固体尘粒的大小有关，尽管附着的粉尘质量相同，但粘有小尘粒的系统阻力远比大尘粒的阻力要大。

尘粒在过滤器上沉积后增加了接触阻留的效能，同时尘粒由于某些电荷作用，还可以在已阻留的尘粒上积集起来，从而使过滤器的过滤效率得到提高。但当灰尘沉积到一定极限后，积集的尘粒可能再度飞散，或是由于滤材两侧压差过大，而使其局部破损，反而使效率下降。

8. 空气中含尘浓度的测定方法

（1）光电脉冲粒子计数器法　来自光源的光线被透镜组聚焦于测量腔内，当空气中的每一个粒子快速地通过测量腔时，便把入射光散射一次，形成一个光脉冲信号。再经过仪器电子线路的放大、甄别，拣出需要的信号，通过计数系统显示出来。

（2）滤膜显微镜计数法　利用真空泵抽取含尘空气，在其通过微孔滤膜时尘粒被截留于滤膜之上，然后将已吸附尘粒的滤膜用丙酮蒸气熏至透明取出，再用显微镜计数。

滤膜显微镜计数法不仅能够计数含尘浓度，而且可以观察到尘埃的物理性质。其缺点是较费时，故多用于净化装置出现异常、了解尘粒的物理性质或需要检查其他方法测定的可靠性等方面。

（3）比色法　用真空泵将含尘空气通过滤纸，在过滤器前后取样，然后将污染的滤纸放在光源下照射，根据透光的多少，用光电管比色计（光电光密度计）测出过滤前后滤纸的透光度。在灰尘的成分、大小和分布相同的条件下，光密度与积尘量成正比，所以可直接利用这种比例关系算出效率。用比色法测定计数浓度时，应在不同含尘浓度和分散条件下，标定出比色法与计数法的对应关系。常用的比色法有两种：目视比色法和光电比色法，前者用眼睛观察，后者用光电比色计测量。比色法已逐渐被分光光度法代替。

七、空气净化系统

1. 洁净室内的气流组织

气流组织有非层流方式或层流方式两种。用高度净化的空气把车间内产生的粉尘稀释，叫做非层流方式（乱流方式）。用高度净化的气流作为载体，把粉尘排出，叫做层流方式。层流方式又有垂直层流和水平层流之分。从房顶方向吹入清洁空气通过地平面排出叫垂直层流式，从侧壁方向刮入清洁空气，从对面侧壁排出叫水平层流式。

在采用乱流方式时，换气次数的变化导致洁净度也随之变化，但通常洁净度要求 C 级时换气次数在 25～35 次/h 范围内；洁净度要求 D 级时换气次数在 15～25 次/h 范围内；层流方式通常规定了气体流速为 0.25～0.5m/s。这几种气流组织各有优缺点。

对于乱流方式，具有过滤器以及空气处理简便、设备费低、扩大规模容易、与净化台联用可保持高等级洁净度等优点。但也有诸如室内洁净度受操作人员干扰、有污染微粒在室内循环的可能，换气次数少而进入正常运转的时间长导致费用增加，必须充分注意完善衣帽间、更衣室、风淋室等缓冲室，需要经常清洗工作服等缺点。

对于垂直层流，其优点有：不受室内工人作业状态的干扰，能保持高洁净度；换气次数多，能够迅速进入稳定状态；尘埃堆积或再飘浮少，室内产生的尘埃随气流运行被除去，能够迅速恢复洁净状态。其缺点有：安装终滤器以及交换板麻烦，易引起过滤器密封口垫破损；设备费高；扩大规模困难。

对于水平层流有如下优点：因涡流、死角等原因，使尘埃堆积或再飘浮的机会少；换气次数多，自身净化时间短；室内洁净度不太受作业人数、作业状态的干扰。其缺点是：受风面近能保持高洁净度，但接近吸风面，洁净度则随之降低；扩大规模困难；设备费比垂直层流方式高；必须充分注意完善衣帽间、更衣室、风淋室、缓冲室，需要经常清洗工作服等。

一般情况下，如果把操作室都设计成上述气流方式，则设备费用偏高，不经济。所以有时可以采用局部净化的方式。

2. 空气的净化处理方案

各级洁净室的空气净化处理，都应采用初效、中效、高效空气过滤器三级过滤。D级空气净化处理，可采用亚高效空气过滤器替代高效空气过滤器。

洁净空调系统一般分为三大类：

（1）集中式洁净空调系统　在系统内单个或多个洁净室所需的净化空调设备都集中在机房内，用送风管道将洁净空气配给各个洁净室。集中式洁净空调系统适用于工艺生产连续、洁净室面积较大、位置集中，噪声和振动控制要求严格的洁净厂房。

（2）分散式洁净空调系统　在系统内各个洁净室分别单独设置净化设备或净化空调设备。

对于一些生产工艺单一，洁净室分散，不能或不宜合为一个系统，或各个洁净室无法布置输送系统和机房等场合，应采用分散式洁净空调系统，在该系统中把机房、输送系统和洁净室结合在一起，自成系统。

（3）半集中式洁净空调系统　在这种系统中，既有集中的净化空调机房，又有分散在各洁净室内的空气处理设备。是一种把空气集中处理和局部处理结合的系统形式，它既有像分散式系统那样，各洁净室能就地回风而避免往返输送，又有像集中式系统那样按需要供给各洁净室经空调处理得到的一定状态的新风，有利于洁净空气参数的控制。

随着生产工艺的发展，越来越希望在一个洁净室内实现不同洁净度的分区控制，由此出现了半集中式洁净空调系统，如：隧道式或管道式洁净空调系统。

八、洁净室的计算

1. 含尘浓度公式的推导

根据图 9-20 的乱流洁净室基本模型，进出洁净室的尘粒由以下几部分组成。

（1）进入室内的尘粒　由新风带进室内的尘粒，由回风带进室内的尘粒，由于室内发尘增加的尘粒。

（2）排出室外的尘粒　回风带出室外的尘粒，排风带出室外的尘粒。

经系列推导后（推导过程略），可以得到式（9-19）和式（9-20）洁净室内空气中含尘浓度及换气次数的计算公式。

$$N = \frac{Mn(1-s)(1-\eta_{新})+G}{n[1-s(1-\eta_{回})]} \quad (9-19)$$

$$n = \frac{G}{N[1-s(1-\eta_{回})]-M(1-s)(1-\eta_{新})} \quad (9-20)$$

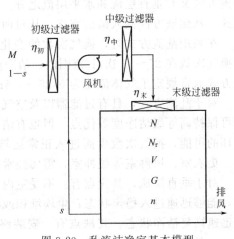

图 9-20　乱流洁净室基本模型

式中，N——室内稳定含尘浓度，粒/m^3；M——大气含尘浓度，粒/m^3；n——换气次数，次/h；G——单位时间室内单位体积的发尘量，粒/（$m^3 \cdot h$）；s——回风比，回风量与进风量之比；$1-\eta_{新}$——新风通路上的总穿透率；$1-\eta_{回}$——回风通路上的总穿透率。

（3）公式适用范围

式(9-19)、式(9-20) 仅适用于乱流洁净室，且所计算的结果为理论值，实际应视系统状态而适当增加。

2. 参数的确定

（1）大气含尘浓度　如有当地实测统计数据，可根据实测数据确定。如无实测数据，可按下列洁净室所在地区确定：工业城市内：$M=3\times10^8$ 粒/m^3；工业城市郊区：$M=2\times10^8$ 粒/m^3；非工业区或农村：$M=1\times10^8$ 粒/m^3。

（2）室内发尘量　在洁净室正常维护管理和一般操作强度条件下，由人在静止状态所散发的尘粒数按 6×10^6 粒/（人·h）计算，地面的表面发尘量按 7.5×10^5 粒/（$m^2 \cdot h$）计算，如洁净室净高按 2.5m，再考虑到其他因素，则室内单位容积发生尘量 G 可按下式计算：

$$G=(20q+0.5)\times6\times10^5 \tag{9-21}$$

式中，q——洁净室内人员密度，人/m^2。

（3）过滤器效率　新风通路上过滤效率：

$$\eta_{新}=1-(1-\eta_{初})(1-\eta_{中})(1-\eta_{末}) \tag{9-22}$$

回风通路上过滤效率：

$$\eta_{回}=1-(1-\eta_{中})(1-\eta_{末}) \tag{9-23}$$

其中，末级过滤器（高效过滤器）效率 $\eta_{末}$ 为 0.99999；中级过滤器效率 $\eta_{中}$ 取 0.4～0.5（玻璃纤维中效过滤器）或 0.3～0.4（中细孔泡沫塑料中效过滤器）；初级过滤器（粗孔泡沫塑料粗效过滤器）效率 $\eta_{初}$ 取 0.1～0.2。

【例 9-2】 某乱流洁净室，$A=10m^2$，3 人工作，采用新风比 25%。若要求达到室内含尘浓度 220000（粒/m^3），求需要的换气次数。

解：
$$洁净室人员密度 \ q=\frac{3}{10}=0.3(人/m^2)$$

室内发尘量 $G=(20q+0.5)\times6\times10^5=(20\times0.3+0.5)\times6\times10^5=3.9\times10^6[粒/（m^3\cdot h）]$

取相关参数：大气含尘浓度 $M=1\times10^9$（粒/m^3），过滤器效率 $\eta_{初}=0.1$、$\eta_{中}=0.45$、$\eta_{末}=0.99999$，代入式(9-22)、式(9-23) 得

$$1-\eta_{新}=(1-\eta_{初})(1-\eta_{中})(1-\eta_{末})=0.9\times0.55\times0.000001=4.95\times10^{-7}$$

$$1-\eta_{回}=(1-\eta_{中})(1-\eta_{末})=0.55\times0.000001=5.5\times10^{-7}$$

代入式(9-20) 得

$$n=\frac{G}{N[1-s(1-\eta_{回})]-M(1-s)(1-\eta_{新})}$$

$$=\frac{3.9\times10^6}{2.2\times10^5\times(1-0.75\times5.5\times10^{-7})-1\times10^9\times0.25\times4.95\times10^{-7}}$$

$$=\frac{3.9\times10^6}{2.2\times10^5-124}=18(次/h)$$

即换气次数为 18（次/h）。

九、局部净化设备

局部净化设备是在特定的局部空间内创造洁净空气环境的装置，如超净工作台、自净器等。

因洁净室投资很高，维护管理要求也很高，如工艺操作许可，应尽量采用局部净化设备。

图 9-21 为超净工作台，由箱体、预过滤器、通风机、高效过滤器、操作台等组成。室内空气在通风机作用下，经预过滤器后吸入下箱体，并由风机压至上箱体，经高效过滤器滤清后得到清洁空气，呈水平平行流送至操作区。操作区的平均风速应为 0.32～0.48m/s（无空气幕时）。操作区的断面风速波动范围应在平均风速的±20%范围之内。

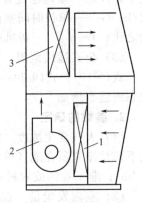

图 9-21 超净工作台
1—预过滤器；2—通风机；
3—高效过滤器

在一般环境中，操作区的洁净度应达到 B 级。

高效自净器（或称净化单元）结构与超净工作台原理相似，外形为立柜形，可水平送出洁净空气，洁净度可达 A 级。可采用数个单元组合成水平平行流装配式净化室，适用于改建和扩建的车间。

第二节　配电系统及照明系统设计

制剂车间的配电设计，要遵照《医药工业洁净厂房设计规范》（GB 50457—2008）的要求，电气设计要密切配合药品生产工艺，根据不同的工艺要求，确定不同的设计方案。

一、配电系统设计

制剂车间的用电负荷和供电要求，应根据现行国家标准《供配电系统设计规范》（GB 50052—2009）和生产工艺的要求确定。低压配电电压应采用 220V/380V，因洁净厂房内大部分电子设备为线性负荷，配电线路存在高次谐波电流，致使中性线上有较大的电流，系统接地型式宜采用 TN-S 或 TN-C-S 系统。

车间用电经常由工厂变电所或由供电网直接供电。输电网输送的均为高压电，而制药厂中用到的最大电压一般为 6000V，一般中小型电机只有 380V，所以必须变压后才能使用。通常在车间附近或者车间内部设置变电室，将电压降低以后再分配给其他用电设备所用。

依据用电设备对供电可靠性的要求，将电力等级分为三级。

① 一级负荷　设备要求连续运转，若突然停电将造成火灾、爆炸或其他重大设备的损毁、人员伤亡或经济损失等，称为一级负荷。一级负荷应有两个独立的电源供电，按工艺允许的断电时间间隔，考虑自动或手动投入备用电源。

② 二级负荷　突然停电将产生大量废品，大量原料报废、大减产或将造成重大设备损坏事故。但采用适当措施可避免时，称为二级负荷。对二级负荷供电允许采用一条架空线供电，用电缆供电时，也可用一条线路供电，但至少要分成两根电缆，并且接上单独的隔离开关。

③ 三级负荷　一级、二级负荷以外的情况称为三级负荷。三级负荷允许供电部门为检修更换供电系统的故障元件而停电。

制药洁净厂房内的配电线路，应按照不同的空气洁净度等级划分的区域设置配电回路。

进入洁净区的每一配电线路均应设置切断装置，并应设在洁净区内便于操作管理的地方。若切断装置设在非洁净区，则其操作采用遥控方式。遥控装置应设在洁净区内。洁净区内的电气管线宜暗敷，管材宜采用非燃烧材质。

配电设计时，工艺设备应采用分区域供电的原则。大型落地的配电设备一般都设于非洁净区，洁净室内应选择不易积尘的、便于擦拭的小型暗装设备，功率较大的设备由配电室直接供电，实际中洁净区配电箱面板及门选用不锈钢材料效果较好。配电管线一般也采用暗敷设，穿线导管采用不燃烧材料，实际中采用阻燃导线穿镀锌钢管暗敷设较多，所有配电线路包括照明及插座回路均设专用 PE 线。在实际施工中，不同级别洁净室之间电气管线口应做好密封，防止由于压差使尘粒通过电气管线空隙渗入洁净室。当管线需明敷至净化区内用电设备时，进入净化区的管线应采用不锈钢材质的保护管。

洁净厂房的净化空调系统和照明负荷按照规范要求宜由变电所专线供电。在实际设计过程中，净化空调系统通常在空调机房内设置落地动力柜，分系统给净化空调供电，在设计初期应首先与空调专业人员协调好空调机房配电设备的摆放位置，以保证配电设备操作方便和进出线方便。在配电系统设计时，应把每个系统的空调主机的供电回路和与其联锁的净化排风、除尘、消毒排风设备设置在同一个配电柜内供电和控制，这样做使供电系统明晰，方便以后的运行管理，同时也方便空调联锁的实现。

照明系统的设计通常采用分区域设置照明箱，在低压配电室设置专用的照明柜，照明柜单独设置计量装置。对于大面积的净化生产厂房宜应分区域设置疏散照明箱。

制药厂设备一般功率较小，数量较多，低压配电柜采用低压抽出式开关柜（MNS），柜型效果较好，MNS 柜作为小电动机群设计的柜型，负荷不大（断路器额定电流在 100A 以下）时，每面柜出线回路也较多，适合药厂的使用要求，经济上也比较合理。

二、照明系统设计

1. 照明特点

洁净厂房通常是大面积密闭无窗厂房，由于厂房面积较大，操作岗位只能依靠人工照明。洁净区的无窗厂房，既有利于保持洁净区内的温湿度和照明度，又能确保外墙的气密性，保证了生产要求的洁净程度。同时在无窗密闭洁净区的一般生产区开设外窗，保证工人工作的舒适性，提高生产效率。

照明所用光源为白炽灯和荧光灯。照明方式主要分为以下三种。

① 一般照明　在整个场所或者场所的某部分照度基本上均匀的照明。对光照方面无特殊要求或工艺上不适宜装备局部照明的场所，宜单独使用一般照明。

② 局部照明　局限于工作部位的固定的或移动的照明。对局部点需要高照明度并对照射方向有要求时，宜使用单独照明。

③ 混合照明　一般照明与局部照明共同组成的照明。

2. 照度标准

为了稳定室内气流以及节约冷量，本次设计中选用气体放电的光源而不是热光源。国内的洁净厂房标准为 300lx，一般车间，辅助工作室、走廊、气闸室、人、物净室等可低于300lx，但不宜低于 150lx。照度计算点一般选在距地面为 0.8m 的假定工作面上，照明开关宜设于 1.4m。

洁净室内要设置备用照明，其照度值为一般场所不低于正常照明照度标准的 1/10，主要工作面不低于正常照明值。为减少灯具的重复设置、节省投资、有利洁净度，备用照明作为正常照明的一部分，备用照明应单独设置开关，和其他灯具分开控制。

3. 灯具的选择及布置

① 照明灯　洁净区内的照明灯宜明装，照明应无影、均匀。C级洁净区一般采用嵌入式，大于C级洁净区采用吸顶式更佳，且光源宜采用荧光。现在设计中通常采用T5型高效荧光灯管配有反光罩的照明灯具。洁净室顶受到送、排风风口数量和位置等条件的限制，在灯具的布置中应避开风口，尽量均匀布置，照度均匀度不应小于0.7。

② 蓄电池自动转换灯　因为洁净厂房是密闭无窗设计，有时会遇到室内很多区域无自然采光的情况，如果遇到紧急停电等状况，人员疏散时就宜采用蓄电池自动转换灯，应急使用。疏散照明灯具按照灯具数的25%～30%均匀分散安装，平时作为正常照明的一部分。疏散照明箱由集中的应急电源（EPS）供电，或者采用正常电源和柴油发电机电源终端切换供电，净化区的备用照明可从疏散照明箱内引出专用回路供电。

③ 电击杀虫灯　在洁净厂房入口处应安装电击杀虫灯，确保洁净厂房内无昆虫飞入。

④ 紫外线灯　紫外线灯的设计也要考虑，紫外线灯安装后用来消毒杀菌，紫外线的波长为136～390nm，设计时按相对湿度为60%进行考虑。如果采用吊顶式紫外线灯，能使紫外线向下反射，最大效能地发挥消毒杀菌的作用。一般在上下班前后使用即可。

4. 灯具的控制

有的洁净区照明设计在洁净区入口处设总控制开关开启灯具，洁净室内不设单独开关，此种设计的优点是保证洁净区洁净度，但易造成电能的浪费，特别是洁净面积较大时。根据工艺要求，很多房间可能不需要同时开启灯具，实际中，照明按照每间房间控制比较合理，也更容易让甲方采纳。洁净室内照明电气管线尽量采用暗敷设方式，明敷设电气线路需要采用不锈钢钢管保护，管口一定要做好密封。

关于"制药用水系统"可参阅相关技术书籍，本章略。

本章小结

1. 公共系统的设计，虽然和工艺设计与设备选型相比工作量有所降低，但是由于制剂生产车间受GMP的要求越来越严格，所以也不容忽视。

2. 空调系统、制药用水系统和配电系统在GMP中有比较详细的要求，同时本章给出了典型范例，所以，这部分内容主要是充分了解这些规定的内涵，深刻认识这些系统设计的必要性，并掌握典型设计方案的设计思路，在整个设计过程中，合理选用和设计与工艺相配套的公共系统。

第十章

其他非工艺因素

学习目标

1. 掌握安全环保方面的消防设计、环保设计、劳动保护，以及生产管理、防止交叉污染等内容。

2. 熟悉洁净厂房的室内装修、建筑设计条件。

3. 了解有关制剂车间厂房的建筑设计基础知识、经济核算和节能设计。

所谓的非工艺专业，是指除了工艺专业人员可以自行完成的设计任务以外，需要其他专业人员配合完成设计任务的专业，是以工艺专业提出的设计条件为基础依据。一般非工艺方面的因素，是指如设备设计、仪表及自动化、土建、公用工程、厂址选择和总平面图等。其中一些内容已经在前面的有关章节中介绍了，所以，这一章着重介绍其他一些非工艺的因素。

第一节 建筑设计

制剂车间厂房设计时，首先要满足各项标准的要求，如 2010 版 GMP、《医药工业洁净厂房设计规范》（GB 50457—2008）、《洁净厂房设计规范》（GB 50073—2013）、《建筑设计防火规范》（GB 50016—2014）、《建筑给水排水设计规范》（GB 50015—2003）、《民用建筑供暖通风和空气调节设计规范》（GB 50736—2012）、《建筑照明设计标准》（GB 50034—2013）等。

一、工业建筑的基础知识

工业建筑是指用以从事工业生产的各种房屋，一般称为厂房。

（一）厂房的结构组成

在厂房建筑中，支承各种荷载的构件所组成的骨架，通常称为结构。

各种结构型式的建筑物都是由地基、基础、墙、柱、梁、屋顶、楼板、楼梯、门窗等组成的。

1. 地基

地基是建筑物的地下土壤部分，它支承建筑物（包括一切设备和材料等重量）的全部重量。

① 地基的承载力 地基必须具有足够的强度（承载力）和稳定性，才能保证建筑物正常使用和耐久性。建筑地基的土，分为岩石、碎石土、黏性土和人工填土。若土壤具有足够的强度和稳定性，可直接砌置建筑物，这种地基称为天然地基。反之，须经人工加固后的土壤称为人工地基。人工加固土壤的方法大致有换土法、化学加固、桩基（钢、钢筋混凝土桩）法、水泥灌浆法等。

② 土壤的冻胀 气温在0℃以下，土壤中的水分在一定深度范围内就会冻结，这个深度叫做土壤的冻结深度。由于水的冻胀和溶缩作用，会使建筑物的各个部分产生不均匀的拱起和沉降，使建筑物遭受破坏。所以在大多数情况下，应将基础埋置在最大冻结深度以下。在砂土、碎石土及岩石土中，基础砌置深度可以不考虑土壤冻结深度。

③ 地下水深度 从地面到地下水水面的深度称为地下水的深度。地下水对地基强度和土的冻胀都有影响，若水中含有酸、碱等侵蚀性物质，建筑物位于地下水中的部分要采取相应的防腐蚀措施。

2. 基础

在建筑工程上，把建筑物与土壤直接接触的部分称为基础，基础承担着厂房结构的全部重量，并将其传到地基中去，起着承上传下的作用。为了防止土壤冻结膨胀对建筑的影响，基础底面应位于冻结深度以下10～20cm。

① 条形基础 当建筑物上部结构为砖墙承重时，其基础沿墙身设置，做成长条形，称为条形基础。

② 杯形基础 杯形基础是在天然地基上浅埋（<2m）的预制钢筋混凝土柱下的单独基础，它是一般单层和多层工业厂房常用的基础形式。基础的上部做成杯口，以便预制钢筋混凝土柱子插入杯口固定。

③ 基础梁 当厂房用钢筋混凝土柱作承重骨架时，其外墙或内墙的基础一般用基础梁代替，墙的重量直接由基础梁来承担。基础梁两端搁置在杯口基础顶上，墙的重量则通过基础梁传到基础上。用基础梁代替一般条形基础，既经济又施工方便，且有利于铺设地下管线。

除此之外，还专门设置设备基础。基础的材料有砖、毛石、混凝土、毛石混凝土和钢筋混凝土。

3. 墙

① 承重墙 承重墙是承受屋顶、楼板和设备等上部的载荷并传递给基础的墙。一般承重墙的厚度有240mm（一砖厚），370mm（一砖半厚）、490mm（二砖厚）等几种，墙的厚度选择主要满足强度要求和保温条件。

② 填充墙 工业建筑的外墙多为此种墙体，它一般不起承重作用，只起围护、保温和隔声作用，它仅承受自重和风力的影响。为减轻重量常用空心砖或轻质混凝土等轻质材料作填充墙。为保证墙体稳定，防止由于受风力影响使墙体倾倒，墙与柱应该相连接。通常的做法是沿柱的高度方向每10匹砖（600mm）伸出ϕ6mm钢筋两根，砌墙时要把伸出的钢筋砌在砖墙中。

③ 防爆墙和防火墙 易燃易爆生产部分应用防火墙或防爆墙与其他生产部分隔开。防爆墙或防火墙应有自己独立的基础，常用370mm厚砖墙或200mm厚的钢筋混凝土墙。在防爆墙上不允许任意开设门、窗等孔洞。

4. 柱

柱是厂房的主要承重构件，目前应用最广的是预制钢筋混凝土柱。柱的截面形式有矩形、圆形、工字形等。矩形柱的截面尺寸为 400mm×600mm，工字形柱的截面尺寸为 400mm×600mm、400mm×800mm 等。

5. 梁

梁是建筑物中水平放置的受力构件，它除承担楼板和设备等载荷外，还起着联系各构件的作用，与柱、承重墙等组成建筑物的空间体系，以增加建筑物的刚度和整体性。梁有屋面梁、楼板梁、平台梁、过梁、连系梁、墙梁、基础梁和吊车梁等。梁的材料一般为钢筋混凝土。可现场浇制亦可工厂或现场预制，预制的钢筋混凝土梁强度大、材料省。梁的常用截面为高大于宽的矩形或 T 形。

6. 屋顶

厂房屋顶起着围护和承重的双重作用。其承重构件是屋面大梁或屋架，它直接承接屋面荷载并承受安装在屋架上的顶棚、各种管道和工艺设备的重量。此外，它对保证厂房的空间刚度起着重要的作用。工业建筑常用预制的钢筋混凝土平顶，上铺防水层和隔热层，以防雨和隔热。

7. 楼板

楼板就是沿高度将建筑物分成层次的水平间隔。楼板的承重结构由纵向和横向的梁和楼板组成。整体式楼板由现浇钢筋混凝土制成，装配式楼板则由预制件装配。楼板应有强度、刚度、最小结构高度、耐火性、耐久性、隔声、隔热、防水及耐腐蚀等功能。

8. 建筑物的变形缝

① 沉降缝　当建筑物上部荷载不均匀或地基强度不够时，建筑物会发生不均匀的沉降，以致在某些薄弱部位发生错动开裂。因此将建筑物划分成几个不同的段落，以允许各段落间存在沉降差。

② 伸缩缝　建筑物因气温变化会产生变形，为使建筑物有伸缩余地而设置的缝叫伸缩缝。

③ 抗震缝　抗震缝是避免建筑物的各部分在发生地震时互相碰撞而设置的缝。设计时可考虑与其他变形缝合并。

9. 门、窗和楼梯

① 门　为了正确地组织人流、车间运输和设备的进出、保证车间的安全疏散，在设计中要预先合理地布置好门。门的数目和大小取决于建筑物的用途、使用上的要求、人的通过数量和出入货物的性质和尺寸、运输工具的类型以及安全疏散的要求等。

② 窗　厂房的窗不仅要满足采光和通风的要求，还要根据生产工艺的特点，满足其他一些特殊要求。例如有爆炸危险的车间，窗应有利于泄压；要求恒温恒湿的车间，窗应有足够的保温隔热性能；洁净车间要求窗防尘和密闭等。窗按材料分有木窗、钢窗等。

③ 楼梯　楼梯是多层房屋中垂直方向的通道。按使用性质可分为主要楼梯、辅助楼梯和消防楼梯。多层厂房应设置两个楼梯。楼梯宽度一般不小于 1.2m，不大于 2.2m，楼梯坡度一般采用 30°左右，辅助楼梯可用 45°。

（二）厂房的定位轴线

厂房定位轴线是划分厂房主要承重构件标志尺寸和确定其相互位置的基准线，也是厂房施工放线和设备定位的依据。在厂房中，为支承屋顶须设柱子。为确定柱子位置，在平面图中要布置定位轴线。

通常，平行于厂房长度方向的定位轴线称为纵向定位轴线，在厂房建筑平面图中由下向上顺次按Ⓐ Ⓑ Ⓒ……进行编号，厂房跨度由纵向定位轴线间的尺寸表示。垂直于厂房长度方向的定位轴线称为横向定位轴线，在厂房平面图中由左向右顺次按①②③……进行编号，厂房柱距由横向定位轴线间尺寸表示，如图 10-1 所示。在纵横定位轴线相交处设置柱子，其在平面图上构成的网络称为柱网。柱网布置实际上确定厂房的跨度和柱距。

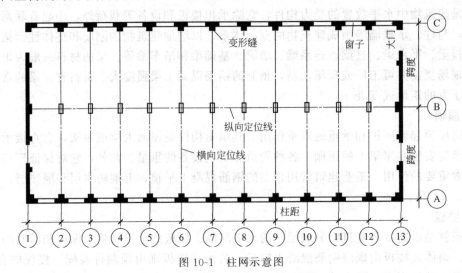

图 10-1　柱网示意图

当厂房跨度在 18m 或 18m 以下时，跨度应采用 3m 的倍数；在 18m 以上时，尽量采用 6m 的倍数。所以厂房常用跨度为 6m、12m、15m、18m、24m、30m、36m。当工艺布置有明显优越性时，才可采用 9m、21m、27m 和 33m 的跨度。以经济指标、材料消耗与施工条件等方面来衡量，厂房柱距应采用 6m，必要时也可采用 9m。目前采用 6m 柱距比较广泛。

单层厂房的特点，适应性强，适于工艺过程为水平布置的安排，安装体积较大、较高的设备，它适用于大跨度柱网及大空间的主体结构，具有较大的灵活性，适合洁净厂房的平面、空间布局，其结构较多层厂房简单，施工工期较短，便于扩建。常用结构型式有钢筋混凝土柱厂房和钢结构厂房，前者居多，一般柱距 6~12m，跨度 12~30m，但占地面积大，在土地有限的城市及开发区使用受到限制。

二、洁净厂房的室内装修

（一）洁净室对建筑的要求

（1）洁净厂房的主体应在温度变化和震动情况下不易产生裂纹和缝隙。主体应使用发尘量少、不易黏附尘粒、隔热性能好、吸湿性小的材料。洁净厂房建筑的围护结构和室内装修也都应选气密性良好，且在温、湿度变化下变形小的材料。

（2）墙壁和顶棚表面应光洁、平整、不起尘、不落灰、耐腐蚀、耐冲击、易清洗，避免眩光，便于除尘，并应减小凹凸面，踢脚不应突出墙面。在洁净厂房的装修选材上最好选用彩钢板吊顶，墙壁选用仿瓷釉油漆。墙与墙、地面、顶棚相接处应有一定弧度，宜做成半径适宜的弧形。壁面色彩要和谐雅致，有美学意义，并便于识别污染物。

（3）地面应光滑、平整、无缝隙、耐磨、耐腐蚀、耐冲击，不积聚静电，易除尘清洗。地面可根据不同洁净度的要求选用下列材料。

①格栅地面　由铝、硬木、硬聚氯乙烯板等制成。

②一般地面　在水泥砂浆表面涂聚氨基甲酸酯，聚氯乙烯软塑料板，水磨石等。

（4）技术夹层的墙面、顶棚应抹灰。需要在技术夹层内更换高效过滤器的，技术夹层的墙面及顶棚也应刷涂料饰面，以减少灰尘。

（5）送风道、回风道、回风地沟的表面装修应与整个送风、回风系统相适应，并易于除尘。洁净室内各种管道尽量暗装，电器插座及接线盒等均应暗装。洁净区内须有电话、电铃等设施，一旦发生事故，可以发出信号并能在洁净室内直接切断风机电源。

（6）洁净度在 C 级以上的洁净室最后采用天窗形式，如需设窗时应设计成固定密封窗，并尽量少留窗扇，不留窗台，把窗台面积限制到最小限度。门窗要密封，与墙面保持平整。充分考虑对空气和水的密封，防止污染粒子从外部渗入。避免由于室内外温差而结露。门窗造型要简单，不易积尘，清扫方便。门框不得设门槛。

（7）B 级和 C 级洁净室不应采用散热器采暖，当有技术走廊时可在技术走廊内布置散热器。D 级洁净室可用散热器采暖。散热器应采用表面光滑、不易积尘和便于清扫的型式。

（8）此外，室内表面及构配件应尽量减少凸凹面和缝隙，踢脚及墙裙不应做突线。不同级别洁净区之间应设置隔断门，门的开启方向应朝向洁净度级别高的房间。洁净车间应根据其面积和工艺性质开设安全出口，出口的密封性要好，非事故情况下严禁使用。

（二）洁净室内的装修材料和建筑构件

洁净室内的装修材料应能满足耐清洗、无孔隙裂缝、表面平整光滑、不得有颗粒物质脱落的要求。对选用的材料要考虑到该材料的使用寿命。施工简便与否，价格来源等因素。如表 10-1 所示，为洁净室内装修材料基本要求。

表 10-1　洁净室装修材料要求一览表

项目	使用部位			要求	材料举例
	吊顶	墙面	地面		
发尘性	√	√	√	材料本身发尘量少	金属板材、聚酯类表面装修材料、涂料
耐磨性		√	√	磨损量少	水磨石地面、半硬质塑料板
耐水性	√	√	√	受水浸不变形，不变质，可用水清洗	铝合金板材
耐腐蚀性	√	√	√	按不同介质选用对应材料	树脂类耐腐蚀材料
防霉性	√	√	√	不受温度、湿度变化而霉变	防霉涂料
防静电	√	√	√	电阻值低、不易带电，带电后可迅速衰减	防静电塑料贴面板，嵌金属丝水磨石
耐湿性	√	√	√	不易吸水变质，材料不易老化	涂料
光滑性	√	√	√	表面光滑，不易附着灰尘	涂料、金属、塑料贴面板
施工	√	√	√	加工、施工方便	
经济性	√	√	√	价格便宜	

1. 地面与地坪

地面必须采用整体性好，平整、不裂、不脆和易于清洗、耐磨、耐撞击、耐腐蚀的无孔材料，地面还应是气密的，以防潮湿和尽量减少尘埃的积累。

① 水泥砂浆地面　这类地面强度较高，耐磨，但易于起尘，可用于无洁净度要求的房间，如原料车间、动力车间、仓库等。

② 水磨石地面　这类地面整体性好，光滑、耐磨、不易起尘，易擦洗清洁，有一定的强度、耐冲击。常用于分装车间、针片剂车间、实验室、卫生间、更衣室、结晶工段等，它是洁净车间常用的地面材料。

③ 塑料地面　这类地面光滑，略有弹性，不易起尘，易擦洗清洁，耐腐蚀。缺点是易产生静电，因易老化，不能长期用紫外灯灭菌，可用于会客室、更衣室、包装间、化验室等。由于塑料地板与混凝土基层的伸缩性能不同，故用于大面积车间时可能发生起壳现象。

④ 耐酸瓷板地面　这类地面用耐酸胶泥贴砌，能耐腐蚀，但质地较脆，经不起冲击，

破碎后降低耐腐蚀性能。这类地面可用于原料车间中有腐蚀介质的区段，也可在可能有腐蚀介质滴漏的范围局部使用。例如：将有腐蚀介质的设备集中布置，然后将这一部分地面用挡水线围起来，挡水线内部用这类铺贴地面。

⑤ 玻璃钢地面　具有耐酸瓷板地面的优点，且整体性较好。但由于材料的膨胀系数与混凝土基层不同，故也不宜大面积使用。

⑥ 环氧树脂磨石子地面　它是在地面磨平后用环氧树脂（也可用丙烯酸酯、聚氨酯等）罩面，不仅具有水磨石地面的优点，而且比水磨石地面更耐磨，强度高，磨损后还可及时修补，但耐磨性不高，宜用于空调机房、配电室、更衣室等。

如渗透问题可能出现在包括门、窗、走廊或管件、工作出口、空气集散点、控制板、灯光照明和喷水装置等处。交叉点包括所有表面相交处，如地板和墙、墙和墙（内部和外部拐角），墙和天花板以及任何不同材料的接合点。再譬如昂贵的接头、排水出口、墙壁/地板拱型连接处。

2. 墙面与墙体

墙面和地面、天花板一样，应选用表面光滑、光洁、不起尘、避免眩光、耐腐蚀，易于清洗的材料。

（1）墙面

① 抹灰刷白浆墙面　只能用于无洁净度要求的房间，因表面不平整，不能清洗且有颗粒性物质脱落。

② 油漆涂料墙面　这种墙面常用于有洁净要求的房间，它表面光滑，能清洗，且无颗粒性物质脱落。缺点是施工时若墙基层不干燥，涂上油漆后易起皮。有关各种涂料层应采用的涂料可见表 10-2。

表 10-2　各种涂料层应采用的涂料

涂层名称	应采用的涂料种类
耐酸涂层	聚氨酯、环氧树脂、过氯乙烯、乙烯、酚醛树脂、氯丁橡胶、氯化橡胶等
耐碱涂层	过氯乙烯、乙烯、氯化橡胶、氯丁橡胶、环氧树脂、聚氨酯树脂等
耐油涂层	醇酸、氨基、硝基、缩丁醛、过氯乙烯、醇溶酚醛、环氧树脂等
耐热涂层	醇酸、氨基、有机硅、丙烯酸等
耐水涂层	氯化橡胶、氯丁橡胶、聚氨酯、过氯乙烯、乙烯、环氧树脂、酚醛、沥青、氨基、有机硅等
防潮涂层	乙烯、过氯乙烯、氯化橡胶、氯丁橡胶、聚氨酯、沥青、酚醛树脂、有机硅、环氧树脂等
耐溶剂涂层	聚氨酯、乙烯、环氧树脂等
耐大气涂层	丙烯酸、有机硅、乙烯、天然树脂漆、油性漆、氨基、硝基、过氯乙烯等
保色涂层	丙烯酸、有机硅、氨基、硝基、乙烯、醇酸树脂等
保光涂层	醇酸、丙烯酸、有机硅、乙烯、硝基、乙酸丁酸纤维等
绝缘涂层	油性绝缘漆、酚醛绝缘漆、醇酸绝缘漆、环氧绝缘漆、氨基漆、聚氨酯漆、有机硅漆、沥青绝缘漆等

③ 白瓷砖墙面　墙面光滑、易清洗、耐腐蚀，不必等基层干燥即可施工，但接缝较多，不易贴砌平整，不宜大面积使用，用于洁净级别不高的场所。

④ 不锈钢板或铝合金材料墙面　耐腐蚀、耐火、无静电、光滑、易清洗，但价格高，用于垂直层流室。

⑤ 水磨石墙裙　为防止墙面被撞坏，故采用水磨石，优点是耐撞击。

（2）墙体

① 砖墙　常用且较为理想的墙体。缺点是自重大，在隔间较多的车间中使用造成自重

增加。

② 加气砖块墙体　加气砖材料自重仅为硅的 35％。缺点是面层施工要求严格，否则墙面粉刷层极易开裂，开裂后易吸潮长菌，故这种材料应避免用于潮湿的房间和要用水冲洗墙面的房间。

③ 轻质隔断　在薄壁钢骨架上用自攻螺钉固定石膏板或石棉板，外表再涂油漆或贴墙纸，这种隔断自重轻，对结构布置影响较少。常用的有轻钢龙骨泥面石膏板墙、轻钢龙骨爱特板墙、泰柏板墙及彩钢板墙等，而彩钢板墙又有不同的夹芯材料及不同的构造体系。

④ 玻璃隔断　用钢门窗的型材加工成大型门扇连续拼装，离地面 90cm 以上镶以大块玻璃，下部用薄钢板以防侧击。这种隔断也是自重较轻的一种。配以铝合金的型材也很美观实用。

如果是全封闭厂房，其墙体可用空心砖及其他轻质砖，这既保温、隔声又可减轻建筑物的结构荷载。也有为了美观和采光选用空心玻璃（绿、蓝色）做大面积的玻璃幕墙。若靠外墙为车间的辅助功能室或生活设施，可采用大面积固定窗，为了其空间的换气，可置换气扇或安装空调，或在固定窗两边配置可开启的小型外开窗（应与固定窗外形尺寸相协调）。

3. 天棚及饰面

由于洁净环境要求，各种管道暗设，故技术隔离（或称技术吊顶）的天棚材料要选用硬质、无孔隙、不脱落、无裂缝的材料。天花板与墙面接缝处应用凹圆脚线板盖住。所用材料必须能耐热水、消菌剂，能经常冲洗。

天棚分硬吊顶及软吊顶两大类。

（1）硬吊顶　即用钢筋混凝土吊顶，优点是在技术夹层内安装、维修等方便，吊顶无变形及开裂的变化，天棚刷面材料施工后牢度也较高。缺点是自重大；吊顶上开孔不宜过密，施工后工艺变动则原吊顶上开孔无法改变；夹层中结构高度大，因有上翻梁，为了满足大断面风管布置的要求，故夹层高度一般大于软吊顶。

（2）软吊顶　又称为悬挂式吊顶。它按一定距离设置拉杆吊顶，结构自重大大减轻，拉杆最大距离可达 2m，载荷完全满足安装要求，费用大幅度下降。为提高保温效果，可在中间夹保温材料。

4. 门窗设计

（1）门　门在洁净车间设备中有两个主要功能：第一是作为人行通道，第二是作为材料运输通道，不管是用手或手推车运输少量材料，还是用码垛车运输大量材料。这两种操作功能对门都有不同要求。随着洁净级别的增加，为了减少污染负荷，限制移动是非常重要的。

员工进出的大门在低级别的车间中，用涂在木门和铁门上的标准漆来区分。这些门是表面上有塑料薄膜，棱上有硬木、金属或塑料薄膜的实心木门。在更高级别的药品申报中，对门有很高的要求，一般为不锈钢门和玻璃门。

选择门的要点是要保持门耐磨和表面无裂缝。将门装进建筑开口时一定要注意细节设计。

金属器具的选择也很重要，闭合器必须工作顺畅，以抵抗相当大的车间正压。

在拖曳柄和推盘上，很重要的是避免使用不必要的锁和插销。可以将电磁互锁安装在可能需要的地方，这种锁可以将由门板表面产生的渗漏降到最小。另外，需要对门表面进行保护，防止卡车和手推车在移动时对它的损坏。

洁净室用的门要求平整、光滑、易清洁、不变形。门要与墙面齐平，与自动启闭器紧密配合在一起。门两端的气塞采用电子联锁控制。门的主要形式有：

① 铝合金门　一般的铝合金门都不理想，使用时间长易变形，接缝多，门肚板处接灰点多，要特制的铝合金门才合适。

② 钢板门　此种门强度高，这是一种较好的门，只是观察玻璃圆圈的积灰死角要做成斜面。

③ 不锈钢板门　同上，但价格较高。

④ 中密度板双面贴塑门　此门较重，宜用不锈钢门框或钢板门框。

⑤ 彩钢板门　强度高，门轻，只是进出物料频繁的门表面极易刮坏漆膜。

无论何种门，在离门底高 100mm 处应装 1.5mm 不锈钢护板，以防被推车刮伤。

（2）窗　洁净车间处在密封状态很少能见到自然光。尽管如此，很多重要的生产还是从使用广泛的玻璃窗中获益。概括为：①生产工艺不同部分的较好结合；②经过复杂的更衣程序，不需要为了监督员工而频繁地进出洁净车间；③改善了员工的工作环境；④具备较大的审美的视觉感受；⑤玻璃是一种非常适合洁净车间的材料。它坚硬、平滑、密实、易清洗的特性很符合洁净车间的设计标准。它能很好地镶嵌在原有的建筑框架中，或是使用较厚的、叠片板来完成整个高度的区分。

洁净室窗户必须是固定窗，型式有单层固定窗和双层固定窗，洁净室内的窗要求严密性好，并与室内墙齐平，窗尽量采用大玻璃窗，不仅为操作人员提供敞亮愉快的环境，也便于管理人员通过窗户观察操作情况，同时还可减少积灰点，又有利于清洁工作。洁净室内窗若为单层的，窗台应陡峭向下倾斜，内高外低，且外窗台应有不低于 30°的向下倾斜角度，以便清洗和减少积尘，并避免向内渗水。

双层窗（内抽真空）更适宜于洁净度高的房间，因两层玻璃各与墙面齐平，无积灰点。目前常用材料有铝合金窗和不锈钢窗。

在任何时候，安装的玻璃要和临近的墙面平齐，并且使用双层玻璃，以达到标准要求，这种形式也用于相邻洁净车间的墙两边。玻璃可镶嵌在由不锈钢或相似材料制成的框架中，也可直接安装在有硅树脂乳胶黏合剂/密封剂的墙体中。

（3）门窗设计注意事项

① 洁净级别不同的联系门要密闭、平整、造型简单。钢板门强度高，光滑，易清洁，但要求漆膜牢固能耐消毒水擦洗。蜂窝贴塑门的表面平整光滑，易清洁，造型简单，且面材耐腐蚀。

② 洁净区要做到窗户密闭。空调区外墙上、空调区与非空调区之间隔墙上的窗要设双层窗，其中一层为固定窗。对老厂房改造的项目若无法做到一层固定，则一定将其中一层用密封材料将窗缝封闭。

③ 无菌洁净区的门窗不宜用木制，因木材遇潮湿易生霉长菌。

④ 凡车间内经常有手推车通过的钢门，应不设门槛。

⑤ 传递窗的材料以不锈钢的材质为好，也有以砖、混凝土及底板为材料的，表面贴白瓷板，也有用预制水磨石板拼装的。

⑥ 传递窗有两种开启形式：一为平开钢（铝合金）窗，二为玻璃推拉窗。前者密闭性好，易于清洁，但开启时要占一定的空间。后者密闭性较差；上下槛滑条易积污，尤其滑道内的滑轮组更不便清洁。但开启时不占空间，当双手拿东西时可用手指拨动。

为防止积尘，造成不易清洗、消毒的死角，洁净室门、窗、墙壁、顶棚、地（楼）面的构造和施工缝隙，均应采取可靠的密闭措施。凡板面交界处，宜做圆势过渡，尤其是与地面的交角，必须做密封处理，以免地面水渗入壁板的保温层，造成壁板内的腐蚀，对于大输液、水针、口服液等触水岗位，其壁板宜安装在与壁板同一宽度的 100～120mm 的"高台"

上，以防止水渗入保温层。

顶棚也称技术隔层（的底板），它承担风口布局（开孔）、照明灯具安装（一般为吸顶洁净灯）、电线敷设（大部分是照明线，也有少数敷设动力线管线）。技术隔层内还用于布设给排水、工艺管线（如物料、工艺用水、蒸汽、工艺用气——压缩净化气体、氯气、氧气、二氧化碳、煤气等），免不了进行检修，故顶板的强度应比壁板高，其壁板（即镀锌铁皮）应较墙板厚，若壁板用 0.42～0.45mm，则顶棚宜用 0.78～1mm 为宜，由于顶板的开孔率高，面积又较大，开孔后，其强度降低。此外，技术隔层内设检修通道，以降低集中荷载，或者顶板隔一定距离，一般 2m×2m（或按计算）做吊杆，以免有移动荷载时发生变形，连接处裂缝，导致洁净室空气泄漏。

三、建筑设计条件

制药工艺设计人员必须向建筑设计人员提供的建筑设计条件有下列几项。

（1）简述工艺流程　应将车间生产工艺过程加以简要说明。这里生产工艺过程指从原料到成品的每一步操作要点、物料用量、反应特点和注意事项等。

（2）布置图及说明　利用工艺设备布置图，并加以简要说明，如房屋的高度、层数、地面（或楼面）的材料、坡度及负荷，门窗位置及要求等。

（3）设备表　设备表应包括流程位号、设备名称、规格、重量（设备重量、操作物料荷重、保温、填料等）、装卸方法、支承型式等项。

（4）人员表　人员表应包括人员总数、最大班人数、男女工人比例等。

（5）劳动保护情况　包括：①防火等级是根据生产工艺特性，按照防火标准确定防火等级。②卫生等级是根据生产工艺特性，按照卫生标准确定其卫生等级。③根据生产工艺所产生的毒害程度和生产性质，考虑排除有害烟尘的净化措施。④提供有毒气体的最高允许浓度。⑤提供爆炸介质的爆炸范围。⑥特殊要求，如汞蒸气存在时，女工对汞蒸气毒害的敏感性。

（6）2010 版 GMP 的要求　应包括总体布局、环境要求，厂房、工艺布局、室内装修、净化设施等。

（7）安装运输情况　包括：①工艺设备的安装应考虑采取何种方法（人工还是机械），大型设备进入房屋需要预先留下安装门，多层房屋需要安装孔以便起吊设备至高层安装，每层楼面还应考虑安装负荷等。②运输机械的选取（是起重机、电动吊车，还是吊钩等）。还需考虑起重量多少，高度多少，应用面积多大等。

第二节　安全环保

安全环保是现在制剂车间设计中必须重点注意的问题。在每一步工艺环节的设计工程中，都在贯彻落实着这些规范或标准的要求。之前各章节的设计过程中，都有一些细节的讲述。

有很多的标准、法规等对制剂车间安全环保方面做了具体要求，如 GB 50057—2010《建筑物防雷设计规范》、GB 50011—2010《建筑抗震设计规范》、GB 50046—2008《工业建筑防腐蚀设计规范》、GB 50140—2005《建筑灭火器配置设计规范》、GB 5083—1999《生产设备安全卫生设计总则》、GB 50058—2014《爆炸危险环境电力装置设计规范》、GB/T 25295—2010《电气设备安全设计导则》、GB/T 12801—2008《生产过程安全卫生要求总则》、HG 20571—2014《化工企业安全卫生设计规范》、GBZ 1—2010《工业企业设计卫生标准》、GB 50016—2014《建筑设计防火规范》等。

本节对一些环节的安全环保要求做以简述。

一、消防设计

1. 消防给水和灭火设备

（1）洁净厂房必须设置消防给水设施，消防给水设施设置设计应根据生产的火灾危险性、建筑物耐火等级以及建筑物的体积等因素确定。

（2）洁净厂房的消防给水和固定灭火设备的设置应符合现行国家标准《建筑设计防火规范》GB 50016—2014 的有关规定。

（3）洁净室的生产层及可通行的上、下技术夹层应设置室内消火栓。消火栓的用水量应不小于 10L/s，同时使用水枪数应不少于 2 只，水枪充实水柱长度应不小于 10m，每只水枪的出水量应按不小于 5L/s 计算。

（4）洁净厂房内各场所必须配置灭火器，配置灭火器设计应符合现行国家标准《建筑灭火器配置设计规范》GB 50140—2005 的有关规定。

（5）洁净厂房内设有贵重设备、仪器的房间设置固定灭火设施时，除应符合现行国家标准《建筑设计防火规范》GB 50016—2014 的有关规定外，还应符合下列规定：

① 当设置自动喷水灭火系统时，宜采用预作用式自动喷水灭火系统；

② 当设置气体灭火系统时，不应采用卤代烷 1211 以及能导致人员窒息和对保护对象产生二次损害的灭火剂。

2. 防雷和接地

现在设计多采用共用接地系统，即防雷接地，工作接地、等电位接地、防静电接地和弱电系统接地，利用建筑物基础作保护接地装置，利用建筑物柱内钢筋作防雷引下装置。防雷级别要根据气象资料进行计算确定，根据规范设置相应的防雷措施。洁净厂房内不同功能的接地系统设计应符合等电位联结的要求。

对于消防系统和弱电系统，应在机房单独设置专用接地板或端子箱，接地干线宜由基础接地装置引出。

3. 火灾自动报警

医药洁净厂房的生产区（包括技术夹层）等应设置火灾报警系统。根据不同的工艺条件，选择不同的报警探测器，洁净生产厂房如果停电，一旦关断净化空调系统，即使再恢复也会影响洁净度，使之达不到工艺生产要求而造成重大损失。故洁净厂房切除非消防电源要求在火警得到确认后，在消防控制室或配电室手动切除有关部位的非消防负荷。火警设计应在配电室设置多线控制模块，由消防控制室手动切除非消防电源而非自动切除。

4. 电气防爆

根据爆炸和火灾危险场所的电力装置的设计规定，将爆炸和火灾危险场所分为三类八级。

第一类　气体或蒸汽爆炸性混合物的爆炸危险场所。

Q—1 正常情况下能形成爆炸性混合物的场所。

Q—2 正常情况下不能形成，而仅在不正常情况下能形成爆炸性混合物的场所。不正常情况包括设备的事故损坏、误操作及设备的拆卸检修等。

Q—3 在不正常情况下，只能在场所的局部地区形成爆炸性混合物的场所。

第二类　粉尘或纤维爆炸性混合物的场所。

G—1 正常情况下能形成爆炸性混合物的场所。

G—2 正常情况下不能形成，而仅在不正常情况下能形成爆炸性混合物的场所。

第三类　火灾危险场所，按可燃物质的状态划分为三级。

H—1 闪点高于场所环境温度的可燃液体。在数量和配置上，能引起火灾危险的场所，如柴油、润滑油等。

H—2 可燃粉尘或可燃纤维，在数量和配置上，能引起火灾危险的场所，如镁粉、焦炭粉等。

H—3 固体状可燃物质，在数量和配置上，能引起火灾危险的场所，如煤、布、木、纸、中药材等。

Q—1、Q—2、G—1、G—2 场所应选用防爆电器，线路亦应按防爆要求敷设。

5. 厂房的防爆

防爆设计中主要考虑的措施是：采用框架防爆结构；设置泄压面积；合理布置；设置安全出口。

厂房安全出口至最远工作地点的允许距离，即厂房的安全疏散距离，如表 10-3 所示。

表 10-3　厂房的安全疏散距离

生产类别	耐火等级	单层厂房/m	多层厂房/m
甲	一、二级	30	25
乙	一、二级	75	50
丙	一、二级	75	50
	三级	60	40
丁	一、二级	不限	不限
	三级	60	50
	四级	50	—
戊	一、二级	不限	不限
	三级	100	75
	四级	60	—

注：厂房安全出口一般不应少于两个，门、窗向外开。

6. 杜绝火源

① 杜绝电气设备产生的火源，如电线、电气动力设备，电气照明设备、变压器和配电盘；

② 杜绝静电产生的火源；

③ 杜绝摩擦撞击产生的火源；

④ 杜绝雷电产生的火源。

7. 防静电

洁净室消除静电应从消除起电的原因、降低起电的程度和防止积累的静电对器件的放电等方面入手综合解决。

（1）消除起电原因　采用高电导率的材料来制作洁净室的地坪、各种面层和操作人员的衣、鞋。要求抗静电地板对静电来说是良导体。而对 220V、380V 交流工频电压则是绝缘体。

（2）减少起电程度　加速电荷的泄漏以减少起电程度可通过各种物理和化学方法来实现。

① 物理方法　主要有接地法和调节湿度法。

接地法：是消除静电的有效方法。既可将物体直接与地相接，也可以通过一定的电阻与地相接，直接接地法用于设备、插座板、夹具等导电部分的接地，对此需用金属导体以保证与地可靠接触。

调节湿度法：控制生产车间的相对湿度在 40%～60% 之间，可以有效地降低起电程度，减少静电发生，提高相对湿度可以使衣服纤维材料的起电性能降低，当相对湿度超过 65% 时，材料中所含水分足以保证积聚的电荷全部泄漏掉。

② 化学方法　它是在材料的表面镀覆特殊的表面膜层和采用抗静电物质。如在地坪和工作台介质面层的表面以及设备和各种夹具的介质部分上涂覆一层暂时性的或永久性的表面膜，必须保证导电膜与接地金属导线之间具有可靠的电接触。

二、环保设计

环保设计贯彻于每一个工艺环节，如每一个工艺步骤中的物料、中间体、最终产物等，凡是涉及环保问题的，都要设计具体的措施以减少或杜绝其污染，如回收再利用、回收集中处理、收集上交市政等。在这些设计过程中，要注意一些国家标准和规范等的具体要求，以期达到环保的效果。

如下列法律、法规都是有关于制剂车间环保的具体要求。

《建设项目环境保护设计规定》(87) 国环字第 002 号；

《建设项目环境保护管理条例》中华人民共和国国务院令第 682 号 (2017)；

《中华人民共和国环境保护法》(2014 年 4 月 24 日)；

《国务院关于环境保护若干问题的决定》[国发 (1996) 31 号]；

《中华人民共和国大气污染防治法》(2015 年 8 月 29 日)；

《中华人民共和国水污染防治法》(2017 年 6 月 27 日修正)；

《中华人民共和国环境噪声污染防治法》(1996 年 10 月 29 日)；

《中华人民共和国固体废物污染环境防治法》(2004 年 12 月 29 日主席令第 31 号)；

《锅炉大气污染物排放标准》GB 13271—2014；

《污水综合排放标准》GB 20425—2006；

《煤炭工业污染物排放标准》GB 20426—2006；

《工业企业噪声控制设计规范》GB/T 50087—2013；

《城市区域环境噪声标准》GB 3096—2008；

《工业企业厂界环境噪声排放标准》GB 12348—2008；

《农田灌溉水质标准》GB 5084—2005。

三、劳动保护

为了确保工程建设项目投产后具有安全、卫生的作业环境和良好的劳动条件，以人为本，保障职工的生命安全和身体健康，应根据国家劳动保护有关的政策法规和要求进行设计。

劳动安全卫生对策措施的基本要求，即采取劳动安全卫生技术措施时，应能够：①预防生产过程中产生的危险和有害因素；②排除工作场所的危险和有害因素；③处置危险和有害因素并降低到国家规定的限值内；④预防生产装置失灵和操作失误产生的危险和有害因素；⑤发生意外事故时能为遇险人员提供自救条件的要求。

第三节　经济节能

设计过程中运用新技术、新设备，节约能源、降低成本是提高企业实力、扩大产品竞争力的有力手段。

设计经济合理的制剂车间需要注意的法律、法规依据有《中华人民共和国节约能源法》(1998 年 1 月 1 日施行)、GB/T 3485—1998《评价企业合理用电技术导则》、GB/T 3486—1993《评价企业合理用热技术导则》、GB/T 7119—2006《节水型企业评价导则》、GB 4272—2008《设备及管道绝热技术通则》、GB 50189—2015《公共建筑节能设计标准》等。

一、经济核算

(一) 项目总投资

包括建投资数额及使用计划；流动资金数额及使用计划；流动资金按生产负荷投入；项目总投资筹措等。

(二) 财务效益分析

产品成本估算：①原材料及公用系统消耗费用 原材料及公用系统消耗价格根据当地市场价计算；②人员工资及附加；③固定资产折旧；④摊销费；⑤修理费；⑥其他费用，是在制造费、管理费和销售费用之和的基础上，扣除上述计入各科目的物料消耗费用，低值易耗品费用及其运输费用、水电费用、工资及福利费、折旧费等。

(三) 财务分析

①财务分析基础数据，考察项目的盈利能力、清偿能力等财务状态，以判别项目的财务可行性；②投产后生产负荷安排；③项目寿命期；④销售价格，按产品成本及当前市场行情预测出厂价；⑤销售税金及附加，产品增值税为销项税额扣除进项税额。城建税按增值税的7%计取，教育费附加按增值税的3%计取；⑥现金流量。

(四) 经济分析

① 项目盈利能力分析 通过编制项目投资现金流量表、项目资本金现金流量表进行财务现金流量分析。编制"利润与利润分配表"计算利润相关指标。通过盈利能力指标的计算，估算项目的盈利能力。

② 清偿能力分析 清偿能力分析是通过对借款还本付息计算表、资金来源及运用表、资产负债表的计算，考察项目计算期内各年的财务状况及偿债能力，并计算资产负债率、流动比率、速动比率和建设投资贷款偿还期等指标。

③ 财务生存能力分析 由财务计划现金流量表分析企业通过经营活动、投资活动及筹资活动产生的各年累计盈余资金，预见企业的财务生存能力。

(五) 不定性分析

① 敏感性分析 敏感性分析是通过分析、预测项目主要因素发生变化时对经济评价指标的影响，从中找出敏感因素，并确定其影响程度。

② 盈亏平衡分析 盈亏平衡分析是通过盈亏平衡点（BEP）分析项目成本与收益的平衡关系的一种方法。通过年平均销售收入、可变成本、固定成本、销售税金及附加计算盈亏平衡点的生产能力的利用率，进行盈亏平衡分析。

(六) 评价结论

通过上述分析，可以比较出全部投资的财务内部收益率（税前）是否高于行业基准收益率，以预期是否有盈利的可能及其盈利大致数量，比较项目的投资回收期是否小于行业基准投资回收期。比较财务净现值是否较大，以查看项目盈利能力的高低。比较投资利润率和投资利税率是否高于行业基准指标，估算项目再生产能力多大时可以保本，估计项目是否具有抗风险能力及能力的高低。综上所述，估计设计项目在财务上是否可行。

二、节能

制剂车间的能源消耗主要有水、电、蒸汽等。制剂车间设计时，要充分考虑建设项目所在地的水利情况，本着合理开发利用和有效地保护水资源，充分发挥水资源的综合效益，适应国民经济发展和人民生活的需要的原则，坚持贯彻水资源开源与节流并重的方针，开发利用水资源。考虑当地电力资源具体情况，如当地正在运行的各类电厂数量、现有装机容量，例如燃煤电厂数量、装机容量，燃气及余热发电厂数量、水电站数量及总装机容量，企业自备电厂数量、装机容量等，以保证电力供应的充分。

设计合理的节能措施。如在电气节能方面，可以采用如下各方式：选用高效节能的电气设备（选节能型变压器、Y 系列电动机拖动生产机械、高效节能灯具）；加强用电管理，设备要配套，严禁大马拉小车、限制跑空车、降低空载损耗；采用电容自动补偿屏进行无功功率补偿，使 $\cos\phi$ 保持在 0.9 以上，降低线路损耗；推广节电措施，大交流接触器采用无声运行，交流电焊机加装空载限电器；水泵、空调风机加装变频调速装置，根据负荷调整转速节约能源以降低能耗等。

在暖通节能方面，可以采取如下措施：冷水机组采用高效机组；局排风机采用新型高效离心风机，达到节能目的；能够回风的区域尽量利用回风；冷热水管采用保温材料保温，降低能耗。

在给排水节能方面，可以采取以下措施：各车间给水均设水表计量；给水阀门采用节能型阀门；工艺专业、暖通专业冷却水采用循环冷却水；给水设备采用节能设备。

在建筑节能方面，可以适应所在地气候特点，在建筑设计布局、构造等方面进行优化。如建筑造型采用矩形体型，避免多变外墙面所带来的能耗；外墙采用保温隔热效果好的高效轻质墙体，厚轻质砂加气混凝土砌块；外窗采用气密性好的塑钢玻璃窗，以减少外窗散热，而其他无空调房间或办公用房，则尽可能采用自然采光，以增加舒适度，节约用电；屋面采用保温隔热混凝土防水屋面等。

在其他节能方面，还可以在满足生产、消防、安全、卫生等要求的前提下，选择集中公用工程和设施，缩短各种管线，供热、供冷管道隔热、保温以节省能源，减少热损耗。提高自动化控制水平，全面推行能源计量等措施。

第四节　药品生产质量管理规范

在制剂车间设计过程中，应符合药品生产质量管理规范（GMP）的要求，在此举例以作补充。

一、生产管理

不得在同一生产操作间同时进行不同品种和规格药品的生产操作，除非没有发生混淆或交叉污染的可能。

在生产的每一阶段，应当保护产品和物料免受微生物和其他污染。

在干燥物料或产品，尤其是高活性、高毒性或高致敏性物料或产品的生产过程中，应当采取特殊措施，防止粉尘的产生和扩散。

生产厂房应当仅限于经批准的人员出入。

二、污染和交叉污染

生产过程中应尽可能防止污染和交叉污染，如：

① 在分隔的区域内生产不同品种的药品；

② 采用阶段性生产方式；

③ 设置必要的气锁间和排风；空气洁净度级别不同的区域应当有压差控制；

④ 应当降低未经处理或未经充分处理的空气再次进入生产区导致污染的风险；

⑤ 在易产生交叉污染的生产区内，操作人员应当穿戴该区域专用的防护服；

⑥ 采用经过验证或已知有效的清洁和去污染操作规程进行设备清洁；必要时，应当对与物料直接接触的设备表面的残留物进行检测；

⑦ 采用密闭系统生产；

⑧ 干燥设备的进风应当有空气过滤器，排风应当有防止空气倒流装置；

⑨ 生产和清洁过程中应当避免使用易碎、易脱屑、易发霉器具；使用筛网时，应当有防止因筛网断裂而造成污染的措施；

⑩ 液体制剂的配制、过滤、灌封、灭菌等工序应当在规定时间内完成；

⑪ 软膏剂、乳膏剂、凝胶剂等半固体制剂以及栓剂的中间产品应当规定贮存期和贮存条件。

三、使用和清洁

主要生产和检验设备都应当有明确的操作规程。

生产设备应当在确认的参数范围内使用。

应当按照详细规定的操作规程清洁生产设备。

生产设备清洁的操作规程应当规定具体而完整的清洁方法、清洁用设备或工具、清洁剂的名称和配制方法、去除前一批次标识的方法、保护已清洁设备在使用前免受污染的方法、已清洁设备最长的保存时限、使用前检查设备清洁状况的方法，使操作者能以可重现的、有效的方式对各类设备进行清洁。

如需拆装设备，还应当规定设备拆装的顺序和方法；如需对设备消毒或灭菌，还应当规定消毒或灭菌的具体方法、消毒剂的名称和配制方法。必要时，还应当规定设备生产结束至清洁前所允许的最长间隔时限。

已清洁的生产设备应当在清洁、干燥的条件下存放。

用于药品生产或检验的设备和仪器，应当有使用日志，记录内容包括使用、清洁、维护和维修情况以及日期、时间、所生产及检验的药品名称、规格和批号等。

生产设备应当有明显的状态标识，标明设备编号和内容物（如名称、规格、批号）；没有内容物的应当标明清洁状态。

不合格的设备如有可能应当搬出生产和质量控制区，未搬出前，应当有醒目的状态标识。

主要固定管道应当标明内容物名称和流向。

四、校准

应当按照操作规程和校准计划定期对生产和检验用衡器、量具、仪表、记录和控制设备以及仪器进行校准和检查，并保存相关记录。校准的量程范围应当涵盖实际生产和检验的使用范围。

应当确保生产和检验使用的关键衡器、量具、仪表、记录和控制设备以及仪器经过校准，所得出的数据准确、可靠。

应当使用计量标准器具进行校准，且所用计量标准器具应当符合国家有关规定。校准记录应当标明所用计量标准器具的名称、编号、校准有效期和计量合格证明编号，确保记录的可追溯性。

衡器、量具、仪表、用于记录和控制的设备以及仪器应当有明显的标识，标明其校准有效期。

不得使用未经校准、超过校准有效期、失准的衡器、量具、仪表以及用于记录和控制的设备、仪器。

在生产、包装、仓储过程中使用自动或电子设备的，应当按照操作规程定期进行校准和检查，确保其操作功能正常。校准和检查应当有相应的记录。

五、维护和维修

设备的维护和维修不得影响产品质量。

应当制定设备的预防性维护计划和操作规程，设备的维护和维修应当有相应的记录。

经改造或重大维修的设备应当进行再确认，符合要求后方可用于生产。

● 本章小结 ●

1. 其他非工艺因素是需要其他专业人员的参与才能够完成的设计任务，因此需要设备和车间设计人员的密切配合。对于此方面知识的了解，可以促进设计工作的更好进行。

2. 建筑、安全、节能环保都是车间设计人员需要总体了解的内容，因此，这部分内容大部分以了解为主。而 GMP 的要求，则必须要熟练掌握。

附　　录

制剂车间设计举例——
2013 年"全国大学生制药工程设计大赛"题目

1. 项目名称

化学冻干注射制剂生产车间的设计。

2. 项目基本目标

该项目是在已建的三层钢架结构建筑物内进行建设，拟建设的厂房第二层与更衣区、包装大楼采用连廊方式，可以与包装车间（A）、总更衣室（B）相通，进行人、物流与产品输送。

整个建筑分为三层，其中一层层高 5.3m，二层层高 7.0m，三层层高 6.0m，并且现有建筑物中设有两处楼梯。

3. 设计依据

《药品生产质量管理规范（2010 年修订版）》；《药品生产质量管理规范实施指南（2010版）》；《医药工业洁净厂房设计规范》（GB 50547—2008）。

4. 设计思路

该车间拟生产 2 个品种，2 品种间应能灵活转换生产。生产线（灌装、冻干、轧盖等）布局合理兼顾可参观性。全年生产时间 40 周，一般药厂每半年（20 周）维修验证一次，每次大约 3～4 周，要求检修一次可以验证完所有需要验证的项目。生产排班满足要求。应有扩展生产能力的可能。无菌生产线、洁净区域的在线监控和可调性，以维持生产的安全稳定。

5. 工艺特点

该车间拟生产 2 种产品：产品 A（内销）、产品 A（外销）与产品 B 的产品特性相同。冻干制剂的生产对生产车间有严格的要求，需对生产的各个环节进行严格控制。

在配液及灌装过程中通入氮气保护以防药液的氧化；严格控制配液罐及环境温度以保证药液稳定性；选择传统洁净室和被动式 cRABS 以保护产品。

6. 设计要求

生产品种及生产量：该车间拟生产 2 个品种产品 A 和产品 B。

产品 A：国内销售 1890 万支，海外销售 550 万支。

产品 B：国内销售 910 万支。

以每支 0.001L 计算，主要物质理论消耗量：18900＋5500＋9100＝33500L。

冷冻干燥作业时间：18h/每批次，15h/每批次。

制剂生产流程简述：称量→配液→过滤→灌装、半压塞→冻干、全压塞→轧盖→灯检。

7. 设计工艺流程

工艺流程如下图所示。

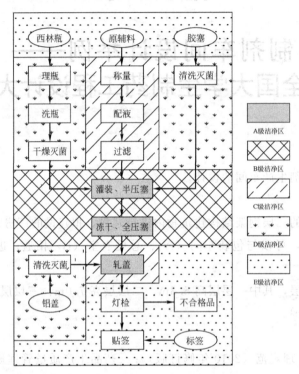

冻干制剂生产工艺流程

8. 厂房总平面布置

厂房由核心生产区、生产准备区、动力辅助区和办公休息区组成。布置满足生产工艺要求、便于相关公用系统的安装与运行。以下为设计过程简述。

详细设计过程可扫描二维码下载。

化学冻干注射制剂生产车间的设计

参 考 文 献

[1] 王志祥. 制药工程学. 第2版. 北京：化学工业出版社, 2008.

[2] 李凤生. 药物粉体技术. 北京：化学工业出版社, 2007.

[3] 房丽娜, 马正先, 李慧等. 粉碎设备及技术的发展历程与研究进展. 有色矿冶, 2005, 21 (z1): 178-180.

[4] 李勇, 路跃华, 叶勇东. 球磨粉碎技术研究现状. 化工矿物与加工, 2000, 9: 16-19.

[5] 王志祥. 化工原理. 北京：人民卫生出版社, 2014.

[6] 王志祥, 黄德春. 制药化工原理. 北京：化学工业出版社, 2014.

[7] 丁启圣, 王维一. 新型实用过滤技术. 北京：冶金工业出版社, 2011.

[8] 孙体昌. 固液分离. 长沙：中南大学出版社, 2011.

[9] 赵德明. 分离工程. 杭州：浙江大学出版社, 2011.

[10] 应国清. 药物分离工程. 杭州：浙江大学出版社, 2011.

[11] 宋航. 制药分离工程. 上海：华东理工大学出版社, 2011.

[12] 王维一, 丁启圣. 过滤介质及其选用. 北京：中国纺织出版社, 2008.

[13] 傅超美, 刘文. 中药药剂学. 北京：中国医药科技出版社, 2014, 8: 75.

[14] 王唯涌, 韩鲁佳, 王振等. 植物功能成分浸提过程动力学研究进展. 中国农业大学学报, 2006 (01): 100-104.

[15] 王赛君, 伍振峰, 杨明等. 中药提取新技术及其在国内的转化应用研究. 中国中药杂志, 2014 (08): 1360-1367.

[16] 姜峰, 赵燕禹, 姜梅兰等. 功率超声在中药提取过程中的应用. 化工进展, 2007 (07): 944-948.

[17] 韩伟, 夏玉婷, 谷旭晗等. 对中药提取分离新技术及其设备的研究. 机电信息, 2013, 32: 2.

[18] 涂瑶生, 毕晓黎. 微波提取技术在中药及天然药物提取中的应用及展望. 世界科学技术, 2005 (03): 65-70, 90.

[19] 曹渊, 徐彦芹, 夏之宁. 酶法及其联用技术在中草药提取中的应用. 中药材, 2008 (12): 1924-1928.

[20] 张卫红, 张效林. 复合酶法提取茶多酚工艺条件研究. 食品研究与开发, 2006, 27 (11): 5-7.

[21] 韩丽, 王文革, 谢秀琼等. 酶技术在中药制剂中的应用. 中南药学, 2003 (03): 157-159.

[22] 周俊培. 综述传统中药提取装置. 医药工程设计, 2009 (05): 34-39.

[23] 叶陈丽, 贺帅, 张守尧等. Box-Behnken设计优化黄芩超高压提取工艺. 中国实验方剂学杂志, 2013, 19 (03): 40-44.

[24] 纵伟, 赵光远. 超高压提取夏枯草中熊果酸的研究. 中成药, 2009, 31 (02): 311-313.

[25] 贺帅, 姚育发, 张忠义. 应用超高压技术提取元胡中延胡索乙素的研究. 中药材, 2010, 33 (01): 137-140.

[26] (英) 科尔 G.C. 制药生产设备应用与车间设计. 张珩, 万春杰译. 北京：化学工业出版社, 2008.

[27] 北京大学药物信息与工程研究中心. 2010版——水系统GMP实施指南. [2017-12-1]. https://wenku.baidu.com/view/1730caa7b0717fd5360cdcd0.html.

[28] 何志成. 制剂单元操作与制剂工程设计. 北京：中国医药科技出版社, 2006.

[29] 蒋万冬. 洁净室中的控制用仪器仪表//第十二届中国国际洁净技术论坛论文集. 苏州, 2010.

[30] 张汝华. 工业药剂学. 北京：中国医药科技出版社, 1999.